场地土壤修复管理与实践

施维林 等 著

科学出版社
北京

内 容 简 介

本书简要阐述了国内外土壤污染场地调查、评估、修复与管理的基本方法、途径，重点通过国内若干工业企业污染场地调查、评估、修复方案制定、资金筹措、招投标、修复工程实施与监理、修复工程验收等工作实践，总结出了一整套适用于我国场地修复与管理的流程与方法。

本书在保证满足场地土壤污染修复管理工具用书的前提下，扩大了适用面，增强了伸缩性。可供环保、土地利用部门及企业相关专业科研和工程技术人员参考，也可作为环境科学、环境工程、土壤学等专业本科生和研究生的参考书。

图书在版编目（CIP）数据

场地土壤修复管理与实践/施维林等著. —北京：科学出版社，2016.12

ISBN 978-7-03-052186-6

Ⅰ. ①场… Ⅱ. ①施… Ⅲ. ①污染土壤改良–研究 Ⅳ. ①X53

中国版本图书馆 CIP 数据核字（2016）第 054607 号

责任编辑：周 丹 冯 钊 / 责任校对：高明虎
责任印制：张 伟 / 封面设计：许 瑞

科学出版社 出版
北京东黄城根北街 16 号
邮政编码：100717
http://www.sciencep.com
北京凌奇印刷有限责任公司 印刷
科学出版社发行 各地新华书店经销
*
2016 年 12 月第 一 版 开本：787×1092 1/16
2023 年 5 月第五次印刷 印张：20
字数：470 000

定价：88.00 元

（如有印装质量问题，我社负责调换）

《场地土壤修复管理与实践》
编辑委员会

主　　编：施维林
副 主 编：李　良
编写人员：施维林　李　良　贺志刚　许　伟　张建荣
　　　　　程媛媛　张一梅　何　跃　朱月芳

序

土壤是国家最重要的自然资源之一，是人类赖以生存的物质基础，也是生态环境的主要组成部分。近几十年来，随着我国工业化和现代化进程的加快，大量人为排放的污染物进入土壤和地下水，造成环境危害日益凸显。土壤和地下水污染不仅对人体健康和生态环境构成威胁，也影响到土地资源开发、城镇建设规划、房地产交易、城市环境治理等方方面面，是世界各国共同关注的重大环境问题。

20 世纪 80 年代以来，欧美发达国家逐步推进污染场地修复工作，在土壤和地下水修复方面积累了丰富的经验。我国起步相对较晚，在污染场地环境风险管理和治理方面的基础还比较薄弱。但近年来，国家和政府对污染场地问题高度重视，先后发布了一系列关于加强污染场地环境管理和治理的通知要求与指导意见。2011 年 2 月，国务院批准了第一个“十二五”规划《重金属污染综合防治“十二五”规划》，并且将“土壤与场地污染治理与修复”列入了“十二五”社会发展科技领域国家科技计划项目指南。2011 年，《关于加强环境保护重点工作的意见》（国发〔2011〕35 号）中明确提出“被污染场地再次进行开发利用的，应进行环境评估和无害化治理”，“继续开展土壤环境调查，进行土壤污染治理与修复试点示范”。2012 年，环境保护部等四部委联合发布《关于保障工业企业场地再开发利用环境安全的通知》（环发〔2012〕140 号），明确对化工、金属冶炼、农药、电镀和危险化学品生产、储存、使用企业的场地进行场地环境调查和风险评估，掌握场地土壤和地下水污染的基本情况，排查被污染场地（包括潜在被污染场地），管理信息系统并共享信息。2013 年，国务院办公厅下发《关于印发近期土壤环境保护和综合治理工作安排的通知》（国办发〔2013〕7 号），要求确定土壤环境保护优先区域，建立相关数据库。2014 年，环境保护部颁布了《关于加强工业企业关停、搬迁及原址场地再开发利用过程中污染防治工作的通知》（环发〔2014〕66 号），要求充分认识加强工业企业关停、搬迁及原址场地再开发利用过程中污染防治工作的重要性。同时，环境保护部也于 2014 年 2 月制订并颁布了《污染场地术语》（HJ 682—2014）、《场地环境调查技术导则》（HJ 25.1—2014）、《场地环境监测技术导则》（HJ 25.2—2014）、《污染场地风险评估技术导则》（HJ 25.3—2014）和《污染场地土壤修复技术导则》（HJ 25.4—2014）等技术标准，有力地支撑了我国场地调查、监测、评估和修复工作的开展。2016 年 5 月 28 日，国务院印发了《土壤污染防治行动计划》（国发〔2016〕31 号），这是当前和今后一个时期全国土壤污染防治工作的行动纲领。

污染场地修复工作可谓任重而道远，但国内真正能指导相关实际工作的图书资料少之又少。施维林教授领导的团队长期从事土壤修复调查、方案制定、管理模式研究与实践工作，积累了不少成果经验。施教授组织编写的《场地土壤修复管理与实践》系统介绍了场地土壤环境调查、修复方案编制、招投标、工程实施、工程环境监理、工程验收、长期监测、数据库建设等技术思路和方法，对我国从事污染场地环境修复、环境工程实践、环境风险管理和技术咨询服务工作的人员具有很好的参考和借鉴意义，对环境管理人员清晰地把握场地管理各关键环节并作出正确的判断和决策具有重要的参考价值。

北京市环境保护科学研究院 院长
国家城市环境污染控制工程技术研究中心 主任
2016 年 12 月 27 日

前　　言

污染土壤修复是一个泛化的概念，严格意义上讲，污染土壤修复必须要全面恢复土壤原有的综合功能。从实践工作中的总结来看，污染土壤修复实际上更多地被表述为污染土壤的治理或处置。因此，本书论述的污染土壤修复包含了污染土壤的治理和处置。

从学科分类上讲，土壤污染及修复归属于固体废弃物处置范畴，在专业上更多地归属于环境科学范畴。这种传统分类存在较多不足。更为切合实际地看，将土壤污染及分类单列似乎更为合适，更能体现其研究的广度和深度。目前对于土壤污染与修复的管理在行业管理部门中也没有明确的归属，各地管理部门要么将其归入污染防治部门，要么归入固废管理部门。可喜的是，环境保护部已经将土壤管理单独设立司级建制。

工业企业的污染场地由于其修复后的土地利用性质和潜在价值，其权属往往归属于国土部门或土地储备机构，但业务上还需要环境保护部门承担更多的长期监管的责任。在明确业主或责任人的情况下，需要环境保护管理部门监管其调查、修复和验收。

由于各地土壤性质存在差别，原有的调查、修复导则或标准并不能从根本上获得一致认可，导致土壤污染调查、方案制定、招投标、资金筹措、修复工程实施、验收全过程在各地的执行五花八门，各地均有一套自己的标准或行事准则。我从 2011 年开始参与土壤污染调查、修复、招投标、验收等工作，在这个过程中发现，政府管理部门几乎需要参与各个环节，深感环境保护管理部门的责任重大和疲于应付。那时我就一直在思考，是否可以通过梳理一些比较成功的方法和经验，为土地所有者（业主）、政府管理部门、调查与修复工程参与机构、管理人员建立一整套可以借鉴的资料，同时为具有一定专业知识和技术水平的人员提供一些参考。之后，我与团队成员进行了多次沟通，同时与国内部分行业专家进行了多次交流，获得了大家的高度认可。2013 年，我即着手基本架构的设计。在参与调查项目评估、修复方案制定与评估、修复项目验收，特别是在政府采购招投标方案的设计中，我获得不少灵感，最后，我将工业企业场地污染修复与管理总结为场地调查（包含社会环境调查、初步调查和详细调查，其中包含方案制定、调查采样、样品分析、报告编制等）、修复资金筹措、修复方案编制、招投标、修复工程实施、监理（工程监理和环境保护监理）、修复工程验收、长期监测等几个大的环节。

本书第一章概述由施维林、贺志刚编写，综述了土壤污染的基本概念；第二章国外污染场地管理经验由程媛媛博士编写，简要介绍了美国、西欧、日本等国家和地区土壤污染与修复的管理模式和经验；第三章场地土壤污染修复管理体系由施维林、贺志刚、李良编写，主要是基于前期经验，对污染场地自调查开始到验收做了系统归属，并围绕场地污染修复管理体系，通过若干案例，梳理出了一套可借鉴的管理模式和便携式参考手册；第四章场地土壤环境调查与风险评估由许伟、张建荣、何跃编写；第五章土壤修复方案制定与实施由施维林、贺志刚编写；第六章招投标工作由施维林、李良编写；第七章场地修复项目污染评估与控制及社会稳定风险评估由施维林、许伟编写；第八章场地土壤污染修复技术与方法由贺志刚编写；第九章场地土壤污染修复工程监理由施维林、许伟编写；第十章土壤修复工程的验收与中长期监测由施维林编写；第十一章区域场地土壤污染源信息管理系统构建由施维林、张一梅、贺志刚编写，主要提出了区域场地土壤污染源信息管理系统构建方法和途径，该部分内容是我在 2013 年就开始构思的环保数据整体信息化管理模式，感谢苏州市环境保护局主要领导和管理人员在《土壤污染防治行动计划》（国发〔2016〕31 号）（简称“土十条”）颁布前先知先觉的宏观管理意识，并于 2015 年委托我开展了苏州市工业企业土壤环境调查和数据库建设项目，这为环保数据与大数据处理结合并广泛应用给出了一个大致框架，详细的内容我将在后期的研究中另行阐述。

本书在编著过程中得到了苏州市环境科学研究所杨积德研究员、郑家传博士的大力支持，中国科学院城市环境研究所的朱永官研究员、上海交通大学的曹心德教授、华北电力大学的何理教授、中国环境科学院的周友亚研究员、环境保护部南京环境科学研究所的林玉锁研究员和徐健博士、苏州中益世纪生态环境设计研究有限公司的王建军等都给予了本书极大的关心和支持，提出了很多中肯、实用的建议。苏州市土地储备中心的陈久康副主任、苏州市环境保护局的孙丽青副局长，他们是苏州土壤修复与管理领域的主要领导与专家，是我长期工作的合作伙伴，为本书提出了不少管理方面的建议和支持。我的团队成员，苏州科技大学土壤污染与修复创新中心的梁媛博士、张园博士、史广宇博士等对本书提出了诸多合理化建议，也是最早支持我编写本书的人员。苏州市环保科技项目也对本书的编写提供了一定的经费支持。衷心感谢科学出版社的周丹和丁丽丽等编辑为本书的出版所付出的辛勤劳作和奉献。

一本书的好坏，关键是看能对使用者有多大作用，如果有可取的部分、可借鉴的内容，一定是各位合著者、指导者、建议者、支持者的功劳；若有结构缺陷、内容疏漏或不足，一定是我的问题，我将虚心接受所有使用者的批评、指正，以期为我国的土壤修复管理作出力所能及的贡献。

施维林

2016 年 8 月于苏州

目　录

第一章 概 述

一、土壤

土壤是人类及其他生物赖以生存的场所，是人类生存和发展最基本的自然资源。土壤是孕育万物的摇篮，人类文明的基石。人类生活于地球上，每时每刻都与土壤发生着密切的关系。“土壤”一词在世界任何民族的语言中均可找到，但不同学科的科学家对土壤有着不同的认识。工程专家将土壤看作建筑物的基础和工程材料的来源；生态学家从生物地球化学观点出发，认为土壤是地球系统中生物多样性最丰富、能量交换和物质循环最活跃的层面；经典土壤学和农业科学家则强调土壤是植物生长的介质，含有植物生长所必需的营养元素、水分等适宜条件，将土壤定义为“地球陆地表面能生长绿色植物的疏松层，具有不断地、同时地为植物生长提供并协调营养条件和环境条件的能力”；环境科学家认为，土壤是重要的环境要素，是具有吸附、分散、中和、降解环境污染物功能的缓冲带和过滤器。ISO（2005）从土壤组成和发生考虑，认为土壤是“由矿物颗粒、有机质、水分、空气和活的有机体以发生层的形式组成，是经物理、化学以及生物过程共同作用形成的地壳表层”。运用当代土壤圈物质循环的观点，人们对土壤的认识和理解有了不同程度的深化与拓展（周建民和高拯民，2003），对土壤的功能、作用等方面的论述更接近于对土壤本质的反映。如何给出一个更为科学而全面的土壤定义，一直是科学家关注的重点，需综合考虑并全面理解土壤的组成、功能与特性。

对土壤的定义必须充分认识并理解土壤是一个历史自然体，是自然环境要素的中心环节，具有相应的生产力、生命力，同时也具有环境净化能力（陈怀满，2002）。

基于以上认识，考虑到土壤抽象的历史定位（历史自然体）、具体的物质描述（疏松而不均匀的聚积层）以及代表性的功能表征（生产力、生命力、环境净化），可将土壤作如下定义，即“土壤是历史自然体，是位于地球陆地表面和浅水域底部具有生命力、生产力的疏松而不均匀的聚积层，是地球系统的组成部分和调控环境质量的中心要素”（陈怀满，2010）。这是一个相对来说比较综合的定义，较充分地反映了土壤的本质和特征。

土壤是一个以固相为主的非匀质多相体系（陈文新，1990）。土壤固相包括土壤矿物质和土壤有机质：其中矿物质占土壤固体总重的90%以上，土壤有机质占固体总重的1%～10%；土壤液相是指土壤中的水分及其水溶液；土壤气相是指土壤孔隙中存在的多种气体的混合物，典型的土壤约有 35%的体积是充满空气的孔隙。此外，土壤中还有数量众多的微生物和土壤动物。

土壤环境未受或者受人类活动（特别是人为污染）影响的原有化学元素组成及其含量

称为土壤环境背景值（国家环境保护局，1993）。土壤环境背景值是代表土壤环境发展的一个历史阶段的相对数值。土壤环境背景值是一个范围值，而不是确定值。这是因为数万年来人类的综合影响，风化、淋溶和沉积等地球物理化学作用和生物小循环及母质成因、地质和有机质含量等影响使地球上不同区域从岩石成分到地理环境和生物群落都有很大的差异，导致土壤的背景含量变化幅度较大。不仅不同类型的土壤之间存在不同，同一类型的土壤之间相差也很大。

土壤中含有大量的无机、有机和无机-有机复合的化学物质及大量的生物和生物活性物质，使土壤具有特殊的吸附性、酸碱性、氧化还原性和生物活性，影响着土壤环境的物理、化学和生物化学的过程、特征和结果。这些性质使土壤环境单元具有一定的自净能力，使之能够承纳一定的污染物质负荷，即土壤的环境容量（国家环境保护局，1993）。土壤的环境自净作用是指在自然因素作用下，通过土壤自身的作用使污染物在土壤环境中的数量、浓度或毒性、活性降低的过程。按照不同的作用机理，可以将土壤自净作用划分为物理净化作用、物理化学净化作用、化学净化作用和生物净化作用四个方面。这四个自净作用是相互交错的，共同完成了土壤环境容量的基础。土壤环境容量是指一定土壤环境单元，在一定范围内遵循环境质量标准，即维持土壤生态系统的正常结构与功能，避免环境系统污染超过土壤环境所能容纳污染物的最大负荷值。尽管土壤环境具有多种自净功能，但净化能力是有限的，人类还要通过多种措施来提高其自净能力。

二、土壤污染

土壤污染是指人类活动产生的污染物质通过各种途径输入土壤，其数量和速度超过了土壤净化作用的速度，破坏了自然动态平衡，使污染物质的积累逐渐占据优势，导致土壤正常功能失调，土壤质量下降，从而影响土壤动物、植物、微生物的生长发育。由此可以看出，土壤污染不但要看含量是否增加，还要看后果，即进入土壤的污染物是否对生态系统平衡构成危害（骆永明等，2005）。因此，判定土壤污染时，不仅要考虑土壤的背景值，更要考虑土壤生态的变异，包括土壤微生物区系的变化、土壤酶活性的变化、土壤动植物体内有害物质含量的生物反应和对人体健康的影响等。有时，土壤污染物超过背景值，却未对土壤生态功能造成明显的影响；有时，土壤污染物虽未超过土壤背景值，但某些动植物的富集作用却对生态系统构成明显的影响。因此，判断土壤污染的指标应包括两个方面，一是土壤自净能力，二是动植物直接或间接吸收污染物而受害的情况（骆永明和滕应，2006）。

通过各种途径进入土壤环境的污染物来源十分广泛，种类繁多，并可通过迁移转化污染大气和水体环境，进而可通过食物链最终影响人类健康。根据污染物进入土壤的途径，可将土壤污染源分为污水灌溉、固体废物的土地利用、农药和化肥等农用化学品的施用及大气沉降等几个方面。从污染物的属性考虑，土壤污染源一般可分为有机污染物、无机污染物、生物污染物和放射性污染物四大类。有机污染物主要有合成的有机农药、酚类化合物、石油、芳烃、洗涤剂以及高浓度的可生化性有机物等。有机污染物进入土壤后可危及土壤生物的生存。无机污染物是随人类采矿、冶炼、机械制造、建筑、化工等生产活动和生活垃圾进入土壤的，这些污染物包括重金属、有害元素的氧化物、酸、碱和盐类等。其中尤以重金属污染最具潜在威胁，一旦污染，就难以彻底消除，其中许多种金属易被植物吸收，通过食物链危及人类健康（骆永明，2008）。生物污染是指一些有害的生物，如各类病原菌、寄生虫卵等从外界环境进入土壤后大量繁殖，从而破坏原有的土壤生态平衡，并对人畜健康造成不良影响。这类污染物主要来源于未经处理的粪便、垃圾、城市生活污水、饲养场和屠宰场的废弃物等，其中传染病医院未经消毒处理的污水和污染物危害最大。

土壤污染具有以下几个特点。隐蔽性：水体和大气污染比较直观，严重时通过人的感官即能发现，而土壤污染则往往通过农作物，包括粮食、蔬菜、水果或牧草以及摄食者的健康状况才能反映出来，从遭受污染到产生恶果有一个相当长的逐步积累过程，具有隐蔽潜伏性；不可逆和长期性：土壤一旦遭受污染，极难恢复，重金属元素对土壤污染是一个不可逆的过程，而许多有机化学物质的污染也需要比较长的时间来降解；后果严重性：土壤污染往往通过食物链危害动物和人体健康，研究表明，土壤和粮食的污染与一些地区居民肝肿大之间有着明显的剂量-反应关系，污灌引起的污染越严重，人群的肝肿大比率越高（陈怀满等，2006）。

三、场地污染

场地污染主要是人们在生产生活中使用化学品、产生废物等过程中，在没有采取足够的安全保障措施下储存、堆放、泄漏、倾倒废弃物或有害物质等所导致的。污染场地的产生原因包括城市工业活动、矿区开采冶炼、废弃物堆放储存及农业生产活动等。由于产业结构调整、城市发展等原因，除了一些单独的工矿区、农业区外，我国还有很多污染场地位于城市中心，使其环境调查、评估和修复等一系列管理与控制工作存在很大困难。

20世纪90年代以来，我国社会经济迅速发展、城市化进程加速、产业结构调整深化，导致土地资源紧缺。随着“退二进三”“退城进园”和“产业转移”等政策的实施，我国几乎所有的大中城市都面临着重污染工业企业关闭和搬迁问题，城市中出现大量的工业遗留和遗弃场地，导致城市工业污染场地问题十分突出。这些污染场地的存在带来了双重问题：一方面是环境与健康风险；另一方面是阻碍了城市建设和经济发展。

四、场地污染源

随着现代工农业和城市的发展，废水、废气、废渣和生活垃圾的排放，场地污染问题越来越严重。场地污染来源众多、类型复杂，与行业特征、建设时间、生产历史及土地利用类型转变等均有不同的关系。

在现有的污染场地中，有历史遗留的，也有改革开放后新产生的；有国有企业带来的，亦有乡镇企业、合资或私营企业造成的。我国污染场地主要分布在城区，其中一大部分与居住、商业和公共娱乐活动用地相邻，生态敏感区遗留的污染场地不容小觑。纵观近几年频发的污染事件，矿区和污染行业往往是污染场地集中分布地，其他的污染场地有填埋场、金属矿渣堆场、加油站、废旧物资回收站或电子垃圾处理厂等。而矿业活动和行业生产过程是造成场地污染的主要途径。上述多种途径汇入土壤、地下水等场地中的污染物，通过长期的物理、化学和生物过程，形成各种不同类型的污染场地，对生态环境和人体健康产生不同的危害。

在为数众多的场地污染源中，影响大、比例高的污染源主要包括工业污染源、农业污染源、市政污染源等，此外还包括医疗废物、核废物和化学武器等其他特殊污染源。不同场地由于主要生产活动等种类不同，加之复合污染的存在，使得污染场地表现出单污染源和复合污染源并存的情况，出现了更为复杂的场地污染来源（李广贺等，2010）。

（一）工业污染源

工业污染源包括交通污染、矿业开采和工业加工与制造等。

1. 交通污染

交通污染中汽车尾气随大气沉降是造成土壤污染事件的一个主要途径。汽车尾气排放使道路周边地区的土壤受到污染，对当地环境安全构成威胁。汽车尾气中重金属可能通过大气传输过程在更大尺度上进行转移，并借助大气干湿沉降影响土壤。而尾气中所含的多环芳烃（PAHs），由于其较强的惰性，表现出较高的稳定性，成为有机污染场地的重要来源。

2. 矿业开采

矿业开采又称采掘业，可分为金属矿开采和非金属矿开采。矿的种类差异和开采工艺的差别对土壤和地下水等场地产生的污染不同。金属矿在开采过程中，含重金属离子的酸性废水会随矿山排水和降雨进入水环境或直接渗入土壤，直接或间接造成土壤和地下水的重金属污染。在不同的矿区企业周围，土壤重金属含量表现出特异性。如沈阳冶炼厂冶炼锌的过程中产生的矿渣主要含 Zn、Cd，1971 年开始堆放在一个洼地场所，其浸出液中 Zn、Cd 含量分别达到 6.6×10^{-3}mg/L 和 7.5×10^{-3}mg/L，目前已扩散到离堆放场 700m 以外的范围，Zn、Cd 污染物浓度是以同心圆状分布的（李广贺等，2010）。另外，金属矿开采、冶炼过程中使用的炸药、硫酸等化学物质在长期使用过程中会转迁到环境介质中造成周边土壤的无机污染。非金属矿开采过程中也可能对土壤造成污染。如煤矿开采过程中，煤、煤矸石中所含的微量有害重金属、无机物、有机污染物等在风、水等自然媒介的影响下，对周边土壤和地下水产生污染。

3. 工业加工与制造

近年来，工业加工与制造对场地土壤的污染表现出多行业复合化（郭子义和韦薇，2001）。如一些地区经过长期的工业发展，形成了集电子电器、建材建工、化工生产、选矿、五金加工、包装印刷、印染、电镀等生产联系紧密的企业聚集区。这些工厂的长期生产和运输等过程不可避免地会发生跑、冒、滴、漏等现象，使工业污染源成为持续的多途径场地污染源（张丽娜等，2013）。

（二）市政污染源

场地市政污染源主要有两个方面。一是城市废弃物，包括城市建筑垃圾及源自商业、办公及居民家庭的生活垃圾；二是垃圾填埋处置。

城市基础设施建设、旧城改造和商业区扩建等活动都会产生大量的建筑垃圾以及有毒有害固体废弃物，形成了数量众多的市政污染场地，而城市居民的日常工作、消费活动每天都产生一定数量的固体废弃物，如餐厨垃圾、生活垃圾及医疗废弃物等。这些废弃物成为了市政污染源的主要来源，人口规模越大的城市市政污染源的影响越严重。

据统计，目前中国已经有三分之二的城市形成了“垃圾围城”的严重局面（李广贺等，2010）。这些城市垃圾已占据相当大量的近郊土地，已存在的城市垃圾大多未经科学的设计与保护处理，有的甚至直接露天堆放或简单掩埋，造成周围场地土壤被污染的问题，严重影响了城市质量和可持续发展。由于污染问题，中国绝大多数城市面临着寻找垃圾处理场地困难的局面。城市垃圾处理方法主要是填埋、焚烧、堆肥。目前，中国城市垃圾年生产量已达到 1.2×10^8t，而且正在以每年 8%左右的速度增长（骆永明，2009）。城市垃圾绝大多数采用卫生填埋的方法，但是许多中小城镇，垃圾填埋还没有达到严格的卫生填埋的标准，仍会对周边土壤和地下水带来严重威胁。

（三）其他特殊污染源

危险废弃物作为一种特殊的、具有极大危害的垃圾是土壤最主要的风险污染源。如医疗垃圾，与一般的生活垃圾相比，它的环境污染风险更大，一旦进入土壤等环境介质不仅使得环境介质成为疾病传播源，还会造成严重的环境污染事故。填埋处理是常用的医疗垃圾处理方式，但是只有经过安全的选址、勘察，且建有符合标准的防渗层才可进行卫生填埋。

化学武器遗弃场地和危险化学品运输、爆炸现场通常会造成严重的场地土壤污染。该类场地土壤污染主要是砷的污染，其砷含量通常超过污染控制标准的几十倍、上百倍，更高的达到一千多倍。

五、土壤污染修复

土壤污染修复是土壤和环境科学领域中的一个重要方向。1994 年，由美国发起并成立了“全球土壤修复网络”，标志着土壤污染修复已经成为世界普遍关注的领域之一。2016 年，我国颁布实施《土壤污染防治行动计划》是我国土壤污染修复的标志性事件，其“防、管、控、修”统筹协调的核心思想为我国土壤修复行业的发展指明了方向。

土壤自身具有一定的自净能力。在土壤矿物质、有机质和土壤微生物的作用下，进入土壤的重金属通过吸附、沉淀、配位和氧化还原等作用可转变为难溶化合物，使其暂缓了生物循环，减少了在食物链中的传递；有机污染物进入土壤后，经过化学、生物学等降解作用使其活性降低，在一定条件下转变为无毒或低毒物质。重金属和有机污染物的上述过程称为土壤净化，它是指污染物通过植物吸收、土壤固定或其他方式从土壤中消失或降低其生物有效性或毒性的过程。土壤生态系统是一个高效的“过滤器”，但其自身的净化能力和速率通常满足不了污染给环境造成的压力，因此，人们开始重视土壤污染治理和修复技术的研究。土壤污染修复的概念一般可理解为通过技术手段促使受污染的土壤恢复其基本功能和重建生产力的过程。然而实践工作中，污染土壤修复更多地表述为，污染土壤的治理或处置。因此，本书论述的污染土壤修复包含了污染土壤治理和处置。

六、污染土壤修复标准

（一）污染土壤修复基准

污染土壤修复基准是一个与土壤环境质量基准相对应但又有本质区别的重要概念，是环境基准（周启星等，2007）的重要组成部分，是制定污染土壤修复标准的基础数据和科学依据。污染土壤修复标准制定的目的是在保证污染土地再用目的的前提下，使受到较为严重污染土壤环境中的污染物降低或削减到不足以导致较大的或人们不可接受的生态损害和健康危害两方面的风险。因此，污染土壤修复标准的制定，对于应急土壤环境事故的处理具有法规准则方面十分重要的指导作用，特别是在正确处理我国土壤保护工作中存在的“欠保护”和“过保护”这一对矛盾具有极其重要的实践意义。在我国，污染土壤修复标准的最大作用是用以判断土壤是否可以改作工业用地、建设用地或者其他用地的法律依据。

作为环境科学的重要概念，污染土壤修复基准是表示土壤环境受到一定程度的污染后其生态系统结构和功能是否可以自行恢复的临界水平。它反映了急性污染或较为严重污染暴露条件下，土壤生态系统中在种群或群落水平上50%～70%的生物种或个数能够得到保护或者免受污染危害的土壤环境中污染物的最高水平。因此，急性生态毒性试验、亚急性生态毒性试验以及群落/种群半致死剂量的确定，对于污染土壤修复基准限值的确定具有十分重要的作用和直接关系（周启星等，2004）。

（二）污染土壤修复标准

污染土壤修复标准是指被技术和法规所确立、确认的土壤清洁水平，通过土壤修复过程、各种清洁技术手段使土壤环境中污染物的浓度削减、降低到对人体健康和生态系统不构成威胁的技术和法规（周启星，2004）。

污染土壤修复标准是在不影响土地再用功能的基础上，充分发挥和利用土壤的纳污能力和净化功能。也就是说，场地是否可以再用，土壤是否可以修复，污染土壤修复标准是其评判的基本依据，而土壤环境质量标准并不能有效做到这一点。

以往，我国均采用土壤环境质量标准来判断土壤是否需要修复。其实，这是不明智的做法，从科学上犯了一个极大的错误！采用土壤环境质量标准评判土壤是否可以再用导致了我国大量肥沃、良好的可耕地和其他农业土地被“源源不断”地改作非农业用地。随着我国土壤环境污染的日益加重，土壤保护形势严峻，面临着巨大的挑战。正是由于这一挑战，急需我国制定和颁布污染土壤修复标准。此外，污染土壤修复效果的评价也需要污染土壤修复标准。由于各国自然背景、土壤类型、土地利用情况等因素的不同以及经济与技术水平的差异，完全照搬、照抄国外的标准是不现实的，也是完全不可行的（Solomon and Hughey，2007）。只有自主开展污染土壤修复基准的系统研究，才能制定出科学、合乎我国实际的污染土壤修复标准。

第二章　国外污染场地管理经验

第一节　美国场地调查与管理

提起场地土壤污染，自然会提及半个多世纪前的“拉夫运河事件”，这是美国环境史上不堪回首的一段记忆，也是全世界知名的危险废弃物填埋污染事件之一。这一惨痛教训直接促使美国政府出台法律，设立“超级基金”，不惜花费巨资治理历史遗留的“毒地”。

拉夫运河位于纽约州，靠近著名的尼亚加拉大瀑布，当初修建它是为了沟通伊利湖和安大略湖两大水系，同时为当地工业提供水电。但由于资金问题，只挖了 1.6km 就不了了之。1942 年，这条运河被美国胡克公司买下用作填埋场，1942 年至 1953 年间，运河里总共填埋了超过 2.1 万 t 工业废弃物。

1953 年，胡克公司把被填埋的拉夫运河以 1 美元的价格出售给尼亚加拉瀑布学校董事会。很快，该董事会决定在那里建造一所小学，周围也随之发展成居民社区。然而，随着时间的推移，填埋在地下的化学废弃物开始侵蚀封存容器，并渗入土壤。

到 20 世纪 70 年代末，经过多年雨水冲刷，废弃物渗入了当地居民的院子乃至地下室。不正常的现象随之而来：流产率高，婴儿出生缺陷多发，有工人出现精神疾病甚至罹患癌症，连哺乳妈妈的乳汁都检测出毒素。经媒体报道后，纽约州环保部门介入调查，在当地土壤中发现 82 种化学复合物，其中 11 种为致癌物。

美国国家环境保护局当时的一篇文章写道：“拉夫运河事件是美国历史上最可怕的环境灾难之一，但这不是最让人不安的，更糟糕的是这不是孤立事件，它可能会再次发生，发生在这个国家的任何地方，除非我们迅速采取行动。”面对民众质疑和媒体曝光，时任美国总统吉米·卡特于 1978 年和 1980 年两次宣布拉夫运河事件为联邦突发性环境事件，大约 950 户家庭被转移到其他地方。但拉夫运河的污染物清理工作直到 2004 年才宣告完成，用时 24 年，耗资 4 亿多美元（Bezdicek et al.，1996）。

经过惨痛的教训，美国人总结工程经验，严苛执法加上充分利用其人力资源是美国得以成功实践土壤资源化利用、推进污染场地修复的关键因素。这一项以正视土壤资源属性为基础的政策，不但降低了污染场地修复和再开发的成本，激发了社会资本参与土壤修复的热情，更为经济欠发达地区的土壤修复找到了一条可行的途径。后一点对我国工业搬迁场地治理以及新城镇化建设尤具借鉴意义。

我国是世界上土壤污染最严重的国家之一，已有超过 1.5 亿亩[①]的污染耕地以及数目众多的城市污染场地，对近 14 亿人的健康和国家的未来产生了巨大的威胁。不合理地耗用有限资源以及过度追求“零风险”的彻底修复，将使国家整体修复进度放缓，进而导致土壤

---

① 1 亩≈666.67m^2。

继续恶化直至不可逆转。美国通过近三十年在土壤修复领域的探索，固然积累了许多值得引进的先进技术，但其为促进土壤修复而设立的各项社会和经济制度更是我国需要借鉴、学习的地方。唯有通过观察和学习国外经过数十年发展起来的成熟制度，我国才能更快地实现土壤修复领域的产业升级，在形势不可逆转前及时遏制住污染加剧的趋势，最终还大众一片健康的沃土。

一、《超级基金法》

美国的环保类法律中最为人知、最具美国特色的法律当属1980年美国颁布的《超级基金法》（*Comprehensive Environmental Response，Compensation and Liability Act*，CERCLA），也被称为超级基金制度。《超级基金法》全称为《综合环境反应、赔偿和责任法》，该法分别在1986年的《超级基金增补与再授权法案》和2002年的《小规模企业责任减轻与棕色地块振兴法》中得以修订；其他美国有关土壤污染治理的主要法律参见表2-1。超级基金由美国国家环境保护局（U.S. Environmental Protection Agency，EPA）的固体废物与应急司（Office of Solid Waste and Emergency Response，OSWER）主要负责，该处包含两个职能部门，一是应急管理办公室，主要掌管超级基金的短期（应急）反应行动；二是修复与技术创新办公室，主要掌管超级基金的长期运行（Poulter，1998）。

表2-1 美国有关土壤污染治理的主要法律

年份	法律、规范名称
1948	《美联邦水污染控制法》
1956	《水污染控制法修正案》
1965	《水质法案》
1972	《联邦水污染控制法案》
1977	《清洁水法》
1981	《市政污水处理建设基金修正》
1987	《水质法案》
1976	《资源保护和恢复法案》
1977	《有毒物质控制法》
1980	《综合环境反应、赔偿和责任法》
1982	《国家石油和有害物质污染紧急预案》
1984	《危险和固体废弃物修正案》
1986	《超级基金增补与再授权法案》
1989	《反倾倒垃圾法案》
1990	《石油污染法案》
1997	《棕色地块全国合作行动议程》
1999	《超级基金振兴宣言发表》
2000	《棕色地块经济振兴计划》
2002	《小规模企业责任减轻与棕色地块振兴法》

本节从《超级基金法》的立法目的、基本法律制度和《超级基金法》的特点三个方面简要、全面地介绍了其在场地土壤污染修复方面的价值，期望能给我国场地土壤污染修复管理模式的创新给予一些启迪。

（一）立法目的

《超级基金法》基于推动人类健康、福利事业发展，在其严格的责任机制规范下，通过对严重威胁环境安全的污染场地进行清理和修复，促使整个社会以更谨慎的方式处置危险物质。

（二）基本法律制度

1. 信息收集和分析制度

该制度可以使联邦政府和各州政府跟踪和及时了解全国范围内的场地污染情况，并根据污染场地的严重性程度确定清理的优先顺序。

2. 创设“超级基金”

超级基金为联邦政府的反应行动和污染场地的清理提供资金支持，其资金来源和使用范围可参见表 2-2。

表 2-2 超级基金资金来源与适用范围

名称	来源途径	适用范围
超级基金	一般财政拨款	联邦政府采取清理或救助行动所发生的费用
	对石油和 42 个化工行业产品专项征税	支付污染场地进行评估，开展相应调查研究的费用
	对公司征收的环境税	对地方政府进行补偿
	从 CERCLA 责任主体追偿获得款项	奖励等一系列活动所需的费用

3. 广泛授权

为应对危险物质泄漏、污染场地的清理和受损自然资源的恢复，对联邦政府实施反应行动进行了广泛的授权。其授权过程如图 2-1 所示。与美国其他环境立法中的管制手段和行政授权范围相比，《超级基金法》赋予联邦政府更大实施反应行动的权力。联邦政府可以自行利用超级基金对污染场地进行调查和清理，然后就发生的费用向 CERCLA 责任主体追偿，可以向联邦法院申请司法强制令，强制相应的 CERCLA 责任主体进行污染场地的调查、评估和清理，或者在一定条件下直接签发行政命令，要求 CERCLA 责任主体实施清理行动。

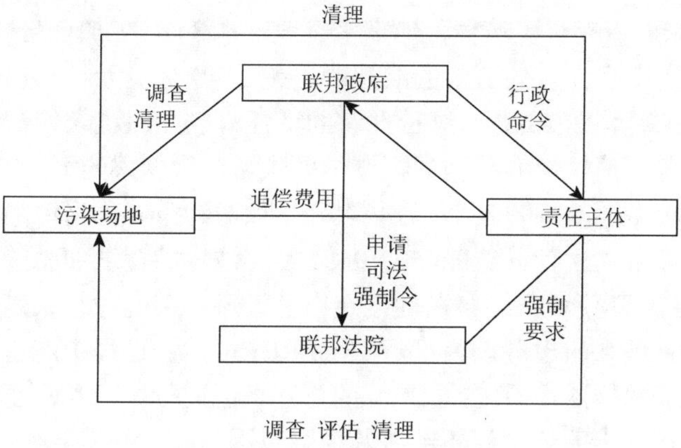

图 2-1　《超级基金法》对联邦政府授权简视图

4. 建立责任制度

《超级基金法》的责任制度以污染者付费原则为基础，指出所有清理费用和自然资源损害最后将由 CERCLA 责任主体承担。CERCLA 的最大特色就在于其苛刻的责任制度。虽然 CERCLA 设有“超级基金”，为联邦政府实施反应行动进行了广泛的授权，但污染场地的清理、受损自然资源的恢复，最后均可通过其严厉的责任制度，由 CERCLA 的“潜在责任人”承担（Gulino，1986）。为此，CERCLA 的责任制度被评价为“美国环境法有史以来最为严厉、最有争议但却得到联邦法院最广泛支持的责任体系”。

（三）《超级基金法》的特点

就责任主体认定而言，CERCLA 未遵循普通法规传统的“行为”判断标准，即无论相应主体是否实施了造成场地污染的危险物质处置、处理或释放等行为，只要其属于 CERCLA 所界定的“身份”范围，就会产生 CERCLA 责任（United States，1980）。同时，联邦法院的司法实践也对 CERCLA 的责任主体范围进行了扩张性解释，突破了很多传统的普通法或公司法的概念和原则。联邦法院对于所有人概念的解释，使一定条件下的贷款人、受托人或信托人都可能承担 CERCLA 的“所有人”责任。再有，联邦法院对公司有限责任原则的突破，使个人股东或公司职员也有可能与公司一起成为 CERCLA 的责任主体。CERCLA 对其责任主体的宽泛界定以及联邦法院的扩张性解释，使几乎任何与污染场地有关联的主体都可能成为 CERCLA 责任人（United States，1980）。

基于多种原因，CERCLA 并没有在其责任条款上对责任主体的归责原则作出明确规定，而联邦法院最初在适用 CERCLA 时就如何解释其责任条款，如何在众多责任主体之间分摊责任，有不同的理论依据和判决。但经过 30 年的 CERCLA 适用，联邦法院已逐渐形成一致意见，即 CERCLA 责任主体的责任标准是有溯及力的严格责任和连带责任——所有依据“身份”被确定为 CERCLA 责任主体的人，需要对 CERCLA 生效前发生的危险物质处置行为承担严格责任和连带责任，即使其行为在发生的当时并不违法（United States，1980）。

自 CERCLA 颁布实施以来，美国将近 40000 个已被美国国家环境保护局监管的危险物质污染场地直接受到该法案的影响。据统计，30 年来 EPA 共清理有害土壤、废弃物和沉淀物1亿多立方米，清理有害液体、地下水、地表水3410亿加仑[①]，同时还为数万人提供了饮用水源。从潜在责任人处追偿的清理费用超过40亿美元。其已成为美国最活跃的联邦环境法之一。但是，CERCLA 过于严苛的责任机制在促进人们对环境采取更谨慎态度的同时也带来了各种消极影响。例如，在金融领域，贷款人的CERCLA责任可能引发与环境有关的工程项目上的融资收缩，势必阻碍诸如对污染工业用地的清理与再开发等旨在改善环境的工程项目的进行，造成与CERCLA立法目的背道而驰的结果。各行业经营主体为规避CERCLA责任，开始自发地创造出各种避险措施，结果是更多“棕色地块”的产生和企业间免责条款的出现。为了调整CERCLA适用过程中产生的负面作用，美国国会不断出台一些新的立法，对CERCLA的责任机制进行平衡和修正。联邦法院的司法判决也逐渐将法律适用上的公平问题纳入其视野范围。

二、美国场地调查步骤

美国对污染场地进行的污染清理、环境治理等工作，必须依照CERCLA的相关程序。CERCLA 法授权美国国家环境保护局负责“棕色地块”的污染清理，且制定了一个治理棕色土壤污染的国家优先名录（NPL），授权EPA负责对每块遭受了污染的土地（场所）的危险性进行必要的评估，根据危险评估结果确定列入国家优先名录的地块。只有被列为国家优先名录的土地与场所，才由EPA负责进行污染清理，在无责任人承担清污费用时从超级基金中予以支付（United States，1980）。在CERCLA的指导下，美国场地土壤污染治理的基本程序如图2-2所示。

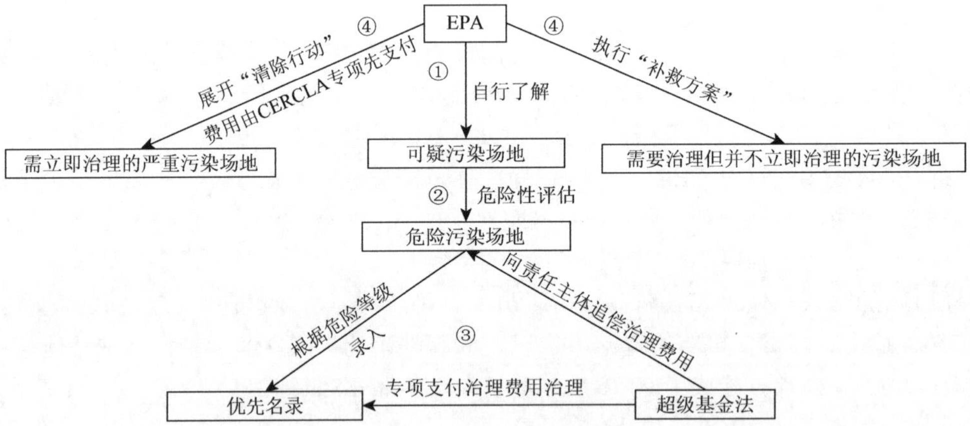

图 2-2 CERCLA 指导下的美国场地土壤污染治理的基本程序

①EPA 自行了解或者通过他人获知遭受污染的土地与场所；②EPA 对该土地与场所进行必要的危险性评估，评估因素包括有毒物质的毒性、受到影响的人数、污染物的数量以及污染物扩散的物理特性等；③EPA 根据土地污染危险性等级决定是否将该土地与场所列入国家优先名录。列入国家优先名录的场所与地块，其大型清污工程的费用由EPA从自己所管理的超级基金中列支；未被列入国家优先名录的土地如其确已遭受了污染，由各州或者联邦机构依据其他法律进行必要的治理；④如果遭受了污染的土地会马上产生严重的危险，EPA 将立即采取必要的清理行动予以清除污染物，防止污染的扩散对更大范围内的民众造成伤害。这在CERCLA法中被称为“清除行动”

① 1加仑≈3.79升。

如果某土地遭受了污染，需要及时但并非立即治理，EPA 将根据危险性等级、污染物质的性质等制定与执行“补救方案”，并根据具体的污染情况决定是对该场所进行整体的清理还是分成不同的单元进行治理。

三、美国场地风险评估筛选值

筛选值和修复目标值的选取或制定直接关系到污染场地的风险识别、管理策略和修复方案的制定。因此，制定方法科学、技术经济可行的场地土壤筛选值和修复目标值极为重要。这是分析美国场地风险评估筛选值的主要原因，旨在对我国场地修复工作提供指导和参考。美国很多州、大区环境保护署都制定了本州（区）的土壤筛选值（表 2-3）。

表 2-3　土壤筛选值

区域级别	州	大区	区域
土壤筛选值名称	加利福尼亚州人体健康筛选值	9 区的初步修复目标值	PRGs、RBC 和 HHMSSL 值整合为区域筛选值（RSL）
	佛罗里达州土壤修复目标值	3 区的风险浓度值	
	新泽西州土壤修复标准	6 区的人体健康筛选值（HHMSSL）	

美国国家环境保护局区域筛选值是基于人体健康风险制定的，不考虑生态风险，主要用于在《超级基金法》指导下场地土壤污染风险的初筛和初步修复目标值的制定，最新的更新时间为 2010 年 11 月。区域筛选值分为居住用地土壤、工业用地土壤、居住用地空气、工业用地空气、饮用水、保护地下水 6 个类别，并按照不同暴露途径的致癌和非致癌风险分别单独列出。在实践中，若场地土壤污染物浓度超过区域筛选值，并不意味着该场地受到污染或需要修复，只是建议对该场地进行进一步的环境调查（Cihacek et al.，1996）。区域筛选值是普适性的筛选值，区域筛选值的网站提供在线工具，通过代入场地特征参数可以计算具体场地的筛选值（SSTL）。

第二节　西欧场地调查与管理

根据欧盟《第六个环境行动规划》（*Sixth Environment Action Programme*）决定，欧盟委员会于 2006 年 9 月发布了《欧洲土壤保护主题战略》（*Soil Thematic Strategy*，COM（2006）231），其基本框架体系结构如图 2-3 所示。该战略包括欧盟委员会向其他欧洲相关机构发布的通信、《土壤框架指令建议》（COM（2006）232）和一份影响评价。土壤保护主题战略确定了土壤保护的战略框架，提出了战略总目标，阐述了必须采取的措施，确立了欧盟委员会未来十年的工作计划。《土壤框架指令建议》确定欧盟保护土壤的共同原则，在此框架之下，欧盟成员国将决定如何最好地保护土壤，如何在本国内以可持续的方式应用这一指令。战略要求欧盟各成员国应基于污染场地的定义及潜在污染行为，鉴别本国内的污染场地，评估污染场地当前和未来土地使用的风险，编制一份污染场地国家清单。清单应至少每 5 年公开接受一次审查以及建立国家污染土壤修复战略，合理透明地确定其对污染场地修复的优先次序。另外，还要求建立污染场地修复的资金机制。在研究方面，土壤保护主题战略指出，需要在土壤保护和修复的实施程序与技术方面开展研究。

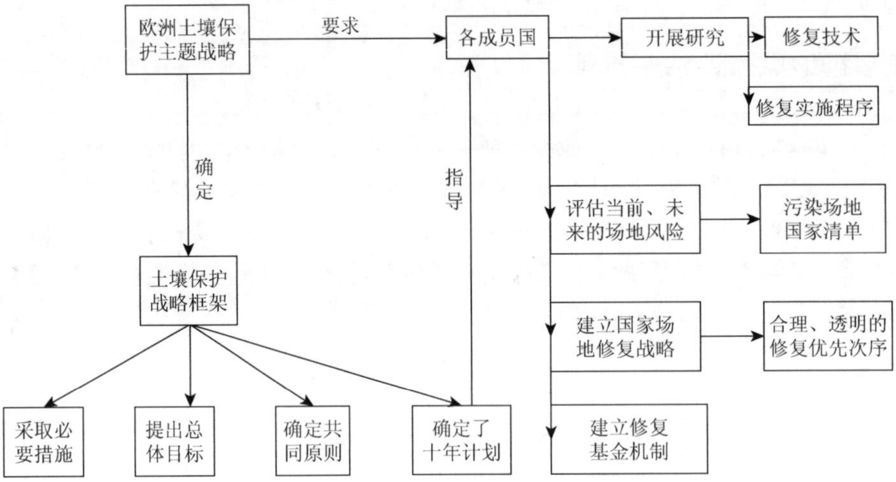

图 2-3　欧洲土壤保护主题战略基本框架体系结构

原欧盟成员国众多，我们选择英国、荷兰以及德国对它们的场地土壤污染管理体系从污染场地法律体系、调查技术规范、风险评估筛选值等方面作分析。

一、污染场地法律体系

（一）英国相关污染场地法律体系

据估计，英国大约有 30 万 hm^2 受不同程度污染的遗留场地（United Kingdom，1990）。英国在污染场地方面设置了全面的法律框架，最重要的则是《环境保护法案》。1995 年，在《环境保护法案》（1990）的基础上增加了一部分，形成了《环境法》。该部分针对英国的土地污染设置了法律规范体系，其主要目标是提供一种方法来发现和处理历史遗留的受到污染的土地。法案要求地方授权机构识别出污染场地并确保污染场地的风险得到控制，另外，法案还制定了污染土壤修复的付费规则。

在《环境保护法案》中，英国针对土壤污染修复的责任认定和资金机制作出了明确的规定。其污染场地调查、识别、修复的责任认定主要由地方授权机构负责，对于资金机制，按照场地修复各个阶段都给出了明确的来源。例如，在污染场地的调查和识别阶段，资金来源主要是纳税人和资助资金承担，污染者承担场地修复；无法确定责任主体及污染者的则由纳税人和资助资金承担（United Kingdom，1990）。表 2-4 汇总了英国场地污染修复实施各个阶段的责任认定和资金机制。针对土壤修复管理，英国也制定了一系列技术导则，随着时间的推移，也进行了补充和修改，具体技术导则名称和时间参见表 2-5。

表 2-4　英国场地污染修复实施各个阶段的责任认定和资金机制

环节	污染者	责任认定	资金机制
污染场地的调查和识别	无需污染者	地方授权机构	纳税人承担 “污染场地资助计划”承担 其他资助资金承担
污染场地的修复	能找到		污染者承担
	未能找到		纳税人、“污染场地资助计划”、其他资助承担

表 2-5　英国关于土壤修复的技术导则

年份	名称
1999	《英国国家标准——场地调查技术规程与指南》
2004	《污染场地的风险评估与管理技术指南》
2006	《修复目标确定原理》
2008	《土壤中污染物的毒性评估原理与指南》
2009	《污染场地风险评估模型技术原理》
2009	《污染场地风险评估模型使用指南》
2010	《修复工程监理指南》

（二）德国相关污染场地法律体系

面对战争及经济发展中留下的大量受污染土地，自 20 世纪 80 年代开始，于 1985 年制定了联邦土壤保护战略，明确了扭转土地恶化趋势、降低污染物侵入等土壤保护目标。土壤保护成为德国政府环境保护的重点工作，污染预防则成为土壤保护的重中之重。至 20 世纪 90 年代末，《联邦土壤保护法》和《联邦土壤保护与污染场地条例》相继出台，建立了以专门的法律法规为基础，借助信息公开、教育等方式培养民众保护意识的土壤污染预防体系，形成了他律与自律相结合的土壤保护氛围。

《联邦土壤保护法》首先对调整对象作出了相应的规定，制定了涉及土壤领域的相关法律（表 2-6），而《联邦土壤保护与污染场地条例》则对这些部门法中尚未规定的有关土壤的领域进行管制，具有相应的补充作用（Lebert et al.，2005）。

表 2-6　德国涉及土壤领域的相关法律

法律名称
《循环经济与废物管理法》的部分条款
《肥料和植物作物保护法》
《基因工程法》
《联邦森林法》和各州的森林法
《建设规划法》
《联邦矿业法》
《联邦污染防治法》

《联邦土壤保护法》规定，每个土地使用者或所有者有防止土壤污染和清除土壤污染的义务。该法规定了在何种情况下每个土地使用者或所有者有使地面水和土壤重建自然功能的义务，此外，还对物质在土壤中的传播进行了规范。该法规定，联邦政府有权基于土壤的价值和有关要求颁布相应的行政法规。这些法规可以针对怀疑有残留污染的地区，并对确定何时有残留污染作出规定。

这些要求涉及防止土壤污染和残留污染的清除。该法还规定了土壤污染的评估和调查的负责人。此外，根据该法，各州可以对残留污染和有残留污染的土地的统计作出规定，还规定了应何时以及如何将有关信息通知相关者。

就如何对清除污染进行调查和规划以及责任的承担，《联邦土壤保护法》作出了规定，特别是将行政机关的权限放在了突出的地位。行政机关对土壤监测负责，可以要求土地所有者采取自我监控措施，如自己承担费用进行土壤和水域调查。根据要求，土地所有者应将调查结果告知行政机关，行政机关还有权就第三者应尽的义务颁布其他规定。

该法不仅规定了相应的专家和调查单位，并对他们提出了相关要求，还规定了数据传输等技术性问题和听证程序；也说明了应在多大程度上履行欧盟有约束力的决议，并且对费用承担和分配作了规定以及在什么情况下会出现违规情况和应缴纳的罚金数额。

《联邦土壤保护与污染场地条例》是德国实施土壤保护法律方面的主要举措，整个条例仅有 13 项规定；此外，还制定了大量规定具体事项的实体性附件来执行《联邦土壤保护法》。该条例行使了《联邦土壤保护法》赋予的种种权力，相关规定包括：首先，可疑污染地点、污染地和土壤退化的调查和评估，抽样、分析与质保的要求；其次，条例规定通过排除污染、防止泄漏、保护和限制等措施来防范危险的要求以及有关整治调查与整治计划的补充要求，条例还对防止土壤退化的要求进行了相关规定；最后，详细规定了启动值、行动值、风险预防值以及可允许的附加污染额度（Germany，1999）。

（三）荷兰相关污染场地法律体系及实践

荷兰是欧盟成员国中最早就土壤保护进行立法的国家之一，1970 年就起草了《土壤保护法》。从 20 世纪 80 年代中期开始，建立了土壤可持续环境管理框架体系，完善了土壤环境管理法律及相关标准，完成了全国土壤污染调查并向社会公众开放土壤污染场地数据管理系统和土壤修复决策工具箱，为企业修复土壤提供技术支持。荷兰最早的有关场地土壤污染的法规是 1983 年颁布的《土壤修复临时法案》(*Interim Soil Remediation Act*)。这部法规根据土壤背景值和专家判断给出了第一批土壤质量标准。1987 年出台了《土壤保护法案》，对土地所有者或使用者应承担的环境责任作出了规定。

政府还设立了“土壤修复”目标值和干预值。目标值表示，低于或处于这个水平的土壤具备人类、植物和动物生命所需的全部功能特征，土壤质量是可持续的。干预值表示，超过这个水平的土壤，其具备的人类、植物和动物生命所需的功能特征已经被严重破坏或受到严重威胁，必须接受强制干预。荷兰所有受污染的土壤中，90%的土壤纳入了可持续管理。荷兰制定的土壤干预值实用性强，在欧洲影响极大，早期英国、法国、德国、比利时等国家的土壤治理都采用了荷兰干预值作为评估标准或者修复目标。

场地修复综合考虑土壤修复和地下水修复。地下水质量存在很大的被污染风险，再加上地下水具有流动性，一旦遭受污染，污染范围便越来越大。地下水发生污染后，由于污染源难以接近，或由于修复费用高昂，因此并非任何情况下的地下水污染都可以修复。荷兰现行的《土壤保护法》不再强调大而全的多功能修复模式。《土壤保护法》明确主要任务是采取有效措施防止污染的进一步扩散；在自然降解微乎其微，或易受污染的对象直接面临污染威胁的情况下，防止污染扩散尤为重要。

受污染的地下水修复可采用传统的封闭隔离墙，但有其缺陷，需将地下水抽出方可进行处理，且需动力，亦会产生废物。由若干出水孔组成的水文地质墙也存在上述缺点。

根据荷兰土壤质量管理与技术转让中心（SKB）有关反应墙的工作原理可以看出，使用反应墙清除地下水中的污染物则可以避免上述缺点，是一种较好的选择。反应墙具有可渗透性，不妨碍地下水的流动，且可拦截地下水中的污染物。这种反应墙在英语国家中叫做“permeable reactive screens”，也即“可渗透性反应墙”。不同类型的反应墙对污染物的处理过程各不相同，有的通过微生物或者化学作用降解污染物，有的则将污染物拦蓄在反应墙中定期清除。

反应墙主要包括完全反应墙或渗透性反应墙、生物反应墙、隔水漏斗-导水门系统三种。三种反应墙的优缺点对比见表 2-7。

表 2-7　常见的反应墙的优缺点对比

名称	优点	缺点
完全反应墙	1. 坚固：如若选择得当，并且厚度设计合理，基本不会发生什么问题 2. 维护费用低：从理论上讲，在这方面几乎不需要任何费用，甚至安装完毕经过一段时间后，监测任务也会大大减少 3. 长期效应：根据完全反应墙的厚度，生命周期紧随污染的修复周期，一般长达十年 4. 可持续性：不消耗任何能源，不产生任何废弃物	1. 缺乏灵活性：受水文地质影响大；在条件发生改变的情况下，不易改造 2. 安装费用高：原材料费用高，土建工程量取决于渗透性反应墙的高度 3. 实际应用中的限制：在人口密集的区域不宜采取这种方式；技术复杂性和安装费用与深度呈正相关 4. 尚未在荷兰广泛应用：目前，荷兰只有 2 座完全反应墙，世界总共有 125～150 座
生物反应墙	1. 灵活性：易于扩大规模，通过增加滤井和改变注入基质适应新的变化条件 2. 投资低：生物反应墙结构简单，只有少量的滤井、水泵和一台注入装置，需要注入的基质也很低廉 3. 适用范围广：生物反应墙可以安装在任何位置，也能安装在地下深处 4. 自我化强：微生物活动及其条件随地下水流动而自行强化，生物反应墙的修复作用得以加强 5. 荷兰有大量生物反应墙设施，在利用微生物作用进行土壤修复方面积累了丰富经验	1. 稳定性差：无法保证微生物作用的稳定性，营养成分短缺以及由此导致的 pH 的变化都会影响微生物的作用过程，监测工作至关重要 2. 长期操作和监测：生物反应墙建成后必须长期监测和管理，因此运行费用会很高 3. 堵塞现象和再生能力反应产生的大量衍生物和硫酸盐沉淀物容易导致出口堵塞，且再生能力难以实现 4. 高度污染的修复作用不佳：高纯度污染物和重度污染物是生物反应墙面临的重大难题
隔水漏斗-导水门系统	1. 反应物的节约使用：其作为地下水拦蓄装置可以大大节省反应物的用量 2. 监测准确、方便：需要监测的范围不大，监测误差大大降低 3. 耐用性强：只要选址正确，反应器正常发挥作用，就能保证长期使用 4. 反应器可更新性：现有反应器无法使用时可以用新材料进行修理，从而提高反应器的寿命和性能可靠性	1. 灵活性差，受水文地质影响大：隔水漏斗-导水门系统建成后难以改动，无法适应当地条件或水文地质因素的变化 2. 安装费用高：地下深度高于其他反应墙，但随着深度的增加，隔水漏斗-导水门装置的成本迅速增加 3. 适用范围有限：不适用于高度城市化地区，也不适用于地下管道和电缆密集区域

荷兰三十几年的场地污染土壤和地下水修复经验具有很大的帮助和指导意义，其在地下水修复方面的新趋势、新动态更值得了解和关注。

二、德国场地调查技术规范

以德国《联邦土壤保护与污染场地条例》中第四条以及附件2为依据，简要说明德国场地调查技术流程（图2-4）。该条例第四条规定了评估的要求，即解释性的调查要接受评估程序。评估主要是利用条例附件2中启动值进行。启动值评价的指标是浓度是否超标，如果浓度大于规定标准，则要依据土地的主要用途对单个地点进行调查，看其情形是否属于土地退化或场地污染。若调查显示浓度低于相关的启动值，则认为没有必要实施土壤退化调查。为适用启动值的目的，条例附件明确区分了土壤与人体健康、土壤与植物以及土壤与地表水等路径。在土壤与人体健康的相互关系中，又根据土壤的不同用途将其分为运动场、居民区、公园和娱乐设施、工业和商务用地；每个土壤用途目录配以不同的启动值标准：以上四类用地铅物质浓度分别为200mg/kg、400mg/kg、1000mg/kg、2000mg/kg，土壤的用途不同还将决定整治措施的必要性。

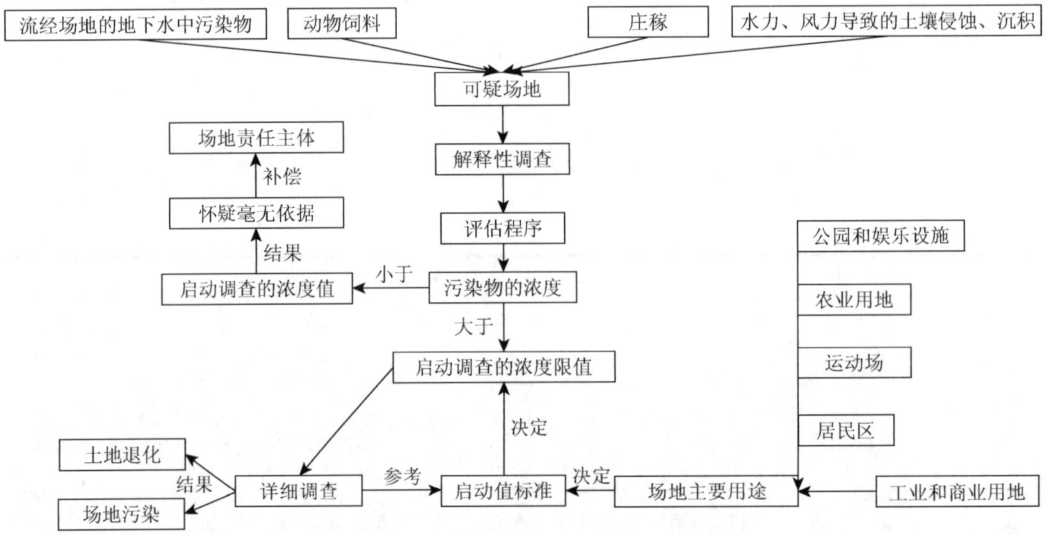

图2-4 德国污染场地调查技术流程图

《联邦土壤保护与污染场地条例》中附件2细化了一些金属（镉、铅、铬、铜、汞、镍、锌）和有机物质的风险预防值。风险预防值不因为土地用途的不同而产生差异。相反，附件根据《德国地质土壤导图》区分了土壤的主要类型。考虑到普遍存在以及自然的背景水平，风险预防值建立在生态毒物阈值的基础上。

三、英国与荷兰场地风险评估筛选值对比

（一）英国场地风险评估筛选值

英国场地风险评估筛选值体系主要包括基于人体健康风险的土壤指导值（SGVs）和

基于生态风险的场地风险评估筛选值（SSVs）。其中，SGVs 值对应不可接受风险，而 SSVs 值对应中度风险。

2002 年，英国环境保护署（Environmental Agency）颁布了基于人体健康风险评估的土壤指导值，包括①租赁农地：敏感受体是 0～6 岁的女童；②居住地：敏感受体是 0～6 岁的女童；③商业/工业用地：敏感受体是 16～59 岁的女性工人。

针对每种敏感受体，预设了一套标准暴露参数，有些参数如体重、单位人体质量体表面积、暴露于土壤的体表面积分数、单位体重的呼吸速率、暴露于土壤的皮肤面积分数、1～6 岁儿童每日土壤摄入量、每天蔬菜消费量等，均根据居民调查数据的概率密度函数而定。对于有阈值的非致癌污染物，健康基准值（HCVs）是扣除其他背景暴露量后每日允许摄入源自土壤的污染物量（TDSI）。对于无阈值的致癌污染物，未设定可接受的风险水平，健康基准值为指标剂量（index dose），即人体暴露于土壤污染物中产生最小健康风险的土壤污染物浓度。采用污染土地暴露评价（CLEA）模型推导场地风险评估筛选值，CLEA 模型中的概率参数值取 5000 次，预测暴露量的 95%分位值为平均每日暴露量（average daily human exposure，ADE），再与健康基准值比较，超过 SGVs 表明可能对土地使用者产生不可接受的风险，需进一步调查或修复风险场地的筛选（图 2-5）。

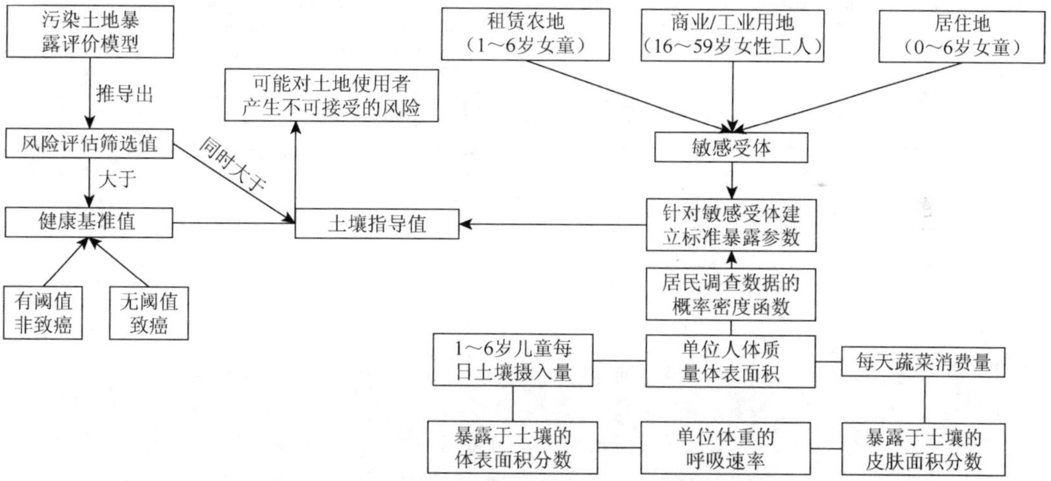

图 2-5 对可疑污染场地土壤进行风险值筛选流程

英国环境保护署 2004 年颁布了 SSVs 值，用以保护生态物种和重要的生态功能。SSVs 是基于预测的无效应浓度（PNECs）制定的，根据毒性数据的类型，选用评价系数法（基于陆地生态毒性数据）或平衡分配法（基于水生生态毒性数据）制定 SSVs。

（二）荷兰场地风险评估筛选值

荷兰制定了两种基于风险的土壤筛选值，即目标值（target value）和干预值（intervention value）。其中，低于目标值意味着对生态系统的风险可以忽略，而超过干预值则意味着对生态系统或人体健康可能造成不可接受的风险。

目标值是基于最大允许浓度值制定的。最大允许浓度（MPC）是5%生态物种和微生物过程或酶活性受到影响的土壤污染物浓度（HC5，即95%的保护水平）。MPC值是从两类物种敏感性分布（SSDs）曲线中得出的，一是土壤污染物总浓度与潜在受影响的物种的分数（PAF）的关系曲线上取HC5值；二是土壤污染物总浓度与微生物过程或酶活性受影响的分数的关系曲线上取HC5值。从中取两类HC5的低值再除以100（安全系数）即为目标值（Provoost et al.，2008）。

干预值是基于两个方面得出的，一是50%的生态物种或微生物过程受到影响；二是对人体健康可能造成不可接受的风险而制定的。就人体健康风险而言，有阈值的非致癌物最大可接受风险（MPR）为每日允许摄入量，而无阈值的致癌和基因毒性污染物最大可接受风险为10^{-4}致癌概率。在分别得到基于生态毒性和人体健康风险的土壤临界浓度后，通常取两者中的低值为干预值。特殊情况下，当较低值的不确定性很高时，取较高的值作为干预值。

将目标值和干预值取其算术平均值即为中间值（intermediate value）。荷兰的目标值和干预值都不针对特定的用地方式，将具体场地土壤污染物的浓度（*C*）与筛选值相比，根据比较的结果采取不同的措施（表2-8）。

表2-8　场地土壤污染物的浓度（*C*）与筛选值比较的结果及采取的不同措施

比较结果	结果表明及需要采取的措施
C＜目标值	土壤清洁，适于各种土地利用方式
目标值＜*C*＜中间值	土壤轻微污染，可对土地利用采取适当限制措施
中间值＜*C*＜干预值	土壤轻微污染，需开展进一步调查或者可采取措施限制土地利用
至少有一种污染物 *C*＞干预值且污染土壤体积＞$25m^2$（或污染地下水体积＞$100m^2$）	表示土壤严重污染，理论上需要进行修复，但需确定修复的紧迫性。这要通过对具体场地的人体健康风险、生态风险和污染物迁移风险进行评估，据此确定该场地的修复紧迫性

（三）荷兰与英国在场地风险评估筛选值存在差异的主要原因

通过对制定方法学、暴露途径选择、污染物毒性参数数据来源、标准土壤几个方面比较分析荷兰与英国在场地风险评估筛选值存在差异的主要原因，比较结果见表2-9。

表2-9　荷兰与英国在场地风险评估筛选值存在差异的主要原因比较

影响因子		国家	
		英国	荷兰
制定方法学	值名称	土壤指导值 土壤筛选值	土壤的目标值 土壤的干预值
	制定依据	土壤指导值是利用CLEA模型通过人体健康进行风险评估 基于生态风险的土壤筛选值是英国环境保护署根据欧盟的技术导则文献（TGD）制定的	目标值是根据土壤生态风险制定的，重金属的目标值还考虑了土壤背景值 干预值同时考虑了土壤生态风险（50%生态物种或微生物/酶过程受到影响）和人体健康风险（致癌风险为10^{-4}、非致癌危害商值为1），通常取两者的低值

续表

影响因子		国家	
		英国	荷兰
暴露途径选择	值名称	土壤指导值	土壤的干预值
	途径	土壤指导值采用的 CLEA 模型不考虑土壤污染物经地下水的暴露途径	干预值制定时采用 CSOIL 模型，暴露途径选择有：室外土壤直接暴露途径、室内的间接暴露途径、源自土壤的饮食暴露
污染物毒性参数数据来源		（1）英国有关权威机构提供的毒性数据； （2）欧盟委员会或国际权威机构（如 WHO）提供的数据； （3）其他国家的有关组织提供的数据（如美国毒物和疾病登记署）； （4）权威机构为其他目的提供的报告	荷兰国家公共卫生及环境研究院（RIVM）的风险评价数据库
标准土壤		砂质壤土、有机质含量 6%。还有不同土壤 pH（6、7 和 8）和有机质含量（1%、2.5%和 5%）的土壤指导值	10%的有机质，25%黏粒含量

第三节　日本场地调查与管理

一、日本防治面源污染的法规体系

日本场地法规体系以《土壤污染对策法》为中心，具有各个方面与防止面源污染法律相配套的特点。农用地是日本最为稀缺的生产要素，但曾有大量的农田受重金属污染。骨痛病事件后，日本开始重视农用地污染防治。20 世纪 70 年代初在《公害基本法》中增加了有关土地污染防治及治理的相关条文；随后又出台了《农用地土壤污染防治法》，根据实际情况，于 1978 年、1993 年和 1999 年进行了修订。早期日本采用客土和灌溉方法对污染农田进行治理，近年来的重点在于土壤淋洗和植物修复技术（大壕直，2005）。

针对新的土地污染状况，日本于 1989～2003 年相继颁布了《水质污浊防治法》《二噁英类对策特别措施法》《土壤污染对策法》等法律法规。1989 年、1996 年两次修改了《水质污浊防治法》，对有害物质渗透及地下水净化等进行了规定；1999 年颁布的《二噁英类对策特别措施法》对污染土壤有害物质实施管制；2003 年出台的《土壤污染对策法》从法律角度确立了对土地污染程度进行调查，对土地污染的特定区域以及治理情况进行信息公开化，对划定的污染区域进行管理，按照相关的标准对土地污染现状进行治理，并规定了一系列的财政援助政策。

2000 年，日本再次修订了 1950 年颁布的《肥料管理法》。该法规定，原料中含有污泥的堆肥不能作为特殊肥料对待，须作为普通肥料登记，从此结束了以特殊肥料名义对污泥处理不当的行为。2001 年，日本相继出台了《农药取缔法》《农业用地土壤污染防治法》，政府还相继制定了实施细则。这些法律和实施细则中的许多内容涉及农业面源污染。此外，日本还制定和颁布了《食品循环资源再生利用法》《有机农业法》《堆肥品质法》《农药残留规则》《农地管理法》等环境保全型的农业法规，这些法规的部分内容对控制农业面源污染有一定的强制作用（野村好弘，1982）。

由于日本农用地污染治理的责任人首先为土地的所有者，意味着土地所有人在将土地转出时，受让人必然会关注土地的污染情况，使得土地所有者有动力积极治理污染土地。政府通过与农协组织相互协调，促使土地污染治理取得了很好的效果。日本土地污染相关法律规定得非常严密，《土壤污染对策法》规定，必须经过土地污染检测才能进行城市土地的再开发；从最开始的土地污染的检测调查、污染治理的措施、治理程序以及最终达到什么样的标准等都有着详细的规定，使得土地的污染治理有条不紊。

虽然土地污染治理很重要，但预防更关键。日本土地污染的治理方面有着完善的法律规定，但是缺少一套预防土地污染的法律体系。从源头上抑制土地的污染，更有利于保护土壤的环境。此外，土地污染处理中缺少行政责任方面的规定，这也在一定程度上增加了土地被污染的可能性。

二、日本防治面源污染法律体系的特点

（一）避免立法“盲区”

日本防治面源污染立法的范围广泛，尽量避免立法“盲区”。不仅有控制农业生产污染的《食品、农业、农村基本法》《关于促进高持续性农业生产方式采用的法律》等，而且在禽畜养殖业、固体废物、城市生活环境和高速公路污染方面也制定了《家畜排泄物法》《关于废弃物的处理及清扫的法律》《土壤污染对策法》《削减特定地域汽车排放的二氧化氮以及粒子状物质总量的特别措施法》《水资源保护法》等多部法律。这些法律是日本政府根据面源污染在各个时期的变化情况，通过立法把各种政策、目标和经济措施法制化。这些法律既有延续性又有灵活性（必要时能及时修改），而且还相互协调促进，对防治面源污染有较好的保障作用。

（二）强调“三性”立法

“三性”立法是日本制定防治面源污染法律的一大特色。“三性”立法是指制定法律时，考虑法律内容的配套性、系统性和可操作性。如在防治禽畜养殖业污染方面，日本颁布并实施了《家畜排泄物法》《防止水污染法》和《恶臭防治法》等7部法律。这些法律相互配套，构成一个系统，共同发挥着作用。在控制农业生产污染方面，日本制定了《食物、农业、农村基本法》，与之相配套，同年也颁布了《可持续农业法》，此后又分别配套制定了《食品废弃物循环利用法》和《堆肥品质法》。

（三）突出立法重点

日本将防止面源污染的立法重点放在保护绿色农业、有机农业等可持续农业上。为实现绿色农业、有机农业等可持续农业，立法时倡导可以生存并持续发展的农业，降低对环

境的破坏，在环境容量内重新构筑农业生产技术。日本立法保护有机农业的目标不单是不使用农药、化肥，还包括对以往直接与土壤消耗、化学物质高投入相联系的大面积、单一化生产以及农产品稳定供应的市场流通进行重新认识，形成生产者、消费者共有的新价值观。日本政府在市场上推出绿色环境标志制度，鼓励消费者购买环保产品，而没有绿色环境保护标志的产品在市场上就得不到市民的认可。

（四）明确部门职责

面源污染具有随机性、广泛性、滞后性、潜伏性等特征，随流域内土地利用状况、地形地貌、水文特征、气候、天气等不同而具有空间异质性和时间上的不均匀性。因此，面源污染防治不是一项单独的工程，而是一项系统工程。不仅需要采取技术的、经济的和政策法律的手段来防治，同时还需要多部门的相互合作和配合。这种合作要建立在各职能部门之间，但是各部门的职能要清晰，不能交叉，通过较为明确的管理主体分工和协调一致的行动来避免机构间的扯皮问题。日本在立法时对管理部门在环境保护中的职责定位准确，明确规定政府应该实施什么、不应该实施什么，十分清楚，井然有序。

（五）政策法律并举

日本立法者深知，环境问题光靠政府提倡、惩处是不够的，关键是要通过环保补贴、能源价格等一系列经济政策，引导企业和公民形成自觉的环保意识，使其认识到不重视环保，企业就没有出路，从而形成内在的环保机制与内生的环保动力（野村好弘，1982）。除采取上述政策措施外，还加大对环境污染的惩戒力度，惩处措施标准明确，具有针对性和层次性。对危害环境的处罚不仅仅是一般的行政处罚，有的提升到了刑罚高度，即使是一般的处罚，也规定了具体的执行标准，有法可循，也有利于监管措施的落实。如《关于废弃物的处理及清扫的法律》第25条规定“对于违反者，处5年以下拘役，罚金最高可达1000万日元”。高额罚金和较长时间的拘役使企图以身试法者望而却步。

（六）引导公民参与

日本还通过立法提倡并大力弘扬健康、积极的消费理念与生活方式，形成全社会愿意为环保产品支出成本的消费理念与消费行为，特别是通过消费行为制约企业的生产行为，迫使企业增强环保意识，提高环保水平。同时，公民环保意识的增强，可以为生活垃圾的处理提供有效的基础条件，减少垃圾产生量。

第三章　场地土壤污染修复管理体系

第一节　场地土壤修复管理需求分析

近 30 年来，随着我国工业化、城市化、农业高度集约化的快速发展，土壤环境污染日益加剧，呈现出多样化的特点。我国土壤污染点位在增加，污染范围在扩大，污染物种类在增多，出现了复合型、混合型的高风险区，呈现出城郊向农村延伸，局部向流域蔓延的趋势，形成了点源和面源共存，工矿企业排放、肥药污染、种植养殖污染与生活污染叠加，多种污染物相互复合、混合的态势（陈怀满，2010）。近年来，随着公众环保意识逐渐增强，由污染场地对人体造成的伤害而引起的民事纠纷不断增多。可以看出，污染场地在严重威胁着居住环境安全和公众健康的同时，也阻碍了城市建设和经济发展。

面对污染场地目前存在的问题，不少国家及地方政府颁布了一系列法律法规、技术标准和规范对其进行管理。我国的污染场地管理工作，尤其是土壤污染控制、污染法规完善和应用方面，与发达国家存在较大差距。由于污染场地总数未知、污染场地基础资料缺失等原因，无法进行系统分类、分级以及综合管理（骆永明等，2015）。污染场地再利用管理体系也存在一定程度的缺失，亟须完善。另外，污染场地修复管理资金来源渠道尚未形成体系、投入不足等是场地土壤污染修复管理进一步发展的软肋（张胜田等，2007）。

基于我国场地土壤环境呈现出的多样性、复合性、区域化特征，面对现阶段和未来相当长一段时期显性或潜在的场地土壤污染问题，应以创新国家土壤环境科学、技术与管理体系为宗旨，以土壤环境调查与分析、风险评估、基准与标准制定、污染控制与修复、信息集成与应用、环境监管等关键技术为重点，统筹场地土壤污染治理、生态及人居环境健康保障。坚持以防为主，点治、片控、面防相结合（骆永明等，2015）；坚持场地土壤污染分区分类防护；依靠科技进步，推动土壤环境保护法治建设，提高公众的环境保护意识；分阶段，分步骤全面、系统地构建适合我国国情的场地土壤污染修复管理体系。

在借鉴、归纳国内外场地土壤污染管理方法的基础上，结合实践工作经验，笔者梳理出了场地土壤污染修复管理的体系架构。该架构在遵循场地土壤污染修复基本流程（包括污染物识别、场地调查、风险评估、场地治理与修复方案制定、招投标、场地修复工程实施、修复结果验收以及中长期管理等）的基础上，全方位考虑了业主、公众、政府管理部门、政府工作人员、评审专家、调查与修复参与企业、企业专业技术人员、施工人员等多方的责任与利益，创新性地指出（明确责任业主、专项资金筹措、详细采样方案评审、场地调查结果验收与评估、风险评估结果审核、修复项目污染评估与控制及社会稳定风险评价、修复策略的选择、修复技术筛选与评估、场地土壤修复方案评估、组建招标委员会、招投标、场地土壤修复施工组织方案评估、场地土壤修复工程监理方案审核、场地土壤修复效果评价与验收、场地土壤修复中长期监管等）关键节点。这些关键节点均是业主、环保部门管理的要点。场地土壤污染修复管理体系架构如图 3-1 所示。

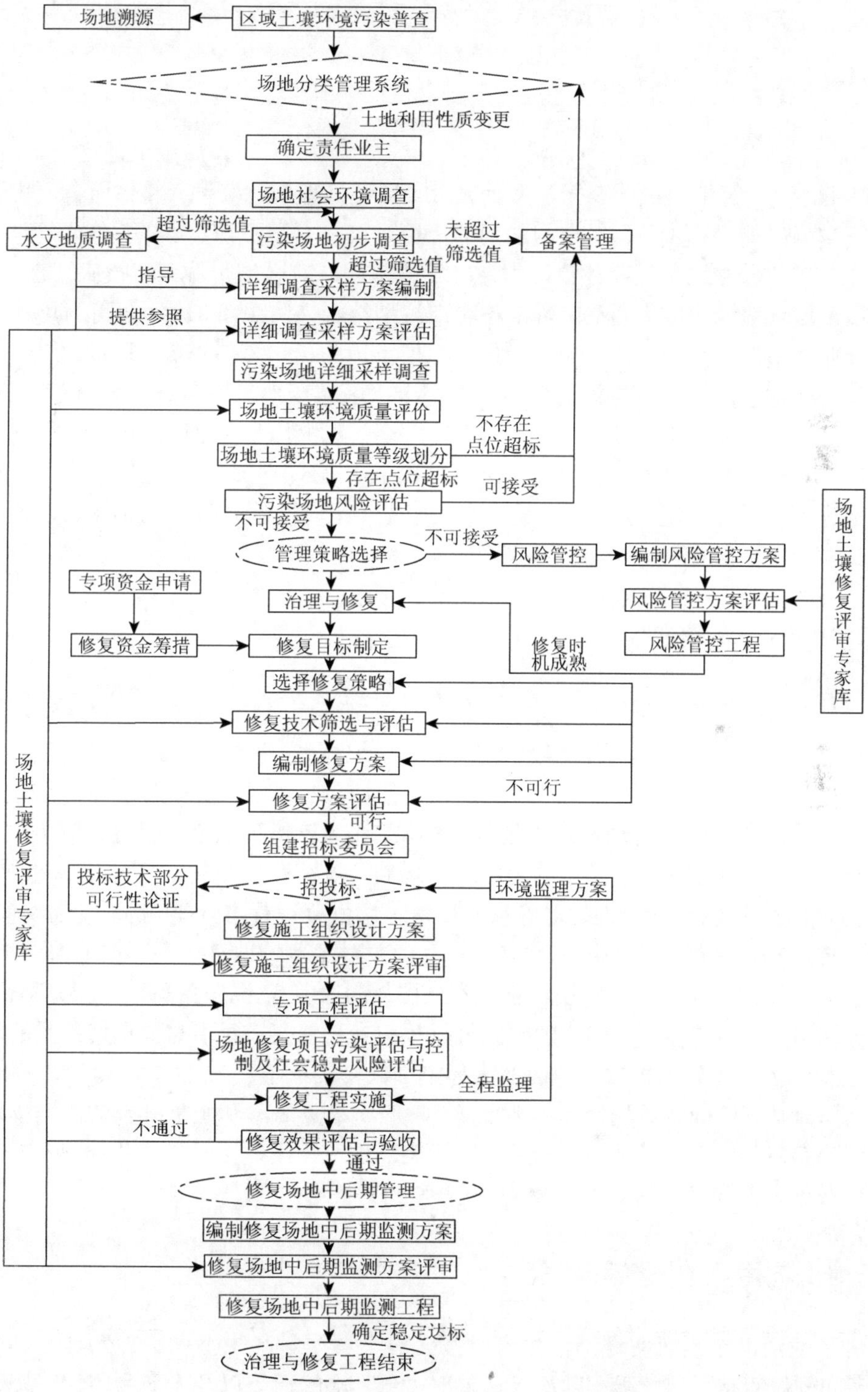

图 3-1　场地土壤污染修复管理体系架构图

第二节　场地土壤修复管理基本流程

一、开展区域土壤环境调查

2016 年，“土十条”在千呼万唤中出台，恰逢“十三五”开局，也是这一年，“常州事件”等一系列“毒地”事件曝光，为我国污染场地管理敲响警钟。整体而言，我国场地土壤污染修复尚处于起步阶段，全面的场地土壤污染修复是不切实际的。作为管理者，有必要充分参考业内专家意见和建议，组建专业技术团队对区域土壤开展摸底调查工作。

区域土壤环境调查成果，不仅可以与城市规划结合来防患于未然，还可为场地土壤污染修复行业健康发展奠定基础。通过对历史遗留场地的历史资料搜集、现场踏勘、专家论证、初步采样调查以及场地溯源等手段建立健全“区域场地土壤污染源数据库”。利用该数据库，相关管理者不仅可以对污染场地对症下药、集中修复，还可以对其进行分类风险管控。从事场地土壤污染修复的相关科研机构和企业，不仅可在相关管理者允许下对典型污染场地进行实验性修复，还可向相关土壤类型提供适宜的修复技术调试参数以及现场中试机会。

二、污染场地分类管理

欲对污染场地进行分类管理，必须依托区域土壤环境调查的成果——“区域场地土壤污染源数据库”，将区域内所有污染场地分为无明确“业主”的历史遗留场地和有“业主”的近期污染场地。对于近期污染场地，管理部门可以依据相关土地利用标准、企业建设时该场地利用性质或现阶段周边相似场地利用性质，作为该场地的修复目标，并责令“业主”限时自行修复。对无明确“业主”的历史遗留场地，虽需有效修复，但客观上无法做到全面、有效地修复，可以科学合理地对其按照修复迫切程度进行再分类。对迫切需要修复的，通过专项资金支持开展相应的示范性修复项目，并对示范场地进行不同技术的现场中试，找出一些符合当地土壤特征、实用性强、安全可靠的修复技术，最终以“先易后难、土洋结合、分期治理、治建结合”的治理模式进行集中专项修复；对不需要迫切修复的场地进行实时监测，控制污染物扩散，也能在无形中降低修复成本。

现实管理中，可确定优先修复的污染场地。应将最具风险和亟须开发的污染场地作为优先修复污染场地，对于低暴露、低风险的污染场地应采用制度控制等手段进行管理，从而实现低成本、高效率的污染场地修复与管理目标。

三、场地土壤污染的预防和修复

各种工业活动在没有实现清洁生产时都会对土壤质量产生干扰。首先是通过排放废气、废液和固废直接污染土壤；其次是通过对大气、水的污染以及人畜利用后间接造成土壤污染。解决场地土壤污染的根本方法是控制污染物的排放，实行全程清洁生产、物质循环利用和控制污染物排放。综合考虑我国土壤环境保护与污染防治的现状和实际需要，现阶段的土壤环境保护与防治迫切需要完整的立法，需从土壤污染预防和治理两个方面加以规范（王兴润，2016）。

四、场地土壤环境调查

在研究国内外场地土壤环境调查技术的基础上，结合实际调查方案评审的经验，笔者总结出场地土壤环境调查工作主要包括污染物识别、现场调查和补充采样调查等环节。其中，污染物识别又称为第一阶段调查，现场调查又称为第二阶段调查。具体的场地土壤污染环境调查工作流程如图 3-2 所示（参考《场地环境调查技术导则》（HJ 25.1—2014））。

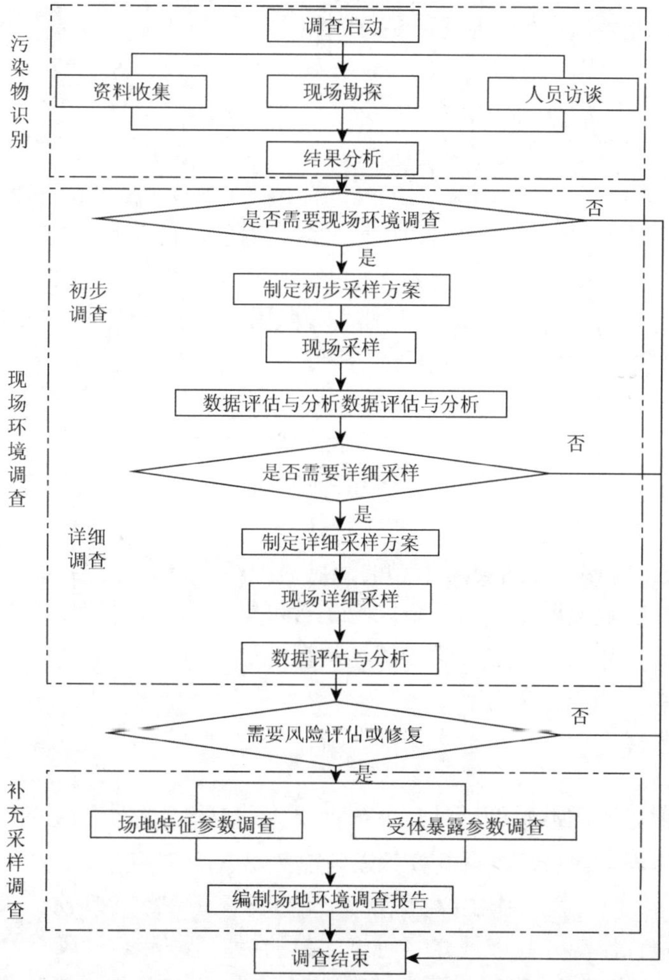

图 3-2　场地土壤污染环境调查工作流程图（参考《场地环境调查技术导则》（HJ 25.1—2014））

污染物识别主要是通过人员访谈、历史资料搜集、现场勘探等手段，旨在初步掌握场地土壤的污染状况（包括污染物类型、浓度、大概分布范围等），并对调查结果做初步风险评估，确定是否需要进一步的现场调查。

现场调查分为初步采样调查和详细采样调查，均需严格的调查步骤和可行的调查方案作指导。现场调查的目的是进一步确定污染物的种类、浓度和扩散边界，并结合国家相关标准和场地规划用途来综合分析是否需进一步进行风险评估，最后以报告的形式展示调查的内容及结论。

在对现场详细采样数据进行分析、论证得出该场地需要做风险评估时，如有需要，则进行场地补充采样调查。补充采样调查主要内容包括场地特征参数调查和受体暴露参数调查，其目的是获得满足风险评估及土壤、地下水修复所需的参数。

五、场地土壤污染风险评估

一般而言，场地土壤污染风险评估是在场地土壤污染环境调查数据的基础上，通过危险识别、风险暴露评估和毒性评估、风险表征以及控制值计算等环节，确定该场地中污染物的种类和浓度是否给周围受体带来健康风险，并判断风险能否接受。如不可接受则依据场地利用性质或规划用途，制定初步修复目标值，划定修复范围。场地土壤污染风险评估总流程如图 3-3 所示（参照《污染场地风险评估技术导则》（HJ 25.3—2014））。

危害识别主要是根据污染物识别和现场环境调查获取的资料，结合场地未来土地利用性质，进而确定目标污染物及其空间分布，识别敏感受体类型，完善场地概念模型。

暴露评估和毒性评估主要是在危害识别的基础上，分析场地内目标污染物迁移、转化途径和危害敏感受体的可能性，确定土壤和地下水中污染物的主要暴露途径、暴露评估模型及评估模型参数取值，计算土壤和地下水中污染物基于敏感受体的暴露量；并结合不同受体在不同暴露情景下的健康危害程度，按照致癌和非致癌进行毒性评估并确定污染物参数。

风险表征的主要内容是根据暴露评估和毒性评估已得出的暴露量及污染物参数，分别计算每种污染物在单一或多种暴露途径下的致癌风险和危害商。统计每种污染物的致癌风险和危害商，综合分析该场地所有污染物的致癌风险和危害商，并与相关国家标准作对比，最终通过专家讨论决定该场地土壤污染风险是否可以接受。如果该场地土壤污染风险不可接受，则进一步计算其不可接受污染物的风险控制值。

六、管理策略选择

如若某一场地详细调查结果与风险评估结果表明，场地存在污染物超标且相关污染物的人体健康风险为不可接受，则业主需对该场地作出管理策略选择，管理策略包括风险管控和治理与修复。风险管控工作主要包括风险管控方案编制（含二次污染防治方案、环境应急方案、长期跟踪监测方案以及修复时机成熟的标志等方案）、风险管控方案评审、风险管控工程实施、长期跟踪监测等内容。治理与修复工作主要包括修复资金筹措（专项资金申请）、修复目标制定、选择修复策略、编制修复方案、招投标、修复施工组织设计方案、专项工程评估、场地修复项目污染评估与控制及社会稳定风险评估、修复工程实施、修复效果评估与验收以及修复场地中后期管理等内容。

七、场地土壤污染修复方案编制

结合实际工作中参与评审修复方案的经验，参考《污染场地土壤修复技术导则》（HJ 25.4—2014）有关场地土壤污染修复方案编制的要求，总结、归纳出场地土壤修复方案编制的一般流程（包括选择修复模式、筛选修复技术、制定修复方案、评估修复方案等）。

（一）场地土壤修复模式确定

场地土壤修复模式，即场地土壤污染修复方案制定的总体思路或总体框架，是基于场地土壤污染调查数据和场地土壤污染风险评估结果，参考场地土壤污染特征条件、主要控制污染物、修复目标、修复范围和修复工期等因素的综合影响，进而制定的总体修复思路。其主要类型有原位修复、原地异位处置、异位（地）修复、自然修复、污染阻隔、居民防护和制度性控制等。

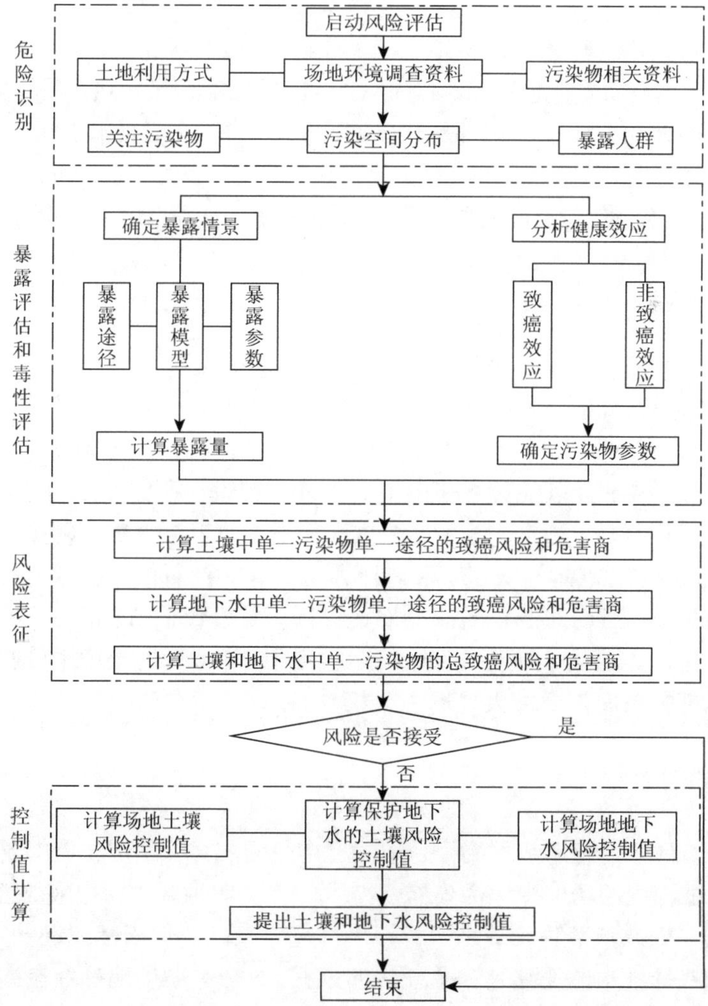

图 3-3　场地土壤污染风险评估总流程图（参照《污染场地风险评估技术导则》（HJ 25.3—2014））

（二）修复技术筛选

地方政府，尤其是环保部门，应尽快建立自己的修复技术分类办法与修复案例档案。修复经验的累积，有利于场地修复活动中修复技术的快速筛选，特别是对于污染源类型、污染场地的特征和污染物暴露途径相近的场地，通过对修复案例的总结，获得推荐性的修复技术，在同类型场地中进行推广应用，可为场地修复节约修复时间、经费，缩短修复周期。

笔者认为，修复技术筛选必然是建立在明确的优先修复清单的基础上，对症下药，制定出相对科学合理的修复目标，综合考虑场地被污染的介质（地下水、土壤、地表水）中污染物的迁移转化速率、修复技术的适用性及实施性、修复周期、社会可接受程度、成本收益等因素，最终采用多技术联合修复方案或选择最为适宜的修复技术。

对具体的污染场地而言，每种修复技术或修复技术组合会强化某些因素，同时弱化某些因素，很难找到一个完全满足所有因素的最优方案。通常，修复技术筛选都是在众多修复技术的比较中获得一个或数个较优的修复技术或修复技术组合。修复技术比较大多采用多目标决策方法对指标进行评价，最终获取最佳修复技术或修复技术组合。

场地土壤修复技术筛选方法较多，各有优劣。目前，国内场地土壤污染修复行业并未对修复技术筛选有一个统一的认识，一般都是结合实际修复工作，考虑技术指标、社会指标、经济指标，通过对可操作性、技术成熟度、总费用、修复时间、资源需求、可接受性、二次污染/环境影响等影响因子分别给予不同权重，采用 topsis 法等方法筛选出适宜的场地修复技术。

（三）修复技术可行性评估

对于已确定的修复技术，可通过实验室小试、现场中试、应用案例的专家论证分析、多标准分析、成本效益分析、环境效益净值分析、生命周期评估法以及开发一些定量和半定量评估软件或系统等进行可行性评估。在修复技术适用性确定的前提下，针对该场地土壤特征进行现场试验中试，以便最终获得土壤修复工程设计所需要的参数，中试试验必须兼顾该场地不同污染区域、污染物类型、浓度和土壤类型。在土壤修复技术适用性不确定的情况下，首先，应以该场地污染土壤和地下水为样本，针对修复技术的关键环节和关键参数开展实验室小试，进而对制定的试验方案进行可行性评估；之后，开展相应的中试验证修复技术的实用性。需要特别强调的是，采用相同或类似场地土壤污染修复技术的应用案例进行专家论证分析时，要加大现场考察权重。

（四）修复方案制定

一般而言，修复方案制定基本流程是根据已定修复技术，制定相应的场地土壤污染修复技术路线，调试相应的场地土壤污染修复技术的工艺参数，估算相应的工程量，编制二次污染防治方案、应急预案等，最终形成初步修复方案，以供招标或进一步论证。

由于污染物在场地中的迁移是一个渐进的过程，每个污染场地都存在高风险区和低风险区，对不同区域应区别对待，选择最为适宜的修复技术方案。但更多的是在综合考虑后，往往会采用多技术联合的修复方案。同时，修复方案也应对修复工程的验收提出明确的思路和要求，特别是要对有关环保内容的验收提出较为详细的目标。

八、招投标

场地土壤污染修复工程虽涉及土方工程内容，但主要还是更多地涉及污染物迁移转化、二次污染控制等不确定因素，其招投标实质是业主对环保专业技术服务的采购。目前，我国在该方面尚未形成规范的招标模式，也无专门的机构管理场地土壤修复招投标工作。

国内现有的场地土壤修复工程招投标完全归类于建设项目，其招标流程主要包括组建招标机构、标段划分与合同打包、确定合同关系、确定招标方式、编制招标文件、编制招标标底、投标、组建评标委员会和开标工作组、组织评标及定标等环节。

上述建设项目式的修复工程招标文件中，一般对竞标单位有严格的行业资质要求。如此一来，使得原本应由从事场地土壤污染修复的专业公司为主体投标和工程施工的工作，变成由有资质但不从事场地土壤修复的公司联合土壤污染修复专业公司进行投标和项目施工，出现专项修复资金被多方既得利益方“瓜分”的怪相。

场地土壤污染修复工程量大、周期长，对招标项目进行工程单项分割和标段划分是必要的。但我国场地土壤污染修复行业处于起步阶段，由于相关业主或招标机构缺乏对标段划分和修复工程单项分割的经验以及相关场地土壤污染修复工程单项工程单价制定行业标准的缺失，业主或招标机构通常采用传统招投标模式。而在传统招标模式中，商务部分占比过大，使得对技术部分考虑不足，加之商务部分容易导致恶性价格竞争，致使整个招标结果事与愿违，难以保障筛选出专业公司、专业人员和“合适”的技术。

综上所述，现阶段我国采用的场地土壤修复招标模式存在较多弊端，为未来环境及周边受体埋下了巨大的隐患。为保证我国场地土壤污染修复行业良性发展，相关管理者或决策者就必须对招标模式和管理体系进行探索、改革。

在现有制度框架下，招投标时必须设置若干条件对非专业企业进行限制。由于场地土壤修复并非简单的土方工程，而是包含土方工程、污水处理工程、废气处理工程、固废处理工程、社会稳定等的综合工程，因此，不仅需要完善的施工组织方案和“资质证书”，更需要有核心技术、专业人才队伍以及大型工程的修复经验。选择符合场地土壤特征的修复技术以及对该修复技术有相关专利和技术团队的企业，既是对业主的负责，更是对社会和环境利益的负责。结合多年招投标方案制定、评审经验，可以肯定地讲，最低价竞标不符合当前场地土壤修复模式，因此，在不违反当前招标政策等相关规定的前提下，组建以地方主要领导为组长，包含土地、财政、审计、环保、规划、建设以及行业专家在内的土壤修复专门工作小组，统筹考虑，通过政策制定、目标管理、技术把关等，规避恶性低价中标等行为，保障公众、业主、社会、环境等利益。

九、施工组织方案

施工组织方案是由修复企业制定，需经专家审议，并经业主、管理部门同意的系统施工措施文件，是场地土壤修复工程施工的指导手册，更是场地土壤修复工程验收、评估、备案的核心依据。

以某场地异位修复+原位修复施工组织方案为例，施工组织方案的内容包括总论（项目概况、项目背景、场地概况、修复目标与范围、编制依据）、场地修复工程方案总体设计（场地修复技术路线、污染土壤异位修复方案设计、污染土壤原位修复方案设计、污染地下水修复方案设计）、施工现场防止二次污染的技术装备保证措施（施工过程二次污染识别、防止大气污染的技术装备保证措施、防止水污染的技术装备保证措施、防止噪声污染的技术装备保证措施、防止固废污染的技术装备保证措施）、工程施工现场有害物质的防护管理措施（施工现场周边环境及敏感点分布、施工现场有害物质识别、有害物质对环境和人体的影响分析、防止有害物质对环境造成影响的措施、防止有害物质对人体造成伤害的措施）、施工作业人员安排、工期计划及安全防护措施（施工作业人员安排、施工进度计划、施工人员安全防护措施）、井点降水和基坑废水治理及达标排放技术措施（井点降水和基坑废水治理分析、总体工艺方案的选择与确定、废水的监测和检测措施、废水治理技术的科学性和可行性）、污染土壤运输方案及运输过程中二次污染防护措施（污染土壤外运计划、污染土壤外运方式及运输途径科学性分析、运输过程的监测和控制措施、外运土壤二次污染防护措施、运输过程中突发事件的应急响应）、外运污染土壤堆放场地安全处理方案（外运土壤堆放场地及周围环境、堆放后污染土壤的安全防护措施、污染土壤堆放过程废气污染防治措施）、污染土壤治理水泥窑前处置技术装备（前处置技术装备、前处置监控设施、前处置报警设施、水泥窑改造）、原位修复技术装备（原位修复二次污染防治措施的技术可行性、治理过程添加物质对后续建筑材料的安全性）、污染土壤治理修复过程事故风险防范措施、应急方案和措施（事故风险分析、事故风险防范、事故应急预案、事故发生后的应急措施）、污染土壤水泥窑协同处置治理方案及质量控制措施（水泥窑协同处置污染土壤全过程方案的完整性、水泥窑协同处置污染土壤全过程方案的可行性分析、处理过程中防止有害物质及有害气体扩散的处置措施、处理后有害物质的检验措施、未达逾期效果的技术修正措施）等内容。

十、场地修复项目污染评估与控制及社会稳定风险评估

（一）场地修复项目环境影响评价

场地修复项目污染评估与控制及社会稳定风险评估的节点为修复工程施工组织设计方案编制阶段；评估主要包括施工组织设计方案、主体工程以及环保专项工程等内容；评估细则主要包括对修复实施过程中可能造成的环境污染进行分析、预测和评估，提出预防对策和措施，并对危害社会稳定的诸因素评估。场地修复项目污染评估与控制及社会稳定风险评估工作流程分别见图 3-4 和图 3-5。

场地修复项目污染评估与控制的主要要点有，场地修复过程中可能产生的二次污染包括废水、废气、废渣、噪声等是否有相应控制措施；异位处理是否采取大棚覆盖、负压运行等措施抑制挖掘过程中产生的扬尘和挥发性物质的散发，并保证运输车辆的密闭性，防止抛洒滴漏；气相抽提、多相抽提、热处理技术进行土壤修复是否配备完整的尾气处理设

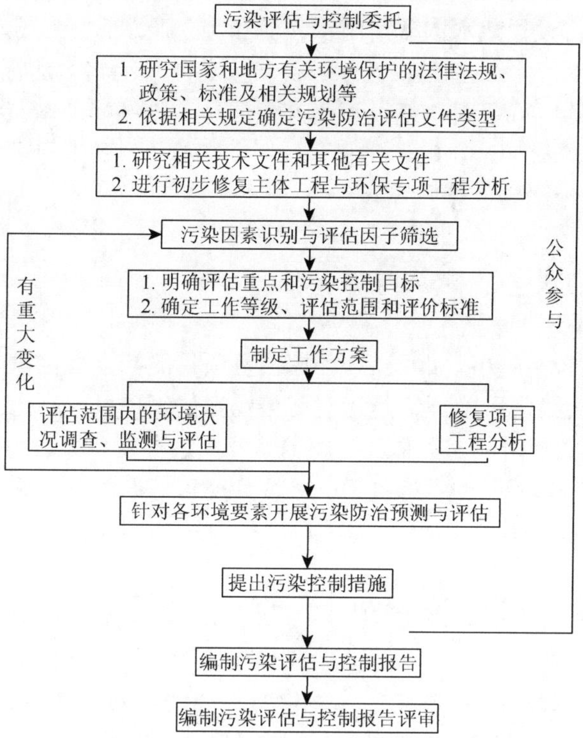

图 3-4　场地修复项目污染评估与控制工作流程图

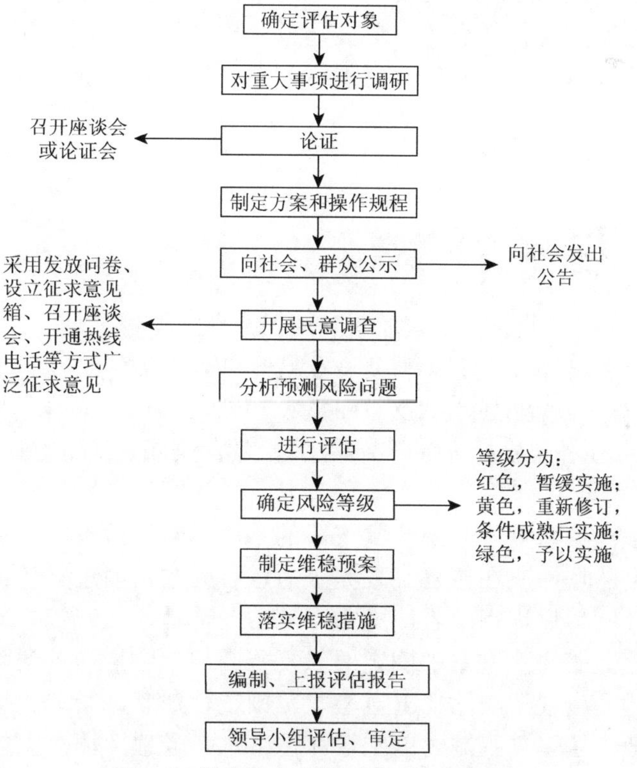

图 3-5　社会稳定风险评估工作流程图

施；施工场地周围是否设置截水沟截留雨水径流和施工废水；施工场地环保专项工程是否制定相应的验收标准以及排放标准；污水、废气妥善处理后是否达标以及是否合理排放；施工场地是否设置监测点位，对修复过程中产生的污染物进行动态监测；场地实施组织设计方案是否制定监管制度和污染防治举措，包括定期检查制、工程进展周报制、污染土壤转移联单制度以及治理现场视频监控。

（二）场地修复项目社会稳定风险评估

在常州外国语学校污染事件爆发后，场地修复项目的社会稳定风险评估越来越受到重视。场地修复项目社会稳定风险评估是指对污染场地修复项目在制定及实施后可能发生危害社会稳定的诸因素进行分析、评估，并确定其发生危害社会稳定的频率，对不同的风险进行管理，做好危机预防及计划准备工作，采取切实可行的防范措施以降低或消除危害社会稳定的风险（麻宝斌和杜平，2014），具体工作流程如图 3-5 所示。

十一、场地土壤修复环境工程监理

笔者和研究团队首次提出修复工程全程监理模式。该模式是以引入相关环境监理为核心，通过具有专业环保监理资质、经验的第三方机构，授权其负责全程修复工程监理。场地土壤修复施工监理包括场地土壤污染修复工程监理和环境监理。场地土壤修复工程监理的内容主要包括质量、进度、投资控制和信息、合同管理。场地土壤修复工程环境监理的重点在于，依据修复技术方案，严格执行确定技术的实施、药剂使用以及施工过程中“二次污染”的防治、突发环境危害事件处理等与环保相关的各项内容。

十二、场地土壤污染修复工程验收

场地土壤修复工程验收包括工程验收和环保措施验收两方面。工程验收相对较为简单，环保验收相应要求较高，应包括修复企业自检和第三方验收，这里的第三方应具有相应的资质和经验。第三方验收应包含文件审核、采样方案审核、采样结果审核、修复采样、修复效果评价、修复工作记录检查等环节。场地土壤污染修复工程的验收标准应以已经确定的修复目标值为基准。

根据场地土壤污染修复方案中修复方式的不同，场地验收时段也应有所区别，例如，进行原位修复的场地应在修复工程完工后进行验收，而进行异位修复的场地，应在污染土壤外运并回填后进行验收，无需回填的场地，应在开挖、外运后及时验收。验收范围应与场地土壤修复方案中确定的修复范围相一致，如若遇到场地土壤污染修复工程发生变更时，应根据实际情况对验收范围进行调整。场地土壤污染修复工程验收对象一般为场地土壤修复范围内的土壤和地下水。场地土壤污染修复工程验收工作流程如图 3-6 所示。

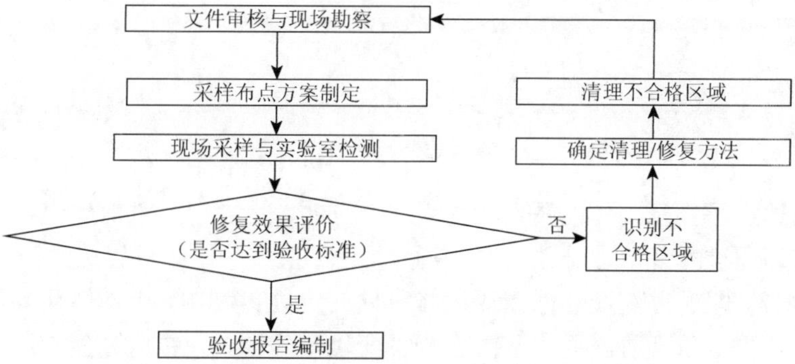

图 3-6　场地土壤污染修复工程验收工作流程图

十三、场地土壤污染修复中长期监测

通过查阅、分析相关学者的研究成果，得出场地土壤污染修复中长期监测对象可以分为以下几种情况。

（1）对受污染面积大、污染物种类繁多、污染物浓度高等原因进行分期修复的场地，当每期修复工程结束后需对已修复区域、未修复区域和已修复区域边界进行中期监测。

（2）对于污染场地因受修复资金短缺、修复技术不成熟等因素限制，造成场地土壤污染修复工程施工长期停滞的场地，需进行中期监测。

（3）场地土壤污染修复工程虽完工，但未通过场地土壤污染修复工程验收，需重新进行修复的场地，在未进行再次修复工程实施之前需对该场地进行中期监测。

（4）由于条件限制，只是对土壤污染场地进行土壤、地下水等的使用限制，或采取反应墙、物理阻隔等工程控制措施的场地，需要进行长期监测。

场地土壤污染修复中长期监测时间段因场地土壤污染修复工程修复目标而定，对于修复目标为建设用地的场地，一般在修复完成后场地开发建设阶段介入，而对同一场地进行分期修复的，需在上一周期场地土壤污染修复工程验收合格后，下一周期修复启动时介入。场地土壤污染修复中长期监测时间段的制定，需紧密结合相关政策要求，综合考虑场地修复方案、周边受体变化等因素。

第三节　各方责任与权益

笔者认为，在地方层面上，建立环保、国土、规划等多部门参与的协同监管体系，建立多方参与的合作与权衡机制，不仅能推进污染场地调查信息公开、推动场地环境管理和建设的公众参与，还能让包括业主、公众、政府管理部门、政府相关工作人员、评审专家、调查与修复参与企业、企业专业技术人员、施工人员甚至金融贷款机构等在内的利益方共同参与、协商交流，以缓解环境冲突。但必须指出，需对各利益方的责任与权益作出明确说明，以便达到污染场地得以治理与修复，地方经济得以发展，调查、修复企业既能保障工程质量，也能获得利润，公众健康得以保障，实现多元互益的目标。

一、业主

业主是指场地污染法律责任承担者，是场地污染土壤调查、修复等环节所需资金的提供者，更是场地土壤修复工作的重要管理者。一方面，是缘于其对前期生产过程中造成污染的责任，必须通过修复治理补偿公共资源（土地）损失、公众利益受损部分；另一方面，可获得直接利益，即通过变迁补偿或场地修复后的土地再利用、土地转让等环节获得相应的经济、社会收益。就现阶段而言，由于政策变化等问题，在很大程度上，诸多历史遗留问题导致的部分污染场地，政府土地管理部门或主动或被动地变为“业主”。政府土地管理部门作为“业主”，其责任更重大，不仅要承担场地调查、修复等环节涉及的资金，还要承担更大的社会责任。

二、公众

公众是土壤修复效果的直接参与者和得益者，但在我国土壤污染修复与治理工作中，公众参与不够广泛、不够深入、不够具体，监督制约作用发挥不足。一方面，因土壤污染造成的环境权益侵害事件时有发生，健康和财产损害救济机制还不完善，公益诉讼机制尚不健全，公众参与土壤污染防控的积极性、主动性和巨大能量没有得到充分发挥；另一方面，专业知识限制和各种信息差异、误导等因素，导致公众盲从、误信等，引起一些混乱甚至群体性事件。这与我国公众环境意识觉醒不够有关，也与环境信息公开、公众参与机制建设不到位有很大关系。

公众权益包括知情权、确保生存安全和长期安全、监督权等，应该通过媒介、公益宣讲等形式，让公众充分了解其自身权益，并鼓励其积极主动参与到场地土壤修复环节中来，发挥其监督作用。

三、政府管理部门

场地土壤修复管理工作中，政府管理部门的职责主要是土地管理、土地规划与开发、环境监管等。应建立跨部门的特别工作组，协调制定区域土壤环境保护和污染控制的法律法规和相关制度。该工作组将协调处理区域土壤环境保护问题，构建维护污染控制的监督管理体系。特别工作组最重要的是机构设置及其权职划分，特别是环保与农业、国土资源、水利、财政、国防及交通等部门之间的职责分工。同时，应明确土壤环境监管中各主体的基本权利和义务，规定土壤环境保护的基本法律原则和法律制度，规定预防土壤污染及受污染土壤进行修复或整治的基本要求和基本措施。另外，还应当明确规定场地土壤污染的防治纠纷的处理及违反土壤污染防治立法所应承担的不良法律后果。

政府管理部门无法规避管理、监管的责任，面对越来越多的场地土壤污染事故，一方面，要增加行政处罚的种类、加大行政处罚力度和提高违法成本；另一方面，既要重视对行政管理部门及其工作人员责任的合法、合理追究，也要保护管理人员在合法、合理的范畴执行监管责任。

四、政府相关工作人员

政府相关工作人员在场地土壤修复工作中是直接参与者，在场地土壤修复全过程中扮演着监督者及决策者的角色。政府相关工作人员在充分发挥领导决策能力的同时，应注意自身所承担的法律责任、社会责任和领导责任，利用法律赋予的职权协调好政府、业主、公众和环境等各方的利益，实现社会、环境、公众效益最大化。这些是其工作的核心内容。

五、评审专家

评审专家应是在土壤、土壤污染、土壤修复技术、土壤修复工程、环境科学、环境工程、生物毒理等多领域颇有建树，必须对土壤修复领域的发展状况、修复管理程序及修复技术有足够的了解，并在场地土壤修复工作某些环节，如场地土壤环境调查、场地土壤风险评估、场地土壤修复方案编制、场地土壤修复工程施工、场地土壤修复技术应用等方面有深入研究和丰富从业经验的学者、研究人员或工程师，同时，必须具备足够的良知和社会责任感。

场地土壤修复工作中，需评审专家评审的环节主要包括场地土壤环境调查详细采样方案可行性论证、场地土壤环境调查结果审核、场地土壤风险评估结果审核、场地土壤修复策略选择与评估、场地土壤修复技术可行性论证、场地土壤修复方案可行性论证、场地土壤修复施工组织方案可行性论证、场地修复效果评价与验收等环节。

评审专家在社会中处于知识源地位，是创新知识的主要载体，在场地土壤修复工作中，能提供专业技术支持与科学参考。但目前场地土壤修复行业对评审专家资源的管理仍然处于较低层次，评审专家知识的共享一般限于科学共同体的圈内活动，如组建专业协会、开展学术交流、举行学术论坛等。而评审专家与企业、社会之间在交流上则缺乏相关的沟通渠道。

我国场地土壤修复刚刚起步，相关制度很不完善，建设场地土壤修复评审专家库，有助于为建立健全我国场地土壤修复管理体系把脉、导航，更有助于对具体的修复工程项目安全、环保以及经济的实施保驾护航。专家库中关于评审专家的指标体系应包含个人基本情况指标（通常指其学术研究水平和科研能力）、修养指标（个人品质、对待学术的态度）以及评议水平方面的内容。

最后特别指出，针对具体修复项目中各环节抽选评审专家时，必须考虑以下最基本、最重要的五点原则：同行性原则，一般的评审专家尽量请“小同行”；代表性原则，不同区域、不同机构和不同的研究侧重点应该兼顾；回避性原则，与被评议对象有利益关系的专家应该回避；效用性原则，评审专家的数量一般不少于五人，且为奇数；轮换原则，即同行评议专家应该定期轮换。

六、调查与修复参与企业

作为一个发展中国家，如果没有一段时间的高速经济增长，不具备一定的经济实力，人民生活就不能改善，甚至改革也无法继续下去。改革开放的初期，我国所面临的主要问题就是经济发展。因此，和许多发达或新兴的工业化国家一样，我国选择了在一段时间里通过支付更大的经济和社会成本的方式换取较快的经济增长。但是，当经济发展取得了初步的成就，我们开始面对一个不同的局面，例如，强调经济增长、强调效率，牺牲公平和环境安全；高能耗、高污染的粗放型经济发展模式破坏了生态，甚至危及了人们的健康。人们对企业所带来的一系列问题反应强烈，社会对企业的期望提高，希望企业能够承担社会责任。相比而言，从事场地土壤环境调查与场地土壤修复的企业在利益得到保障的前提下，除主动承担其自身责任外，更应该承担相应的社会责任。

企业是有利益诉求的经济实体，在场地土壤调查及修复过程中，企业利益可以通过合理、合法的招投标体系以及相应的服务得到保障。企业责任是其作为主体在社会生活中应该承担的义务以及对企业所选择的不良行为所承担的后果。场地土壤修复企业责任不能仅限于经济责任，也不能主要以企业股东的利益为关注对象。企业实现利润最大化的责任是企业谋求股东利益最大化的责任，但其承担的社会责任必然在企业具备良知的前提下才能实现。近年来，环保行业很多企业在追求利润最大化的过程中引发的社会问题日趋突出，唯利是图的企业忽视法律、伦理和公益等行径所引起的不满情绪日渐高涨。企业对利润的追求不能建立在践踏法律、无视伦理和公益的基础上。企业除了对股东负责之外，还应对股东以外的相关利益者负责，即应负有更大的社会责任。

企业社会责任是指涉及场地土壤修复领域的企业应在创造企业自身经济效益的同时，处理好与场地修复相关的各种利益群体的利益关系，实现企业与社会的和谐与可持续发展，而这种责任可以从场地土壤调查方案、场地土壤修复工程施工方案的完备性上有所体现。同时应该指出，参与场地土壤修复的企业必须有完整的施工团队，拒绝东拼西凑，必须有自己的核心修复技术，必须有充足的预算和完善的管理体系。

七、企业专业技术人员

企业专业技术人员的责任主要体现在，其必须具备场地土壤施工所需的知识、资质和经验积累等要求，必须是场地土壤修复领域的资深从业者，必须具备丰富的一线修复工作经验，能够具备一定的处理环境突发事件的能力和知识。

八、施工人员

无论多么完美的修复施工组织方案，都需要施工人员一步步实施完成。场地土壤修复工程本身是一个高危工程项目，安全无小事，因此，必须做好工程安全防护措施和二次污染防护措施，保证施工人员的人身安全。

第四节 场地土壤修复工作管理切入点

结合多年的工作经验，我们提出了“场地土壤修复工作管理切入点”，旨在为相关管理者和利益方在场地土壤修复管理中节约成本，使得管理工作有的放矢，起到事半功倍的效果。在明确场地土壤修复基本流程和各方责任和权益后，各方利益相关者最关心的莫过于其在场地土壤修复管理体系中扮演的角色以及赋予的权利。而本节将会是各方利益者一窥自己角色定位的最好窗口。

场地土壤修复工作管理切入点，源于场地土壤修复基本流程，但有别于场地土壤基本流程，其在工作流程上与场地土壤修复基本流程一致，内容上更侧重于抓住基本流程各环节的要点。例如，场地土壤修复工作管理切入点包含明确责任业主、专项资金筹措、详细采样方案评审、场地调查结果验收与评估、风险评估结果审核、场地修复项目污染评估与控制及社会稳定风险评价、修复策略的选择、修复技术筛选与评估、场地土壤修复方案评估、组建招标委员会、招投标、场地土壤修复施工组织方案评估、场地土壤修复工程监理方案审核、场地土壤修复效果评价与验收、场地土壤修复中长期监测管理等内容；涉及的管理者包括环保部门、业主、评审专家、财政部门、规划部门、国土部门、修复企业、调查企业、第三方监理机构、第三方验收机构等。

场地土壤修复工作各环节管理的介入流程中应明确环保部门是整个场地土壤修复工作的主要管理者，是场地土壤污染的发现者、执法者以及监管者。除业主自愿修复以外的污染场地，涉及场地土壤修复的第一管理者必须是环保部门。在环保部门的授权下，从专家库中随机筛选出的专家，是对详细采样方案评审、场地调查结果验收与评估、风险评估结果审核、修复技术筛选与评估、场地土壤修复方案评估、场地土壤修复施工组织方案评估、场地土壤修复工程监理方案审核、场地土壤修复效果评价与验收等工作的间接管理者；而业主是专项资金筹措、修复策略选择以及招投标等环节的关键管理者。具体的场地土壤修复工作管理切入点如图 3-7 所示。

一、开展立法工作

任何好的管理体系必须有法可依，场地土壤污染修复管理体系也不例外。笔者认为，完善我国土壤环境保护法律体系，为场地土壤污染修复管理提供法律依据，应以国内现行土壤污染防治法律规范为基础，借鉴国际社会、国外等有关土壤环境保护和污染控制的立法经验，制定一部专门的土壤环境保护与污染防治法。这部法律应当是对中国多年来在场地土壤污染防治活动中所取得的政策、措施、办法及其他管理经验或教训的一次集中总结。其中，被实践证明成功的政策、措施、办法及有效管理经验，将通过制定本法而上升为法律规范，用法律的形式固定下来，成为人们在场地土壤污染防治活动领域的行为准则。在制定土壤环境保护与污染控制专项法律时，应注意与我国现有法律的链接、交叉，避免与其相矛盾或冲突。

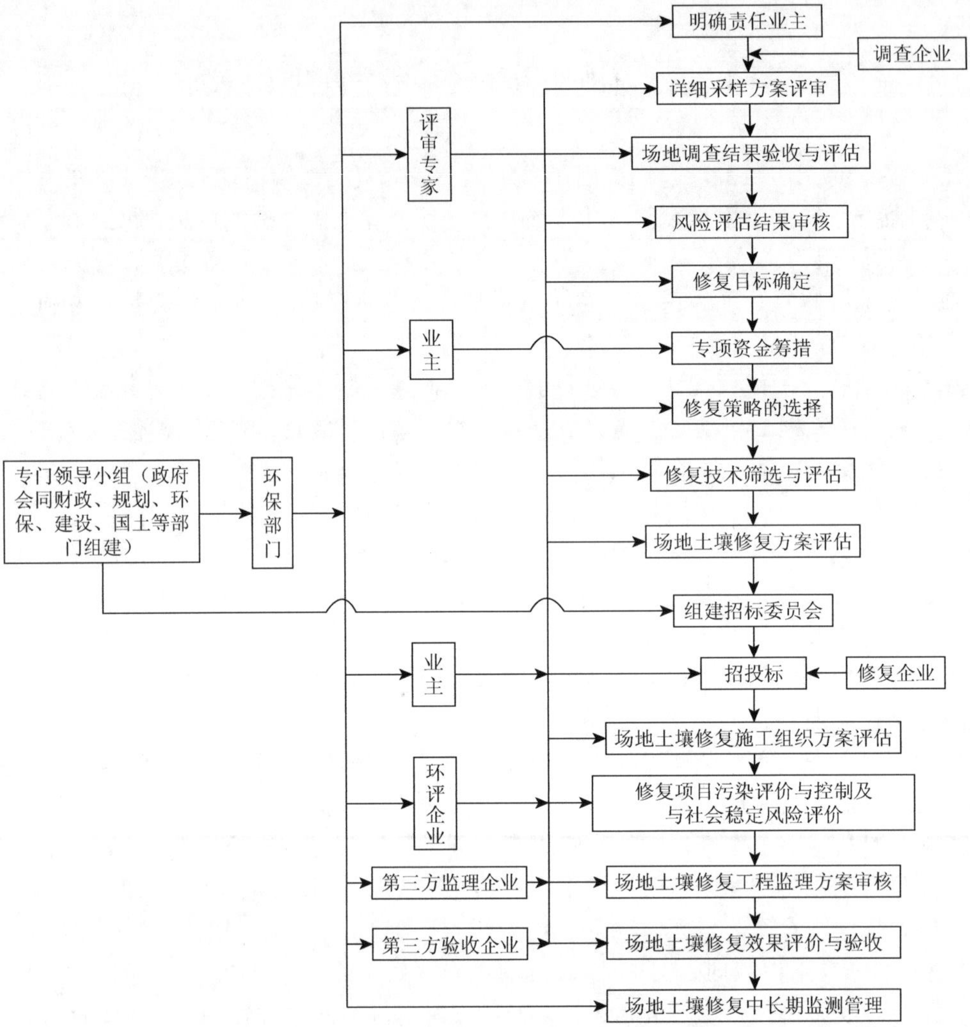

图 3-7　场地土壤修复工作管理切入点图

二、明确责任业主

责任业主的确定需要土地、环保等管理部门来界定，而环保部门界定的依据应是污染责任追究机制。我国的土地归国家所有，因此，国际通用的土地所有者负担原则在中国不能完全采用，否则所有的场地修复都将由政府承担。中国的污染场地管理应该在国外“土地所有者”归责的基础上，结合我国污染场地发展和研究的特点以及土地所有权特性等方面，实施“污染者”负担、政府承担和受益者承担等的综合责任体系（张胜田等，2007）。

（一）“污染者”负担原则

“污染者”负担原则有效地改善了企业的环境保护行为，从而有效地预防了新污染场地的产生。我国目前主要指导污染场地工作的几个核心规范性法律文件都规定了“污染者”负担原则，要求场地的原生产和经营单位承担责任，并且《污染场地土壤环境管理暂行办法》（征求意见稿）认定了两类责任人：一类是污染者，另一类是土地的使用权人。当责任人无法找到或者破产时，由当地政府承担场地修复责任。

（二）政府承担原则

政府承担原则是指政府部门是场地管理中的决策者，不仅要保障公众健康和环境安全免受污染危害，还应根据经济发展的需要对原厂地进行再开发，促进经济和建设发展。《土地管理法》规定，由各级人民政府负责对土地进行利用规划和管理，因此，应当由地方政府对遗留场地进行管理。在管理过程中，由环保部门给地方政府的管理提供技术、能力建设和实际操作等方面的支持。政府部门应充分发挥监督责任，对行政范围内的污染场地要追究相关责任人的法律责任，并监督其完成污染场地转让、再利用中的污染修复工作；在无明确责任人或责任人丧失责任能力的情况下，政府应该承担被污染土壤的修复及费用。因土地土壤污染造成严重人身伤害、无法确定责任人或责任人丧失责任能力的，政府可给予适当补偿，具体的补偿办法及补偿费用应该在相关法律法规中加以规定（王鲲鹏等，2015）。同时，还应建立健全环境民事和行政公诉制度。

（三）受益者承担原则

受益者承担原则是指，开发利用环境资源或者排放污染物对环境造成不利影响和损害的，应当支付其活动所造成的环境损害费，并承担治理其造成的环境污染与破坏的责任。受益者承担原则包括“谁开发谁保护、谁破坏谁恢复、谁利用谁补偿、谁污染谁治理”四个方面的内容。

三方责任结合不仅符合中国目前的形势，而且也可以对企业产生威慑作用，预防新污染场地的产生。《污染场地土壤环境管理暂行办法》（征求意见稿）将土地所有权人定义为除污染者之外的责任人，建议我国在规定土地所有权人的责任时，应该考虑如何清楚定义此类责任人在何种情况下承担责任以及如何规定责任豁免权的问题，以确保潜在的土地开发商愿意开发污染场地，从而形成中国污染场地开发与利用的良性模式。

三、场地土壤修复评审专家库建设

（一）场地土壤修复评审专家库建设需求分析

我国场地土壤修复刚刚起步，相关制度很不完善，建设同行评议专家库，有助于为建立健全我国场地土壤修复管理体系把脉、导航，更有助于对具体的修复工程项目安全、环保以及经济实施保驾护航，更是为了衔接详细采样方案评审、场地调查结果验收与评估、风险评估结果审核、修复策略的选择、修复技术筛选与评估、场地土壤修复方案评估、组建招标委员会、招投标、场地土壤修复施工组织方案评估、场地土壤修复工程监理方案审核、场地土壤修复效果评价与验收、场地土壤修复中长期监管等环节的相关评审工作。

本书中所指评审实质是指学术上的“同行评议”，是一种以提高某一领域工作或事物质量为目的，由相同或相近领域的人们对该项工作或事物进行评价的过程（郭碧坚和韩宇，1994）。“同行”一词本身是指具有相同地位和相同能力的人，但是在“同行评议”中，“同行”一词则是指在某领域中具有较强能力或较高层次的人们。关于“同行评议”的定义，国内学者从不同的角度进行了阐述。郭碧坚和韩宇（1994）指出，“同行评议是指某一领域或者若干领域的专家采用一种评价标准，共同对涉及上述领域的一项事物进行评价的活动。而参与评价的专家必须对该领域的发展状况、研究活动程序及研究人员有足够的了解”。

专家在知识型社会中处于知识源地位，是创新知识的主要载体，在社会生产活动中，为各个领域提供专业技术支持与科学参考。但目前社会对专家资源的管理仍然处于较低层次，专家知识的共享一般限于科学共同体的圈内活动，如组建专业协会、开展学术交流、举行学术论坛等。而专家与企业、社会之间在交流上则缺乏相关的渠道，主要是专家、企业组织与个人之间因存在对专业技术领域知识的供需关系而自发产生的合作过程。这其中存在一些问题：①专家自身所拥有的知识资源、关系资源没有得到充分的利用，其对社会的知识贡献率相对较低；②科学共同体具有一定的封闭性，不利于跨专业领域的知识交流与融合。利用信息技术，通过构建专家库的方式，可以从资源共享的层面解决上述问题。

（二）评审专家库在专家评审中的重要地位

随着场地修复行业的发展和人们对场地修复领域的不断探索研究，专家评议作为一种不可或缺的项目、工程评价方式发挥着重要的作用。一个完整合理的同行评议评价体系应由评价主体、评价客体、评价目的、评价方法、评价标准及指标和评价制度六大要素组成。任何事物都不是完美无缺的，同行评议也不例外，它所存在的一些缺陷，如人情关系网、欠公正性、偏保守性等，都需要通过对同行评议实施过程中所涉及的各个要素进行规范从而逐渐完善这种评价方式。在评价客体、评价目的、评价方法、评价标准和评价制度已经确定的前提下，评价主体即同行评议专家的选择对评价结果起着至关重要甚至决定性的作用，而同行评议专家通常选自于已经构建完成的同行评议专家库，因此，作为提供评议专家的来源系统，进行同行评议专家库的建设是非常必要的。

1. 评审专家的指标体系

专家识别是专家选择的前提，评审专家指标体系的构建是评审专家库的基础。根据要求选择专家，在描述专家信息时，不仅需要专家的个人特征和科研能力指标，还应有专家参加评议活动的指标和对专家参加具体评议后的反馈信息（郭碧坚，1992）。赵黎明等（1994）指出，评审专家的指标体系可归纳为基本情况指标、修养指标和评议工作业绩指标三个方面。其中，基本情况指标包括专家所发表的文献、所从事的科研课题以及所获得的科研奖励和学位；修养指标主要包括品德修养、认知素质、意志品质、智能修养以及知识素养；评议工作业绩指标主要通过参加评议项目的累计数、命中率、离散率和成功率进行综合评价。马晓光等（2003）初步建立了一套专家识别标准与指标体系。在该指标体系中，专家的社会属性、学术水平、评议水平和专家参加评估活动所反映出的态度构成了一级指标。其中，社会属性包括学科、技术职称、专业研究时间、所在单位性质、行政级别和年龄；学术水平包括学位和研究成果；评议水平包括评估总量、评估质量和评估阅历；态度则包括学术态度和合作态度。鲍洪涛等（2003）针对军队医学科研管理中评审专家遴选工作的不足，拟定了军队评审专家指标体系，包括四个一级指标，即基本情况指标、科研能力指标、评议业绩指标、道德修养指标。其中，基本情况指标包括年龄、职称、学历、学术任职以及研究领域；科研能力指标包括论文发表、科研项目、获得奖项、获得专利；评议业绩指标包括累计数、命中率、成功率和离散率；道德修养指标包括科学道德、科学态度以及工作作风。陈媛等（2009）建立了一套包括科研活跃程度、评审业绩和工作态度三个方面的评审专家指标体系。其中，科研活跃程度通过论文科研能力和项目科研能力予以体现；评审业绩主要通过评审准确性以及评审共识性进行衡量；工作态度则通过专家反馈评审结果的准时性以及对专家所拟定的评语所体现的态度进行衡量。

2. 评审专家的产生方式

在入库专家的指标体系确定之后，就要考虑评审专家的产生方式。张守在对国家自然科学基金领域专家管理进行研究时，提出可以参考国际理论物理中心（ICTP）在发展中国家聘请专家的管理模式，将评审专家初步划分为五个等级，即初评议专家、协联评议专家、资深评议专家、评审专家和顾问评议专家。这五个级别的同行评议专家主要通过四种方式产生：接受个人的直接申请；接受专家和单位的推荐；每年科学基金新资助项目的主持人；通过国家科技情报中心查询（张守，2000）。王志强（2002）在“关于完善同行评议制度的若干问题和思考——同行评议调研综述”一文中认为，评审的专家应该由学部与科学处推荐，也可以由各个科研部门的学术委员会推荐，还可以考虑由项目申请者提出可供参考的同行评议专家。齐丽丽和司晓悦（2008）提出借鉴德意志研究联合会（DFG）选择评审的方式，即先经过拉网式选举和推荐建立预选专家数据库，然后再经过评审互选和选举委员会的层层筛选，最终确定评审准专家库。

3. 评审专家库的组织方法和技术

作为支撑平台，组织方法和技术是专家库构建的一个关键所在。陈燕等（2007）设计了一个基于 ASP.NET 的专家人才库管理系统。该系统采用 B/S 结构，以 Windows2003 Server 为服务器操作系统，IIS5.0 及以上版本为 Web 服务器，Microsoft Visual Studio.NET 2003 为开发工具，拥有专家查询、新用户注册、用户登录、管理员登录、专家信息管理、用户信息管理、管理员信息管理七个功能模块，具有较好的可扩展性和可定制性。程慧俐等（2008）采用 PowerBuilder 技术设计实现了基于 C/S 模式的项目评审专家库管理系统。该系统具有专家信息录入、查询统计、专家抽取和专家管理四个模块，其中专家抽取模块是核心，包括随机抽取和专家补抽两个子模块。软件设计模式引入到气象科技专家库的设计中，采用 JSP+Servlet+JavaBean 实现 MVC 的体系结构。该系统包括专家信息录入、专家信息编辑、专家查询和专家筛选四个模块，具有较高的可靠性与稳定性，不仅能有效地管理专家信息资源，同时能够快速全面地提供准确的专家信息（康雯瑛等，2008）。廖开际和李哲（2008）基于建立一个方便行政管理部门和社会公众查询专家详细信息的目的，以 B/S 模式为基本架构，选用 SQL Server2005 为数据库，采用 JSP 技术设计开发了面向知识管理的专家库管理系统。在系统中，一方面用户可以检索到专家信息，另一方面专家也可以与用户分享知识。

除了从软件技术平台角度对评审专家库的构建进行研究外，还有一部分研究者对其他领域的新技术在专家库构建中的应用也进行了探索性的研究。例如，陆伟和韩曙光（2008）借鉴文本信息检索会议（Text Retrieval Conference，TREC）专家检索的基本方法，设计实现了从数据资源采集、规整、索引、检索到可视化的组织专家检索系统模型。同年，康雯瑛等（2008）将模型-视图-控制器（model-view-controller，MVC）应用到评审专家库。该框架模型可以定义组织内外表征专家信息的资源列表，设定资源动态更新周期，实现信息的动态采集，并结合组织内部专家列表，智能识别与检索组织专家。

4. 评审专家库的专家遴选

关于评审专家库中专家遴选要充分考虑对专家的定性分析和新技术、新方法的应用。

专家遴选的定性分析。在选择评审专家时需要考虑回避政策、集中与分散相结合、大同行和小同行、权威性、知名度与中青年学者以及不同学术观点的专家等问题。根据实际工作经验可得知，省级评审专家选择的现实情况与理论要求具有一定的差距，主要表现在两个方面，首先，参加评审的专家并非完全的同行；其次，多数评审专家的科研能力偏低，没有站在学术的前沿。在选择评审专家时，首先，需要考虑从哪个范围中遴选专家；其次，需要考虑专家的年龄和科研经历，老中青结合是一种相对理想的模式；最后，所选择的专家应该具有较高的学术造诣、优良的学风、严谨求实的工作态度。要注意挑选不同观点的评审专家，注意观点平衡，并适当增加学科覆盖面，同时还应该考虑评审专家的单位和地区分布。可以到高新技术企业寻找评审专家。

评审专家的选择应该考虑以下五点原则：同行性原则，一般的评审尽量请“小同行”；代表性原则，不同区域、不同机构和不同的研究侧重点应该兼顾；回避性原则，与被评议对象有利益关系的专家应该回避；效用性原则，评审专家的数量一般不少于五人，且为奇数；轮换原则，即同行评议专家应该定期轮换。

新技术与新方法在专家遴选中的应用研究。李杏姣（2008）以农业专家信息为研究对象，对农业科技咨询专家库智能管理系统中的模糊查询、查询优化和自动分类等技术进行了研究，实现了专家的动态优化管理，并运用 KNN 算法对专家信息进行自动分类，为专家的定向遴选提供便利。王俭等（2008）提出将线性概率模型（linear probability model，LPM）应用于评审专家的选择中，能够较真实地反映评审专家的个体属性与评价结果之间的因果定量关系，为专家的遴选提供了一定的依据。实践操作中，可充分考虑不同专家的专业知识水平、工作经验、所属区域、所属行业、拥有的职称、社会责任感、大局观等进行综合评判，构建满足土壤调查、修复、评估、社会需求的专家咨询库。

综上所述，通过对国内有关评审专家库的研究可以看出，在构建评审专家库时所涉及的四个问题中，关于同行专家指标体系的构建，基本都包含三个主要部分，即个人基本情况指标（通常指其学术研究水平和科研能力）、修养指标（个人品质、对待学术的态度）以及评议水平，指标内容大体相同，只是表达方式和划分标准稍有不同。关于评审专家的产生方式，通常包括个人申请、单位推荐、拉网式搜集专家信息等渠道。关于评审专家库的组织方法与技术，主要采用 B/S 模式或 C/S 模式、利用 SQL Server 数据库、Java、PowerBuilder、JSP 等技术。关于如何从评审专家库中遴选专家的研究主要集中在两个方面，一是从定性角度分析遴选专家时要注意的问题，二是采用一些新的技术和方法帮助选择合适的专家进行评审，如线性概率模型、KNN 算法、可视化著者同被引技术、社会网络分析、语义索引技术等。

随着科学技术的发展，场地土壤污染修复工程实施开展，今后还可以从以下几个方面对评审专家库进行完善：首先，在建立一套通用同行专家指标体系的基础上分别构建适合不同修复工作环节（如场地调查结果评估、风险评估结果论证、修复方案可行性论证、投标技术部分可行性论证、场地修复结果验收论证等）的专家指标体系；其次，借鉴和利用一些新技术和方法，如主题地图、社会网络分析、语义网的优势，提高专家遴选的合适性；最后，在对新建立的评审专家库实验模型进行充分的实证研究之后将其逐渐推向实践层面。

四、土壤环境分析方法与标准物质体系

实用、快速、经济、绿色分析方法，以及完善、成熟的标准物质体系是对场地土壤环境调查、风险评估、环境监理、修复结果验收和中长期监测结果可靠性的有力保证。因此，土壤环境分析方法与标准物质体系的完善，以及发展实用、快速、经济、绿色的分析方法是当下亟须解决的问题。

（一）与国外的研究差距分析

西方国家土壤环境分析方法相对应的土壤重金属和有机污染物标准物质体系较为完善，能满足土壤环境分析质量控制的需求。国外土壤环境分析技术发展的方向为注重分析方法实用、快速、经济、绿色，注重实验室质量控制。

我国的土壤环境分析技术体系尚未健全，土壤基本理化性质分析、土壤常量元素分析、土壤微量元素分析等土壤分析方法发展较快，而土壤环境分析方法相对来说发展滞后。20世纪 90 年代，我国制定了土壤中铬、镉、汞、铜、铅、锌、砷、镍等金属元素和六六六、DDT 几种化学污染物分析方法的国家标准。在实际操作中，大多数参考《土壤理化分析》（1978）、《环境监测分析方法》（1983）和《土壤元素的近代分析方法》（1992）中相关规定的方法执行。与此同时，我国在土壤环境标准物质和标准样品方法的研究方面存在严重不足。目前，重金属分析的土壤环境标准样品相对较多，土壤有机污染分析的标准样品相当缺乏（骆永明等，2015）。相对国外的发展趋势，国内存在的差距主要表现在：一是理

念上的差距，国内的研究比较偏向于追求分析测试方法的水平、检测设备的先进性，追求总量和全量的测定，而国外研究比较注重土壤环境分析方法的通用性、实用性和经济性，注重对环境灵活性的量的测定，更加关注从事实验室分析人员的健康、提倡绿色操作。二是国外追求土壤环境分析方法的多成分、少试剂、快速、原位方向发展。三是国外重视实验室质量管理体系建立与实际运行，有先进的质量保证和质量控制措施，数据质量有保证。国内实验室在管理和质量控制方面有进展，但差距仍然明显。

（二）未来发展方向

综合分析国内外土壤环境分析技术体系发展状况，结合我国目前土壤环境管理的实际需求，未来我国要加强土壤环境分析技术体系建设，明确发展方向，制定研究方案和计划，高度认识建立我国土壤环境分析技术体系的重要性和迫切性。土壤环境分析技术是土壤环境保护工作的重要基础，是土壤环境管理的重要手段（骆永明等，2015）。土壤环境分析技术反映了一个国家土壤环境科学研究和环境管理的水平。

土壤环境分析技术体系建设要与土壤环境监管相适应。建立适合中国国情的土壤环境分析技术体系，统筹规划、协调发展、全面推进。土壤环境分析技术体系要与土壤环境质量标准制定和土壤管理思路相适应。土壤环境分析技术体系建设要紧跟国外发展趋势，与国际接轨，同时走中国特色道路，要兼顾分析方法的先进性、实用性和经济性。科研采用的分析方法、环境检测采用的分析方法、第三方采用的分析方法要协调发展。

1. 土壤污染分析的标准方法体系

在土壤重金属分析测定方面，要完善土壤重金属全量分析测试方法，建立土壤重金属可提取态分析测定方法。在土壤有机污染物分析测定方面，建立挥发性和半挥发性有机污染物测定方法、建立土壤中特征性有机污染物（农药残留、工业生产过程中化学中间体和产品等）分析检测方法。

2. 土壤环境分析标准物质研发体系

建立健全土壤重金属分析的标准物质研发体系，重点建立我国土壤有机污染物分析的标准研发体系（陈怀满，2010）。

3. 土壤环境分析质量控制与质量保证体系

建立健全我国土壤环境分析实验室的土壤环境分析质量控制与质量保证体系，重点建立土壤环境样品采集与前处理过程中的质量控制与质量保证体系。

五、制定修复目标

场地土壤修复目标是场地土壤修复工程的核心，是场地土壤修复工作开展的依据，其制定不仅涉及业主的承担能力、资金能力，还涉及区域未来发展规划、土地利用性质、土地变更、转让。因此，制定修复目标时，应对土地未来的利用途径有充分的了解，区别对待不同的利用途径对土地质量的要求，使修复目标科学合理，避免过度修复。

六、专项资金的筹措

场地土壤修复是一项耗资巨大且周期较长的工程。因此，在场地土壤环境调查开始之前就应该筹措相应的专项修复资金，而专项资金的筹措必须依靠场地土壤污染修复资金机制。建立土壤污染修复资金机制，最终的目标都是环境外部问题内部化，让污染者承担土壤污染产生的成本（左玉辉，2009）。

（一）税费机制

随着经济的发展，我国目前土壤污染状况较为严峻，土壤污染产生的环境问题时有发生。按照污染的来源划分，主要的场地土壤污染类型可以分为两类：工业污染、生活污水及废弃物污染，可以根据这两类污染源的特点分别设计税费管理机制。

根据税收的类型和环境税的基本形式，可分为生活废弃物税费、工业污染源税费、污染源税费三类。环境税针对生产经营及消费行为的污染排放单独征收税费，如碳税、硫税和能源税等。与环境相关的税种，如消费税、资源税及车船税等，可以间接达到保护环境的目的。与环境相关的税收政策，如增值税、企业所得税等，通过税率的变动鼓励人们从事较为环保的活动。税费机制不是筹集资金的主要手段，其目的是引导人们减少污染物的排放，规范污染物的分类回收及处理，保障土壤污染防治规章制度的执行和最终目标的实现（骆永明等，2015）。

税收的具体管理模式有待设计，我国政府管理手段落后于发达国家，财力方面也欠缺，在税收过程中执行效率和执行成本可能是限制其实施的主要因素。任何一种税费模式如果执行成本过高或效率低下，将毫无意义。税收不应该采用统一的税率，因为以一定的环境为代价换取经济发展是不可避免的，在经济不发达地区尤为如此。应该在穷困地区适当放松税收强度，换取较快的经济增长及人们生活水平的改善，在较富裕地区加强环境破坏监管，达到改善环境质量的目标。我国市场机制还不完善，通过税收产生的价格扭曲改变着人们的行为。在这个过程中需要充分发挥市场机制作用，一旦税收的价格调节传导不到具体的经济实体中，便会使税收的目标难以实现。

（二）污染者付费机制

建立一套财政保险机制，要求生产过程中可能对土壤造成污染的企业必须证明其有足够的资金支付土壤污染修复支出，包括土壤修复和受害者的偿付。目前，我国的金融体系较国外发达国家有很大的差距，因此在财政保险机制的设计和实施方面将有诸多限制，应建立相应的信用机制、保险公司担保机制、诉讼机制和债权人偿付机制。

（三）污染场地开发机制

污染场地开发机制是指，有再开发利用价值的场地在开发过程中，必须使场地土壤质量达到目标使用标准。对于土壤质量不符合要求的场地，则先进行土壤修复，土壤质量达到标准后再开发。由于污染场地是具有开发价值的场地，土壤修复的资金支付方面可以由原土地使用者和土地开发商共同承担。污染场地土壤修复资金分担的基本原则是，原土地使用者负责将污染场地土壤恢复到当前使用土壤标准所需的费用；土壤开发商承担的费用是当前使用土壤标准修复到目标土壤标准所需的费用。当然，实际过程中，各方面可以进行协商共同承担修复费用。在污染场地开发过程中，政府机构同样需要出台一些相关的法律法规，鼓励污染场地的开发。参考美国棕地开发鼓励计划，计划主管机构不仅仅只有环保局，还可以是住建部、国防部、能源部、农业部等部门。

建议政府研究并推广相应的税收刺激计划（骆永明等，2015）、场地调查支持计划、低息贷款计划等。同时，建立保险机制，通过风险共担的方式为场地修复过程中出现的特殊情况而造成的资金缺口提供支持。

七、详细采样方案评审

详细采样方案评审的主体是环保部门授权并在评审专家库随机抽选的评审专家，详细采样方案不仅是场地土壤污染程度评估的数据来源，更牵扯到业主、管理部门、公众等多方利益。因此，必须对采样方案中涉及的土壤、地下水采样点位布设作出充分、专业的可行性论证。需要特别强调的是，详细采样方案必须以初步采样调查结果和该场地水文地质调查结果为依据，以确定污染物种类、分布、扩散范围、污染边界为基本工作内容。详细调查采样应尽量做到一步到位，避免重复性工作。

八、场地调查结果验收与评估

调查结果的验收需由任务委托方或环保部门组织相关专家进行评估，给出明确的意见，当地环保部门必须参加验收会议。专家应是具有一定从业年限的专业技术人员，专家的筛选必须充分考虑其专业特点、从业经验、职业道德等。

场地土壤环境调查结果表明，调查方案中提出的污染物浓度均低于修复限值的，县级环境保护行政主管部门应当及时书面通知污染场地责任人不需要对场地进行治理与修复。对全部或部分污染物浓度高于修复限值的，县级环境保护行政主管部门应当及时书面通知污染场地责任人启动污染场地土壤治理与修复工作，并在省级环境保护行政主管部门备案。

九、风险评估结果审核

场地风险评估审核的主体是环保部门从评审专家库随机抽选的评审专家，审核内容是场地风险评估结果。需要特别指出的是，场地风险评估应以现有的最新土壤质量标准等文件为依据，充分考虑该场地土壤特性和水文地质条件，切不可随意采用不同级别的不同标准。评审专家应发挥自己的专业特长，充分考虑当前我国环境污染物检测技术水准和标准物质研发进程，特别是对当前检测技术不成熟以及标准物质缺失的污染物，应结合场地土壤特征给出建设性的风险评估指导意见。

十、风险管控

风险管控和治理与修复是污染场地管理的重要策略。风险管控对象为因现阶段业主无承担能力、治理与修复资金不足、修复技术不成熟以及土地利用性质不明，或因未来一段时间内该场地开发潜力不足等诸因素，造成场地现阶段不具备治理修复条件或暂不开发利用的已明确存在人体健康危害的污染场地。

风险管控和治理与修复一道，首先，业主应根据污染物种类、数量、分布范围、场地详细调查数据与结论、污染场地风险评估结果等编制风险管控方案，风险管控方案应包括二次污染防治方案、环境应急方案、长期跟踪监测方案、修复时机成熟的标志等相关内容；其次，业主需对编制的风险管控方案组织召开专家评审会，风险管控方案待相关评审专家评审通过后方可实施；最后，风险管控工程实施后，应根据风险管控方案中已编制的跟踪监测方案对目标污染物实施定期监测，待风险管控方案中提出的各项治理与修复时机成熟条件均达到后，方可开展治理与修复工作。

风险管控方案中应重点针对具有易挥发、疏水特性的污染物，制定如密闭封盖、负压运行等阻隔控制方案。对污染物易溶于水，且已渗入地下水，并随着地下水迁移对周边饮用水水源地水质安全构成威胁的场地，在制定风险评估方案时需综合考虑污染程度、扩散范围及水文地质条件，可采用地下水抽出处理、可渗透反应屏障等综合措施的方案。

同时应该指出，风险管控的底线是污染物不扩散、不对周边敏感目标造成直接或间接伤害。在此基础上可以综合开发一些诸如生态公园、停车场、物流仓储地等基础性工程。风险管控要区分不同用途，不能简单禁用。

十一、修复策略的选择

在分析前期污染场地环境调查和风险评估资料的基础上，根据污染场地特征条件、目标污染物、修复目标、修复范围和修复时间长短，选择确定污染场地修复总体思路，同时，进行确认场地。确认场地需要开展核实场地相关资料、现场考察场地状况、补充相关技术资料等方面的工作。

修复目标主要包括确认目标污染物、提出修复目标值、确认修复范围等内容。通过对前期获得的场地环境调查和风险评估资料进行分析，结合必要的补充调查，确认污染场地土壤修复的目标污染物、修复目标值和修复范围。

十二、修复技术筛选与评估

场地土壤污染修复技术筛选原则是为指导与规范筛选过程而制定的。目前，我国尚没有正式制定具体的关于污染场地修复技术的政策和原则。根据我国现有的相关规定、导则等，参考美国超级基金的“九原则”，确定以下我国污染场地修复技术筛选原则：场地风险可接受，修复至场地再利用风险可接受对应的污染物浓度水平即可；修复技术易操控，修复技术操作控制性强，处理过程中意外情况出现少；对周边影响较小；工程规模、投资合理；在不大幅度增加修复费用的前提下尽量缩短修复时间。此外，我国污染场地修复技术还不成熟，在修复技术筛选过程中还需考虑技术的可操作性因素。通过对修复技术实施干扰性较大的因素进行评价，确定修复实施的因素程度。一般考虑的因素包括土壤特性、污染深度、污染分布和污染特性等。

依据制定的筛选原则，借鉴欧美国家修复技术选择的发展历程并结合我国当前的技术和经济实力，主要从技术指标、社会环境和经济指标三个方面建立污染场地修复技术筛选指标体系。

十三、场地土壤修复方案评估

场地土壤修复方案制定后为了检验和比较各个方案的可行性与可操作性，可以通过费用-效益分析、修复后场地环境承载力分析、方案可行性分析与目标可达性分析，对修复方案进行综合评价。场地土壤修复方案的评估主体为环保部门或业主委托的在评审专家库中随机抽选的评审专家，评审专家应利用自身的专业知识、经验为最佳修复方案的选择与决策提供科学依据。

十四、组建招标委员会

场地土壤污染修复不单单是土方工程，更是一项民生工程，其治理的结果直接影响着周边居民长期的生命安全。就工程招标而言，价格越低越好，凡事有利有害，趋利避害实乃人之常情，但对场地土壤修复工程招标不能一味地追求价格最低，应该追求业界具有“工匠精神”的企业，在能保证相对合理的利益的同时，将土壤修复工程做成良心工程。这好比伯乐与千里马，在场地土壤修复领域这位伯乐便是“招标委员会”，招标委员会应以当地主要领导为重要领导，成员应囊括财政、税务、国土、建设、规划、环保、交通以及业内知名专家。相信这样强大的招标委员会所识别的“千里马”定当是价格合理、业绩优良、修复水准一流的“工匠企业”。

十五、污染场地信息管理系统

我国应尽快完成污染场地状况的全面调查，摸清全国污染场地的场地类型、土壤特征、重点区域分布和危害等基础信息，初步建立全国污染场地土壤环境监测网络。该系统应该具备如下功能：建立定期更新的国家层面的污染场地信息档案，基本准确并动态掌握我国污染场地的区域分布、时空分布、污染面积、污染类型和污染程度等方面的统计数据；向公众提供可能导致场地污染的化学物质或污染源、可能采取的修复措施及修复进展，为污染场地进行全国统一的土壤修复管理提供依据（何跃等，2013）。

第四章　场地土壤环境调查与风险评估

第一节　场地土壤环境调查

一、调查方案的设计与基本要求

（一）污染物识别调查方案设计的基本要求

污染物识别调查方案设计主要考虑资料收集与分析、现场踏勘、人员访谈、结论分析等方法、要求以及注意事项。通过上述环节涉及内容的全面考虑，旨在规范操作流程、节约管理成本的基础上，全面翔实地对场地状况作初步了解。

1. 资料收集与分析

资料收集主要是对场地利用变迁资料、场地环境资料、场地相关记录、有关政府文件以及场地所在区域的自然和社会信息等资料的搜集整理。当调查场地与相邻场地存在相互污染的可能时，需调查相邻场地的相关记录和资料。

（1）场地利用变迁资料

主要包括用来辨识场地及其相邻场地的开发及活动状况的航片或卫星图片、场地的土地使用和规划资料以及其他有助于评价场地污染的历史资料，如土地登记信息资料等。还包括有关场地利用变迁过程中场地内建筑、设施、工艺流程和生产污染等变化情况的资料。

（2）场地环境资料

场地环境资料是指场地土壤及地下水污染记录、场地危险废物堆放记录，以及场地与自然保护区、水源地保护区、文物保护单位以及居民区的位置关系等的资料。

（3）场地相关记录

包括产品、原辅材料及中间体清单、平面布置图、工艺流程图、地下管线图、化学品储存及使用清单、泄漏记录、废物管理记录、地上及地下储罐清单、环境监测数据、环境影响报告书或表、环境审计报告和地勘报告等。

（4）有关政府文件

包括区域环境保护规划、环境质量公告、企业在政府相关部门的环境备案和批复以及生态和水源保护区规划等。

（5）场地所在区域的自然和社会信息

自然信息包括地理位置图、地形、地貌、土壤、水文、地质和气象资料等；社会信息包括人口密度和分布、敏感目标分布及土地利用方式、区域所在地的经济现状和发展规划、相关国家和地方的政策、法规与标准以及当地地方性疾病统计信息等。

最后，调查人员应根据专业知识和经验来识别资料中的错误和不合理的信息，如资料缺失影响判断场地污染状况时，应在报告中说明。

2. 现场踏勘

根据前期了解的场地基本情况，现场踏勘人员在现场踏勘前必须掌握相应的安全卫生防护知识，并装备必要的防护用品。现场踏勘范围的确定主要以场地内为主，根据专业知识和经验，对污染物可能迁移的方向、距离作出基本判断，以便确定是否需要对场地的周围区域进行踏勘以及踏勘的大致范围。

现场踏勘的重点包括场地的现状与历史情况、相邻场地的现状与历史情况、周围区域的现状与历史情况、区域的地质、水文地质和地形等。其中，场地的现状与历史情况是指可能造成土壤和地下水污染物质的使用、生产、储存，以及三废排放、处理及泄漏状况；场地历史使用中可能造成土壤或地下水污染异常的迹象，如罐、槽泄漏及废物临时堆放污染的痕迹等。相邻场地的现状与历史情况则主要针对相邻场地的使用现况与污染源，以及过去使用中留下的可能造成土壤和地下水污染的异常迹象，如罐、槽泄漏、废物临时堆放污染的痕迹、植被损害、各种容器及排污设施损坏和腐蚀痕迹，场地内的气味、地面、屋顶及墙壁的污渍和腐蚀痕迹等。周围区域的现状与历史情况踏勘主要是对于周围区域目前或过去土地利用的类型，如住宅、商店和工厂等，尽可能观察和记录。观察和记录场地及周围是否有可能受污染物影响的居民区、学校、医院、饮用水源保护区以及其他公共场所等地点，并在报告中明确其与场地的位置关系；周围区域的废弃和正在使用的各类井，如水井等、污水处理和排放系统、化学品和废弃物的储存与处置设施、地面上的沟、河、池、地表水体、雨水排放和径流以及道路和公用设施。区域的地质、水文地质和地形的描述重点在于协助判断周围污染物是否会迁移到调查场地，以及场地内污染物是否迁移到地下水和场地之外。

现场踏勘的重点踏勘对象一般应包括有毒有害物质的使用、处理、储存、处置；生产过程和设备，储槽与管线；恶臭、化学品味道和刺激性气味，污染和腐蚀的痕迹；排水管或渠、污水池或其他地表水体、废物堆放地、井等。同时，应该观察和记录场地及周围是否有可能受污染物影响的居民区、学校、医院、饮用水源保护区以及其他公共场所等，并在报告中明确其与场地的位置关系。现场踏勘的方法包括通过对异常气味的辨识、摄影和照相、现场笔记等方式初步判断场地污染的状况。

不同行业的场地污染特征不同，污染物种类和造成污染的环节都不同，需结合各行业的污染特征，有针对性地开展现场踏勘工作。踏勘时遇到没有封闭或发生损坏的储存容器的场地需要记录储存容器的数量和容器类型，尤其遇到地上、地下储存设施及其配套的输送管线发生损坏的情况，则需要记录储藏池（库）数量、储存物质、容量、建设年代、监测数据、周边管线等内容。对各类集水池进行踏勘时注意其是否含危险物质或与其有关的物质，对盛装未知物质的容器不管是否发生泄漏均应调查并记录储存容器的数量、容器类型和储存条件。特别关注电力及液压设备的场地是否使用含多氯联苯的设备。对场地内道路、停车设施及与场地紧邻的市政道路情况踏勘的重点是识别并察看可能运输危险物质的进场路线。询问熟悉生产线情况的人员关于物料是否已从生产线完全卸载，反应釜、塔、容器、管道中的物料是否已基本清除，在确保健康与安全的条件下可进行适当的直接观察。核查建筑物内是否有明显的固体废物堆积，观察其存放情况是否有固体废物存放在容器内以及容器的密封状况。检查设备保温层的完整性，了解保温材料的类型和使用时间。对建（构）筑物的现状及完善情况踏勘，如建筑物的数量、层数、大致年代等，生产装置区、储存区、废物处置场所等区域的地面铺装情况，是否存在由于生产装置的腐蚀和跑冒滴漏造成的地面、屋顶、墙壁的污渍和腐蚀痕迹。记录采暖和制冷系统所用冷热媒介质的类型及储存情况以及建（构）筑物及各种管线保温情况，重点关注石棉的使用、储存等情况。特别注意生产装置区、储存区、废物处置场所等以外区域的室外地面铺装情况，地面污渍痕迹以及室外可能因污染引起的植被生长不正常情况。生产排放的污水水质，相关的处理构筑物（如排水管、排水沟、水池等）的使用情况，污水处理系统的建设年代和处理工艺等，明显堆积或填充废弃的建筑垃圾或其他固体废物形成的土堆、洼地等，场地内所有的水井，是否存在颜色、气味等水质异常情况也要踏勘记录。

3. 人员访谈

人员访谈是将资料收集和现场踏勘所涉及的疑问采取当面交流、电话交流、电子或书面调查表等途径向对场地现状或历史情况了解的当地管理机构和地方政府的官员、环境保护行政主管部门的官员、场地过去和现在各阶段的使用者以及场地所在地或熟悉场地的第三方进行访谈，如相邻场地的工作人员和附近的居民等寻求帮助希望对其中可疑处和不完善处进行核实和补充的内容。访谈结果作为调查报告的附件。

4. 结论分析

污染物识别调查结论应明确场地内及周围区域有无可能的污染源，并进行不确定性分析。若有可能的污染源，应说明可能的污染类型、污染状况和来源，并应提出第二阶段场地环境调查的建议。

重视污染物识别阶段的场地调查，充分收集相关资料，注重现场问询。不能只关注生产工艺描述，重点进行特征污染物识别，尤其是溶剂、杂质、二次衍生物等污染物的分析；系统进行污染源分析，区分一次污染源和二次污染源及对污染物迁移路径进行分析和概化，加强时空概念；建立场地污染概念模型，掌握污染物迁移规律，指导现场环境调查工作，并对后续风险评估和场地污染修复提供基础信息。同时，随着对场地污染特征的深入掌握，逐步细化。污染概念模型应贯穿场地污染修复工作的全过程。

（二）水文地质调查方案设计的基本要求

若污染物识别阶段已证实该场地存在污染，应充分论证现场环境调查中初步、详细采样方案中土壤及地下水采样点布设的科学性、规范性和可操作性，并为后续修复工作提供相关数据支撑。需对该场地及周边进行水文地质调查。水文地质调查方案设计的内容应包含但不限于自然地理概况（地理位置、地形地貌、水文、气象）、地质状况（地层、构造）

和水文地质条件（区域水文地质条件、场地水文地质条件）等内容（张建荣等，2016）。

1. 自然地理概况

水文地质调查时，自然地理概况包含地理位置、地形地貌、水文、气象等方面的内容。自然地理概况应重点阐述下述因素与地下水之间的关系。

（1）地理位置

主要包括对该厂区所在位置、地理坐标、范围面积、行政关系、交通条件等的调查。

（2）地形地貌

主要包括但不限于该厂区的地形地貌特征、成因类型、分布范围及特征、相对高差、绝对高度、代表性地点等。

（3）水文

主要包括该厂区的水系分布、水文特征。邻近河流应指出其所属水系的水位、流量、水质等变化情况。

（4）气象

根据场地所在区域或邻近气象站资料，汇总场区所在区域的气候类型、所属气候区、降水量、蒸发量、气温等多年平均值和最高、最低值等。

2. 地质状况

水文地质调查时，地质状况包含地层、构造等方面的内容。

（1）地层

主要内容包括该区地层顺序、出露情况、岩性、产状、埋藏条件、岩层厚度、成因类型及分布规律。

（2）构造

按照《中国大地构造学纲要》，总结该厂区地质构造隶属关系，主要构造类型、特征、分布及其与地下水的赋存和运动关系。

3. 水文地质条件

（1）区域水文地质条件

一般可按岩层的时代，由老至新分别汇总出含水层及隔水层的岩性、厚度、埋藏深度及分布特征，含水层类型、富水性、水位、水量，地下水的补给、径流、排泄条件，含水层与含水层之间、地下水与地表水之间的水力联系，构造破碎带的导水性，地下水的运动方向，地下水的化学特征及其影响因素等。

（2）场地的水文地质条件

报告中关于场地水文地质条件应详述以下几个方面的内容。该场地含水层与含水岩系的岩性、厚度、埋藏条件及分布，渗透性和富水性、水量、水位、水质等，裂隙岩溶发育程度及其规律，含水层之间及地表水与地下水之间的水力联系，隔水层的分布、厚度和隔水性能等；该场地地下水类型、补径排条件及其动态变化规律；该场地地下水的水化学特征、污染现状及其变化规律；该场地主要地质构造带、裂隙带的含水性和导水性以及对地下水的影响；该场地地下水资源分布情况。

（三）现场环境调查方案设计与基本要求

1. 初步采样方案设计

根据污染物识别阶段（第一阶段场地环境调查）的情况制定初步采样分析方案，其内容应包括核查已有信息、判断污染物的可能分布、制定采样方案、制定健康和安全防护计划、制定样品分析方案和确定质量保证和质量控制程序等。核查已有信息是指对已有信息进行核查，包括第一阶段场地环境调查中重要的环境信息，如土壤类型和地下水埋深；查阅污染物在土壤、地下水、地表水或场地周围环境的可能分布和迁移信息；查阅污染物排放和泄漏的信息，重点在于对上述信息来源的核查，以确保其真实性和适用性。判断污染物的可能分布工作的重点是根据场地的具体情况、场地内外的污染源分布、水文地质条件，以及污染物的迁移和转化等因素，判断场地污染物在土壤和地下水中的可能分布，为制定采样方案提供依据。采样方案主要内容应包含采样点的布设、样品数量、样品的采集方法、现场快速检测方法、样品收集、保存、运输和储存等内容。制定健康和安全防护计划需根据国家有关危险物质使用及健康安全等相关法规，制定现场人员安全防护计划，并对相关人员进行必要的培训。现场人员需按有关规定使用个人防护装备。严格执行现场设备操作规范，防止因设备使用不当造成的各类工伤事故。对现场危险区域，如深井、水池等应进行标识。制定样品分析方案中检测项目应根据保守性原则，按照第一阶段调查确定的场地内外潜在污染源和污染物，同时考虑污染物的迁移转化，判断样品的检测分析项目；对于不能确定的项目，可选取潜在典型污染样品进行筛选分析。一般工业场地可选择的检测项目有：重金属、挥发性有机物、半挥发性有机物、氰化物和石棉等。例如，土壤和地下水明显异常而常规检测项目无法识别时，可采用生物毒性测试方法进行筛选判断。现场质量保证和质量控制措施是防止样品污染工作的重要程序，包括运输空白样分析、现场重复样分析、采样设备清洗空白样分析、采样介质对分析结果影响分析以及样品保存方式和时间对分析结果的影响分析等。

初步采样时，一般不进行大面积和高密度的采样，只是对疑似污染的地块进行少量布点与采样分析。采用判断布点方法，在场地污染识别的基础上选择潜在污染区域进行布点，重点是场地内的储罐储槽、污水管线、污染处理设施区域、危险物质储存库、物料储存及装卸区域、历史上可能的废渣地下填埋区、跑冒滴漏严重的生产装置区、物料输送管廊区域、发生过污染事故的区域、受大气无组织排放影响严重的区域、受污染的地下水污染区域、道路两侧区域、相邻企业等区域。可根据原场地使用功能和污染特征，选择可能污染较重的若干地块作为土壤初步采样点布设区域。原则上，采样点位应选择地块的中央或有明显污染的部位，如生产车间、污水管线、废弃物堆放处等区域。对于污染较均匀的场地（包括污染物种类和污染程度）和地貌严重破坏的场地（包括拆迁性破坏、历史变更性破坏），可根据场地的形状采用系统随机布点法，在每个地块的中心采样。采样点水平方向的布设可参照表 4-1 进行，采样点布设时应说明采样点布设的理由。采样点位的数量与采样深度应根据场地面积、污染类型及不同使用功能区域调查结论确定。采样点数目应足以判别可疑点是否被污染，在每个疑似污染地块内或设施底部布置不少于 3 个土壤或地下水采样点（陈辉等，2010）。地下水采样不只局限在厂界内，对场地内地下水上游、下游及污染区域内至少各设置 1 个监测井。地下水监测井设点与土壤采样点可并点考虑。

表 4-1 几种常见的布点方法及适用条件

布点方法	适用条件
系统随机布点法	适用于污染分布均匀的场地
专业判断布点法	适用于潜在污染明确的场地
分区布点法	适用于污染分布不均匀，并获得污染分布情况的场地
系统布点法	适用于各类场地情况，特别是污染分布不明确或污染分布范围大的情况

采样深度应综合考虑场地地层结构、污染物迁移途径和迁移规律、地面扰动深度等因素。若对场地信息了解不足，难以合理判断采样深度，可依据相关技术导则的要求设置采样点；在实际调查过程中可结合现场实际情况进行确定。对于每个监测地块，表层土壤和深层土壤垂直方向层次的划分应综合考虑污染物迁移情况、构筑物及管线破损情况、土壤特征等因素确定。采样深度应扣除地表非土壤硬化层厚度，原则上建议 3m 以内深层土壤的采样间隔为 0.5m，3～6m 采样间隔为 1m，地下水采样间隔为 2m，具体间隔可根据实际情况适当调整。一般情况下，应根据场地环境调查结论及现场情况确定深层土壤的采样深度，最大深度应直至未受污染的深度为止。

采样点垂直方向的土壤采样深度可根据污染源的位置、迁移和地层结构以及水文地质等进行判断设置。当土层特性垂直变异较大时，应保证在不同性质土层至少有一个土壤样品，采样点一般布置在各土层交界面（如弱透水层顶部等）；当同一性质土层厚度较大或同一性质土层中出现明显污染痕迹时，应根据实际情况在同一土层增加采样点。若对场地信息了解不足，难以合理判断采样深度，可按 0.5～2m 等间距设置采样位置。

地下水采样一般以最易受污染的第一层含水层为主，当第二层含水层作为主要保护对象且可能会受到污染时，应设置地下水监测组井，同时采集第一层和第二层地下水样品；当有地下储存设施时，应在储存设施以下至含水层底板，最少选取二至三个不同的深度进行取样；当隔水层相对较差或两层含水层之间存在水力联系、场地内存在透镜体或互层等地质条件时，可考虑设置组井并进行深层采样。一般情况下，应在调查场地附近选择清洁对照点。地下水采样点的布设应考虑地下水的流向、水力坡降、含水层渗透性、埋深和厚度等水文地质条件及污染源和污染物迁移转化等因素；对于场地内或邻近区域内的现有地下水监测井，符合地下水环境监测技术规范的，可作为地下水取样点或对照点。

2. 详细采样方案设计

在初步采样分析的基础上制定详细采样分析方案。详细采样分析方案主要包括评估初步采样分析工作计划和结果、制定采样方案，以及制定样品分析方案等。

评估初步采样分析工作计划和结果：分析初步采样获取的场地信息，主要包括土壤类型、水文地质条件、现场和实验室检测数据等；初步确定污染物种类、程度和空间分布；

评估初步采样分析的质量保证和质量控制。

制定采样方案：根据初步采样分析的结果，结合场地分区，制定采样方案。应采用系统布点法加密布设采样点。对于需要划定污染边界范围的区域，采样单元面积不大于1600m^2（40m×40m网格）。垂直方向采样深度和间隔根据初步采样的结果判断。

制定样品分析方案：根据初步调查结果，制定样品分析方案。样品分析项目以已确定的场地关注污染物为主。

详细采样工作计划中的其他内容可在初步采样分析计划基础上制定，并针对初步采样分析过程中发现的问题，对采样方案和工作程序等进行相应调整。

3. 现场采样基本要求

现场采样应准备的材料和设备包括定位仪器、现场探测设备、调查信息记录装备、监测井的建井材料、土壤和地下水取样设备、样品的保存装置和安全防护装备等。采样前应采用GPS卫星定位仪等准确定位。采用金属探测器或探地雷达等设备探测地下障碍物，确保采样位置避开地下电缆、管线、沟、槽等地下障碍物。采用水位仪测量地下水水位，采用油水界面仪探测地下水非水相液体。定性或半定量分析可采用便携式有机物快速测定仪、重金属快速测定仪、生物毒性测试等现场快速筛选。采用直接贯入设备现场连续测试地层和污染物垂向分布情况，也可采用土壤气体现场检测手段和地球物理手段初步判断场地污染物及其分布，指导样品采集及监测点位布设。采用便携式设备现场测定地下水水温、pH、电导率、浊度和氧化还原电位等。

土壤样品采集包括采样器的选择、深层土钻孔与采样技术、封孔、废弃土、水处理及钻孔回填等方面的内容。采样器的选择应根据《岩土工程勘察规范》（GB 50021—2001）中的规定。对于表层土采样可采用手工采样或螺旋钻采样。

收集土壤样时，应把表层硬化地和大的砾石、树枝剔除。进行深层土壤采样和地下水采样时，应根据现场所在地区的地层条件、现场作业条件和采样要求选择钻探技术。用于场地环境风险评估的钻探技术需结合场地所在地区的地层条件、场地钻探的作业条件和场地勘察的方案要求来选择经济有效的钻探方法。

封孔，是指如果钻孔深度穿过弱透水层，建议用膨润土进行钻孔回填，以恢复地层的隔水性。膨润土应至少在弱透水层上、下各余出30cm的厚度。每向孔中投入10cm的膨润土颗粒就要添加水润湿。每个采样点钻探结束后，应将所有剩余的废弃土装入垃圾袋内，统一运往指定地点储存，废水同样需要用塑料桶进行收集，不得任意排放，防止造成二次污染。最后，每个钻孔均应采用无污染土料进行回填，必要时做好地面恢复工程。

地下水监测是场地土壤污染修复的重点和难点，而地下水检测井建设又是地下水监测环节的重点。地下水检测井建设过程应关注设计、钻孔、过滤管和井管的选择和安装，滤料的选择、装填、封闭、洗井固定等环节。监测井的设置包括钻孔、下管、填砾及止水、井台构筑等步骤。监测井所采用的构筑材料不应改变地下水的化学成分，不宜采用裸井作为地下水水质监测井。建井的具体技术要求及针对不同检测物质应选用的构筑材料应参照相关技术导则和规范，要充分考虑井管构成、孔径、孔深校正、填砾、止水材料、井台构筑、洗井等过程，以及材料的使用等。

地下水采样在采样前的洗井完成后两小时内完成。现场采样应避免采样设备及外部环境等因素污染样品，采取必要措施避免污染物在环境中扩散。取水位置建议为井中储水的中部，如果在监测井中遇见重油（DNAPL）或轻油（LNAPL）时，对于 DNAPL，采样设置在含水层底部和不透水层的顶部，对于 LNAPL，采样设置在油层的顶板处，以保证水样能代表地下水水质。

针对不同检测项目选择不同样品保存方式：无机物通常用塑料瓶（袋）收集样品；挥发性和半挥发性有机物宜使用具有聚四氟乙烯密封垫的直口螺口瓶收集样品，用发泡塑料包裹样品瓶防止直接碰撞，放置足量的冰块确保保温箱冷藏温度低于 4℃，实验室接样后要求测量保温箱内的温度。选择安全快捷的运输方式，保证不超过样品保留时间的最长限值。具体的土壤样品收集器和样品的保存要求见表 4-2。

表 4-2 容器、保存技术、样品体积以及保存时间的要求

监测项目	容器[①]	保存条件[②]	样品最小体积或重量	样本最大保留时间
金属				
六价铬	P，G，T	4℃低温保存	500mL（水）；227g（土壤）	24 小时（水）；萃取前 30 天，萃取后 4 天（土壤）
汞	P，G，T	加 HNO_3 使 pH＜2，4℃低温保存	500mL（水）；227g（土壤）	28 天（水和土壤）
其他金属	P，G，T	加 HNO_3 使 pH＜2，4℃低温保存	500mL（水）；227g（土壤）	180 天（水和土壤）
有机化合物				
总石油烃（TPH）：可挥发	G，用聚四氟乙烯薄膜密封瓶盖	4℃低温保存，加 HCl 使 pH＜2	2×40mL（水）；113g（土壤）	14 天（水或土壤）；无酸保护则为 7 天
总石油烃（TPH）：可萃取	G，用琥珀密封瓶盖	4℃低温保存	1L（水）；227g（土壤）	萃取前 7 天，萃取后 40 天（水）；萃取前 14 天，萃取后 40 天（土壤）
可挥发性芳香卤代烃	G，用聚四氟乙烯薄膜密封瓶盖	4℃低温保存，加 HCl 使 pH＜2，0.008% $Na_2S_2O_3$[③]	2×40mL（水）；113g（土壤）	14 天（水和土壤）；无酸保护则为 7 天
亚硝胺	G，用聚四氟乙烯密封瓶盖	4℃低温保存	1L（水）；227g（土壤）	萃取前 7 天，萃取后 40 天（水）；萃取前 14 天，萃取后 40 天（土壤）
除草剂	G，用聚四氟乙烯密封瓶盖	4℃低温保存	1L（水）；227g（土壤）	萃取前 7 天，萃取后 40 天（水）；萃取前 14 天，萃取后 40 天（土壤）
有机氯杀虫剂	G，用聚四氟乙烯密封瓶盖	4℃低温保存	1L（水）；227g（土壤）	萃取前 7 天，萃取后 40 天（水）；萃取前 14 天，萃取后 40 天（土壤）
PCBs	G，用聚四氟乙烯密封瓶盖	4℃低温保存	1L（水）；227g（土壤）	萃取前 7 天，萃取后 40 天（水）；萃取前 14 天，萃取后 40 天（土壤）
有机磷杀虫剂/化合物	G，用聚四氟乙烯密封瓶盖	4℃低温保存	1L（水）；227g（土壤）	萃取前 7 天，萃取后 40 天（水）；萃取前 14 天，萃取后 40 天（土壤）
半挥发性有机物	G，用聚四氟乙烯密封瓶盖	4℃低温存，0.008% $Na_2S_2O_3$	1L（水）；227g（土壤）	萃取前 7 天，萃取后 40 天（水）；萃取前 14 天，萃取后 40 天（土壤）
挥发性有机物	G，用聚四氟乙烯薄膜密封瓶盖	4℃低温保存，0.008% $Na_2S_2O_3$（对挥发性芳香烃加 HCl 使 pH＜2）	2×40mL（水）；113g（土壤）	14 天（水和土壤）；无酸保护则为 7 天

注：①聚乙烯（P）；玻璃（G）；聚乙烯复合气泡垫（T）；②土壤样品一般直接避光保存密封于 4℃条件下即可；对于需要测定重金属的水样，则需在保存前加 HCl 调 pH 小于 2；③只有当出现余氯时才需要保存 0.008%的 $Na_2S_2O_3$

样品采集应防止采样过程的交叉污染，在两次钻孔之间，同一钻孔在不同深度采样时，与土壤接触的其他采样工具重复使用时，均需清洗后使用。采样过程中要佩戴手套，每采集一个样品需更换一次手套。每采完一次样，都需将采样工具用自来水洗净后再用蒸馏水淋洗一遍。液体汲取器为一次性使用。为防止采样的二次污染，每个采样点钻探结束后，应将所有剩余的废弃土装入垃圾袋内，统一运往指定地点储存；洗井及设备清洗废水应使用塑料容器进行收集，另行处置。现场质量控制规范采样操作：采样前组织操作培训，采样中一律按规程操作，现场采样质量控制样一般包括现场平行样、现场空白样、运输空白样、清洗空白样等，且质量控制样的总数应不少于总样品数的10%。规范采样记录，将所有必需的记录项制成表格，并逐一填写。采样送检单必须注明填写人和核对人。

4. 数据评估和结果分析

实验室检测分析优先考虑委托有资质的实验室进行样品检测分析，样品分析方法首选国家标准和规范中规定的分析方法。对国内没有标准分析方法的项目，可以参照国外的方法。对于常规理化特征，可以按照下列要求进行实验室分析。土壤样品分析包括土壤的常规理化特征，如土壤pH、粒径分布、容重、孔隙度、有机质含量、渗透系数、阳离子交换量等的分析测试应按照《岩土工程勘察规范》（GB 50021—2001）执行。土壤样品关注污染物的分析测试应按照《建设用地土壤污染风险筛选指导值》（三次征求意见稿）和《土壤环境监测技术规范》（HJ/T 166—2004）中的指定方法执行。污染土壤的危险废物特征鉴别分析，应按照《危险废物鉴别标准》（GB 5085）和《危险废物鉴别技术规范》（HJ/T 298—2007）中的指定方法执行。地下水样品、地表水样品、环境空气样品、残余废弃物样品的分析应分别按照《地下水环境监测技术规范》（HJ/T 164—2004）、《地表水和污水监测技术规范》（HJ/T 91—2002）、《环境空气质量手工监测技术规范》（HJ/T 194—2005）、《恶臭污染物排放标准》（GB 14554—1993）、《危险废物鉴别标准》（GB 5085）和《危险废物鉴别技术规范》（HJ/T 298—2007）中的指定方法执行。

设置实验室质量控制样主要包括空白样品加标样、样品加标样和平行重复样。要求每20个样品或者至少每一批样品做一个系列的实验室质量控制样，也可根据情况适当调整。质量控制样品，包括土壤和地下水，应不少于总检测样品的10%。

对实验室检测结果和数据质量进行分析主要包括：分析数据是否满足相应的实验室质量保证要求；通过采样过程中了解的地下水埋深和流向、土壤特性和土壤厚度等情况，分析数据的代表性；分析数据的有效性和充分性，确定是否需要进行补充采样；根据场地内土壤和地下水样品检测结果，分析场地污染物种类、浓度水平和空间分布。

整理调查信息和检测结果，评估检测数据的质量，分析数据的有效性和充分性，确定是否需要补充采样分析等。根据土壤和地下水检测结果进行统计分析，确定场地关注污染物种类、浓度水平和空间分布。

现场环境调查阶段应该重视对场地地层和水文地质条件的分析，依据场地性质和特征污染物迁移转化规律，设计采样布点计划，采用分区布点和划分风险决策单元；初步采样至详细采样，精细确定污染分界区网格；防止过度调查或调查不足造成污染范围的夸大或缩小。对VOCs类的采样要严格遵守采样技术规范，辅助现场快速筛选和土壤气相监测，可以进行连续或小间距采样。增强现场辅助识别技术，除 XRF 和手持 PID 外，其他现场测试技术（如物探、MIP、土壤气体调查）在场地调查还未得到广泛应用，这些测试技术应该适当大胆地尝试使用。重视地下水调查，遵守地下水采样规范，地下水采样应具有代表性。以区域水文地质资料作为场地水文地质调查的前提条件，结合区域水文地质资料分析场地的地下水分布，降低场地内地下水含水层调查的误差；大型或复杂的污染场地建议进行水文地质专项调查。

（四）场地土壤环境调查案例分析

以某市某场地污染土壤和地下水污染采样工作手册为案例，具体了解场地土壤污染调查中各项工作开展程序及有关注意事项。本案例主要从污染土壤调查和地下水调查两个方面进行阐述。

1. 污染土壤调查

对场地土壤污染物的调查监测目的主要集中在判断土壤环境质量是否符合国家标准、根据污染物的分布追踪污染源、污染源在时间和空间上的分布后果、研究污染物扩散模式和规律、为土壤资源的合理利用提供依据等方面。

（1）采样前期的基础资料调查

污染土壤样品的采集之前，先要进行污染场地特征调查，调查内容包括自然条件、成土母质、地形、植被、水文、气候等。

（2）场地水文地质调查

场地水文地质调查的目的是查明区域水文地质条件、各类含水层的赋存条件、地层分类厚度、深度和分布规律；查明地下水的补给、径流、排泄条件；查明调查区域主要地层结构、各层岩性及颗粒组成、透水性能、埋藏分布条件；各含水层地下水的类型、补径排条件及其水质水量的分布和变化、水文地质条件等。

污染场地调查工作按照以下五个步骤逐步深入。

第一步，采用静力触探进行土壤性质调查，准确划分场地内各区域的土层和土层分类。获取各调查区域的土层剖面图、土层在水平和垂直方向的均匀性、浅基承载力数据，获取桩端持力层和预估单桩承载力等工程地质勘察资料，绘制静探曲线和摩阻比曲线，为后续钻探孔取样调查选择布点位置及深度做准备。

第二步，开展有针对性的钻探孔取样。

第三步，采集土壤样品进行实验室分析，获取不同点位、不同深度的土壤分类信息。标示出各取样点中碎石土、砂土、粉土、粉质黏土和黏土在被调查场地内赋存的深度范围，并且给出各点位每个土壤分类层中土壤理化性质参数，如湿度、密实度、有机质含量、垂直透水系数和横向透水系数等。

第四步，绘制场地土层分布图，建立被调查场地的水文地质模型，标示出场地土层变化分布规律。了解场地地下水赋存条件，勘察土壤地质分层情况，了解潜水主要赋存土层和微承压水主要赋存土层。在水平面上可以获得整个场地中预计污染扩散范围的位置，在断面纵向上可以获取不同性质土层分类中的土壤样品，可以较准确地获取各土层交界面（如弱透水层顶部等）和含水层底板（弱透水层）顶部位置，为后续土壤污染调查取样点位布设位置和深度及地下水监测井设置布点位置、深度、滤孔设置位置提供依据。

第五步，选择有代表性的区域开展水文地质试验，包含抽水试验、注水试验、弥散试验。利用设置的地下水监测井中水位变化数据，弥散试验数据获取场地内地下水流向流速资料，绘制地下水流向和流速图；利用抽水试验获取场地内稳定流、非稳定流抽水试验数据；利用降水头注水试验获取场地透水层渗透系数；结合所取岩心做室内模拟试验，取得吸附解析关系，研究污染物在地下水中移动时浓度的时空变化。判定场地内污染的空间范围，推测迁移规律。

（3）污染土壤样品采集平面布点

原则：污染土壤采样点的布设既应尽量照顾到土壤的全面情况，又要视污染情况和监测目的而定。

均匀取样方法主要有对角线布点法、蛇形布点法、棋盘式布点法、梅花形布点法。

对照点设置要在了解非污染区的位置、地下水流向后，在地下水上游布设若干个采样点。

专业判断法：根据生产车间的平面布局，重点在生产车间、原料及成品仓库、污水处理区、固废储存区域、污水沟渠或管线布点。

（4）污染土壤样品的采集

1）浅层土壤样品的采集

浅层土壤一般采用便携式采样器或挖掘机和锹、铲及竹片等简单工具进行表层污染土壤的采样。

挖机取样主要针对表层和黏性土层的污染土壤。由于表层的黏性土壤渗透系数低，基本不透水，污染横向迁移能力极差，不易随地下水横向迁移，因此，用挖掘机直接挖掘取样方便、快速。去除的污染土壤样品及时装入密闭容器内，避免污染物挥发损失。

钻孔取样可采用人工或机械钻孔之后进行取样。手工钻探采样的设备包括螺纹钻、管钻、管式采样器等；机械钻探包括实心螺旋钻、中空螺旋钻、套管钻等。

2）深层土壤样品的采集

深层土壤的采集以机械钻孔为主，包括挥发性有机物污染、易分解有机物污染、恶臭污染土壤的采样，应采用无扰动式的采样方法和工具。钻孔取样可采用快速击入法、快速压入法，主要工具包括土壤原状取土器。

①采用 Geoprobe 钻机连续土壤采样

采用 Geoprobe 钻机连续采集土壤样品，采用直接推进技术采集原状土壤样品，用特有的土壤捕捉 PE 管能够完好地保护好样品的品质。特别是对于受有机物污染的土壤，能够及时包裹污染土壤，不造成挥发性有机物的损失。而对于受重金属污染的土壤也同样适用。

Geoprobe 直钻设备能够取得准确的土壤样品，将取样管直接压入指定深度，进行无扰动采样。取的样品要分装三份，两份用棕色玻璃瓶封装用于实验室检测挥发性有机物（VOCs）、半挥发性有机物（SVOCs）、总石油烃（TPH）、多氯联苯（PCB），另一份用塑料瓶或塑料袋封装，用于检测重金属元素。另外，需分析土壤理化性质参数，包括土壤颗粒密度、孔隙度、容重、含水量、有机碳含量、pH、阳离子交换量、氧化还原电位等。每取 10 个样品后，取一个重复样品，作为现场质量控制。

采用 GXY-1 及 SH-30 型钻机，对于重金属有效，深层土壤的采集以机械钻孔取样为主。采用 GXY-1 及 SH-30 型钻机，以泥浆护壁循环钻进、分回次钻进的方式达到预定深度，下放取样工具取样。

为了尽可能减少对土样的扰动，需要根据不同的土层岩性确定合适的取样工具和取样方法。常用的取样工具有：适用于可塑性土取样的固定活塞薄壁取土器，适用于可塑至软塑黏性土、粉土、粉砂的自由活塞薄壁取土器，适用于可塑至坚硬的黏性土、粉土、粗砂、中砂、粉砂、细砂的单动（双动）双重管式取土器等。

常用的取样方法有贯入式取样和回转式取样。

a. 贯入式取样

贯入式取样分为静压法和击入法。静压法适用于较软的土层取样，分为连续压入法和间断压入法。连续压入法是借助活塞油压筒或钢绳滑轮组合装置，将取土器连续、快速、均匀地压入土中，对土样的扰动较小，当采用连续压入法无法将取土器压入土层时，可采用间断压入法。击入法适用于较硬的土层，又可分为孔外及孔内的轻锤多击法和重锤少击法。实践证明，孔内的重锤少击法取样效果好，效率高，土样扰动小。

当采用贯入式取样时，清孔后将取土器平稳放下，并不得碰撞孔壁和冲击孔底。取土器下放后，应核对孔深与钻具长度，孔底残留浮土厚度不应大于取土器废土段长度。当取土器达到预计深度后，将取土器回转 2～3 圈或稍加静置后再提出取土器。

b. 回转式取样

对于坚硬、密实的土类可采用回转式取样法。取样时，内管压入取样，外管回转削切的废土一般用机械钻机靠冲洗液带出孔口，减少对土样的扰动，提高取样质量。

为了保证土样的质量，除了对取土器和取土方法进行选择外，还应注意钻探方法、钻孔结构、清除孔内残土、操作方法和土样封存及运输等问题。取原状样时，尽量采用静压的方式。若采集有挥发性有机物土层样品时，为防止有机物挥发散失，采样要迅速，并置于专门处理的玻璃瓶内。

拆卸样管时，记录土样长度与贯入深度，经清除上端扰动土层后，复测土样长度，顶端挖出约 25mm 土样，两端分别以融蜡密封防止膨胀及水分散失，管端中空部分以棉布等填塞防止土样移动，再以盖盘封闭两端，并用胶带固封。

标签须贴牢于管外，分别注明工程名称、钻孔编号、取样编号、深度、日期、管号与土壤类别等。准备送出的样品需储置在阴凉地方，不得受阳光暴晒，运输前应该进行包装，运输途中尽量避免发生碰撞或振动。

②现场快速检测

对于受有机物污染的土壤，要用 PID 监测仪现场及时对每个采集样品快速分析，及时掌握不同深度的土壤受污染情况。对于受重金属污染的土壤，要用重金属快速监测仪（如 XRF）及时掌握不同深度的土壤受污染情况。

③现场记录

现场采样过程中对土壤样品进行岩土分析和感官记录，对部分开挖剖面拍照，描述观察土壤性质、异味、颜色等；对多数 Geoprobe 钻机采集的深层土壤样品进行土壤性质、异味、颜色等描述。

2. 地下水调查

地下水污染调查工作包括了解污染场地的特性与自然条件、污染物的浓度、分布范围及其在地下环境中的传输状况与变化趋势以及地下水污染对人民健康与生活环境所带来的潜在危害。污染场地地下水监测中，监测井的设置技术、取样技术等在地下水污染调查中占有非常重要的地位。其中，监测井技术是地下水污染调查的基础，通过它可以确定地下水污染物的成分、分布范围以及迁移路径等许多重要参数。进行地下水污染调查首先要建造监测井，而后采集地下水样品，分析污染物的浓度、分布范围及其在地下环境中的传输状况与变化趋势。

（1）监测点布设原则

监测点布设原则主要关注监测点布设的完整性、代表性和经济性。完整性是指污染场地内的地下水监测井点位要全面考虑场地的土壤类型和分区、包气带、弱透水层和主要含水层的岩性、厚度、结构及分布特征等。监测井点位和数量要求能覆盖场地内不同污染类型的土壤和含水层，保证污染场地环境监测的科学性和客观性。代表性要求地下水监测井的布设要求能合理地反映污染场地地下水环境质量现状。然而，污染场地使用情况复杂，需结合场地布局图和场地的生产情况，识别出污染敏感点，如排污口、污水处理厂、化学品仓库、变电站等。布设点位时只有充分考虑污染敏感点，才能采集到代表场地特征污染物的地下水样，确保监测结果的代表性、准确性和时效性，为场地环境管理提供依据。经济性原则指出，监测井布设应最大限度地节约钻井和采样的成本，遇到难以钻进的土层或指定深度仍不见地下水的情况，若经费允许可适当换到邻近点位或采集底泥代替地下水样。综合考虑监测成本、技术水平等因素，保证监测工作切实可行及后续工作的顺利开展。

（2）监测点位布设要求

在布设监测点前，应收集污染场地的有关水文、地质资料，地下水质类型和地下水资源开发利用情况。特别关注被调查场地的地质图、剖面图、含水层分布、地下水补给、径流和排泄方向，建立被调查场地的水文地质模型。

固体废物堆放区的污染物在含水层渗透性较大的地区以条带状污染扩散，监测井应沿地下水流向布设，以平行及垂直的监测线进行控制。固体废物堆放区的污染物在含水层渗透性小的地区以点状污染扩散，可在污染源附近按十字形布设监测线进行控制。

当工业废水、生活污水等污染物沿河渠排放或渗漏以带状污染扩散时，应根据河渠的状态、地下水流向和所处的地质条件，采用网格布点法设垂直于河渠的监测线。

透水性好的强扩散区或年限已久的老污染源，污染范围可能较大，监测线可适当延长，反之，可只在污染源附近布点。水文地质试验孔布置应控制不同地貌单元和不同水文地质单元的特征。

（3）场地水文地质调查

场地水文地质调查的目的是查明区域水文地质条件，各类含水层的赋存条件、地层分类厚度、深度和分布规律；查明地下水的补给、径流、排泄条件；查明调查区域主要地层结构、各层岩性及颗粒组成、透水性能、埋藏分布条件，各含水层地下水的类型、补径排条件及其水质水量的分布和变化、水文地质条件等。

污染场地调查工作按照以下五个步骤逐步深入。

第一步，采用静力触探进行土壤性质调查，准确划分场地内各区域的土层和土层分类。重点在生产车间、原料及成品仓库、污水处理区、固废储存区域布设静力触探孔，获取各调查区域的土层剖面图、土层在水平和垂直方向的均匀性、浅基承载力数据，获取桩端持力层和预估单桩承载力等工程地质勘察资料。绘制静探曲线和摩阻比曲线，为后续钻探孔取样调查选择布点位置及深度做准备。

第二步，开展有针对性的钻探孔取样，重点是了解场地地下水赋存条件，勘察土壤地质分层情况，了解潜水主要赋存土层和微承压水主要赋存土层。依据静力触探结果，选择场地内有代表性的区域和需要了解的微承压层深度，设计钻探孔取样点位及深度。采集土壤样品进行实验室分析，获取不同点位、不同深度的土壤分类信息。标示出各取样点中碎石土、砂土、粉土、粉质黏土和黏土在被调查场地内赋存的深度范围，并且给出各点位每个土壤分类层中土壤理化性质参数，如湿度、密实度、有机质含量、垂直透水系数和横向透水系数等。绘制场地土层分布图，建立被调查场地的水文地质模型，标示出场地土层变化分布规律，为后续土壤污染调查取样点位布设位置和深度，以及地下水监测井设置布点位置、深度、滤孔设置位置提供依据。

第三步，根据第一步、第二步的调查结果，可以更加科学合理地设计出土壤取样调查方案。在水平面上可以获得整个场地中预计污染扩散范围的位置，在断面纵向上可以获取不同性质土层分类中的土壤样品，可以较准确地获取各土层交界面（如弱透水层顶部等）和含水层底板（弱透水层）顶部的土壤样品。在采样时发现同一性质土层厚度较大，土层中出现明显污染痕迹时再考虑增加采样点。

第四步，根据第一步、第二步调查结果，可以更加科学合理地设计出地下水监测井的平面设置位置和纵向设置深度，地下水监测井的深度能够准确到达含水层底板顶部。设置含水层的顶部和底部之间的滤管可以获取该含水层中的水质数据。

第五步，绘制场地土层分布图，建立被调查场地的水文地质模型，标示出场地土层变化分布规律。选择有代表性的区域和监测井，开展水文地质试验，包含抽水试验、注水试验、弥散试验。利用设置的地下水监测井中的水位变化数据、弥散试验数据获取场地内地下水流向流速资料，绘制地下水流向和流速图；用抽水试验获取场地内稳定流、非稳定流抽水试验数据；降水头注水试验获取场地透水层渗透系数；结合所取岩心做室内模拟试验，取得吸附解析关系，研究污染物在地下水中移动时的浓度时空变化，判定场地内污染的空间范围，推测迁移规律。

（4）地下水监测

1）监测井布设

污染场地的地下水监测井设置包括本底监测井（或对照点监测井）、污染源监测井和水文地质试验孔设置。

2）本底监测井

本底监测井应位于污染场地的水力学的上坡区域，以便采样能代表流经污染场地的地下水的基本性质，提供本底数据。本底监测井的设置一般与污染场地距离不超过 1km，深度可根据污染场地的水文地质条件确定，应至地下水位以下 3m，以便在一年之内可随时取样。

3）污染源监测井

污染源监测井位于污染场地的生产车间、水冷却塔、原料及产品仓库、废水池、污水处理工段等周围。为防止地面水直接进入监测井，井口周围应浇铸水泥，井口应高于地面 20～50cm，并加井盖。

4）水文地质试验孔

主要是抽水试验、注水试验、压水试验等几种常用的水文地质试验孔（点）的布置。

（5）地下水监测井设置

1）监测井建设要求

监测井的建设过程分为设计、钻孔、过滤管和井管的选择和安装、滤料的选择和装填，以及封闭和固定等。监测井的建设可参照《地下水环境监测技术规范》（HJ/T 164—2004）中的有关要求。所用的设备和材料应清洗除污，建设结束后需及时进行洗井。

监测井建设记录和采样记录的要求参照《地下水环境监测技术规范》（HJ/T 164—2004）。样品保存、容器和采样体积的要求参照《地下水环境监测技术规范》（HJ/T 164—2004）附录 A。监测井可采用空心钻杆螺纹钻、直接旋转钻、直接空气旋转钻、钢丝绳套管直接旋转钻、双壁反循环钻、绳索钻具等方法钻井。

监测井建设要求：

①监测井井管应由坚固、耐腐蚀、对地下水水质无污染的材料制成。

②监测井的深度应根据监测目的、所处含水层类型及其埋深和厚度来确定，尽可能超过已知最大地下水埋深以下 2m。

③监测井顶角斜度每百米井深不得超过 2°。

④监测井井管内径不宜小于 0.06m。

⑤滤水段透水性能良好，向井内注入灌水段 1m 井管容积的水量，水位复原时间不超过 10min，滤水材料应对地下水水质无污染。

⑥监测井目的层与其他含水层之间止水良好，承压水监测井应分层止水，潜水监测井不得穿透潜水含水层下的隔水层的底板。

⑦新设置的试验用监测井的终孔直径不宜小于 0.25m，设计动水位以下的含水层段应安装滤水管，反滤层厚度不小于 0.05m，成井后应进行抽水洗井。

⑧监测井应设明显标识牌，井（孔）口应高出地面 0.5～1.0m，井（孔）口安装盖（保护帽），孔口地面应采取防渗措施，井周围应有防护栏。监测水量监测井（或自流井）尽可能安装水量计量装置，泉水出口处设置测流装置。

2）监测井分类

国外发达国家高度重视地下水污染调查监测技术，对监测井技术也进行了深入研究，成功开发了多种监测井。

①组合式监测井

组合式监测井是在监测场地内按不同监测层的取样和监测要求分别钻进许多不同深

度的单独监测井。

组合式监测井的主要优点为安装工艺简单，但钻孔数量多，监测井建造成本和监测成本较高。

组合式监测井每个钻孔按要求深度钻进结束后，将钻孔及孔底清理干净，先在孔底放置0.2m左右厚度的干净砂子或砾石，然后在孔内垂直居中安装监测井井管组合，过滤管安装在下部。井管安装完成后，在过滤管周围围填滤料。围填滤料宜延伸至过滤管顶部以上约0.5m，其上用黏土球止水。止水结束后用黏土将钻孔与井管间的环状间隙回填。

②巢式监测井

巢式监测井是在一个钻孔中分别将多根不同长度的监测管下至选定的监测层位，通过分层填砾，使几个监测井在一个钻孔中完成，从而达到分层采样和分层监测的目的。

巢式监测井可以减少钻孔数量，节省成本，但围绕多根监测管的封闭止水较困难，不同地层之间可能相互影响，导致监测数据失真。

巢式监测井钻孔结束后，根据监测目的层埋深，由深至浅，逐套安装监测管。一套监测管安装完毕，进行围填滤料、止水及止水效果检查等成井工作。待止水效果检查合格后，重复上述工作，直至最浅监测目的层监测管安装完毕。

3）水文地质试验孔

①主要含水层的抽水试验不应少于2组。单孔抽水试验只有一个抽水井而无观测井，该方法简便，成本低廉，但成果精度较低。对水文地质条件复杂的场地，各主要含水层宜布置多孔抽水试验，即在抽水孔附近还配有若干水位观测孔的抽水试验，能完成抽水试验的各项任务，所得成果精度也较高。

②观测孔的布置主要取决于试验的目的、试验层的水文地质特征和抽水试验的计算方法，应尽量利用已有井位作为抽水的观测孔。具体有以下几点方法：均质各向同性、水力坡度较小的含水层，在与地下水流向垂直方向上布置一条带2～3个观测孔的观测线即可；均质各向同性、水力坡度较大的含水层，除垂直地下水流向布置一条观测线外，在上、下游方向各布置一条带2～3个观测孔的水位观测线；均质各向异性的含水层，沿不同的储、导水性质的方向布置观测线。对观测线上观测孔的布置要求，本条给出宜布置1～2个，一般只为求参数，布置1个即可，为提高参数精度可布置2个以上。

每条观测线上，观测孔数量、距离及深度取决于试验的任务、精度要求和抽水类型。对于稳定流抽水试验，若只为求参数，布1个观测孔即可；如欲绘制降落漏斗形状，则每条观测线上需布2～3个观测孔；对于非稳定流抽水试验，如用s-lg$t$曲线计算水文地质参数，只需布置1个观测孔；如用s-lg$r$曲线计算参数，则每条观测线上需布3个观测孔。对于确定水力联系及边界性质的抽水试验，观测孔不应少于2个。观测孔的深度一般要揭穿试验层，当试验含水层厚度较大时，应至少深入到含水层10～15m。观测孔与抽水试验孔的距离应参照现行国标《供水水文地质勘察规范》（GB 50027—2001）执行。

（6）地下水样品采集

在地下水调查中取样技术占有非常重要的地位。发达国家高度重视地下水污染调查取样技术，对取样技术也进行了深入的研究，并研制了多种取样器具。

1）地下水取样泵

地下水取样泵以小巧、灵活、轻便为主。取样深度在10m左右，最深的可达100m。地下水取样泵的种类有潜水电泵、惯性泵、双阀泵、蠕动泵和气囊泵等。

①惯性泵

惯性泵也称为底阀泵，可以人工驱动也可以机械驱动，人工驱动最大抽取深度可达到30m，机械驱动抽取深度最大可达到90m。在管线的底端安装一个止回阀，使用时通过往复上下运动抽出地下水。管线下降时，阀门打开，地下水进入管线中；管线上升时，底阀关闭，连续上下运动，抽取地下水。

②蠕动泵

蠕动泵属于抽吸扬升取样泵的一种，通过产生真空把地下水抽吸到地表。可用于采集VOCs、溶解金属地下水样品。在实际应用当中，蠕动泵的扬程为4.6～7.6m，抽水量为0～30L/min。取样管线一般是直径6mm的在两端开着口的柔韧特氟龙管线。把管线的抽吸端放入井中需要的深度，排放端放入样品容纳器。沿管线旋转两个或更多的滚柱，在管线中产生真空，把井中的水抽出地表。

③气囊泵

气囊泵在一个钢筒内装有一个柔韧的可挤压的气囊，进水口和排水口分别安装有止回阀，设计成挤压气囊的气体不与样品接触。气囊泵的使用很像挤压一个装有水的塑料瓶。当把气囊泵放入监测井水中时，在静水压力的作用下，水通过在底部的止回阀进入泵体，气囊泵充满时，止回阀关闭。在地表注入气体进入泵体和气囊外壁之间的空间，挤压气囊使水上升到管线，在顶部的止回阀使进入管线的水不能回流，释放气体气囊再次充水。以同样的方法重复进行，抽取地下水。

2）监测井采样

①组合式监测井

组合式监测井建成后，可利用水位计对地下水水位进行监测，同时，可用小直径潜水泵或其他采样设备采集地下水水样，或者在井内安装自动水位计和地下水水质自动监测仪进行地下水水位和水质的长期监测。

②巢式监测井

巢式监测井建成后，可利用水位计对地下水水位进行监测，同时，可用小直径潜水泵或其他采样设备采集地下水样，或者在每根监测管内安装自动水位计和地下水水质自动监测仪进行地下水水位和水质的长期监测。

③采样器材与现场监测仪器的准备

a. 采样器

地下水水质采样器分为自动式和人工式两类。自动式用电动泵进行采样，人工式可分活塞式与隔膜式，可按要求选用。地下水水质采样器应能在监测井中准确定位，并能取到足够量的代表性水样。采样器的材质和结构应符合《水质采样器技术要求》中的规定。

b. 水样容器的选择及清洗

水样容器的选择原则：容器不能引起新的沾污；容器壁不应吸收或吸附某些待测组分；容器不应与待测组分发生反应；能严密封口，且易于开启；容易清洗，并可反复使用。水样容器选择、洗涤方法和水样保存方法见《地下水环境监测技术规范》(HJ/T 164—2004)中的洗井和采样。

c. 洗井

洗井的目的在于清除地下水中的泥沙或浑浊物，提高监测井内的水力联系，并确保采集到有代表性的水样。洗井工具的选择取决于监测井的内径、采样深度、井内水的体积、监测井可接近的难易程度以及水样中的污染物类型。适用的设备可分为手动式和自动式两类，包括手动式贝勒管（bailer)、真空泵、蠕动泵、容积泵、潜水泵等。常用的洗井设备材质为聚氯乙烯（PVC)、不锈钢和特氟龙等。

材质的选择需要考虑能引起地下水产生化学和物理变化的各种因素。洗井要求所抽出的水量至少相当于井体积的3～5倍，洗井过程中，要现场测量和记录温度、pH和电导率等水文指标，如采集含挥发性有机物的水样，还需测量溶解氧和氧化还原电位。

d. 采样

洗井后2小时内进行采样为宜。为减少搅动和挥发，采样与洗井应使用相同材质的工具。建议将水样分装到不同的样品瓶中，样品瓶需事先准备好，放入不同化学组分所需要的保护剂。考虑到水样中挥发性有机物的敏感度，装瓶顺序如下：挥发性有机物，总有机卤素；溶解性气体及总有机碳；半挥发性有机物；金属及氰化物；主要水质项目的阳离子及阴离子；放射性核素。

采样时，一般装满样品瓶以减少顶部空间。分析挥发性有机物的水样，应适当减缓流速，避免冲击产生气泡，一般0.1L/min。样品瓶中要求不得有气泡存在。每个样品瓶贴好标签表示相应的编号和所要测定的项目。

高密度非水溶性有机物采样位置应在含水层底部和不透水层的顶部，低密度非水溶性有机物采样位置应在含水层的顶部。

（7）现场样品分析

凡能在现场测定的项目，均应在现场测定。在现场样品分析过程中，可采用便携式分析仪器设备进行定性和半定量分析。现场监测项目包括水位、水量、水温、pH、电导率、浑浊度、色、臭和味、肉眼可见物等指标。

对水位、水量、水温、pH、电导率、浑浊度、色、臭和味等现场监测项目，应在实验室内准备好所需的仪器设备，安全运输到现场，使用前进行检查，确保性能正常。水样采集在监测井建好后进行，以便能代表地下水的状况。

3. 质量控制与质量保证

在样品的采集、保存、运输、交接等过程应建立完整的管理程序。为避免采样设备及外部环境条件等因素影响样品，应注重现场采样过程中的质量保证和质量控制。

（1）应防止采样过程中的交叉污染。钻机采样过程中，在两个钻孔之间的钻探设备应进行清洁，同一钻机不同深度采样时应对钻探设备、取样装置进行清洗，与土壤接触的其他采样工具重复利用时也应清洗。

（2）采集现场质量控制样是现场采样和实验室质量控制的重要手段。质量控制样一般包括平行样、空白样、运输样和清洗空白样，控制样品的分析数据可从采样到样品运输、储存和数据分析等不同阶段分析质量效果。

（3）在采样过程中，同种采样介质，应该采集至少一个现场重复样和一个设备清洗样。现场重复样是从相同的源收集并单独封装分别进行分析的两个单独样品；设备清洗样是采样前用于清洗采样设备并与分析无关的样品，以确保设备不污染样品。

（4）地下水样品的容器和保护剂的要求按照不同分析组分各有不同。值得注意的是，挥发性有机物的采样容器需要特制的带螺旋帽的玻璃药剂瓶（25～125mL），配套碳氟树脂硅胶膜瓶盖。药剂瓶在实验室洗净后立即密封好，待装样前才能打开。装样时要求瓶内顶部空间全部装满并且没有气泡，采集两份相同的含挥发性有机物的水样以防止运输过程中水样泄漏或产生气泡。运输前应逐件核对样品记录表和样品瓶标签，分类装箱。需在4℃保存的样品放在专用冷藏箱内运输。运输过程应采取防震措施，避免阳光照射。分析VOC、SVOC及气体组分的样品瓶应倒置运输。冬季运输应采取防冻措施。

二、调查结果验收与评估

调查结果的验收须由任务委托方或环保部门组织相关转借进行评估，给出明确的意见，当地环保部门必须参加验收会议。专家应是具有一定从业年限的专业技术人员，专家的筛选必须充分考虑其专业特点、从业经验、职业道德等。

场地土壤环境调查结果表明，调查方案中提出的污染物浓度均低于修复限值的，县级环境保护行政主管部门应当及时书面通知污染场地责任人不需要对场地进行治理与修复。对全部或部分污染物浓度高于修复限值的，县级环境保护行政主管部门应当及时书面通知污染场地责任人启动污染场地土壤治理与修复工作，并在省级环境保护行政主管部门备案。

第二节　场地土壤污染风险评估

场地土壤污染风险评估的核心内容包括暴露评估、毒性评估、风险表征以及风险控制值计算等内容。

一、暴露评估

（一）敏感用地暴露评估模型

1. 经口摄入土壤途径

在敏感用地方式下，人群可因经口摄入土壤而暴露于污染土壤中。对于单一污染物致癌，计算该途径对应土壤暴露量的推荐模型为式（4.2.1）。对于单一污染物非致癌效应，考虑人群在儿童期暴露受到危害，经口摄入土壤途径的土壤暴露量采用式（4.2.2）计算。

$$\mathrm{OISER_{ca}}=\frac{\left(\frac{\mathrm{OSIR_c}\times\mathrm{ED_c}\times\mathrm{EF_c}}{\mathrm{BW_c}}+\frac{\mathrm{OISR_a}\times\mathrm{ED_a}\times\mathrm{EF_a}}{\mathrm{BW_a}}\right)\times\mathrm{ABS_o}}{\mathrm{AT_{ca}}}\times10^{-6}\qquad(4.2.1)$$

其中，$OISER_{ca}$为经口摄入土壤暴露量（致癌效应）（kg/（kg·d）①）；$OSIR_c$为儿童每日摄入土壤量（mg/d）；$OSIR_a$为成人每日摄入土壤量（mg/d）；ED_c为儿童暴露期（a）；ED_a为成人暴露期（a）；EF_c为儿童暴露频率（d/a）；EF_a为成人暴露频率（d/a）；BW_c为儿童体重（kg）；BW_a为成人体重（kg）；ABS_o为经口摄入吸收效率因子；AT_{ca}为致癌效应平均时间（d）。

$$OISER_{nc}=\frac{OSIR_c\times ED_c\times EF_c\times ABS_o}{BW_c\times AT_{nc}}\times 10^{-6} \tag{4.2.2}$$

其中，$OISER_{nc}$为经口摄入土壤暴露量（非致癌效应）（kg/（kg·d））；AT_{nc}为非致癌效应平均时间（d）；其余参数意义见式（4.2.1）。

在敏感用地方式下，皮肤接触土壤途径，人群可因皮肤接触土壤而暴露于污染土壤中。对于单一污染物致癌和非致癌效应，考虑人群在儿童期和成人期暴露的终生危害，皮肤接触土壤途径、土壤暴露量分别采用式（4.2.3）、式（4.2.4）、式（4.2.5）和式（4.2.6）计算。

$$DCSER_{ca}=\left(\frac{SAE_c\times SSAR_c\times EF_c\times ED_c\times E_v\times ABS_d}{BW_c\times AT_{ca}}+\frac{SAE_a\times SSAR_a\times EF_a\times ED_a\times E_v\times ABS_d}{BW_a\times AT_{ca}}\right)\times 10^{-6} \tag{4.2.3}$$

$$SAE_c=239\times H_c^{0.417}\times BW_c^{0.517}\times SER_c \tag{4.2.4}$$

$$SAE_c=239\times H_a^{0.417}\times BW_a^{0.517}\times SER_a \tag{4.2.5}$$

其中，$DCSER_{ca}$为皮肤接触途径的土壤暴露量（致癌效应）（kg/（kg·d））；SAE_c为儿童暴露皮肤表面积（cm^2）；SAE_a为成人暴露皮肤表面积（cm^2）；$SSAR_c$为儿童皮肤表面土壤黏附系数（mg/cm^2）；$SSAR_a$为成人皮肤表面土壤黏附系数（mg/cm^2）；ABS_d为皮肤接触吸收效率因子；E_v为每日皮肤接触事件频率（次/d）；H_c为儿童平均身高（cm）；H_a为成人平均身高（cm）；SER_c为儿童暴露皮肤所占面积比；SER_a为成人暴露皮肤所占面积比；其余参数意义见式（4.2.1）。

$$DCSER_{nc}=\frac{SAE_c\times SSAR_c\times EF_c\times ED_c\times E_v\times ABS_d}{BW_c\times AT_{nc}}\times 10^{-6} \tag{4.2.6}$$

其中，$DCSER_{nc}$为皮肤接触的土壤暴露量（非致癌效应）（kg/（kg·d））；其余所有参数意义见式（4.2.1）和式（4.2.2）、式（4.2.3）。

2. 吸入土壤颗粒物途径

在敏感用地方式下，人群可因吸入空气中来自土壤的颗粒物而暴露于污染土壤中。对于单一污染物的致癌效应，考虑人群在儿童期和成人期暴露的终生危害，吸入土壤颗粒物途径对应的土壤暴露量采用式（4.2.7）计算。对于单一污染物的非致癌效应，考虑人群在儿童期暴露受到的危害，吸入土壤颗粒物途径对应的土壤暴露量采用式（4.2.8）计算。

① kg/(kg·d)为kg(土壤)·kg^{-1}(体重)·d^{-1}(天)。

$$PISER_{ca} = \frac{PM_{10} \times DAIR_c \times ED_c \times PIAF \times \left(fspo \times EFO_c + fspi \times EFI_c\right)}{BW_c \times AT_{ca}} \times 10^{-6} + \frac{PM_{10} \times DAIR_a \times ED_a \times PIAF \times \left(fspo \times EFO_a + fspi \times EFI_a\right)}{BW_a \times AT_{ca}} \times 10^{-6} \tag{4.2.7}$$

其中，$PISER_{ca}$ 为吸入土壤颗粒物的土壤暴露量（致癌效应）(kg/（kg·d））；PM_{10}为空气中可吸入悬浮颗粒物含量（mg/m^3）；$DAIR_a$ 为成人每日空气呼吸量（m^3/d）；$DAIR_c$ 为儿童每日空气呼吸量（m^3/d）；PIAF 为吸入土壤颗粒物在体内滞留比例；fspi 为室内空气中来自土壤的颗粒物所占比例；fspo 为室外空气中来自土壤的颗粒物所占比例；EFI_a 为成人的室内暴露频率（d/a）；EFI_c 为儿童的室内暴露频率（d/a）；EFO_a 为成人的室外暴露频率（d/a）；EFO_c 为儿童的室外暴露频率（d/a）；其余参数意义见式（4.2.1）。

$$PISER_{nc} = \frac{PM_{10} \times DAIR_c \times ED_c \times PIAF \times (fspo \times EFO_c + fspi \times EFI_c)}{BW_c \times AT_{ca}} \tag{4.2.8}$$

其中，$PISER_{nc}$ 为吸入土壤颗粒物的土壤暴露量（非致癌效应）(kg/（kg·d））；其余参数意义见式（4.2.7）。

3. 吸入室外空气中来自表层土壤的气态污染物途径

在敏感用地方式下，人群可因吸入室外空气中来自表层土壤的气态污染物而暴露于污染土壤中。对于单一污染物的致癌效应，考虑人群在儿童期和成人期暴露的终生危害，吸入室外空气中来自表层土壤的气态污染物对应的土壤暴露量，采用式（4.2.9）计算。对于单一污染物的非致癌效应，考虑人群在儿童期暴露受到的危害，吸入室外空气中来自表层土壤的气态污染物对应的土壤暴露量，采用式（4.2.10）计算。

$$IVOER_{ca1} = VF_{suboa} \times \left(\frac{DAIR_c \times EFO_c \times ED_c}{BW_c \times AT_{ca}} + \frac{DAIR_a \times EFO_a \times ED_a}{BW_a \times AT_{ca}}\right) \tag{4.2.9}$$

其中，$IVOER_{ca1}$ 为吸入室外空气中来自表层土壤的气态污染物对应的土壤暴露量（致癌效应）(kg/（kg·d））；VF_{suboa} 为表层土壤中污染物扩散进入室外空气的挥发因子（kg/m^3）；式（4.2.9）中，$DAIR_c$、$DAIR_a$、EFO_c 和 EFO_a 的参数含义见式（4.2.7），ED_c、BW_c、ED_a、BW_a、AT_{ca} 的参数含义见式（4.2.1）。

$$IVOER_{nc1} = VF_{suboa} \times \frac{DAIR_c \times EFO_c \times ED_c}{BW_c \times AT_{nc}} \tag{4.2.10}$$

其中，$IVOER_{nc1}$ 为吸入室外空气中来自表层土壤的气态污染物对应的土壤暴露量（非致癌效应）(kg/（kg·d））；式（4.2.10）中，VF_{suboa} 的参数含义见式（4.2.9），$DAIR_c$ 和 EFO_c 的参数含义见式（4.2.7），AT_{nc} 的含义见式（4.2.2），ED_c 和 BW_c 的参数含义见式（4.2.1）。

4. 吸入室外空气中来自下层土壤的气态污染物途径

敏感用地方式下，人群可因吸入室外空气中来自下层土壤的气态污染物而暴露于污染土壤中。对于单一污染物的致癌和非致癌效应，计算该途径对应土壤暴露量的模型对于单一污染物的致癌效应，考虑人群在儿童期和成人期暴露的终生危害，吸入室外空气中来自下层土壤的气态污染物对应的土壤暴露量，采用式（4.2.11）计算。对于单一污染物的非致癌效应，考虑人群在儿童期暴露受到的危害，吸入室外空气中来自下层土壤的气态污染物对应的土壤暴露量，采用式（4.2.12）计算。

$$IVOER_{ca2} = VF_{suboa} \times \left(\frac{DAIR_c \times EFO_c \times ED_c}{BW_c \times AT_{ca}} + \frac{DAIR_a \times EFO_a \times ED_a}{BW_a \times AT_{ca}} \right) \tag{4.2.11}$$

其中，$IVOER_{ca2}$为吸入室外空气中来自下层土壤的气态污染物对应的土壤暴露量（致癌效应）（kg/（kg·d））；VF_{suboa}为下层土壤中污染物扩散进入室外空气的挥发因子（kg/m^3）；式（4.2.11）中，$DAIR_c$、$DAIR_a$、EFO_c和EFO_a的参数含义见式（4.2.7），ED_c、BW_c、ED_a、BW_a、AT_{ca}的参数含义见式（4.2.1）。

$$IVOER_{nc2} = VF_{suboa} \times \frac{DAIR_c \times EFO_c \times ED_c}{BW_c \times AT_{nc}} \tag{4.2.12}$$

其中，$IVOER_{nc2}$为吸入室外空气中来自下层土壤的气态污染物对应的土壤暴露量（非致癌效应）（kg/（kg·d））；式（4.2.12）中VF_{suboa}的参数含义见式（4.2.11）；$DAIR_c$和EFO_c的参数含义见式（4.2.7），AT_{nc}的含义见公式（4.2.2），ED_c和BW_c的参数含义见式（4.2.1）。

（二）非敏感用地暴露评估模型

1. 经口摄入土壤途径

对于单一污染物的致癌效应，考虑人群在成人期暴露的终生危害，经口摄入土壤途径对应的土壤暴露量采用式（4.2.13）计算。

$$OISER_{ca} = \frac{OSIR_a \times ED_a \times ABS_o}{BW_a \times AT_{ca}} \times 10^{-6} \tag{4.2.13}$$

对于单一污染物的非致癌效应，考虑人群在成人期的暴露危害，经口摄入土壤途径对应的土壤暴露量采用式（4.2.14）计算。

$$OISER_{nc} = \frac{OSIR_a \times ED_a \times ABS_o}{BW_a \times AT_{nc}} \times 10^{-6} \tag{4.2.14}$$

2. 皮肤接触土壤途径

对于单一污染物的致癌效应，考虑人群在成人期暴露的终生危害，皮肤接触土壤途径的土壤暴露量采用式（4.2.15）计算。

$$DCSER_{ca} = \frac{SAE_a \times SSAR_a \times EF_a \times ED_a \times E_v \times ABS_d}{BW_a \times AT_{ca}} \times 10^{-6} \tag{4.2.15}$$

对于单一污染物的非致癌效应，考虑人群在成人期的暴露危害，皮肤接触土壤途径对应的土壤暴露量采用式（4.2.16）计算。

$$DCSER_{nc} = \frac{SAE_a \times SSAR_a \times EF_a \times ED_a \times E_v \times ABS_d}{BW_a \times AT_{nc}} \times 10^{-6} \tag{4.2.16}$$

3. 吸入土壤颗粒物

对于单一污染物的致癌效应，考虑人群在成人期暴露的终生危害，吸入土壤颗粒物途径对应的土壤暴露量采用式（4.2.17）计算。

$$PISER_{nc} = \frac{PM_{10} \times DAIR_{a} \times ED_{a} \times PIAR \times (fspo \times EFO_{a} + fspi \times EFI_{a})}{BW_{a} \times AT_{ca}} \times 10^{-6} \quad (4.2.17)$$

对于单一污染物的非致癌效应，考虑人群在成人期的暴露危害，吸入土壤颗粒物途径对应的土壤暴露量采用式（4.2.18）计算。

$$PISER_{ca} = \frac{PM_{10} \times DAIR_{a} \times ED_{a} \times PIAR \times (fspo \times EFO_{a} + fspi \times EFI_{a})}{BW_{a} \times AT_{ca}} \times 10^{-6} \quad (4.2.18)$$

4. 吸入室外空气中来自表层土壤的气态污染物途径

对于单一污染物的致癌效应，考虑人群在成人期暴露的终生危害，吸入室外空气中来自表层土壤的气态污染物对应的土壤暴露量，采用式（4.2.19）计算。

$$IVOER_{ca1} = VF_{suboa} \times \frac{DAIR_{a} \times EFO_{a} \times ED_{a}}{BW_{a} \times AT_{ca}} \quad (4.2.19)$$

对于单一污染物的非致癌效应，考虑人群在成人期的暴露危害，吸入室外空气中来自表层土壤的气态污染物对应的土壤暴露量，采用式（4.2.20）计算。

$$IVOER_{nc1} = VF_{suboa} \times \frac{DAIR_{a} \times EFO_{a} \times ED_{a}}{BW_{a} \times AT_{nc}} \quad (4.2.20)$$

二、毒性评估

在危害识别的基础上，分析关注污染物对人体健康的危害效应，包括致癌效应和非致癌效应，确定与关注污染物相关的参数，包括参考剂量、参考浓度、致癌斜率因子和呼吸吸入单位致癌因子等。

分析污染物经不同途径对人体健康的危害效应，包括致癌效应、非致癌效应、污染物对人体健康的危害机理和剂量-效应关系等。

致癌效应毒性参数包括呼吸吸入单位致癌因子（IUR）、呼吸吸入致癌斜率因子（SF_i）、经口摄入致癌斜率因子（SF_o）和皮肤接触致癌斜率因子（SF_d）。部分污染物的致癌效应毒性参数值见《污染场地风险评估技术导则》（HJ 25.3—2014 附录 B 表 B.1）。呼吸吸入致癌斜率因子（SF_i）根据附录 B 表 B.1 中的呼吸吸入单位致癌因子（IUR）外推获得；皮肤接触致癌斜率系数（SF_d）根据附录 B 表 B.1 中的经口摄入致癌斜率系数（SF_o）外推获得。

（一）呼吸吸入致癌斜率因子和参考剂量外推模型公式

呼吸吸入致癌斜率因子和呼吸吸入参考剂量（RfD_i），分别采用式（4.2.21）和式（4.2.22）计算。

$$SF_i = \frac{IUR \times BW_a}{DAIR} \quad (4.2.21)$$

$$RfD_i = \frac{RfC \times DAIR_a}{BW_a} \quad (4.2.22)$$

其中，SF_i 为呼吸吸入致癌斜率因子（mg/（kg·d））；RfD_i 为呼吸吸入参考剂量（mg/（kg·d））；IUR 为呼吸吸入单位致癌因子（m^3/mg）；RfC 为呼吸吸入参考浓度（mg/m^3）。

非致癌效应毒性参数包括呼吸吸入参考浓度、呼吸吸入参考剂量、经口摄入参考剂量（RfD_o）和皮肤接触参考剂量（RfD_d）。部分污染物的非致癌效应毒性参数值见《污染场地风险评估技术导则》（HJ 25.3—2014 附录 B 表 B.1）。呼吸吸入参考剂量根据表 B.1 中的呼吸吸入参考浓度外推得到。皮肤接触参考剂量根据表 B.1 中的经口摄入参考剂量外推获得。

（二）皮肤接触致癌斜率因子和参考剂量外推公式

皮肤接触致癌斜率系数和参考剂量分别采用式（4.2.23）和式（4.2.24）计算。

$$SF_d = \frac{SF_o}{ABS_{gi}} \quad (4.2.23)$$

$$RfD_d = RfD_o \times ABS_{gi} \quad (4.2.24)$$

其中，SF_d 为皮肤接触致癌斜率因子（mg/（kg·d））；SF_o 为经口摄入致癌斜率因子（mg/（kg·d））；RfD_o 为经口摄入参考剂量（mg/（kg·d））；RfD_d 为皮肤接触参考剂量（mg/（kg·d））；ABS_{gi} 为消化道吸收效率因子，无量纲。

风险评估所需的污染物理化性质参数包括无量纲亨利常数（H'）、空气中扩散系数（D_a）、水中扩散系数（D_w）、土壤有机碳分配系数（K_{oc}）、水中溶解度（S）。部分污染物的理化性质参数的值见《污染场地风险评估技术导则》（HJ 25.3—2014 附录 B 表 B.2）。

其他相关参数包括消化道吸收因子、皮肤吸收因子（ABS_d）和经口摄入吸收因子（ABS_o）。部分污染物消化道吸收因子、皮肤吸收因子的参数值见《污染场地风险评估技术导则》（HJ 25.3—2014 附录 B 表 B.1），经口摄入吸收因子参数值见《污染场地风险评估技术导则》（HJ 25.3　2014 附录 G 表 G.1）。

三、风险表征

在暴露评估和毒性评估的基础上，采用风险评估模型计算土壤和地下水中单一污染物经单一途径的致癌风险和危害商，计算单一污染物的总致癌风险和危害指数，进行不确定性分析。

应根据每个采样点样品中关注污染物的检测数据，通过计算污染物的致癌风险和危害商进行风险表征。如某一地块内关注污染物的检测数据呈正态分布，可根据检测数据的平均值、平均值置信区间上限值或最大值计算致癌风险和危害商。

风险表征得到的场地污染物的致癌风险和危害商，可作为确定场地污染范围的重要依据。计算得到单一污染物的致癌风险值超过 10^{-6} 或危害商超过 1 的采样点，其代表的场地区域应划定为风险不可接受的污染区域。

（一）计算场地土壤和地下水污染风险

土壤中单一污染物致癌风险，其中经口摄入土壤途径的致癌风险采用式（4.2.25）计算。

$$CR_{ois} = OISER_{ca} \times C_{sur} \times SF_o \tag{4.2.25}$$

其中，CR_{ois} 为经口摄入土壤途径的致癌风险；C_{sur} 为表层土壤中污染物浓度（mg/kg），必须根据场地调查获得参数值；SF_o 为经口摄入致癌斜率因子。土壤中单一污染物致癌风险，皮肤接触土壤途径的致癌风险采用式（4.2.26）计算。

$$CR_{dcs} = OISER_{ca} \times C_{sur} \times SF_d \tag{4.2.26}$$

其中，CR_{dcs} 为皮肤接触土壤途径的致癌风险；SF_d 为皮肤接触经口摄入致癌斜率因子。

土壤中单一污染物致癌风险，吸入土壤颗粒物途径的致癌风险采用式（4.2.27）计算。

$$CR_{pis} = PISER_{ca} \times C_{sur} \times SF_i \tag{4.2.27}$$

其中，CR_{pis} 为吸入土壤颗粒物途径的致癌风险；SF_i 为呼吸吸入致癌因子斜率。

土壤中单一污染物危害商，经口摄入土壤途径的危害商采用式（4.2.28）计算。

$$HO_{ois} = \frac{OISER_{nc} \times C_{sur}}{RfD_o \times SAF} \tag{4.2.28}$$

其中，HQ_{ois} 为经口摄入土壤途径的危害商；SAF 为暴露于土壤的参考剂量分配系数。

土壤中单一污染物危害商，皮肤接触土壤途径的危害商采用式（4.2.29）计算。

$$HQ_{dcs} = \frac{DCSER_{nc} \times C_{sur}}{RfD_d \times SAF} \tag{4.2.29}$$

其中，HQ_{dcs} 为皮肤接触土壤途径的危害商。

土壤中单一污染物危害商，吸入土壤颗粒物途径的危害商采用式（4.2.30）计算。

$$HQ_{pis} = \frac{PISER_{nc} \times C_{sur}}{RfD_i \times SAF} \tag{4.2.30}$$

其中，HQ_{pis} 为吸入土壤颗粒物途径的危害商。

地下水中单一污染物致癌风险，主要考虑饮用地下水途径的致癌风险采用式（4.2.31）计算。

$$CR_{cgw} = CGWER_{ca} \times C_{gw} \times SF_o \tag{4.2.31}$$

其中，CR_{cgw} 为饮用地下水途径的致癌风险；C_{gw} 为地下水中污染物浓度（mg/L）。

地下水中单一污染物危害商，主要考虑饮用地下水途径的危害商采用式（4.2.32）计算。

$$HQ_{cgw} = \frac{CGWER_{nc} \times C_{gw}}{RfD_o \times WAF} \tag{4.2.32}$$

其中，HQ_{cgw} 为饮用地下水途径的危害商；C_{gw} 为地下水中污染物浓度（mg/L）；WAF 为暴露于地下水的参考计量分配比例。

（二）不确定性分析

应分析造成污染场地风险评估结果不确定性的主要来源，包括暴露情景假设、评估模型的适用性、模型参数取值等多个方面。

暴露风险贡献率分析，单一污染物经不同暴露途径致癌和非致癌风险贡献率，分别采用式（4.2.33）和式（4.2.34）计算。

$$\mathrm{PCR}_i = \frac{\mathrm{CR}_i}{\mathrm{CR}_n} \times 100\% \tag{4.2.33}$$

$$\mathrm{PHQ}_i = \frac{\mathrm{HQ}_i}{\mathrm{HI}_n} \times 100\% \tag{4.2.34}$$

其中，CR_i为单一污染物经第i种暴露途径的致癌风险；PCR_i为单一污染物经第i种暴露途径致癌风险贡献率；HQ_i为单一污染物经第i种暴露途径的危害商；PHQ_i为单一污染物经第i种暴露途径非致癌风险贡献率；CR_n为土壤中单一污染物（第n种）经所有暴露途径的总致癌风险；HI_n为土壤中单一污染物（第n种）经所有暴露途径的危害指数。根据上述公式计算获得的百分比越大，表示特定暴露途径对总风险的贡献率越高。

（三）模型参数敏感性分析

1. 敏感参数确定原则

选定需要进行敏感性分析的参数（P），一般应是对风险计算结果影响较大的参数，如人群相关参数（体重、暴露期、暴露频率等）、与暴露途径相关的参数（每日摄入土壤量、皮肤表面土壤黏附系数、每日吸入空气体积、室内空间体积与蒸气入渗面积比等）。单一暴露途径风险贡献率超过20%时，应进行人群和与该途径相关参数的敏感性分析。

2. 敏感性分析方法

模型参数的敏感性可用敏感性比值来表示，即模型参数值的变化（从P_1变化到P_2）与致癌风险或危害商（从X_1变化到X_2）发生变化的比值。计算敏感性比值的模型见式（4.2.35）。

$$\mathrm{SR} = \frac{\dfrac{X_2 - X_1}{X_1}}{\dfrac{P_2 - P_1}{P_1}} \times 100\% \tag{4.2.35}$$

其中，SR为模型参数敏感性比例，无量纲；P_1为模型参数P变化前的数值；P_2为模型参数P变化后的数值；X_1为按P_1计算的致癌风险或危害商；X_2为按P_2计算的致癌风险或危害商。

敏感性比值越大，表示该参数对风险的影响也越大。进行模型参数敏感性分析，应综合考虑参数的实际取值范围，确定参数值的变化范围。

四、风险控制值计算

在风险表征的基础上，判断计算得到的风险值是否超过可接受的风险水平，如污染场地风险评估结果未超过可接受风险水平，则结束风险评估工作；如污染场地风险评估结果超过可接受风险水平，则计算土壤、地下水中关注污染物的风险控制值；如调查结果表明土壤中关注的污染物可迁移进入地下水，则计算保护地下水的土壤风险控制值。根据计算结果，提出关注污染物的土壤和地下水风险控制值。

（一）可接受致癌风险和危害商

一般而言，计算基于致癌效应的土壤和地下水风险控制值时，采用的单一污染物可接受致癌风险为 10^{-6}；计算基于非致癌效应的土壤和地下水风险控制值时，采用的单一污染物可接受危害商为 1。

（二）计算场地土壤和地下水风险控制值

基于经口摄入土壤途径致癌效应的土壤风险控制值，采用式（4.2.36）计算。

$$\mathrm{RCVS_{ois}} = \frac{\mathrm{ACR}}{\mathrm{OISER_{ca}} \times \mathrm{SF_o}} \tag{4.2.36}$$

其中，$\mathrm{RCVS_{ois}}$ 为基于经口摄入土壤途径致癌效应的土壤风险控制值（mg/kg）；ACR 为可接受致癌风险，取值为 10^{-6}。

基于皮肤接触土壤途径致癌效应的土壤风险控制值，采用式（4.2.37）计算。

$$\mathrm{RCVS_{dcs}} = \frac{\mathrm{ACR}}{\mathrm{DCSER_{ca}} \times \mathrm{SF_o}} \tag{4.2.37}$$

其中，$\mathrm{RCVS_{dcs}}$ 为基于皮肤接触土壤途径致癌效应的土壤风险控制值（mg/kg）。

基于吸入土壤颗粒物途径致癌效应的土壤风险控制值，采用式（4.2.38）计算。

$$\mathrm{RCVS_{pis}} = \frac{\mathrm{ACR}}{\mathrm{PISER_{ca}} \times \mathrm{SF_i}} \tag{4.2.38}$$

其中，$\mathrm{RCVS_{pis}}$ 为基于吸入土壤颗粒物途径致癌效应的土壤风险控制值（mg/kg）。

基于经口摄入土壤途径非致癌效应的土壤风险控制值，采用式（4.2.39）计算。

$$\mathrm{HCVS_{ois}} = \frac{\mathrm{RfD_o} \times \mathrm{SAF} \times \mathrm{AHQ}}{\mathrm{OISER_{nc}}} \tag{4.2.39}$$

其中，$\mathrm{HCVS_{ois}}$ 为基于经口摄入土壤途径非致癌效应的土壤风险控制值（mg/kg）；AHQ 为可接受危害商，取值为 1。

基于皮肤接触土壤途径非致癌效应的土壤风险控制值，采用式（4.2.40）计算。

$$HCVS_{dcs} = \frac{RfD_d \times SAF \times AHQ}{DCSER_{nc}} \tag{4.2.40}$$

其中，$HCVS_{dcs}$为基于皮肤接触土壤途径非致癌效应的土壤风险控制值（mg/kg）。

基于吸入土壤颗粒物途径非致癌效应的土壤风险控制值，采用式（4.2.41）计算。

$$HCVS_{pis} = \frac{RfD_i \times SAF \times AHQ}{PISER_{nc}} \tag{4.2.41}$$

其中，$HCVS_{pis}$为基于吸入土壤颗粒物途径非致癌效应的土壤风险控制值（mg/kg）。

基于致癌效应的地下水风险控制值，主要考虑基于饮用地下水途径致癌效应的地下水风险控制值，根据式（4.2.42）计算。

$$RCVS_{cgw} = \frac{ACR}{CGWER_{CA} \times SF_o} \tag{4.2.42}$$

其中，$RCVS_{cgw}$为基于饮用地下水途径致癌效应的地下水风险控制值（mg/kg）。

基于非致癌效应的地下水风险控制值，主要考虑基于饮用地下水途径非致癌效应的地下水风险控制值，根据式（4.2.43）计算。

$$HCVS_{cgw} = \frac{RfD_o \times WAF \times AHQ}{CGWER_{nc}} \tag{4.2.43}$$

其中，$HCVS_{cgw}$为基于饮用地下水途径非致癌效应的地下水风险控制值（mg/kg）。

（三）分析确定土壤和地下水风险控制值

比较上述计算得到的基于致癌效应和基于非致癌效应的土壤风险控制值，以及基于致癌效应和基于非致癌风险的地下水风险控制值，选择较小值作为污染场地的风险控制值，如场地及周边地下水作为饮用水源，则应充分考虑对地下水的保护，提出保护地下水的土壤风险控制值（崔玉静等，2008）。

确定污染场地土壤和地下水修复目标值时，应将基于风险评估模型计算出的土壤和地下水风险控制值作为主要参考值。

第三节　场地土壤环境调查案例

结合实际场地土壤环境调查方案，以便对场地土壤环境调查中各环节所涉及的主要内容及注意事项进行全面了解。本实例中涉及污染的场地是由某企业曾将工业废渣、废水排入与倾倒入厂区南侧旧河浜所致。

一、概述

根据项目涉及的公司《扩建项目环境影响报告书》中说明，该企业始建于20世纪80年代末，公司生产之初主要为其他企业生产2-噻吩乙酸氯等医药中间体。自21世纪初，该公司开始承担其他企业生产过程中的废溶剂回收，废溶剂主要包括异丙醇1200t、丙酮

1200t、乙酸丁酯600t、乙酸乙酯600t。

该案例中的调查范围主要集中在该企业围墙外围南侧，调查对象为调查区域内的土壤和地下水。为了解地表水、底泥中相应特征污染物的含量水平，同步采集了地表水和底泥样品。

该案例调查的目的包括以下几个方面。

（1）通过对该场地的历史使用情况进行现场踏勘和资料搜集，确定场地土壤、地下水是否有存在被污染的可能性。分析潜在的污染类型、主要污染因子、污染源大致分布。

（2）开展场地土壤、地下水污染调查分析，进行现场采样，了解场地中污染物种类与含量、分布范围及深度。

（3）根据场地环境调查结果编制相应的调查、评估报告，为业主和管理单位的决策提供科学依据。

该案例中调查原则主要体现在针对性、规范性和可操作性上。其中，针对性原则突出体现在针对场地土壤和地下水污染特点，根据目标场地特征对场地的各个区域进行针对性调查；规范性原则主要集中在严格按照目前国内外场地环境调查的相关技术规范进行调查，对场地调查中从现场调查采样、样品保存运输到样品分析等一系列过程进行严格的质量控制，保证调查过程和调查结果的科学性、准确性和客观性；可操作性原则指在场地环境调查评估时要综合考虑调查方法、调查时间、调查经费以及现场条件等客观因素，保证调查过程切实可行。

根据2014年我国环境保护部颁布的《场地环境调查技术导则》（HJ 25.1—2014），该导则规定了场地环境调查的三个阶段、布点方法和密度等。但由于该案例涉及项目的特殊性，其将第一阶段和第二阶段场地环境调查合并完成，以尽量缩短项目时间。需要注意的是，与图4-1中所述方法相比，该调查方法的布点密度较高。若监测结果表明污染区域明显大于调查区域，则需要再次进行调查取样，以确定污染区域边界。

该案例中调查报告的局限性主要体现在，其结论仅代表根据对场地及其周边地区的现状、对委托方提供的历史信息及其他数据和对样品的分析结果的评估所得出的专业意见。该报告的结论仅适用于该次场地环境评估的目的。该报告只能由项目委托方及相关主管部门使用。该次场地环境评估所实施的工作范围不适用于其他用户。任何其他用户因使用该报告或者报告中的调查监测结果、结论或建议而产生的风险由用户自行负责。

该报告所列的观点和建议仅适用于在实施本次场地环境评估时存在或可以合理预见的场地条件。该场地的特征，如地下水水质和污染物浓度等，可能会随时间改变。

尽管采用较为合理的取样方法，但由于场地的不均匀性，该次调查监测所采集的样品和分析数据不一定能代表场地内的极端情况。

二、场地概况

（一）场地地理位置

该案例中所涉场地占地面积约**m^2，建筑面积约**m^2。

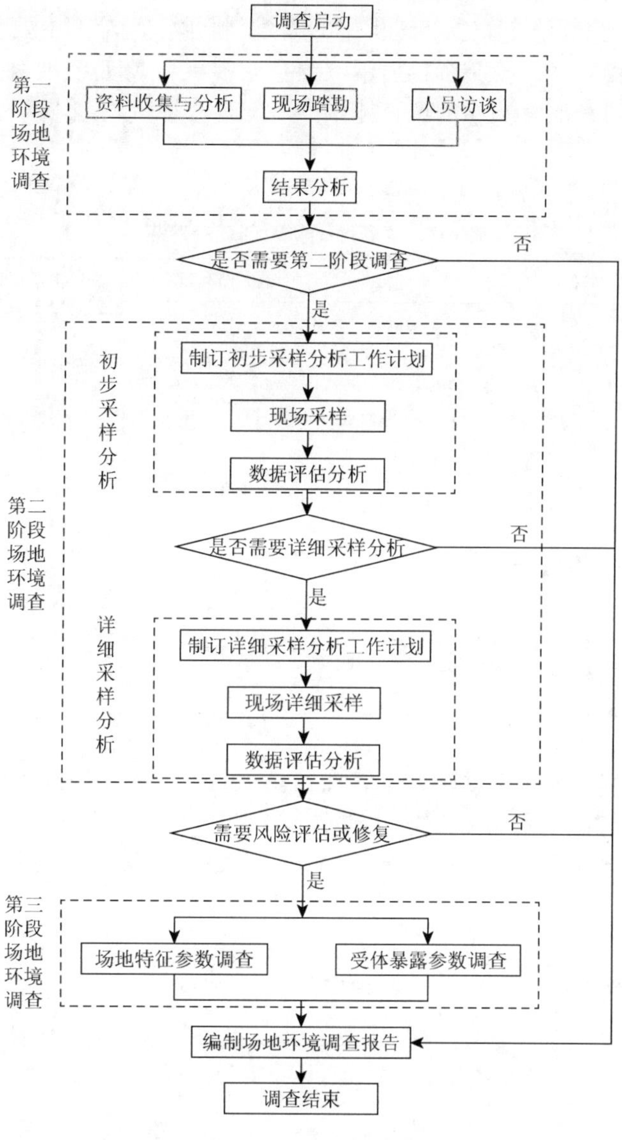

图 4-1　场地调查工作流程

（二）场地周边

根据现场进行踏勘获得的场地周围的基本情况是，该场地东侧为地表水体，南侧为农田和林地，西侧为地表水体及农田，北侧为公司围墙。

（三）企业主要生产行为

根据《扩建项目环境影响报告书》，该厂原为精细化工厂，始建于 20 世纪 80 年代末，属于当地村办企业。生产之初主要为其他公司生产 2-噻吩乙酰氯等医药中间体。自 21 世纪初开始，该企业承担其他企业生产过程中的废溶剂回收，废溶剂主要包括异丙醇、丙酮、乙酸丁酯和乙酸乙酯等。据相关资料显示，该企业曾将 2-噻吩乙酸氯生产废料倾倒入厂区南侧的旧河浜，结合该案例中的调查范围，下文主要罗列与 2-噻吩乙酸氯相关的原辅材料（表 4-3）及生产工艺。

表 4-3　主要原辅材料消耗一览表

原辅材料名称	单位	年耗量	最大储存量	状态	规格
乙二酸二乙酯	t	78	10	液态	200kg/桶
氢氧化钾	t	63	5	固体	25kg/袋
氯化亚砜	t	80	10	液态	200kg/桶
二氯甲烷	t	27	10	液态	200kg/桶
四氯化钛	t	15	5	液态	200kg/桶
噻吩	t	30	5	液态	10t/罐
盐酸	t	72	10	固体	25kg/袋
水合乙二胺	t	14	2	液态	200kg/桶
乙酸	t	30	5	液态	5t/罐
盐	t	35	15	固体	25kg/袋

反应：乙二酸二乙酯单钾盐搅拌下滴加氯化亚砜，反应并保持加热回流 3h。常压蒸馏：在 120℃常压蒸馏冷凝 4h 回收氯化亚砜。该工序采用二级冷凝，一级采用 30℃自来水进行冷凝，冷凝面积为 $2m^2$，二级采用 5℃冷却水进行冷凝，冷凝面积为 $2m^2$。

1. 噻吩酮酸乙酯

图 4-2 所示为噻吩酮酸乙酯生产工艺流程。

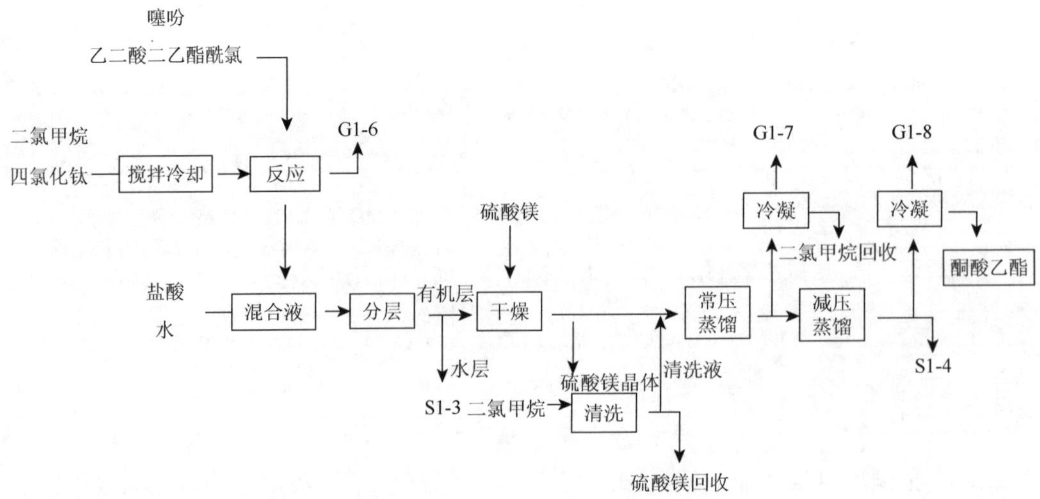

图 4-2　噻吩酮酸乙酯生产工艺流程图

反应：二氯甲烷加四氢化钛搅拌混合后，冷却到5℃迅速加入草酰单乙酯，在常温下滴加噻吩，加完搅拌3h。

混合及分层：将反应物抽到水和盐酸的混合液中搅拌后，进行分层。水层主要成分为盐酸，有机层主要成分为反应生成的噻吩酮酸乙酯。

干燥及清洗：有机层滤液首先用硫酸镁干燥，滤出硫酸镁结晶体（干燥后回用），用二氯甲烷冲洗后，清洗液汇入有机层滤液。

常压蒸馏：有机层滤液常压80℃下蒸馏2h后采用二级冷凝回收二氯甲烷，其中二次冷凝中一级采用30℃自来水进行冷凝，冷凝面积为$2m^2$，二级采用5℃冷却水进行冷凝，冷凝面积为$2m^2$。

减压蒸馏：去除二氯甲烷后滤液在160～170℃/10mmHg下减压蒸馏12h，采用30℃自来水进行一级冷凝，冷凝面积$5m^2$，收集得到中间产品噻吩酮酸乙酯，剩余为高沸物。

2. 噻吩乙酸

图4-3所示为噻吩乙酸生产工艺流程。

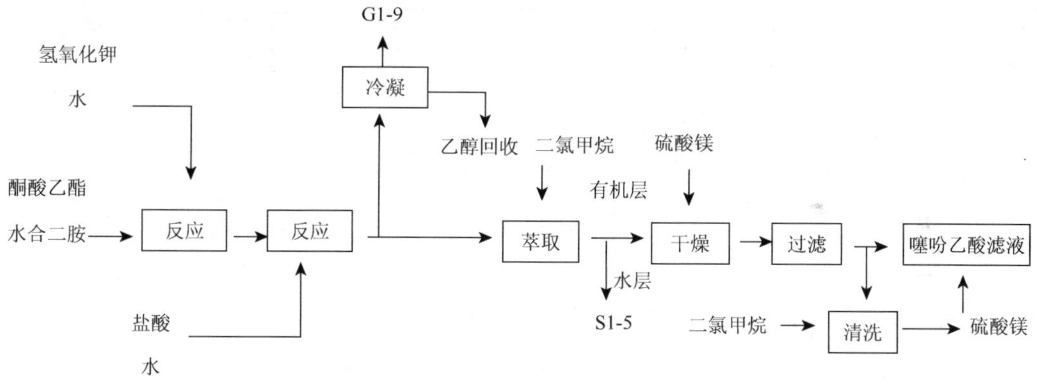

图4-3 噻吩乙酸生产工艺流程图

反应：酮酸乙酯常温搅拌下，滴加水合二胺，内温上升加毕，加热回流30min，稍冷到80℃加入氢氧化钾水溶液，加完后加热回流4h，冷却到20℃加水，搅拌下缓慢滴加盐酸，反应8h生成噻吩乙酸。

萃取过滤：用二氯甲烷抽提出结晶物，抽提三次，合并有机层，加无水硫酸镁搅拌脱水后，滤出硫酸镁并用干的二氯甲烷冲洗，滤液为TAA-二氯甲烷溶液。

3. 噻吩乙酰氯（头孢西丁侧链）

图4-4所示为噻吩乙酰氯生产工艺流程。

常压蒸馏：TAA-二氯甲烷溶液加热到50℃常压蒸馏2h蒸出多余的二氯甲烷。

反应：溶液冷却到常温加1kg DMF，搅拌下滴加氯化亚砜，加热回流搅拌反应4h生成噻吩乙酰氯。

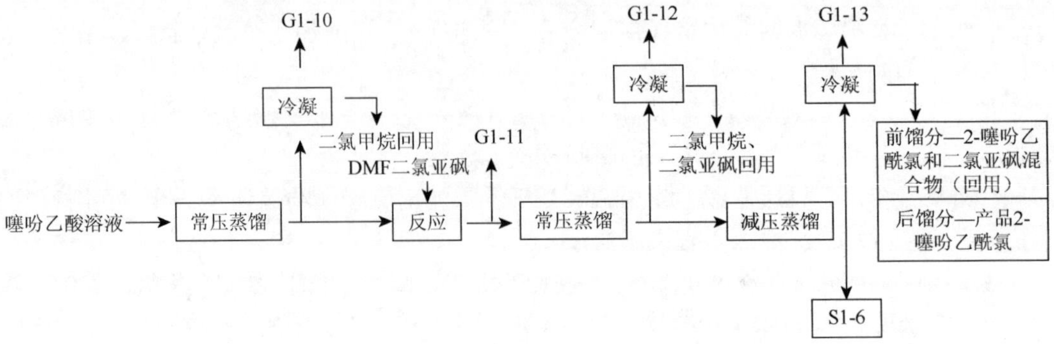

图 4-4　噻吩乙酰氯生产工艺流程图

常压蒸馏：噻吩乙酰氯溶液常压 80℃下蒸馏 2h 蒸出二氯甲烷和过量的氯化亚砜，回收的二氯甲烷和氯化亚砜会用于下一批生产。冷凝均采用二次冷凝，其中一级采用 30℃自来水进行冷凝，冷凝面积为 2m^2，二级采用 5℃冷却水进行冷凝，冷凝面积为 2m^2。

减压蒸馏：溶液进一步在减压 90～98℃/15mmHg 条件下蒸馏 6h 收集馏分，其中前馏分为氯化亚砜和噻吩乙酰氯的混合物，后馏分为纯度 99.8%的噻吩乙酰氯。冷凝均采用二次冷凝，其中一级采用 30℃自来水进行冷凝，冷凝面积为 2m^2，二级采用 5℃冷却水进行冷凝，冷凝面积为 2m^2。

（四）场地踏勘

据相关负责人介绍，公司曾将工业废渣、废水排入和倾倒入厂区南侧旧河浜，导致周围环境污染。相关人员赶赴现场进行场地踏勘，对该区域进行了测量，场地东西长约 68.0m，南北宽约 27.6m，面积约 1830m^2。

三、场地环境调查方案

（一）制定场地调查与评估详细工作方案

1. 充分利用前期场地环境踏勘获得的资料

通过历史生产资料搜集、整理和现场踏勘等方法掌握了该公司的主要生产工艺、疑似倾倒场所的位置及其尺寸，这些翔实的资料对确定场地的污染物种类、土壤监测点布设均有重要的参照价值。

2. 采用适宜的监测点布设方法

该案例中土壤监测点布设时，基于该场地特征并参照《场地环境调查技术导则》（HJ 25.1—2014）、《场地环境监测技术导则》（HJ 25.2—2014）和《工业企业场地环境调查评估与修复工作指南（试行）》等指导性文件提出的系统随机布点法、专业判断布点法、系统布点法及分区布点法等相关内容。

（二）土壤采样点设置

初步制定的土壤样品采集方案中，土壤采样点布设方法采用分区布点法和网格布点法，即调查区域细分为一般调查区和重点调查区。网格大小有所区别：在一般调查区和重点调查区内均匀布点，在每个网格的中心区设置一个土壤采样点（土孔）；在区域边缘设置两个土壤污染范围控制点 SB-11 和 SB-12（图 4-5）；在受到该厂影响可能性较小且较远区域设置土壤对照点。该案例中共布设 13 个土壤采样点，并确定了每个采样点的坐标，以便为现场确定土孔位置提供帮助。

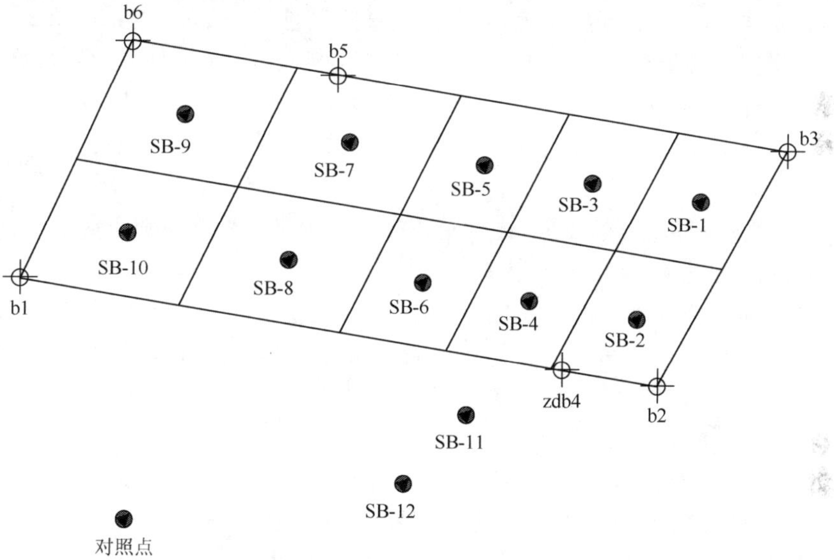

图 4-5　土壤采样点设置示意图

依照我国《场地环境调查技术导则》（HJ 25.1—2014）、《场地环境监测技术导则》（HJ 25.2—2014）、《工业企业场地环境调查评估与修复工作指南（试行）》等指导性文件，分区布点法和系统布点法的系统网格间距为 40m×40m，单块面积不超过 1600m^2。此次布点密度远远大于上述技术规范中的相关要求。

需要说明的是，现场采样时可使用 ppb①级 RAE 挥发性有机气体检测仪（型号为 PGM-7340）快速检测土壤挥发性有机物含量，及时调整样品采集位置。若监测结果表明土壤污染区域明显大于调查区域，则需进行详细调查，以确定污染区域边界。

（三）土壤采样深度初步设置

初步设定土孔的深度均为 10m，每个土孔分别在–1m、–3m、–5m、–8m 和–10m 处

① 1ppb=1×10^{-3}μg/g。

采集土壤样品。

在样品采集过程中，可使用 ppb 级 RAE 挥发性有机气体检测仪（型号为 PGM-7340）对土壤样品中的挥发性气体浓度进行半定量测定，根据现场半定量分析结果对采样点深度作出适当调整，并根据半定量分析结果找出挥发性有机污染物含量相对最高的样品进行送检分析。

（四）土壤采样方法

为了尽量减少样品采集过程中挥发性有机污染物的挥发，快速连续地取到地表到特定深度的土壤样品，且能完好地保护好样品的品质及土壤原状，该方案优先选择了 direct push（直压式）钻取设备，即 Geoprobe 钻机设备。采样管直径为 5cm。Geoprobe 钻机设备采用高液压动力驱动，将带有内衬管的套管钻入土壤中取样，在土壤钻孔位置最终确认之前，调查、确认和评估钻孔位置是否存在地下设施，如管线、雨/污水管和其他基础设施等。

在现场对钻孔取出的土样进行观察，并记录土壤类型、是否存在污染迹象等。

其操作具体步骤如下：

（1）将带土壤采样功能的 1.5m 内衬管、钻取功能的内钻杆和外套钻杆组装好后，用高效液压系统打入土壤中收集第一段土样。

（2）取回钻机内钻杆与内衬之间采集的第一层柱状土。

（3）取样内衬、钻头、内钻杆放进外套管，将外套部分、动力缓冲、动力顶装置加到钻井设备上。

（4）再次将钻杆系统钻入地下采集柱状土壤。

（5）将内钻杆和带有第二段土样的衬管从外套管中取出。

（6）将取好样品的 1.5m 内衬管柱状土壤样品平铺于 Geoprobe 钻井系统固定台面上，卡紧，用卷尺测量土壤填充长度，并用记号笔标注。用内衬管专用切刀切开内衬管，按照压缩比例用竹刀分取各层有代表性的土壤样品进行分装。对取出的土样进行观察，并记录土壤类型、是否存在污染迹象等。同时，将采用 RAE 挥发性有机气体检测仪对取出的土壤进行初步筛选，以判断土壤中是否有挥发性污染物，根据现场观察和 PGM-7340 读数来选择土样用作实验室分析样品。

一般选择 PGM-7340 读数相对最高的土壤样品作实验室分析。该方案中预计共采集土壤样品 65 个，另需平行样 2 个，共计 67 个土壤样品。采样的同时，还将对每个采样点拍照；采样记录人员填写样品标签、采样记录；标签上标注采样时间、地点、样品编号等。采样结束，需逐项检查采样记录、样袋标签和土壤样品，如有缺项和错误，及时补齐更正。

（五）地下水监测井初步设置

在前期场地踏勘和分析历史生产资料的基础上，初步制定了地下水样品采集方案。地下水监测井布设方法为分区布点、网格布点和 S 线法，即将调查区域细分为一般调查区和重点调查区，网格大小有所区别；在一般调查区和重点调查区用网格法均匀划分，用 S

线法确定地下水监测井安装网格，在该网格内设置一口地下水监测井；在区域边缘设置两个地下水污染范围控制点 MW-6 和 MW-7（图 4-6）；需与村民充分了解情况，在受到该化工厂影响可能性较小的较远区域设置地下水对照井。

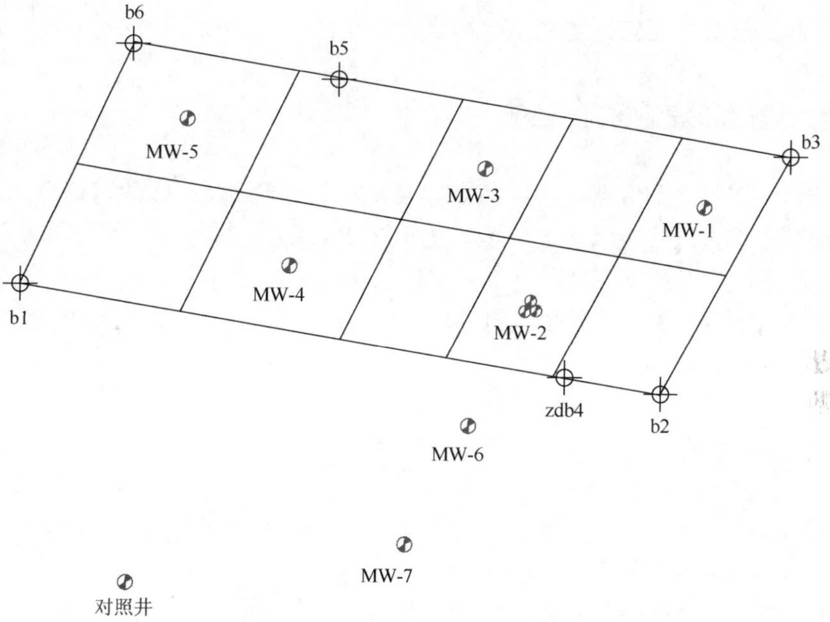

图 4-6　地下水监测井设置示意图

由于每口地下水监测井只能采集一个混合样品，为进一步确定地下水的污染深度，拟在 MW-2 处设置簇井，即在该网格的中心点附近设置 3 口不同深度的地下水监测井，深度分别为 6m、10m 和 12m，其余地下水监测井深度均为 10m。在 8 个位置设置地下水监测井，共 10 口地下水监测井。制定每口地下水监测井的坐标，以便在现场确定监测井位置。

按照我国《场地环境调查技术导则》（HJ 25.1—2014）、《场地环境监测技术导则》（HJ 25.2—2014）、《工业企业场地环境调查评估与修复工作指南（试行）》等指导性文件，分区布点法和系统布点法的系统网格间距为 40m×40m，单块面积不超过 1600m^2。此次地下水监测井布点密度远远大于上述技术规范中的相关要求。

需要注意的是，若监测结果表明地下水污染区域明显大于调查区域，则需进行地下水详细采样调查，以确定污染区域边界。

（六）地下水监测井构建

地下水监测井与土壤采样相结合，当地下水监测井与土壤采样点位置重叠时，可在地下水监测井成井过程中采集土壤样品。严格按照相关技术规范构建地下水监测井，并进行洗井、现场测定和地下水样品采集等工作。监测井将采用内径 55mm 的 PVC 管安装，其中井筛顶部位于稳定水位以上约 0.5m。PVC 管周围用粗沙填充至井筛顶部以上约 0.5m，然后用膨润土填充至地面，以防止地面冲刷水流入井内。监测井安装完成后将用一次性的提水器进行洗井，地下水取样之前用油水界面仪测量地下水的深度，以评估地下水流向。洗井结束 24h 后，在地下水取样之前对各个监测井进行淘井，至淘出的水质参数（pH、温度、电导率和溶解氧）变化幅度在 10%范围内为止。

四、环境、健康和安全风险控制

在开始现场工作之前应严格编制环境健康和安全方案以及工作危害分析，评估在本方案土壤和地下水调查过程中潜在的环境、健康和安全风险，并准备相应的预防方案降低危害风险。现场每日开工之前将对所有工人进行工作危害性分析讲解，同时所有的工人都将配备合适的个人劳保用品。在现场调查期间，将委派专员负责健康安全的管理，全程按照健康和安全的要求进行施工。

（一）健康安全方案

在正式入场进行现场土壤和地下水调查之前，将根据调查区域、企业和单位潜在的环境、健康和安全风险进行准备，主要包含以下内容。

（1）对作业现场进行初步风险评估，并制定相应的控制措施来使得这些危险因素降到可以接受的安全状态。

（2）根据识别出来的现场风险因素，选择合适的个人防护用品，尤其是对有危险化学品污染的地块，应对现场存在的危险化学因素进行认真分析，确定最有效的防护措施。

（3）制定相应事故应急处理流程。

（4）项目正式开始之前，需经过项目经理和企业项目负责人的审核批准。

（二）工作危害性分析

在项目实施过程中，对于不同的地块和场地，对每一项工作步骤进行工作危害性分析，确定每一个工作步骤可能产生的风险及相应控制措施。技术人员现场核查相应控制措施是否到位以及对现场进行风险评估。

（三）地下设施探测

在调查识别阶段，工程师将对场地进行初步的地下设施调查，如可能，则要求委托单位提供一份地下管线的工程图纸。开始钻孔之前，现场工程师将同熟悉场地的企业人员确认每一个钻孔位置，完成相关的地下管线调查表，每一个钻孔都需要将相应状况及时记录报告；同时，先使用手钻钻至地下 1.5m 处确保钻孔位置不存在地下管线，然后才能使用钻机进行钻孔，保证施工安全。

（四）个人劳保用品

根据现场调查识别出来的现场风险因素（有毒有害化学品等），将会配备合适的个人劳保用品，主要包括（但不限于）安全帽、安全鞋、防有机物口罩、耳塞、丁腈手套等。

五、质量保证与质量控制

（一）现场质量保证与质量控制措施

污染物在场地土壤和地下水的分布差异性较大，采样过程操作的规范性会对调查数据的准确性产生重要影响，因此，需要制定并严格执行样品采集、保存和运输及实验室分析全程的质量保证和质量控制措施，以保证调查数据的真实性和准确性。

1. 标准的采样方法

参照我国相关标准中指定的方法进行土壤和地下水取样。

2. 平行样品和空白样

现场采样人员在现场采样中均会采取相应的、国际上惯用的质量控制与质量保证措施，以确保调查数据的准确性。现场质量控制、质量保证样品的种类和数量初步设定如下：2 个土壤平行样，1 个地下水平行样，1 个运输空白样。

3. 现场设备清洁

在钻取第一个取样孔之前以及每两个土壤取样孔之间，所有的取样及钻井设备都进行清洗以防止样品之间的交叉污染。设备清洗先使用无磷洗涤剂，然后使用自来水反复冲洗，最后用纯净水冲洗。在洗井、淘井和地下水取样过程中会使用一次性的提水器和吊绳。

4. 清洁的采样瓶

使用实验室提供的采样瓶。所有在该项目中的样品容器均由实验室清洗干净并提供使用。

5. 样品记录及运送

采用标准的监管链记录，采样日期及时间、样品编号、采样人、项目名称和位置以及样品运送的详细信息等被记录在标准的监管链中。

（二）实验室质量保证与质量控制措施

1. 认证实验室

所有样品均移交给具有 CMA（中国计量认证）和 CNAS（中国合格评定国家认可委

员会）等检测资质的实验室。实验室应保持整洁、安全的操作环境，通风良好、布局合理，相互有干扰的监测项目不在同一实验室内操作，测试区域应与办公场所分离；监测过程中有废雾、废气产生的实验室和试验装置，应配置合适的排风系统；产生刺激性、腐蚀性、有毒气体的实验操作应在通风柜内进行；分析天平应设置专室，安装空调、窗帘，做到避光、防震、防尘、防潮、防腐蚀性气体和避免空气对流，环境条件满足规定要求；化学试剂储藏室必须防潮、防火、防爆、防毒、避光和通风，固体试剂和酸类、有机类等液体试剂应隔离存放；对监测过程中产生的“三废”应妥善处理，确保符合环保、健康、安全的要求。

监测项目或监测仪器设备对环境条件有具体要求和限制时，应配备对环境条件进行有效监控的设施；当环境条件可能影响监测结果的准确性和有效性时，必须停止监测。一般分析实验用水电导率应小于 3.0μS/cm，特殊用水则按有关规定制备，检验合格后使用。应定期清洗盛水容器，防止容器沾污而影响实验用水的质量。根据监测项目的需要，选用合适材质的器皿，必要时按监测项目固定专用，避免交叉污染。使用后应及时清洗、晾干、防止灰尘沾污。应采用符合分析方法所规定等级的化学试剂。取用试剂时，应遵循“量用为出、只出不进”的原则，取用后及时盖紧试剂瓶盖，分类保存，严格防止试剂被沾污。固体试剂不宜与液体试剂或试液混合储存。经常检查试剂质量，一经发现变质、失效，应及时废弃。

2. 标准的样品检测方法

样品的分析方法将采用我国环境保护部规定的相关分析方法，如果国内没有相应污染物的分析方法可参照，则可参考美国国家环境保护局的推荐方法或其他方法。

3. 标准的分析报告

土壤污染物的分析结果所使用的单位为 mg/kg，地下水污染物的分析结果所使用的单位为 mg/L。对于低于实验室分析最低限值的指标一律表示为“ND”。

4. 实验过程中质量控制

实验室方法空白样的分析确认是指，在样品准备和分析过程中可能会引起错误结果的污染物没有进入样品中。空白分析的结果表明所有参数均低于检出限。

加标样品和加标样品平行样百分回收率与它们相应的准确度限值相比较。实验室控制的加标样和加标平行样分析结果均满足相对百分偏差限值的要求。

每批样品每个项目分析时均需做一定数量的平行样品。平行双样测定结果的误差在允许误差范围之内者为合格。

六、现场设备

（一）高精度 GPS 仪

采用高精度 GPS 仪（型号为 Trimble GeoXH）进行现场测量，确定采样点城市坐标。

该设备采用先进的 H-Star 技术，可实时获取厘米级的定位精度。

（二）挥发性气体快速检测设备

在样品采集过程中，采用 ppb 级 RAE 挥发性有机气体检测仪（型号为 PGM-7340）测定样品中的挥发性气体浓度。

该设备是一款当今市场上最灵敏的广谱手持式挥发性有机化合物气体检测仪。采用 RAE 最新的第三代光离子化检测器（PID），提高了检测精度，缩短了响应时间，检测范围达到 1～10ppb，分辨率可达 1 个 ppb。通过无线模块可以实现与控制台的无线数据传输和远程监控。该设备广泛应用在环保、职业卫生健康、应急救援、工业安全、石油石化等行业。

（三）直推式钻孔取样设备 Geoprobe

Geoprobe 采用直推式钻孔取样能最大限度减少采样过程中设备对样品的影响。

第五章　土壤修复方案制定与实施

第一节　基本原则与工作程序

一、基本原则

修复方案的制定必须遵循科学性、可行性、安全性等原则。科学性原则主要体现在采用科学的方法，综合考虑污染场地修复目标、土壤修复技术的处理效果、修复时间、修复成本、修复工程的环境影响等因素，制定修复方案。可行性原则是指，制定的污染场地土壤修复方案要合理可行，要在前期工作的基础上，针对污染场地的污染性质、程度、范围以及对人体健康或生态环境造成的危害，合理选择土壤修复技术，因地制宜制定修复方案，使修复目标可达，修复工程切实可行。安全性原则的重点在于制定污染场地土壤修复方案要确保污染场地修复工程实施安全，保障施工人员、周边人群的身体健康，防止生态环境产生危害和二次污染。

二、工作程序

参考国家有关土壤修复方案制定的规范，总结修复方案制定的实践经验。场地土壤修复方案编制一般从选择修复模式、筛选修复技术、制定修复方案三个方面进行。在此需要明确的是，土壤污染的修复准确讲是应分为治理、处置或修复等，后边统称修复。

（一）选择修复模式

在分析前期污染场地环境调查和风险评估资料的基础上，根据污染场地特征条件、目标污染物、修复目标、修复范围和修复时间长短，选择确定污染场地修复总体思路。同时，进行确认场地，确认需要开展核实的场地的相关资料、现场考察场地状况、补充相关技术资料等方面的工作。

修复目标主要包括确认目标污染物、提出修复目标值、确认修复范围等。通过对前期获得的场地环境调查和风险评估资料进行分析，结合必要的补充调查，确认污染场地土壤修复的目标污染物、修复目标值和修复范围。

首先，通过前期场地环境调查和风险评估提出的土壤修复目标污染物，通过分析其与场地特征污染物的关联性及其与相关标准的符合程度来确认目标污染物。然后，分析比较土壤风险控制值与场地所在区域土壤中目标污染物的背景含量和国家有关标准中规定的限值，合理提出土壤修复目标值，并确认前期场地环境调查与风险评估提出的土壤修复范围是否清楚，包括四周边界和污染土层深度分布，特别要关注污染土层异常分布情况，比如非连续性自上而下分布。依据土壤修复目标值，分析和评估需要修复的土壤量，同时，与场地利益相关方进行沟通，确认对土壤修复的要求，如修复时间、预期经费投入等。最后，根据污染场地特征条件、修复目标和修复要求，选择确定污染场地修复总体思路。

核实场地相关资料主要是审阅前期完成的场地环境调查报告和污染场地风险评估报告等相关资料，核实场地相关资料的完整性和有效性，重点核实前期场地信息和资料是否能反映场地目前实际情况。现场考察场地状况的工作重点在于考察场地目前现状情况，特别关注与前期场地环境调查和风险评估时相比发生的重大变化，以及周边环境保护敏感目标的变化情况。现场考察场地修复工程施工条件，特别关注场地用电、用水、施工道路、安全保卫等情况，为修复方案的工程施工区布局提供基础信息。通过核查场地已有资料和现场考察场地状况，如发现已有资料不能满足修复方案编制基础信息要求，应适当补充相关资料，必要时应适当开展补充监测，甚至进行补充性场地环境调查和风险评估。

（二）筛选修复技术

修复技术的选择需根据污染场地的具体情况，按照确定的修复模式，筛选实用的土壤修复技术。首先根据修复技术成熟度、技术本身适合的目标污染物、土壤类型、修复的效果、时间和成本等内容，分析比较现有的土壤修复技术优缺点，重点分析各修复技术工程应用的实用性。修复技术实用性分析，可以采用列表描述修复技术原理、适用条件、主要技术指标、经济指标和技术应用等方面的优缺点进行比较分析，也可采用权重打分的方法。通过比较分析修复技术实用性，提出1种或多种备选修复技术进行下一步可行性评估。修复技术可行性评估主要包括实验室小试和现场中试，或对土壤修复技术应用案例进行专家论证分析。专家论证分析通常从修复技术的适用条件、对本场地土壤修复效果、成本和环境安全性等方面进行评估论证，最终确定经济适用的修复技术。

修复技术可行性评估包括实验室小试、现场中试、应用案例的专家论证分析等方面的内容。实验室小试，可以采用实验室小试进行土壤修复技术可行性评估。实验室小试应要采集污染场地的污染土壤进行试验，针对试验修复技术的关键环节和关键参数，制定实验室试验方案。如在对土壤修复技术适用性不确定的情况下，应在污染场地开展现场中试，验证试验修复技术的实际效果，同时考虑工程管理和二次污染防范等。中试试验应尽量兼顾到场地中不同区域、不同污染浓度和不同土壤类型，获得土壤修复工程设计所需要的参数。土壤修复技术可行性评估也可以采用相同或类似污染场地修复技术的应用案例进行专家论证分析，必要时可现场考察和评估应用案例实际工程。

（三）制定修复方案

修复方案制定的一般流程是在确定的修复技术基础上，制定土壤修复技术路线，确定土壤修复技术的工艺参数，在估算污染场地土壤修复的工程量等工作完成的基础上提出初步修复方案，并对修复方案从主要技术指标、修复工程费用以及二次污染防治措施等方面进行方案可行性比选，最终确定经济、实用和可行的修复方案。

根据确定的场地修复模式和土壤修复技术，制定土壤修复技术路线，可以采用一种修复技术制定，也可以采用多种修复技术进行优化组合集成。修复技术路线应反映污染场地修复总体思路和修复方式、修复工艺流程和具体步骤，还应包括场地土壤修复过程中受污染水体、气体和固体废物等的无害化处理处置等。土壤修复技术的工艺参数应通过实验室小试和/或现场中试获得。工艺参数包括但不限于修复材料投加量或比例、设备影响半径、设备处理能力、处理需要时间、处理条件、能耗、设备占地面积或作业区面积等。根据技术路线，按照确定的单一修复技术或修复技术组合的方案，结合工艺流程和参数，估算每个修复方案的修复工程量。根据修复方案的不同，修复工程量可能是调查和评估阶段确定的土壤处理和处置所需工程量，也可能是方案涉及的工程量，此外还应考虑土壤修复过程中受污染水体、气体和固体废物等的无害化处理处置的工程量。从确定的单一修复技术及多种修复技术组合方案的主要技术指标、工程费用估算和二次污染防治措施等方面进行比选，最后确定最佳修复方案。

其中主要技术指标是指结合场地土壤特征和修复目标，从符合法律法规、长期和短期效果、修复时间、成本和修复工程的环境影响等方面，比较不同修复方案主要技术指标的合理性。修复工程费用主要是根据场地修复工程量，估算并比较不同修复方案所产生的修复费用，包括直接费用和间接费用。直接费用主要包括修复工程主体设备、材料、工程实施等费用，间接费用包括修复工程监测、工程监理、质量控制、健康安全防护和二次污染防范措施等费用。污染场地修复工程的实施，应首先分析工程实施的环境影响，并应根据土壤修复工艺过程和施工设备清洗等环节产生的废水、废气、固体废物、噪声和扬尘等环境影响，制定相关的收集、处理和处置技术方案，提出二次污染防范措施。综合比较不同修复方案二次污染防范措施有效性和可实施性。

污染场地土壤修复工程环境管理计划的制定是必不可少的环节，其内容主要包括修复工程环境监测计划和环境应急安全计划等。修复工程环境监测计划是指修复工程环境监理、二次污染监控和修复工程验收中的环境监测。应根据确定的最佳修复方案，结合场地污染特征和场地所处环境条件，有针对性地制定修复工程环境监测计划。为确保场地修复过程中施工人员与周边居民的安全，应制定周密的场地修复工程环境应急安全计划，其内容应包括安全问题识别、需要采取的预防措施、突发事故时的应急措施、必须配备的安全防护装备和安全防护培训等。

（四）编制修复方案

编制修复方案的总体要求是修复方案要全面和准确地反映出全部工作内容。报告中的文字应简洁和准确，并尽量采用图、表和照片等形式描述各种关键技术信息，以利于施工方制定污染场地土壤修复工程施工方案。

第二节　场地土壤污染修复技术筛选

一、场地土壤污染修复技术筛选原则

场地土壤污染修复技术筛选原则是为指导与规范筛选过程而制定的。目前，我国尚没有正式制定具体的关于污染场地修复技术的政策和原则。根据我国现有的相关规定、导则等，参考美国超级基金的“九原则”，确定以下我国污染场地修复技术筛选原则：场地风险可接受，修复至场地再利用风险可接受对应的污染物浓度水平即可；修复技术易操控，修复技术操作控制性强，处理过程中意外情况出现少；对周边影响较小；工程规模、投资合理；在不大幅度增加修复费用的前提下尽量缩短修复时间。此外，我国污染场地修复技术还不成熟，在修复技术筛选过程中还需考虑技术的可操作性因素。通过对修复技术实施干扰性较大的因素进行评价，确定修复实施的各因素干扰程度。一般考虑的因素包括土壤特性、污染深度、污染分布和污染特性等。

二、污染场地修复技术筛选指标

依据制定的筛选原则，借鉴欧美国家修复技术选择的发展历程并结合我国当前的技术和经济实力，主要从技术指标、社会环境指标和经济指标三个方面建立污染场地修复技术筛选指标体系。

（一）技术指标

技术指标包括技术可操作性、技术成熟度和修复时间。技术可操作性指标主要反映的是各项技术的实施和维护强度及工人技能的要求程度以及各项土壤修复技术对特定污染物治理的适用性及符合区域特性要求的程度。技术成熟度指标反映的是各项技术的独立适用性和稳定性；是否广泛使用；采用各项技术处理后，污染物毒性、迁移性及污染负荷的降低或污染物类型、数量的减少效率。修复时间指标反映的是各项技术达到修复目标所需时间长短。

按照污染物性质，将土壤中常见污染物分为非卤代 VOCs 和卤代 VOCs、非卤代 SVOCs 和卤代 SVOCs、燃料、无机物、放射性核素以及爆炸性物质 8 类。每种污染场地修复技术对各类污染物的有效性高低由文献及美国超级基金场地修复经验得出。

（二）社会环境指标

社会环境指标包括二次污染风险以及可接受性。二次污染风险指标反映的是修复过程可产生新的污染物对环境再次污染的风险程度。可接受性反映技术的可接受程度，包括修复过程中可能产生的噪声、粉尘、异味对周围环境、居民及施工人员的影响程度。

（三）经济指标

经济指标包括总费用和资源需求。总费用包括勘察设计、动员预备、工程建设、材料费、能源费、人工费、日常管理维护费以及周期性监测费用在内的费用总和。资源需求指修复过程中的能源和修复使用的试剂及相关材料使用需求。

三、指标评分方法确定

可操作性：考虑实施过程中土壤物理性质（如黏性、渗透系数、含水量、颗粒粒径大小等）、污染介质性质（是否在饱和区、污染深度、均质性等）、土壤化学性质（如酸碱度、氧化还原电位、有机质、阳离子交换量等）三类场地干扰因素，采用减分法对该指标进行评分（骆永明等，2015）。

技术成熟度：现阶段，暂以美国超级基金、国内已修复完成工程、各修复技术在场地污染类型相近的情况下，以污染场地修复实施场地数为参考，确定修复技术的成熟度。

总费用：修复技术的费用信息主要来源于修复技术筛选矩阵及相关的修复技术信息总结。由于不同的矩阵其费用计算方式有差别、信息统计的时期不同、费用为区间值且范围往往较宽，因此，实际费用与参与值差别较大，只能用于确定费用的相对高低情况。

修复时间、资源需求、可接受性、二次污染/环境影响。可接受性是指对潜在可用的修复技术进行描述，包括该技术实施过程中对周边的影响、修复效果、修复时间。通过问卷调查让场地周边群众及所在地政府对修复技术评分，满分为 100 分。分别对周边群众和政府对修复技术的评分求平均值再加和，计算所得的分数折合成 5～1 分。但由于条件限制，以文献中所介绍的修复技术影响情况为参考，直接确定可接受性。各项指标权重确定，采用层次分析法计算各个指标权重，表 5-1 是各层次指标所对应的权重系数的样本。

表 5-1 各层次指标所对应的权重系数

第一层		第二层		总排序
指标	权重	指标	权重	
技术指标	0.4	可操作性	0.2	0.08
		技术成熟度	0.2	0.08
		修复时间	0.6	0.24
经济指标	0.4	总费用	0.9	0.36
		资源负担	0.1	0.04
环境指标	0.2	可接受性	0.5	0.1
		环境影响	0.5	0.1

四、基于 topsis 法的污染场地修复技术筛选方法

目前，污染场地修复技术筛选研究中常用的评价方法有专家评价法、层次分析法、生

命周期评价法等。对一个待修复的污染场地，在确定修复目标后，场地修复技术的筛选分为两个环节：一是可能修复方案的筛选；二是可能的修复方案中筛选出最优方案（骆永明等，2015）。

（一）修复技术筛选

首先建立修复技术筛选数据库，针对具体的场地污染状况及修复需求，初步筛选出可能适用的修复技术。由于每个适用的修复技术都存在其优点和局限性，采用单一的方法一般难以达到预期的效果，所以采用几种方法中的两种或多种进行组合作为可能修复的方案往往能获得较好的效果。

（二）基于 topsis 法的修复技术评价

topsis 法先基于评价指标确定一个欧几里得空间，根据待选修复技术或场地实际情况提出一个或多个理想修复技术。理想修复技术在现实中不存在，它只是用来表述修复技术在最佳或最差情形时所表现出的性状。根据指标之间的相互关系建立函数关系，用指标值计算各个修复技术与理想修复技术的相对位置。其中与最佳理想修复技术最近、与最差理想修复技术最远的修复技术为最佳修复技术。

我国修复技术的应用和评价体系都不成熟，各个指标之间的关系不易明确，同时，函数关系的建立需要相当多的经济学方法、博弈理论和社会心理学知识作为基础。因此，本书不建立指标之间的函数关系，只采用矢量距离计算方式通过各个修复技术与理想修复技术的矢量距离长短判断修复技术的优劣。基于 topsis 法的决策方法如下：

第一步，构建规范化决策矩阵

$$A=\begin{pmatrix} a_{11} & \cdots & a_{1j} \\ \vdots & \ddots & \vdots \\ a_{i1} & \cdots & a_{ij} \end{pmatrix} \tag{5.2.1}$$

$$r_{ij}=\frac{a_{ij}}{\sqrt{\sum_{i=1}^{m}a_{ij}^2}} \tag{5.2.2}$$

其中，A 为决策矩阵；a_{ij} 为方案 i 对应指标 j 的评价值；r_{ij} 为 a_{ij} 规范化值。

第二步，构建加权规范化矩阵

$$v_{ij}=w_{ij}r_{ij} \tag{5.2.3}$$

其中，w_{ij} 为指标 j 对应的权重；v_{ij} 为加权后的 r_{ij} 值。

第三步，确定最佳理想方案 A^{+}和最差理想方案 A^{-}

$$A^{+}=\left\{V_1^{+},V_2^{+},\cdots,V_n^{+}\right\} \tag{5.2.4}$$

$$A^{-}=\left\{V_1^{-},V_2^{-},\cdots,V_n^{-}\right\} \tag{5.2.5}$$

$$V_j^+ = \left\{\max(v_{ij}), j \in C; \min(v_{ij}), j \in C^+\right\} \tag{5.2.6}$$

$$V_j^- = \left\{\max(v_{ij}), j \in C; \min(v_{ij}), j \in C^-\right\} \tag{5.2.7}$$

其中，V_j^+ 和 V_j^- 分别为待选方案中第 j 个指标评价值的最佳水平和最差水平；C^+和 C^-分别为正效益指标集合和负效益指标集合。

第四步，计算待选方案 A_i 与最佳理想方案 A^+和最差理想方案 A^-间的欧几里得距离

$$D_i^+ = \sqrt{(a_{ij} - V_i^+)^2} \tag{5.2.8}$$

$$D_i^- = \sqrt{(a_{ij} - V_i^-)^2} \tag{5.2.9}$$

其中，D_j^+ 为 A_i 和 A^+之间的距离；D_j^- 为 A_i 和 A^-之间的距离。

第五步，根据 D_j^+ 和 D_j^- 计算相对接近度Δ_i

$$\Delta_i = D_i^- / (D_i^+ - D_i^-) \tag{5.2.10}$$

根据所得值由大到小对待选方案进行排序，排在第一位的待选方案为最佳方案。

该评价方法的特点是：如果一个待选技术在某个指标具有较大优势，则会显著增加其与最差修复技术之间的距离；若某个指标具有较大优势，则会显著增加其与最佳修复技术之间的距离。通过突出各个待选修复技术的优势和劣势，从而在选择修复技术时可以通过权衡各个修复技术相对的特征，从而选取合适的修复技术。

第三节　修复方案的评估

场地土壤修复方案制定后，为了检验和比较各个方案的可行性与可操作性，可以通过费用-效益分析、修复后场地环境承载力分析、方案可行性分析与目标可达性分析，对修复方案进行综合评价，从而为最佳修复方案的选择与决策提供科学依据。

一、费用-效益分析

实施场地土壤修复方案，一方面需要投入和代价，另一方面它会直接获得环境功能的恢复和改善，从而变环境污染，土壤资源破坏所带来的损失为修复后所承载的环境功能。对于这种环境效益和相应的投入的代价，在选择不同修复方案时，最直接的思想类似于一般活动的经济分析，通过费用-效益分析的方法进行。

传统上，费用-效益分析是用于识别和度量一项活动或一个方案的经济效益和费用的系统方法，其基本任务就是分析计算活动方案的费用和效益，然后通过比较评价从中选出净效益最大的方案提供决策。它是一个典型的经济决策分析框架。将其引入场地土壤修复方案评估中，可作为一项工具手段以进行方案评估的决策分析。

（一）费用-效益分析的基本程序

1. 明确修复目标

费用-效益分析在场地土壤修复方案评估中运用时首要工作是明确修复目标。对于一

个修复方案，就是在明确的修复目标指导下，结合当下可行的修复技术以及管理体系对污染场地进行合理的修复。因此，费用-效益分析的运行必然要以修复目标为前提。

2. 备选方案的环境影响分析

显然，不同的修复方案对应着不同的环境效果或环境效益，伴随着修复方案的改变，相应的环境效益也会随着变化。因此，针对不同的修复方案进行改善环境质量的定量化影响评估或估算是环境效益计算的前提。

3. 备选方案的费用-效益分析

为了使修复方案影响效果具有可比性，费用-效益分析方法采取了将修复方案的定量化效益或损失统一为货币形式的表达方式。从决策分析的角度看，费用-效益分析的货币化过程，实质上是将决策的多目标统一为单一经济目标的过程。通常，修复方案的制定中投资、运行费以及有关经济费用构成了费用-效益分析的计算内容，而对修复方案的非经济效益，则需要借助货币化技术进行估算。

4. 备选方案的费用-效益分析评价

当完成备选方案费用-效益货币化计算后，就可通过适当的评价标准进行不同方案的对比，完成最佳方案的筛选。

（二）费用-效益分析的评价标准

进行修复方案费用-效益分析的比较评价，通常可采用净效益或费效比等评价准则。

1. 净效益

净效益是总效益现值扣除总费用现值的差额。

$$Z_{\text{NPV}} = \sum \frac{(B_t - C_t)}{(1+r)^t} \tag{5.3.1}$$

其中，Z_{NPV}为净效益（现值）；B_t为第t年的效益；C_t为第t年的费用；r为社会贴现率；t为时间（a）。

若$Z_{\text{NPV}}>0$，表明修复方案得大于失，方案可以接受；否则，方案不可取。对于多个净效益大于零的方案，可以按照净效益最大准则进行备选方案的筛选。

2. 费效比

费效比即总费用现值与总效益现值之比，记作α

$$\alpha = \frac{\sum \frac{C_t}{(1+r)^t}}{\sum \frac{B_t}{(1+r)^t}} \tag{5.3.2}$$

如果费效比 $\alpha<1$，方案的社会费用支出小于其所获得的效益，方案可以接受；若 $\alpha\geq1$，方案费用支出大于社会效益，方案应予以拒绝。

此外，还可以采用内部收益率，即以净现值为零时的社会贴现率为准则，进行修复方案的评价筛选。

在利用费用-效益分析方法评价修复方案的决策分析中，由于修复方案的工期往往较长，投入资金大，修复目标的不同社会效益显现时间跨度不同，因而不同方案及其费用、效益发生的时间不尽相同。为此，在费用-效益计算中，需要运用社会贴现率把不同时期的费用-效益转化为同一水平的货币值，以使整个时期的费用-效益具有可比性。

二、方案可行性分析

当修复方案确定后，检验其可行性的关键条件是看方案中的投资能否被当地经济实力所承受。可根据区域国民生产总值规模以及国家对场地土壤修复投资占国民生产总值的百分比来综合权衡方案投资的可行性。如果投资规模过大，就需要对方案的优先性进行识别并列出有限方案清单以供决策参考。

此外，还应建立修复方案的评估体系，监督修复工程的实施进度，为修复实施中出现的问题提供技术支持，并对修复过程中的不足进行完善。

第四节　场地土壤修复方案编制案例分析

本书引入的污染场地修复方案，是在中试的基础上经过专家论证后确定的修复方案，在修复方案编制和评价方面具有一定的参考价值。

一、相关背景

该案例中涉及场地原为一化工厂原址。该厂先后生产增塑剂、二苯醚、氢化三联苯。21世纪初，该企业搬迁后由当地土地储备中心接管（以下简称业主）。依据相关文件，业主委托当地有关单位对该厂原址地块土壤污染进行了调查评估并委托某科研机构编制风险评估报告。结果显示，该厂原址存在明显的健康风险，考虑到该地拟规划为居住用地，则需对上述区域的污染土壤进行修复治理。业主为了制定经济合理的场地污染土壤治理方案，采用政府招标形式，选择三家单位在污染场地开展工程中试。中标的三家单位入场在划定区块进行中试修复工程。中试修复工程竣工后，业主及相关环保部门于当月组织样品采集及检测，核实修复效果。中试结束后，业主委托某科研机构编制了《原址场地土壤与地下水修复方案报告》。

根据当地政府组织的“听取该厂地块污染土壤治理技术方案比选有关事宜”会议纪要，业主委托相关单位，就会议纪要中确定的推荐方案三“水泥窑协同处置+原位热脱附技术”细化成该修复方案。

二、场地问题识别

（一）所在区域概况

1. 地形地貌与地质（略）

该场地的地质概况如下：

（1）填土层，杂色，黏性土夹建筑垃圾，夹原厂区废弃工业原料。表层土经挖掘机开挖后有明显的刺鼻气味。

（2）黏土层，褐黄色，含铁锰质结核，灰色条带。施工期间钻探所取岩心有气味。土层经验渗透系数在 3.0×10^{-7}cm/s 左右。

（3）粉质黏层，灰黄色，含铁质氧化斑点，下部夹少量粉土薄层。施工期间钻探所取岩心有气味。土层经验渗透系数在 3.0×10^{-6}cm/s 左右。

（4）粉质黏土层，灰色，夹粉土薄层，下部互层。施工期间钻探所取该层中下部有明显刺鼻气味。土层经验渗透系数在 8.0×10^{-5}cm/s 左右。

（5）粉土层，灰色，夹粉质黏土薄层。施工期间钻探所取该层中上部有明显刺鼻气味。土层经验渗透系数在 9.0×10^{-4}cm/s 左右。

（6）粉质黏土层，灰色，夹粉土薄层，下部薄层较多，呈互层状。施工期间钻探所取该层中上部有较强气味。土层经验渗透系数在 9.0×10^{-6}cm/s 左右。

场地浅层地下水埋深为地下 1m，含水层厚度 4m，大致流向由北向南流经场地，深层含水层顶板埋深为 9m，含水层厚度 8m，由东北向西南流经场地。

2. 气候条件

包括降雨、气温、季风等（略）。

（二）场地基本信息

1. 场地使用历史

该厂创建于 20 世纪 50 年代，曾是国有大型一档企业，先后从事醚醛、醋酐、醋酸、邻苯二丁酯、对硝基氯化苯、邻硝基氯化苯、CMC、乙酸乙酯、乙酸丁酯、间 3-甲基二苯醚、醚醇、FMC（农药分类）、亚磷酸等产品的生产。根据地方“退二进三”的总体布局调整原则，该厂完成搬迁后由地方土地储备中心接管。本方案涉及修复场地块地为该厂旧址。

2. 场地规划

根据相关文件，该厂场地修复以后拟作为商住用地，本书引入场地规划旨在言明该修复方案的修复目标。

（三）场地特征

场地周围的敏感区有：文化遗址、活动中心、居住区和河流等，通过现场踏勘了解场地周边敏感区域方位、被保护目标及保护对象，具体如表 5-2 所示。

表 5-2 场地周围敏感区域位置

环境要素	环境保护对象	距离/m	规模
大气环境	小区 1	250	约 200 户
	小区 2	40	—
	小区 3	137	—
水环境	河流	80	大型
声环境	小区 1	250	约 200 户
	小区 2	40	—
	小区 3	137	—

（四）场地污染特征

1. 场地污染识别结论

（1）通过分析场地使用历史、生产工艺、污染类型等有关资料信息，该厂区二苯醚区域的二苯醚车间、真空泵区、溶解槽区、包装桶仓库、仓储区、联苯区域的中间储槽区和联苯产品刮片区等生产设施区域内土壤有明显有机异味，存在挥发性有机污染物。

（2）根据对该厂区场地生产工艺、原辅材料、产品、污染排放特征、处理处置方式分析，确认该场地存在潜在污染，尤其是产品分离装置区域、联苯产品刮片区、裂化反应区、废水储槽、溶苯酚池、产品混合区以及实验装置区域。

（3）该厂场地潜在主要污染物是氯苯、苯和石油类；场地地下水主要污染物是氯苯、苯、挥发酚和二氯苯。

（4）企业建厂较早，环保要求低。早期，生产工艺和生产技术比较落后，管理粗放，污染物排放量大，污染处理设施和技术缺乏，同时，场地生产设备和厂房的拆迁环境措施不到位，建筑垃圾不合理堆置等是污染产生的主要原因。

2. 场地地质勘查结论

（1）该厂场地中浅表层分布有建筑垃圾，局部地段填土层残留有建筑基础，场地中局部地段空气有异味，地貌单元为湖泊流域冲湖积平原。

（2）调查表明，场地土层分布总体尚稳定，但其中微承压水主要含水层④$_3$粉土层分布欠稳定。

（3）场地分布的微承压水含水层④$_3$粉土层，实测微承压水水头标高 1.49～1.77m。对场地中④$_1$粉质黏土、④$_2$粉质黏土夹粉土、④$_3$粉土层进行注水试验，其渗透系数分别为 1.89×10^{-4}～3.31×10^{-4}cm、4.04×10^{-4}～6.59×10^{-4}cm、1.07×10^{-3}cm，对应导水系数 0.57～0.586m^2/d、1.52～2.62m^2/d、3.23m^2/d。

3. 现场采样分析结论

（1）根据现场初步采样、详细采样和补充采样检测结果并对照筛选值，土壤中关注污染物分别为苯、氯苯、石油烃，尤其是土壤中苯和氯苯超标率分别达 15%、27%，最大超标倍数分别高达 232 倍、374 倍。

（2）根据现场采样检测结果并对照筛选值，地下水中关注污染物分别为苯、氯苯、挥发酚、二氯苯，其中苯、氯苯最高污染倍数分别高达 202 倍、176 倍，应重点关注。

（五）土壤污染风险

1. 土壤污染情况

土壤中需要修复的污染物主要有苯、氯苯以及石油类。其中氯苯和苯在不同土壤深度的超标点位较多。

2. 地下水污染情况

地下水的关注污染物为苯、氯苯、1, 4-二氯苯以及挥发酚。关注污染物总类较土壤而言多，但超标点位少。

浅层地下水中的超过风险控制值的污染物为苯、氯苯和挥发酚。其中，苯的最高浓度为 5.31mg/L，氯苯的最高超标浓度为 49.6mg/L，挥发酚的最高浓度为 8380mg/L。深层地下水中的超过风险控制值的污染物为 1, 4-二氯苯，最高超标浓度为 7.74mg/L。

三、场地修复模式

（一）场地修复总体思路

修复地块边界修筑阻隔墙，基准面（1985 高程 3.3m），规划建筑物基坑底面高程（1985 高程–1.0m）。污染区域场地平面平均高程（1985 高程 2.5m）。污染区域土壤挖掘送水泥厂采用水泥窑协同处置技术处置（1985 高程 2.5～–1.0m），1985 高程–1.0m 以下污染区域全部采用原位热脱附技术治理。治理后建筑基坑底面（1985 高程–1.0m）覆盖阻隔薄膜（在后续基坑建设期实施）。

（二）场地修复范围

1. 土壤修复土方量

该厂原址某区域污染情况及修复土方量参见表 5-3。

表 5-3　不同土壤深度修复土方量

土壤深度	超标污染物	超标面积/m²	修复深度/m	修复土方量/m³
2.5～–1.0m（1985 高程）	苯、氯苯、石油类	******	******	******
–1.0m（1985 高程）	苯、氯苯、石油类	******	******	******

2. 地下水修复工程量

地下水修复体积是修复区域的面积与修复深度、土壤积水率的乘积。2.5～–1.0m（1985 高程）土壤污染挖掘区域井点降水抽出废水进行处理达标后接管；–1.0m（1985 高程）以下污染区域全部采用原位热脱附技术治理，该技术需对地下水进行抽提，抽出废水处理达标后接管，故修复场地阻隔墙内场地，地面（1985 高程 2.5m）以下 18m 深污染的地下水都已经抽换过，修复量估算约为***m³，具体参见表 5-4。

表 5-4　地下水修复工程量

地下水超标污染物	修复面积/m²	修复深度/m	修复体积/m³
挥发酚、苯、氯苯、二氯苯	******	******	******

（三）场地修复目标

1. 土壤风险控制值

根据该场地《原址污染场地风险评估报告》，场地土壤被分为六层并根据不同的用地类型进行评估，在此报告基础上调整后设定修复方案土壤风险控制值，具体参见表 5-5。

表 5-5　居住用地土壤超标污染物风险控制值/（mg/kg）

土壤深度（1985 高程）	石油类	氯苯	苯
2.5～–1.0m	—	—	—
–1.0～–5.0m	508	2	0.15
–5.0m 以下	1000	4.2	0.43

2. 地下水风险控制值

地下水超标污染物风险控制值参见表 5-6。

表 5-6　地下水超标污染物风险控制值/（mg/L）

污染物		pH	高锰酸盐指数	挥发性酚类（以苯酚）	氯化物
风险控制值	居住用地	5.5～6.5，8.5～9	≤10	≤0.01	≤350

四、修复技术简介及可行性论证

（一）场地中试情况

为了筛选出适合该场地修复的技术，业主对该场地土壤修复工程实施中试招标，分别有三家企业中标中试工程，采取不同技术对中试区块进行工程实施。中试场地区域划分为3块，3块中试区域位于原包装桶仓库、原溶苯酚池和原导热油分离装置区附近。3块区域呈品字形分布，每块场地为10m×10m的正方形，相互之间间隔约15m。

A公司采取原位注射和搅拌化学氧化技术对100m^{2}范围内的污染土壤进行中试修复；B公司使用GTR技术对污染场地进行修复；C公司用原位搅拌化学氧化技术进行中试实验。

中试结果表明，原位热脱附技术、化学氧化技术对土壤中的污染物质具有较好的去除效果，土壤样品监测浓度符合验收标准，但是都不同程度地存在环境问题。化学氧化法处理后的土壤出现白色盐类物质，存在药剂使用过量的问题；原位热脱附技术排放尾气异味明显，需进一步采取有效措施治理有机废气。

（二）土壤修复技术简述

1. 水泥窑协同处置技术

（1）技术简介（略）

（2）工艺流程

在利用水泥窑协同处置污染土壤前，应对污染土壤及土壤中污染物质进行分析，以确定污染土壤的投加点及投加量。污染土壤分析指标包括污染土壤的含水率、烧失量、成分等，污染物质分析指标包括污染物质成分、氯、氟、硫浓度，重金属、氯、氟、硫元素含量等。

主要实施过程为：

①将挖掘后的污染土壤在密闭环境下进行预处理（去除掉砖头、水泥块等影响工业窑炉工况的大颗粒物质）；

②污染土壤检测，确定污染土壤的成分及污染物含量，计算污染土壤的添加量；

③污染土壤用专门的运输车转运到喂料斗，为避免卸料时扬尘造成的二次污染，卸料区密封；

④计量后的污染土壤经提升机由管道进入喂料点，送入窑尾烟室高温段处置；

⑤定期监测水泥回转窑烟气排放口污染物浓度及水泥熟料中污染物含量。因水泥窑协同处置是在水泥生产过程中进行的，协同处置不能影响水泥厂正常生产、不能影响水泥产品质量、不能对生产设备造成损坏，因此，在水泥窑协同处置污染土壤过程中，除了需按照新型干法回转窑的正常运行维护要求进行运行维护外，为了掌握污染土壤的处置效果及

对水泥品质的影响，还需定期对水泥回转窑排放的尾气和水泥熟料中特征污染物进行监测，并根据监测结果采取应对措施。

（3）工程应用

水泥窑是发达国家焚烧处理工业危险废物的重要设施，即使难降解的有机废物（包括POPs）在水泥窑内的焚毁去除率也可达 99.9%～99.99%。从技术上讲，水泥窑协同处置完全可以用于污染土壤的处理。但综合其他污染土壤修复技术以及社会、环境、经济等多方面因素，水泥窑协同处置技术在污染土壤处理方面应用相对较少。表 5-7 列出的是国外水泥窑协同处置技术在污染土壤修复方面的应用情况。

表 5-7　国外水泥窑协同处置技术在污染土壤修复方面的应用情况

场地名称	目标污染物
美国得克萨斯州拉雷多市某土壤修复工程	PAHs
澳大利亚酸化土壤修复	多种有机污染物及重金属
德国海德堡某场地	PCDDs、PCDFs
斯里兰卡锡兰电力局土壤修复工程	PCBs

该技术在国内已有过应用案例。江苏某市两个场地污染土壤均采用该技术处置，已较好地完成污染土壤的处置。该技术适用于多种污染土壤，且对有机污染物和重金属都有较好的处置效果。该技术虽然能够彻底解决污染问题，但是实施过程存在一定开挖和运输过程污染土壤暴露环节较多的风险隐患，故处理规模不能过大。

2. *原位热脱附技术*

（1）技术简介

图 5-1 所示为原位热脱附技术工艺流程。基本分为三个单元：第一个是加热单元，用以加热待处理的物质，将物质中有机污染物挥发成气态或水蒸气脱离土壤颗粒表面；第二

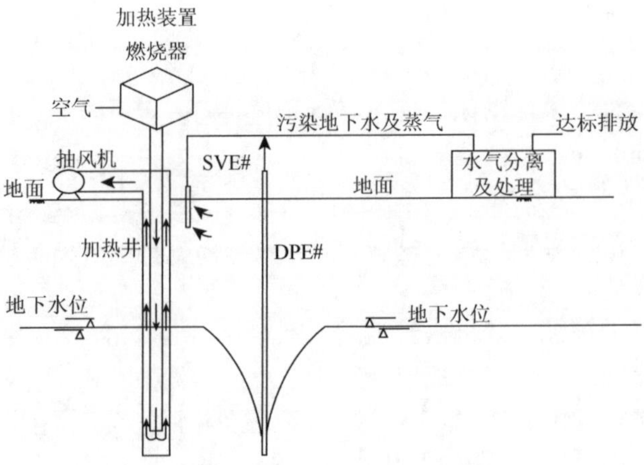

图 5-1　原位热脱附技术工艺流程图

个是抽提单元，将从土壤颗粒表面脱离出来的污染物通过气相抽提或双相抽提转移至地面以上；第三个单元是气态及气水混合态污染物处理单元，通过冷凝、气水分离后将含有污染物的废气和废水处理达标排放。

（2）主要工艺原理

原位热脱附原理在此处不再详述，可参见相关技术介绍。图 5-2 所示为适用于地下含水层以上的包气带的气相抽提系统；图 5-3 所示为适用于地下含水层的双相抽提系统。

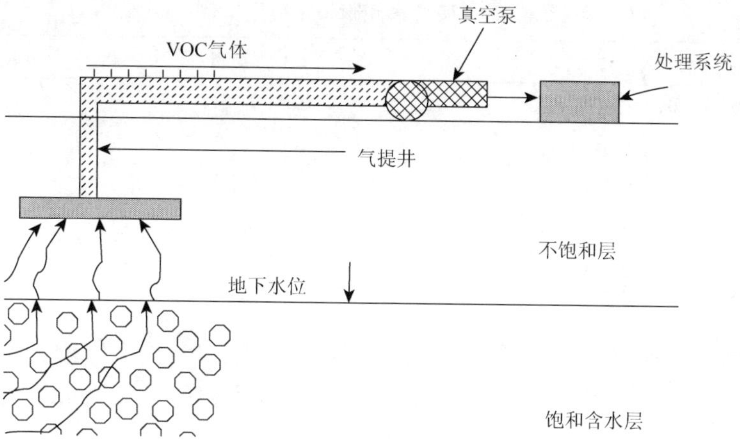

图 5-2　气相抽提系统示意图

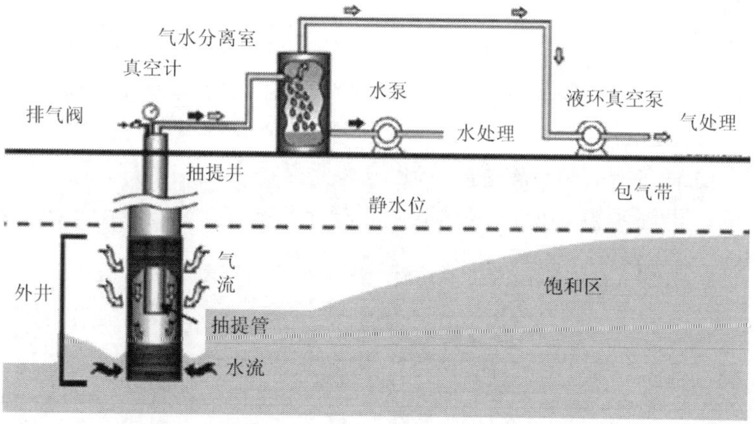

图 5-3　双相抽提系统示意图

该工程原位热脱附深度从–2.5～–18m，囊括了土壤包气带和饱和带，因此，需要气相抽提和双相抽提互相配合，共同将含有污染物的地下水和蒸气提取至地表。

通过抽提系统提取至地面的污染物主要为含有污染物的地下水、从土壤颗粒表面解吸出的污染气体以及污染水蒸气（或混合蒸气）。由于原位热脱附将本地块土壤最低加热至 121～141℃（该温度超过苯、氯苯及碳原子数小于 8 的石油烃沸点，能保证对碳原子数大于 8 的石油烃去除率达到 99%以上），因此，抽出的含水废气需要先进行气水分离后再进行常规处理。冷凝废水直接进入水处理系统，冷凝废气进入尾气处理装置，经处理达标后方可排放。

（3）工程应用

原位热脱附技术始于 20 世纪 70 年代，该技术较为成熟广泛应用于工程实践。在 1982～2004 年，约有 70 个美国超级基金项目采用原位热脱附技术作为主要修复技术（表 5-8）。

表 5-8　原位热脱附技术应用案例

场地名称	目标污染物	规模
工业乳胶超级基金场地　美国新泽西州	有机氯农药、PCBs、PAHs	41045m^3
FCX 华盛顿超级基金场地	农药、氯丹、DDT、DDE	10391m^3
海军航空站塞西基地　美国佛罗里达州	石油烃、氯代溶剂	11768t
美国某杂酚油生产厂　美国路易斯安那州	多环芳烃类污染物	129000m^3
美国西部某农药厂	汞	26000t

原位热脱附技术相对原位化学氧化技术，修复费用高，我国对原位热脱附技术的应用处于起步阶段，目前国内现有的原位热脱附设备规模均较小，处理大批量土壤所需时间较长，但治理效果稳定。

3. 原位化学氧化还原技术

（1）技术简介

原位化学氧化还原技术主要是通过向土壤或地下水的污染区域注入氧化剂或还原剂，通过氧化或还原作用，使土壤或地下水中的污染物转化为无毒或相对毒性较小的物质。常用的有机污染物氧化剂种类有：高锰酸盐、过硫酸盐、芬顿试剂和臭氧等，其中高锰酸钾和芬顿试剂是当前最常用的氧化药剂，在土壤修复工程中使用较广；过硫酸盐是近些年来新兴的修复药剂，正逐步得到应用；臭氧由于稳定性较差，一般配合空气曝气（AS）技术一起联合使用。不同氧化剂的氧化能力及适用范围见表 5-9。

表 5-9　不同氧化剂的氧化能力及适用范围

氧化剂	Fenton 试剂	臭氧/过氧化物	过硫酸盐	臭氧	高锰酸盐
氧化电位	2.8	2.8	2.6（活化）	2.6	1.7
污染形式	源区域——可能含有纯产物，地下水含量高	源区域——可能存在纯产物，污染羽区的地下水含量高	源区域——可能含有纯产物，污染羽区的地下水含量高	源区域——可能含有纯产物，污染羽区的地下水含量高	源区域——可能含有纯产物，污染羽区的地下水含量高
适用污染物	（氯）乙烯、（氯）乙烷、BTEX（苯系物）、轻馏分矿物油与 PAH（多环芳烃）、酚类、邻苯二甲酸盐（或酯）、MTBE（甲基叔丁基醚）	（氯）乙烯、（氯）烷醇、BTEX（苯系物）、轻馏分 PAH（多环烃）、酚类、邻苯二甲酸盐（或酯）、MTBE（甲基叔丁基醚）	（氯）乙烯、（氯）烷醇、BTEX（苯系物）、轻馏分 PAH（多环芳烃）、酚类、邻苯二甲酸盐（或酯）、MTBE（甲基叔丁基醚）	（氯）乙烯、矿物油、BTEX（苯系物）、轻馏分 PAH（多环芳烃）、酚类、邻苯二甲酸盐（或酯）、MTBE（甲基叔丁基醚）	石油烃、（氯）乙烯、BTEX（苯系物）、苯、酚类

续表

氧化剂	Fenton 试剂	臭氧/过氧化物	过硫酸盐	臭氧	高锰酸盐
不适用污染物	重馏分矿物油、高级烷醇、重馏分 PAH（多环芳烃）、PCB（多氯联苯）、络合氰化物	重馏分 PAH（多环芳烃）、PCB（多氯联苯）、络合氰化物	重馏分 PAH（多环芳烃）、PCB（多氯联苯）	（氯）烷醇、重馏分 PAH（多环芳烃）、PCB（多氯联苯）、络合氰化物	苯、（氯）烷醇、矿物油、PAH（多环芳烃）、PCB（多氯联苯）、氰化物
修复时间	3 至 6 个月	污染源：1～2 年，污染羽：2～5 年	0.5～1 年	污染源：1～2 年，污染羽：2～5 年	0.5～1 年
稳定性	短于 1 天	1～2 天	几个周至几个月	1～2 天	几周
有利于使用的环境因素	高度渗透性土壤，对于典型 Fenton 试剂，地下水 pH 为 2～6	高渗透性土壤	高渗透性土壤	土壤未饱和部分中的高渗透性土壤，水分含量低	高渗透性土壤
不利于使用的环境因素	渗透性不好的土壤、需要大量氧化剂的土壤，对于典型 Fenton 试剂，存在石灰石的地下水 pH 为 7.5～8，改性 Fenton 试剂适用于 pH 为 10	渗透性不好的土壤，地下水 pH 为 8～9 或更高	渗透性不好的土壤，需要大量氧化剂	渗透性不好的土壤，需要大量氧化剂，地下水 pH 为 7.5 或更高	渗透性不好的土壤，土壤中的天然土需氧量（NOD）高，如果天然土需氧量超过了（2～1gMnO_4）/kg，使用就不经济

化学氧化可以处理石油烃、BTEX（苯、甲苯、乙苯、二甲苯）、酚类、MTBE（甲基叔丁基醚）、含氯有机溶剂、多环芳烃、农药等大部分有机物；化学还原可以处理重金属类（如六价铬）和氯代有机物等。

影响原位化学氧化还原技术修复效果的关键技术参数包括药剂投加量、污染物类型和质量、土壤均一性、土壤渗透性、地下水位、pH 和缓冲容量、地下基础设施等。

药剂投加量。药剂的用量由污染物药剂消耗量、土壤药剂消耗量、还原性金属的药剂消耗量等因素决定。由于原位化学氧化还原技术可能会在地下产生热量，导致土壤和地下水中的污染物挥发到地表，因此，需要控制药剂注入的速率，避免发生过热现象。

污染物类型和质量。不同药剂适用的污染物类型不同。如果存在非水相液体（NAPL），由于溶液中的氧化剂只能和溶解相中的污染物反应，因此，反应会限制在氧化剂溶液与非水相液体（NAPL）界面处；如果 LNAPL（轻质 NAPL）层过厚，建议利用其他技术。

土壤均一性：非均质土壤中易形成快速通道，使注入的药剂难以接触到全部处理区域，因此，均质土壤更有利于药剂的均匀分布。

土壤渗透性：高渗透性土壤有利于药剂的均匀分布，更适合使用原位化学氧化还原技术。由于药剂难以穿透低渗透性土壤，在处理完成后可能会释放污染物，导致污染物浓度反弹，因此，可采用长效药剂（如高锰酸盐、过硫酸盐）来减轻这种反弹。

地下水位：该技术通常需要一定的压力以进行药剂注入。若地下水位过低，则系统很难达到所需的压力。但当地面有封盖时，即使地下水位较低也可以进行药剂投加。

pH 和缓冲容量：pH 和缓冲容量会影响药剂活性，药剂在适宜 pH 条件下才能发挥最佳的化学反应效果。有时需投加酸改变 pH 条件，但可能会导致土壤中原有重金属溶出。

地下基础设施：若存在地下基础设施（如电缆、管道等），则需谨慎使用该技术。

（2）工艺流程

该技术设施主要由药剂制备/储存系统、药剂注入井（孔）、药剂注入系统（注入和搅拌）、监测系统等组成。其中，药剂注入系统由药剂储存罐、药剂注入泵、药剂混合设备、药剂流量计、压力表等组成；药剂通过注入井注入污染区，注入井的数量和深度根据污染区的大小和污染程度进行设计；在注入井的周边及污染区的外围还应设计监测井，对污染区的污染物及药剂的分布和运移进行修复过程中及修复后的效果监测。可以通过设置抽水井，促进地下水循环以增强混合，有助于快速处理污染范围较大的区域。该技术药剂注入如图 5-4 所示。

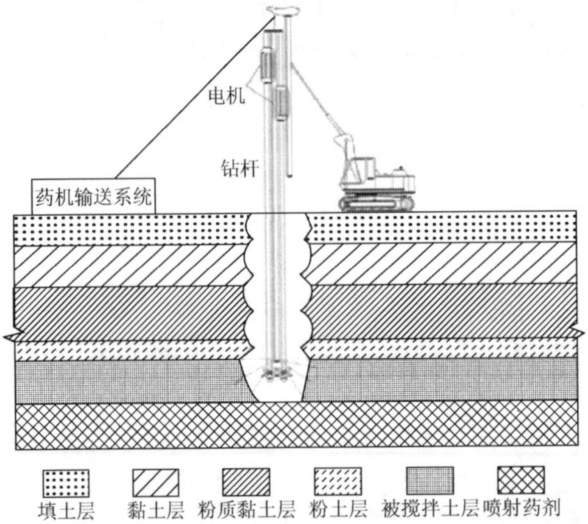

图 5-4　原位化学氧化还原技术药剂注入图

（3）工程应用

原位化学氧化还原技术在国外已经形成了较完善的技术体系，应用广泛。据美国国家环境保护局统计，2005～2008 年应用该技术的案例占修复工程案例总数的 4%。该技术在国外发展较快，已有工程应用，如表 5-10 所示。

表 5-10　原位化学氧化还原技术应用案例

场地名称	污染物	规模/m^3	氧化剂/还原剂
美国某超级基金项目	砷	—	溶氧
美国华盛顿州某重金属污染场地	六价铬	16000	硫基专利还原剂
荷兰某金属处理公司	TCE、DEC	—	芬顿试剂、臭氧、过氧化物
美国丹佛市县某制造厂	BTEX	900	过氧化氢
加拿大安大略省某军事基地	PCE、TCE	2500	高锰酸钾

该技术对污染物的类型要求比较严格。如果存在非水相液体，由于溶液中的氧化剂只

能和溶解相中的污染物反应，因此，反应会限制在氧化剂溶液与非水相液体界面处；如果轻质非水相液体层过厚，则该技术不适用。同时，要求土壤具有高渗透性，这样有利于化学氧化/还原剂的注入。并且，该技术通常需要一定的压力以进行药剂注入，若地下水位过低，则系统很难达到所需的压力。但当地面有封盖时，即使地下水位较低也可以进行药剂投加。

该地块污染治理采用“水泥窑协同处置+原位热脱附技术”，是在场地中试及吸收多处污染场地治理经验的基础上制定的。

污染土壤全部挖掘送水泥厂，可以实现污染物的全部清除。但深基坑施工难度大，基坑维护费用高，且对周边建筑物基础造成安全隐患；基坑开挖周期长，开挖过程异味气体无组织排放时间长；污染土壤焚烧量大，水泥厂需要建设超大暂存储存库，存在接受水泥厂周边居民投诉停止接收，造成暂时停工的风险。另外，土壤修复费用高，工期长。故本方案仅对建筑规划设计上开挖的区域污染土壤送水泥窑协同处置，基坑下方土壤采用原位修复治理技术。场地中试采用的原位修复技术有原位化学氧化法和原位热脱附法，虽然最终验收都通过了，但中试仍然存在较多问题。在该地区黏性土壤中化学药剂的传递较为困难，不加压前提下治理工期时间长，且易造成药剂使用过量，对后期建筑物基础产生腐蚀作用。此外，化学氧化法处理效果不稳定，处理后土壤中易出现污染反弹，需要1～2年的长时间验收观察期，故未推荐使用。原位热脱附技术是最近比较热门的技术，从国家到地方都在推动该技术的发展，特别是针对比较敏感的场地。该技术采用物理方法，加热土壤，使污染物达到沸点，从土壤表面脱附进入气相和水相中，通过抽提技术将废水、废气与土壤分离，后续对废水、废气中的污染物进行治理。施工期强调温度控制便于监管。原位热脱附技术能够快速、有效、稳定地去除土壤中的污染，不添加药剂，避免土壤受到二次污染，对建筑物不构成安全隐患。

前期，该场地已使用原位热脱附技术做中试，在60天的时间内，修复土方量为***m^3。修复后土壤地下3m处采样点苯、氯苯、石油烃类浓度均低于检出限，其中苯和氯苯的去除率在99%以上，修复效果显著。宁波某污染场地600m^2原位热脱附治理区域也取得了较好的治理效果，为后期大规模推动该技术的应用提供了可能。

综合考虑，该场地的修复技术采用原位热脱附技术相对原位化学氧化还原技术更为合适。由于污染区域面积大，热脱附需分批治理，治理工期也较长，且修复地块靠近居民区，修复期间对废气治理、噪声需进行有效控制。就现有的技术水平，气象抽提废气治理及噪声控制都能做到达标排放，环境影响可控。

五、修复方案设计

（一）修复技术路线

该地块采用的污染治理技术流程图如图5-5所示。

（1）首先在风险修复区域四周，建20m深地下水阻隔墙，防止场地外污染物向场内扩散，同时也防止场内污染物向场外扩散。

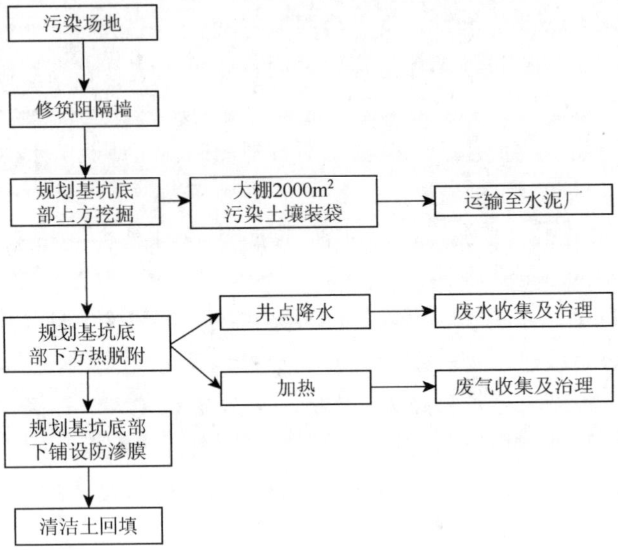

图 5-5　污染治理技术流程图

（2）对 2.5～-1.0m（1985 高程）深度污染土壤挖掘清除，污染土壤送符合《水泥窑协同处置固体废物环境保护技术规范》要求的水泥窑协同处置。

（3）对-1.0m（1985 高程）以下深度污染土壤采用原位热脱附技术修复。

（4）治理结束，在后续建设工程短期内未衔接情况下，对 2.5～-1.0m（1985 高程）区域回填清洁土。

（5）在后续开发建设时，在-1.0m（1985 高程）处覆盖阻隔薄膜。阻隔膜的渗透性要小于 10^{-7}cm/s。

（二）修复技术工艺参数

1. 阻隔墙建设

综合考虑场区情况，采用高压旋喷桩组成阻隔墙。阻隔墙的厚度为***m，根据《建筑基坑工程技术规范》（YB 9258—1997）要求，当采用阻隔墙隔离地下水时，宜将墙体插入含水层底板以下***m。根据场地地勘报告，阻隔墙桩底标高暂定为***m，长度***m。

2. 市政工程

挖掘区域面积***m^2，挖掘深度 3.5m，挖掘土方量***m^3。挖掘污染土壤运送至水泥厂，做好二次污染防治工作。污染土壤全部装袋后外运。

修复场地废气排放浓度执行《大气污染物综合排放标准》（GB 16297—1996）和《恶臭污染物排放标准》（GB 14554—1993）。

厂界噪声执行《建筑施工场界环境噪声排放标准》（GB 12523—2011）。

废水接入污染处理设施处理达标后接管。

3. 水泥窑协同处置

该项目运输污染土方量***m^3，污染土壤运送至水泥厂采用水泥窑协同处置技术处置。接纳本项目污染土壤的水泥厂，应该符合《水泥窑协同处置固体废物技术规范》（GB 30760—2014）、《水泥窑协同处置固体废物污染控制标准》（GB 30485—2013）的要求以及《大气污染物综合排放标准》（GB 16297—1996）表 2 二级标准。

4. 原位热脱附技术

修复区域面积***m^2，修复深度***m，修复土方量***m^3。原位热脱附抽提废气量约***m^3/d，污染土壤中氯苯最大浓度约***mg/kg，苯浓度约***mg/kg。

整个治理场地内原位加热温度控制在 800℃以下，防止土壤陶化；土壤温度不低于140℃（氯苯沸点 132℃，苯沸点 80.1℃）。

按照大气污染防治行动计划要求，采用燃料加热时不得使用煤和燃料油。

热脱附尾气执行《大气污染物综合排放标准》（GB 16297—1996）表 2 二级标准，主要控制污染物指标是苯、氯苯、氯化物、恶臭。为了有效控制尾气中污染物排放速率，尾气排气筒高度控制在***m，尾气治理装置，进气和出气口安装 PID 在线监控设备。

厂界噪声执行《建筑施工场界环境噪声排放标准》（GB 12523—2011）。

废水接入污染处理设施处理达标后接管排放。

5. 废水处理工程

废水中主要污染物为苯、氯苯等有机污染物。根据现有检测数据，苯的最高浓度为***mg/L，氯苯的最高浓度为***mg/L，挥发酚的最高浓度为***mg/L，1, 4-二氯苯最高浓度为***mg/L。

废水处理设施执行《污水排入城镇下水道水质标准》（CJ 343—2010）B 等级，且同时满足接管污水中污水处理厂特征污染物控制的相关要求，特别关注化学物质对微生物生理功能有毒害作用的物质。控制要求苯≤100mg/L，氯苯≤10mg/L，苯酚≤250mg/L，氯仿≤120mg/L 等。

废水处理设施进水、尾水安装在线监测设备，主要控制 COD、总溶解性盐类和 pH。

（三）修复工程量估算

1. 阻隔墙建设。整个场区内阻隔墙布置边线总长约***m。

2. 市政工程。挖掘区域面积***m^2，挖掘深度***m，挖掘土方量***m^3，运输土方量***m^3。

3. 废水处理工程。施工场地实行雨污分流，施工期间污水处理装置规模不得低于500t/d。

（四）修复费用估算

该厂场地土壤及地下水修复费用估算略。

六、污染防控措施

（一）废气污染控制

1. 挖掘、运输过程

（1）有机废气控制

主要是挖掘阶段污染土壤全部装吨袋，建筑垃圾前处理期间无组织废气的控制和处理。

施工期间，开挖区域及时喷洒臭味抑制剂，停止施工时裸露区域覆盖薄膜，减少挥发性有机物无组织排放。

修复区域边界处无组织废气执行《大气污染物综合排放标准》（GB 16297—1996）无组织浓度监控限制和《恶臭污染物排放标准》（GB 14554—1993）排放标准。居民区大气环境质量符合《环境空气质量标准》（GB 3095—2012）中二级标准。

（2）对扬尘的控制

污染土壤运输前做施工道路规划和设置，硬化运输道路。运输道路每小时由洒水车喷洒一次，如遇大风等天气导致扬尘浓度过大时，适当增加洒水频次。加强设备清洗。密切关注国家气象局天气预报，提前做好施工进展安排，遇 4 级以上风时停止施工，现场停止施工作业。

土壤污染在大棚内装入吨袋密封装后运输；采用汽车、运输船运输需另外加盖薄膜；出场车辆轮胎需清洗，清洗废水接入场地内的废水处理设施。

施工期间，修复区域边界处无组织废气执行《大气污染物综合排放标准》（GB 16297—1996）无组织浓度监控限制，居民区大气环境质量符合《环境空气质量标准》（GB 3095—2012）中二级标准。

2. 短驳码头选址

短驳码头选址需符合人少、就近的原则，避免对码头附近居民造成影响。码头的选址需通过环评。

3. 水泥窑协同处置技术

（1）水泥窑协同处置单位应该符合《水泥窑协同处置固体废物技术规范（GB 30760—2014），废气排放符合《水泥窑协同处置固体废物污染控制标准》（GB 30485—2013）以及《大气污染物综合排放标准》（GB 16297—1996）表 2 二级标准，且水泥窑协同处置单位应具有处理污染土壤的相关资质及提供接收本项目污染土壤的承诺。

（2）施工方需制定挖掘运输工程中水泥厂接收污染土壤受阻的应急预案，避免工期受阻的风险。

4. 原位热脱附过程

（1）原位热脱附抽提出的含水废气经过气液分离后产生的废气必须经过尾气处置设施处理，达标后经***m 高排气筒排放。

（2）按照大气污染防治行动计划要求，采用燃料加热时不得使用煤和燃料油。

（3）执行标准。热脱附尾气执行《大气污染物综合排放标准》（GB 16297—1996）表 2 二级标准，主要控制污染物指标是苯、氯苯、氯化物、恶臭。修复区域边界处无组织废气执行《大气污染物综合排放标准》（GB 16297—1996）无组织浓度监控限值和《恶臭污染物排放标准》（GB 14554—1993）排放标准。居民区大气环境质量符合《环境空气质量标准》（GB 3095—2012）中二级标准。尾气排气筒高度控制在***m。

（4）在线监测。尾气治理装置的进气和出气口安装 PID 在线监控设备。

（5）施工方制定的应急预案。明确废气处理装置事故不达标时的应对措施，应急预案需通过专家论证。

（二）水污染控制

1. 市政工程

施工期间，地表浅层积水、井点降水、车辆清洗、生活废水等抽入场地污水处理设施，处理达标后接管。

2. 原位热脱附过程

原位热脱附抽提出的含水废气经过气液分离后产生的废水接入场地废水处理设施，处理达到接管标准后接管。

3. 执行标准

废水处理设施执行《污水排入城镇下水道水质标准》（CJ 343—2010）B 等级，且同时满足拟接入污水处理厂特征污染物控制的相关要求，特别关注苯≤100mg/L，氯苯≤10mg/L，苯酚≤250mg/L，氯仿≤120mg/L 等。废水处理设施进水、出水安装在线监测设备，主要控制 COD、总溶解性盐类和 pH。

应急预案明确废水处理不达标时的应对措施，应急预案需通过专家论证。

（三）噪声污染控制

主要来源为场地准备时的场内机械及钻井作业，开挖作业噪声、运输噪声、原位热脱附废气治理风机和冷却设备噪声。

1. 对于施工中产生噪声的环保措施

（1）高噪声设备布局远离居民区。

（2）加强施工管理，尽量降低施工现场噪声。

（3）在场地上建造面积合适的隔声房，将噪声产生量较大的设备集中摆放在隔声房内；风机进出风口安装消声器；水泵安装减震装置。

（4）严格控制施工时间，需要夜间施工应及时报批，采取有效措施避免扰民。

2. 执行标准

居民区环境噪声执行国家《声环境质量标准》（GB 3096—2008）中的 2 类标准，修复区域边界处噪声执行《建筑施工场界噪声限值》（GB 12523—2011）。

（四）固废染控制

（1）施工现场设立专门的废弃物临时储存场地，废弃物分类存放，分一般生活垃圾储存区和危险废物储存区，对有可能造成二次污染的废弃物必须单独储存在危险废物储存区，设置安全防范措施且有醒目标志。

（2）施工现场设置若干活动垃圾箱，派专人管理和清理。

（3）禁止在工地焚烧残留的废物或将废物随意堆放。

（4）废弃物运输确保不遗洒、不混放，送到政府批准的单位或场所进行处理、消纳。

（5）对可回收的废弃物做到再回收利用。

（6）污染治理措施产生危险废物按相关规定处置。

（7）控制标准

一般工业固体废物执行《一般工业固体废物贮存、处置场污染控制标准》（GB 18599—2001）及标准修改单（公告 2013 年第 36 号）的相关要求；危险废物执行《危险废物贮存污染控制标准》（GB 18597—2001）及标准修改单（公告 2013 年第 36 号）的要求。

（五）劳动安全防护

劳动保护的目的是为劳动者创造安全、卫生、舒适的劳动工作条件，消除和预防劳动生产过程中可能发生的伤亡、职业病和急性职业中毒，主要分为劳动安全保护和劳动卫生保护。

1. 工程防护措施

（1）工地入口要设置明显的标牌，标明工程名称、施工单位和工程负责人等内容；现场“七牌一图”设置在明显位置，具体内容为工程概况牌、管理人员名单及监督电话牌、消防保卫制度、安全生产制度、文明施工制度、环境保护制度、应急救援组织体系、施工现场平面图。

（2）在入口处悬挂“施工重地，闲人勿近”的标志牌。

（3）用警示绳将污染区域、装卸区域、处置区域与其他干净区域隔离。

（4）施工作业与办公生活区要有明显的划分。

（5）作业场地内各种设备、工具等堆放在指定的安全区域。

（6）临时用电应按有关规定编号、施工组织设计，并建立对现场线路、设施定期检查制度，保证用电线路安全。

（7）合理采用降水措施，及时清除大雨或暴雨带来的积水。

（8）如需夜间施工，整个施工现场的夜间照明需达到要求，现场大门口和基坑位置均视情况放置一定数量的照明灯及警戒灯。

（9）道路运输平坦，并保持畅通。

（10）对产生噪声、振动的施工机械，应采取有效控制措施，将噪声控制在国家现行标准内，以减轻噪声对工人和附近居民的危害。

（11）严禁拆除施工机械设备的自动控制机构，其调试和故障的排除应由专业人员负责进行。

2. 个人劳动卫生防护措施

该工程的主要危害因素是场区内机械伤害、土壤中挥发性和半挥发性有机污染物气体等。因此，对施工现场的作业人员要进行岗前培训，达到“三懂”“四会”，严格规范操作，防止因责任心不强造成意外事故发生，并制定一系列应急处理措施。施工作业人员必须进行三级安全教育，由安全员讲解劳动用品的使用方法，并做好发放工作，监督劳动保护用品的使用情况，及时做好特殊用品的检查和调换工作。场地内的作业人员必须穿戴相应的安全防护用具，以确保作业人员在工作场地的健康与安全。应充分考虑呼吸系统防护、眼睛防护、身体防护等措施。如出现意外，采取相应的措施，做好应急预案编制，具体过程需要在文本中详细阐述。

3. 劳动保护器材保障

施工现场配置急救箱一个，保证现场急救的基本需要，并根据不同情况予以增减，定期检查补充，确保随时可供急救使用。配置的主要医疗器械为：体温计、止血钳、止血带、剪刀、消毒棉纱、绷带、夹板、棉球、棉签、三角巾、无菌橡皮手套。配置的主要药品为：生理盐水、碘酒、酒精、酚磺乙胺、创可贴、小苏打水、硫代硫酸钠溶液等。

4. 雨雪天气施工劳动保护措施

建立相应的施工组织体系、制度，充分考虑各种不利条件，做好员工培训、记录及各种安全措施。

七、环境管理计划

（一）修复工程监理

及时落实环境监理和工程监理实施单位，编制监理方案。监理方案在施工前通过专家论证。具体监理内容按照通过专家评审确认的环境监理方案和工程监理方案实行。

1. 监理时段

施工过程需要环境监理和工程监理进行全程跟踪。

2. 监理内容

本项目监理内容包括市政工程、原位热脱附修复工程以及水泥窑协同处置工程。

（二）工程验收监测

及时落实验收单位，编制验收方案。验收方案在施工前通过专家论证。具体验收内容按照通过专家评审确认的验收方案实行。

1. 验收指标

土壤、地下水超标污染物风险控制值，且感官指标土壤颜色正常、无异味，参见表 5-11、表 5-12。

表 5-11　居住用地土壤超标污染物风险控制值/（mg/kg）

土壤深度（1985 高程）	石油类	氯苯	苯
2.5～-1.0m	—	—	—
-1.0～-5.0m	508	2	0.15
-5.0m 以下	1000	4.2	0.43

表 5-12　地下水超标污染物风险控制值/（mg/L）

污染物		pH	高锰酸盐指数	挥发性酚类（以苯酚）	氯化物
风险控制值	居住用地	5.5～6.5，8.5～9	≤10	≤0.01	≤350

水泥窑焚烧过程废气污染物符合《水泥窑协同处置固体废物技术规范》（GB 30760—2014）、《水泥窑协同处置固体废物污染控制标准》（GB 30485—2013）的要求以及《大气污染物综合排放标准》（GB 16297—1996）表 2 二级标准。

回填土符合《展览会用地土壤环境质量评价标准（暂行）》A 级。

2. 验收时段

验收分三阶段进行。第一阶段，挖掘工程、运输工程结束，验收是否按图施工，该部分工作结合监理报告进行。第二阶段，原位热脱附修复完工后，等土壤温度下降后进行，对场地进行取样验收。第三阶段，回填土结束后，对回填土壤进行验收。

（三）环境应急方案

修复工程施工单位落实后及时编制工程设计方案及环境应急方案，环境应急方案需在施工前通过专家论证。

应急方案编制按照《国家突发环境事件应急预案》较大环境事件（Ⅲ级）要求编制，主要体现以人为本，安全第一；统一领导，分级负责；依靠科学，依法管理；预防为主，平战结合的原则编制。

八、成本效益分析

（一）修复费用

修复地块边界修筑阻隔墙；基准面（1985 高程 3.3m）—建筑基坑底面高程（1985 高程−1.0m）污染区域土壤挖掘送水泥厂采用水泥窑协同处置技术处置；1985 高程−1.0m 以下污染区域全部采用原位热脱附技术治理。治理后建筑基坑底面（1985 高程−1.0m）覆盖阻隔薄膜（在后续基坑建设期实施，费用未包含在本次工程费用中）。修复工程费用略。

（二）环境效益、经济效益、社会效益

由于地球生态系统循环作用，该污染地块修复前土壤、地下水污染物蒸气一直影响周边大气，异味问题对周边居民生活造成困扰，且周边居民恐污染物对健康造成影响，期望该地块早日进行修复后开发。

修复工程实施后该地块土壤、地下水中的污染物质明显降低。其中，基准面（1985 高程 3.3m）—建筑基坑底面高程（1985 高程−1.0m）区域污染问题彻底解决；建筑基坑底面以下污染浓度低于居住用地风险控制值，人体健康风险低于默认值；后期建设工程在建筑基坑底面铺设薄膜，进一步阻隔了污染。在上述工程认真落实后，该地块作为居住用地方案可行，且周边居住环境能得到明显改善，环境效益、社会效益显著。

工程实施后地块可以开发为居住用地，商品房销售能够获得较好的经济效益。

九、结论

（一）可行性研究结论

修复地块边界修筑阻隔墙；基准面（1985 高程 3.3m）—建筑基坑底面高程（1985 高程−1.0m）污染区域土壤挖掘送水泥厂采用水泥窑协同处置技术处置；1985 高程−1.0m 以下污染区域全部采用原位热脱附技术治理。治理后建筑基坑底面（1985 高程−1.0m）覆盖

阻隔薄膜（在后续基坑建设期实施）。

建筑基坑底面上方污染土壤送水泥厂污染治理较彻底，建筑基坑底面下方污染土壤采用原位治理技术明显减少外运土方量，并且没有深基坑风险。治理费用低。没有化学氧化法存在的缺点。由于靠近居民区修复期间对废气治理、噪声治理要求高，就目前的废气治理及噪声控制水平，风险可以控制。

（二）问题和建议

（1）尽快确定修复单位、监理单位、验收单位，及时编制工程设计方案、应急预案、监理方案、验收方案。修复单位、监理单位、验收单位、项目甲方及修复方案编制单位共同参加方案论证会。各单位通过专家论证的方案开展相关工作。

（2）从北向南进行施工，减少对北区居民的影响。

（3）污染治理设施尽量安排在二期场地。

（4）待污染土壤修复工程完工，后续开放建设地下车库基坑基础时，结合后续建设图纸，铺设阻隔薄膜，阻隔地下土壤中未被清除干净的污染物向地表挥发，造成污染。

（5）中标单位要进行施工方案设计，通过专家论证后方可建设。

第六章　招投标工作

第一节　场地修复项目工程招标的条件与范围

一、修复工程招标的条件

场地土壤污染修复工程项目招标必须符合有关主管部门规定的条件，这些条件包括招标人及业主应该具备的条件和招标的修复工程项目本身应该具备的条件。业主应该具备的条件通常包括招标单位是法人代表或依法成立的其他组织、招标修复项目本身应该具备的条件两方面的内容。招标单位是法人代表或依法成立的其他组织应该具备与招标工程相适应的经济、技术、管理人员、有组织招标文件的能力、有招标单位资质的能力、有组织开标、评标、定标的能力。有必要时，需委托具有相应资质的咨询或监理单位代理招标。招标修复项目本身应该具备的条件包括：项目概算已经获得批准、项目已经被正式列入国家、部门或地方的年度固定资产投资计划等工作已经完成、有能够满足修复施工需要的修复方案及技术资料、修复资金和主要修复设备来源已经落实等。

二、修复项目招标的范围

场地土壤污染修复工程招标的范围，也就是业主或招标人准备发交招标单位承包的内容。修复项目工程招标范围可以是全过程招标，其内容包括修复项目可行性研究、调查评估、设备供应、场地土壤污染主体修复、后期检测；也可以是阶段性修复任务的招标，如调查评估、主体修复、后期检测；可以整个项目发包也可以单项工程发包；在修复施工阶段还可以依据承包内容不同分为包工包料、包工部分包料、包工不包料等。进行工程招标，业主或招标人必须根据要修复项目的特点，结合自身的管理能力，确定工程的招标范围。根据《招标投标法》的规定，场地土壤污染修复项目达到以下标准之一的，必须进行招标：修复施工单项合同估算价在200万人民币以上的；重要设备，药剂等材料采购，单项合同估算值在100万人民币以上的；调查评估、方案设计、监理等服务单项合同估算值在50万人民币以上的；单项合同估算值低于上述三项规定标准，但项目总投资额在3000万人民币以上的。

此外，国家发展和改革委员会还规定各个省（自治区、直辖市）人民政府可以按照实际情况规定本地区必须进行招标的具体范围和规模标准，但不得缩小国家发展和改革委员会规定的必须进行招标的范围。

第二节　招投标基本流程

根据《招标投标法》的规定，招标人应在修复工程开始前，按有关行业或部委的管理规定，逐项落实修复项目的招标条件，比如项目立项、概算审批、落实资金、修复方案设计资料等。只有在相关条件均满足的条件下才能开始启动招标。

一、准备阶段

（一）组建招标机构

招标工作机构是指修复项目从招标开始到修复项目承包合同签订结束，招标投标全过程的组织者，简而言之就是负责招标工作进行的机构。主要有业主或招标人自行组建的招标机构和未投招标代理人代理组织招标机构两种形式。由于场地土壤修复是一项专业性强、资金量大、涉及方面广的工程项目，在业主不具备相应的组织招标资质的情况下建议优先选择委托招标代理人代理招标。

对于场地土壤修复工程，其专业性强，存在许多技术、商务、管理、政策方面的问题，业主很难具备设计、咨询、估价、修复及管理等方面的专业知识，因此，需要把修复工程招标工作委托给专业性招标机构代理其组织招标。

招标代理机构的优势主要体现在以下几个方面。首先，招标代理机构一般具有系统的信息、专业化的分析运作、精细快捷的策划设计、准确科学的决策、周到的服务以及良好的信誉，能够适应招标投标的高度组织性、制度性、规范性和专业化的需求。其次，在组织招标过程中，招标代理机构不仅要接受委托人和招标人的监督，还要接受政府和社会的监督，也受执业资质考核和职业道德约束。因此，招标代理机构可以更好地体现招标的组织性、规范性、公开性。

（二）标段划分与合同打包

场地土壤修复项目标段划分是工程招标以及项目管理的重要内容。修复项目标段划分结果是合同打包的重要依据，对修复项目实施效率乃至成败有重大影响。标段划分与合同打包主要依据以下几点。

第一，修复项目自身的特点。标段划分应该考虑项目自身的具体特点，以便于对其质量、进度和成本等的控制。

第二，各标段之间的协调。标段划分必须考虑各标段之间的协调配合，避免各标段修复承包单位之间相互干扰。关键的主体修复工程一定要选择信誉好、施工能力强的修复单位。标段越多，标段之间的工序交接和验收等问题以及衔接矛盾越突出。

第三，招标人的协调管理能力。如果招标人是一个专业化的项目管理单位，拥有很强的项目管理能力和相应的管理经验，则可以把标段划分得更多，这样招标人对项目拥有很多的控制权力。否则，项目标段数应该少些，或者与一个修复单位签订一份项目的总承包合同。鉴于场地土壤污染修复工程投资规模大、修复工期长的特点，其中必然包括大量复杂的专业项目，且业主的招标能力和专业知识和管理能力有限等特殊原因，最好选择总承包形式。虽然总承包模式下招标人或业主对项目标段划分少，且总承包价格会高一些，但是可以避免专业之间协调配合不当造成的更大损失。

第四，业主或招标人应该根据市场供求状况合理划分标段，标段的大小应该与修复单位能力大小呈现正相关的关系。业主或招标人招标的目的是在市场上找到合适、优秀的修复单位来承接场地土壤修复项目，而分标段的目的是吸引更多的修复单位参与竞争，从而以较低的价格选择最好的修复单位。分标太小，虽然参加投标的修复单位很多，但招标和评标工作量增加，且很难吸引有综合实力的修复单位参与竞争，同时，招标人还要承担更大的项目实施风险。分标太大，有资格的修复单位数量减少，可能因竞争不足而导致中标价格较高。

（三）确定合同关系

修复项目工程招标合同的形式通常有以下几种。

固定总价合同。以一次性总价委托，且价格不随工程量的增减而变化的修复项目工程承包合同，称为固定总价合同。这种合同一般应该有详细的修复方案、精确的工程量清算及修复工程技术规范。一次包死总价合同，除非业主或招标人变更承包内容，否则修复单位不得要求变更包价。但是对于场地土壤修复这种大型工程，由于工期长、价格波动大、工程量和方案细节变更多的工程，修复单位承担较大的风险主要体现在：一是价格风险，包括报价计算错误、漏报项目；二是工作量风险，主要是工作量计算的错误。

对固定总价合同，如果业主或招标人用初步设计修复方案文件招标，让修复单位计算工作量包价，或尽管修复方案施工设计已近完成，但标期太短，修复单位无法详细核查，通常只能按照经验或统计资料进行估算工作量。这时修复单位处于两难境地：工作量算高了，报价没有竞争力，不易中标；算低了，自己要承担风险和亏损。

就固定单价合同而言，是指以工程量清单和单价标出各项价格及总造价。由于工程量是业主或者招标人委托咨询单位统一计算出来的，修复单位只要复核并填上适当的单价即可得到总价，这对于场地土壤修复这样的大型工程来说，修复单位承担的风险较小，招标人也只需要审核单价是否合理即可，双方都方便。

所谓的可调单价合同，即合同单价可调，一般在修复工程招标文件中规定。在合同中签订的单价，根据合同约定的条款，如在修复工程实施过程中物价变化等，可作调整。有的在工程招标或者签约时，因某些不确定因素而在合同中暂定某些分项工程队的单价，在工程结算时，再根据实际情况和合同签约对合同单价作调整，确定实际结算单价。

成本酬金合同，也称为成本补偿合同，这是与固定总价合同恰恰相反的合同，修复项目工程施工的最终合同按照工程实际成本再加上一定的酬金计算。在合同中签订时，修复项目工程实际成本往往不能确定，只能确定酬金的取值比例或者计算原则。采用这种合同，修复单位不承担任何价格变化或工程量变化的风险，这些风险主要由业主承担，对招标人的投资控制很不利。而修复单位也往往缺乏控制成本的积极性，常常不仅不愿意控制成本，甚至还会期望提高成本以提高自己的经济效益。

（四）确定招标方式

招标方式是采购的基本方式，决定着招投标的竞争程度，是防止不正当交易的重要手段。在招标准备阶段，业主或招标人应该与招标工作机构一起对招标项目进行充分地调查研究，确定招标方式是采用公开招标还是邀请招标。公开招标，也称竞争性招标，即由招标单位在报刊、电子网络或其他媒体上刊登招标公告，吸引众多修复单位参加竞标，业主或招标人择优选择中标单位的招标方式。邀请招标，又称有限竞争性招标或选择性招标，即由招标单位选择一定数目的修复单位，对其发出招标邀请书，邀请他们参加修复项目的招标竞争，被邀请的招标单位数目通常在 3～10 个。采用邀请招标方式，由于被邀请参加竞争的招标人数有限，不仅可以节省招标费用，而且能提高每个招标人的中标几率，所以对招标、投标双方都有利。

（五）编制招标文件

场地土壤污染修复项目工程招标文件是由一系列有关招标方面的说明性文件资料组成的，包括旨在阐明业主或招标人意志的书面文字、图表、电报、电传等材料。一般来说，招标文件在形式上的构成，主要包括正式文本、对正式文本的解释和对正式文本的修改三个部分。招标文件正式文本格式一般如表 6-1 所示。

表 6-1　招标文件正式文本格式

招标文件	
招标邀请书	
第一卷	商务部分
第一章	招标须知
第二章	协议书、履约保函和工程预付款保函
第三章	合同条款
第一部分	通用合同条款
第二部分	专用合同条款
第四章	投标报价书、投标保密函和授权委托书
第五章	工程量清单
第六章	投标辅助资料
第二卷	技术款
第三卷	招标修复方案

招标文件正式文本的解释，其形式主要是书面答复、投标预备会记录等。业主或投标人如果认为招标文件有问题需要澄清，应在获得招标文件后，并在招标文件中规定的时间内，以文字或传真等书面形式向业主或招标人提出，招标人也应该以文字、传真或以招标预备会的形式给予解答。解答包括对询问的解释，但不说明询问来源。解答意见由业主招标人或招标代理人送给所有获得招标文件的投标人。招标文件正式文本的修改，其形式主

要是补充通知、修改书等。《招标投标法》第二十三条明确规定“招标人对已发出的招标文件进行必要的澄清或者修改的，应当在招标文件要求提交投标文件截止时间至少十五日前，以书面形式通知所有招标文件收受人。该澄清或者修改的内容为招标文件的组成部分。”该条款一是规定招标人为了能够不断地完善招标文件以满足其招标需要，拥有修改招标文件的权利是必要的，也是符合招标活动基本原则的；二是规定对招标文件的澄清和修改应该有章可循，得以促进招标程序有效、公平和顺利地进行。

编制招标文件是招标工作中的一个重要步骤，涉及诸多经济政策和法规，在平等的基础上进行招标竞争的具体体现。招标文件是修复工程招标投标的一个指导性文本文件，其内容涉及招标投标工作的各个具体环节执行情况说明。下面分别作详细阐述。

1. 招标邀请书

招标邀请书包含招标项目的一些重要事项和内容，其格式与内容与招标公告一致，作为招标文件的一个组成部分，附在招标文件之首。内容主要包括：

第一，招标单位或招标人名称和代理人名称。这是对业主或招标人情况的简单描述。

第二，修复项目名称、地点及性质。修复项目名称、地点是指什么地方实施该招标项目，也就是招标项目的位置。修复项目的性质是指该项目属于什么类型，例如，是使用国有资金还是企业资金或者是利用国际组织、外国政府贷款、援助资金的项目；是场地调查招标还是场地土壤污染主修复施工招标或者是修复设备采购招标；是政府强制还是场地搬迁或者科研课题等。

第三，项目资金来源。国际金融组织贷款还是政府已批准的预算等。

第四，招标目的。简述招标规模、数量及其内容。招标项目的数量，是把招标项目具体加以量化。

第五，招标方式。是采用何种方式，是公开招标还是邀请招标。

第六，修复项目的实施时间。修复项目的实施时间是指招标项目何时开始实施，设备、药剂等货物的交货期，修复项目工程施工期，服务提供的时间或项目完工时间。

第七，投资资格的标准。修复项目一般采用资格预审，这些需要资格预审的项目，应该提供资格预审的内容、日期、份数和使用的语言。如果采用邀请招标方式，则注明邀请招标人的名称。

第八，获取招标文件的办法。包括何时、何地获取招标文件和招标文件需要支付的费用等问题，包括发售招标文件的地点，招标文件的售价及开始截止出售的时间，招标人或代理招标人的开户银行及账号等。招标文件的售价不应当定得太高，致使潜在投标人不敢问津，从而妨碍了竞争。

第九，投标书递交地点及投标截止时间。这里包括在何时、何地、以何种方式递交投标书等。

第十，开标日期、时间、地点。是指在何时、何地进行开标。

第十一，如果有必要，也可以明确投标保证金金额。

第十二，招标人和招标代理人的地址、联系人及其电话、传真等。

以某地区某化工厂原址污染场地土壤治理项目招标公告为例，对招标邀请书所包含的内容作详细说明。

某化工厂污染场地土壤治理项目招标公告

标书编号：***

采购类别：服务类

受业主委托，就某化工厂原址污染场地土壤治理项目进行公开招标，现欢迎符合相关条件的供应商参加投标。

（1）招标概况及招标内容

1）项目概况

包括项目地点、项目规模、所含面积、土方量（含地下水）以及主要污染因子为苯、氯苯、石油类，具体情况以编制的该厂原址污染场地治理技术方案（简本）为准。

2）招标内容及基本要求

①招标内容：污染场地土壤治理。

②治理技术方案：水泥窑协同处置+原位热脱附技术。

③治理目标：土壤、地下水超标污染物风险控制值，且感官指标土壤颜色正常、无异味，具体参见表 6-2 和表 6-3。

表 6-2　居住用地土壤超标污染物风险控制值/（mg/kg）

土壤深度（1985 高程）	石油类	氯苯	苯
2.5～-1.0m	—	—	—
-1.0～-5.0m	508	2	0.15
-5.0m 以下	1000	4.2	0.43

表 6-3　地下水超标污染物风险控制值/（mg/L）

污染物		pH	高锰酸盐指数	挥发性酚类（以苯酚）	氯化物
风险控制值	居住用地	5.5～6.5，8.5～9	≤10	≤0.01	≤350

水泥窑焚烧过程废气污染物符合《水泥窑协同处置固体废物技术规范》（GB 30760—2014）、《水泥窑协同处置固体废物污染控制标准》（GB 30485—2013）的要求以及《大气污染物综合排放标准》（GB 16297—1996）表 2 二级标准。回填土符合相应的土地利用标准。

④治理工期要求：包括总工期、分项工程工期。

3）本项目采购总预算：略。

（2）投标人资格要求

1）合格投标人的一般条件

①在中华人民共和国境内注册，能够独立承担民事责任，提供本次采购内容的法人及其他组织；

②具有良好的商业信誉和健全的财务会计制度；

③具有履行合同所必需的设备和专业技术能力；

④有依法缴纳税收和社会保障资金的良好记录；

⑤参加政府采购活动前三年内，在经营活动中没有重大违法记录；

⑥购买招标文件，完全满足招标文件的实质性要求；

⑦符合国家法律、行政法规规定的其他条件。

2）合格投标人的特殊条件

①具有污染土壤治理能力，且具有建设主管部门颁发的“环保工程专业承包企业资质”；

②具有建设主管部门颁发的“地基与基础工程专业承包企业资质一级资质”证书；具备安全生产条件，有建设主管部门颁发的施工企业生产安全许可证并在有效期内；

③对项目总负责人和工程技术、环境技术负责提出相应的要求；

④根据当地住建、施工内容对企业提出相应的要求，同时对法人、法人代表提出相应的要求。

（3）联合投标

依照项目情况可对联合体以及联合体各方提出相应的要求，同时对相关的技术负责人、工程施工人员等分别提出要求。

（4）潜在投标人如需购买招标文件，需提供的资料

包括营业执照、授权委托书、身份证、社保证明、资质等提出要求。

（5）招标文件发售信息

包括出售时间、地点，出售方式、售价等信息。

（6）现场踏勘信息

明确踏勘方式、时间、地点以及联系人和联系电话。

（7）投标文件的接收

包括投标文件递交时间、截止时间、地点。

（8）开标信息

包括开标时间、地点。

（9）本次招标联系事项

1）招标代理机构

包括招标代理机构名称、地址、电话、传真、邮政编码、联系人等信息。

2）采购单位

包括采购单位名称、电话、联系人等信息。

（10）其他应说明事项

相关必须说明的情况。

（11）监督部门

当地财政局政府采购监管处、联系电话。

（12）其他

包括授权委托书、联合投标协议书、联合投标授权委托书等。

2. 商务部分

商务部分主要内容在参考实际招投标文件的基础上，梳理、总结成几大章节，按照章

节对重要内容和关键点作阐述说明。

第一章　招标须知

招标属于通识性内容，在此不再详述。

第二章　协议书、履约保函和工程预付款保函

协议书、履约保函和工程预付款保函的编写内容和格式参见相关资料。

第三章　合同条款

合同条款通常分为通用合同条款和专用合同条款两部分。其中通用合同条款属于通识性内容，在此略过。专用合同条款中的各条款是补充和修改通用合同条款中条款号相同的条款或当需要时增加新的条款，两者应对照阅读，一旦出现矛盾和不一致，则以专业合同为主，通用合同条款中未补充和修改的部分仍然有效。

第四章　投标报价书、投标保函和授权委托书

投标报价书、投标保函和授权委托书编写内容和格式参见相关资料。

第五章　修复工程量清单

修复工程量清单是表现拟定修复工程的环境调查、主体项目施工、措施项目、其他项目名称和相应数量的明细清单。招标人应该统一按照“计划规范”对项目编码、项目名称、计量单位和工程量计算规则进行编制。

第六章　招标辅助材料

招标辅助材料是对招标工程项目情况的辅助性说明文件。

3. 技术条款编制

技术条款编制的目的是规定招标人所需要的工程、货物和相关服务的技术特性。技术条款的编写应允许投标人在广泛范围内展开竞争，同时还要对所招标的工程或设备的工艺、材料及修复性能的标准进行准确的说明。只有这样，招标中才能实现经济、高效和公平的目标，才能保证标书符合招标文件的要求，才能使其后的评标工作更为简化。

（六）标底编制

招标标底解释及场地土壤污染修复工程招标标底的编制原则在此不再详述，具体可参考相关法律法规和规范。

场地土壤修复工程标底是一系列招标人对工程交易预期控制要求的文字说明、数据、指标、图标的统称，是有关标底定性要求和定量要求的各种书面表达形式，其核心内容是一系列数据指标。由于修复工程最终主要是用价格或酬金来体现的，所以，在招标实践中，修复工程招标标底主要指有关标的价格的文件。一般来说，修复工程招标标底文件编制的内容，主要是由标底报审表和标底正文两部分组成，其形式如表 6-4 所示。

表 6-4　修复工程招标标底文件格式

标底文件
第一章　标底报审表 第二章　标底正文 第一节　总则 第二节　标底编制的要求及其编制说明 第三节　标的价格计算用表 第四节　修复施工方案及现场基本条件

标底报审表是招标文件和招标标底正文内容的综合摘要。其内容是招标工程综合说明，包括招标工程的名称、场地面积、污染类型、设计概算总金额、施工质量要求、定额工期、计划工期、计划开工竣工时间等。标的价格包括招标工程总修复价格、药剂、仪器、施工设备等主要材料设备的总用量。招标工程总造价中各项费用的说明包括对包干系数、不可预见费、工程特殊技术措施费用等说明以及增加较少的项目审定意见和说明。

标底正文从总则、标底编制的要求及其编制说明、标的价格计算用表、修复施工方案及现场基本条件等方面作详述。

总则的主要内容包括：说明标底编制单位名称、持有标底编制资质等级证书、标底编制的人员及执业资格证书、标的具备条件、编制标底的原则和方法、标底的审定机构、对标底的封存和保密要求、其他相关内容。

标底的编制要求是指在标底编制中要求明确说明的对象，主要包括：明确修复场地基本参数及其名称、修复方案要点、质量要求、工期、总的修复价格等；明确药剂、仪器、设备等的总用量，业主供应的设备与特殊材料的用量；明确分项直接费、其他费用、工资及主材的调价、企业经营费、利税取费等。

标底编制说明主要是，在标底编制说明中，要注意对标的价格计算说明。一般来说，需要阐明以下几个方面：第一，关于修复工程清单的使用和内容。主要说明工程量清单必须与投标须知、合同条件、合同协议条款、技术规范和修复方案一起使用，工程量清单中不再重复或概括修复工程的一般说明，在编制和填写工程量清单的每项单价和合价时，参考合同须知和合同问价的有关条款。第二，关于工程量的结算。主要是工程量清单所列的工程量是招标人估算和临时的，只作为编制标底价格及投标报价的共同基础，付款则以实际完成的工程量为依据。实际完成的工程量，由修复单位计量、监理工程师核准。第三，关于标底的计价方式和采用的货币。主要应说明：采用工料的单价，工程量清单中所填入的单价与合价，应按照现行预算定额的工、料、机耗标准及预算价格确定，作为直接费的基础。其他直接费、间接费、利润、有关文件规定的调价、材料差价、设备价、现场因素费用、施工技术措施费、赶工措施费以及采用固定价格工程所测算的风险金、税金等的费用计入其他相应标底计算表中。最后，标底价格中所有的标价以人民币计价。

标底价格计算用表中，如果采用工料单价标的计算用表，则主要用表有：标的价格汇总表、工程量清单汇总表及取费表、工程量清单表、材料清单及材料差价、设备清单及价格、现场因素、施工技术措施及赶工措施费用表，其他。

修复施工方案及现场基本条件阐述中主要说明以下几方面：第一，整体修复施工进度计划、施工仪器进场计划、工程材料进场计划、施工现场平面布置及施工道路平面布置，冬、雨期施工措施、保证安全施工和文明施工的措施、防止地下水和场地二次污染的措施。第二，场地现场基本条件，现场自然条件包括地形地貌、地质水文、气温雨雪、风向风力。

招标标底编制应该注意的事项有：做好标底编制前的各项准备工作，认证研究招标文件。标底编制一定要勘探现场，了解现场基本情况。检查接受的修复施工方案所表达的工程内容，是否属于招标范围，是否属于招标范围的工程项目或内容是否都表达在施工范围内。计算工程量，工程量是标底编制中最基本和最重要的数据，漏项或者错算都会影响标的造价的正确程度，而且工程量又作为招标文件的组成部分，按招标单位工程量清单确定的工程数量进行报价。工程量的工程分项名称以及工程量的计算方法，应与所使用定额的规定一致。用什么定额，就按所用的定额列出分项工程名称，依据相应的规则计算工程量，分项工程名称的描述要全面妥帖。名称含糊不清，容易造成理解错误。正确使用定额和补充单价。定额要正确运用。定额不试用的一些分项，如何正确换算和补充，要有所依据，不能凭主观想象，生搬硬套。标底中的单价以当地现行的预算定额为依据。对定额中的缺项或有特殊要求的项目，应编制补充单价分析。另外，各项预制设备的地点远近，影响运输费、大型施工工程的进退场费，一次性安装拆卸费用也要慎重仔细考虑。正确计算材料价差，计算材料价差一般都遵循当地工程造价管理部门颁布的材价调整文件。但是标底有别于修复工程预算，材料价差系数的颁发有一定的时点，改时点过后才相继出现标底编制时点、工程竣工时点。材料价差系数仅仅考虑了该系数颁布前材料价格的浮动，而没有考虑也不可能考虑后阶段的材料价差问题。如果招标工程采用固定总价合同，要求在编制标底时特别注意未来市场价格的变化，合理估计涨价因素，原则上要考虑修复单位的承受能力。计算直接费、间接费及总造价，在准确和对个项目工程量及相应预算单价的基础上，计算分项直接费用后并汇总，然后按照地区规定的去费率计算出间接费及利润等，最后加入材料差价、施工措施性费用、代办项目费等，即可得出预算总造价及招标工程的标底。

场地修复工程招标标底审定是一个颇有争议的问题。有些人认为，标底即为招标人设定，无需再送他人审定。但实际上，各地一般都规定标底是要报经有关部门审定。标底审定是一项政府职能，是政府对招标投标活动进行监督的重要体现。本书作为对场地土壤污染修复管理经验的总结，有必要对标底审定作详述，以便能给管理者在今后场地土壤污染修复招标中的各项管理有深入了解和启发。

标底审定的原则和标底编制的原则是一致的，标底编制的原则也就是标底审定的原则。这里需要强调的是编审分离原则，实践中，编制标底和审定标底必须严格分开，不准以编带审，编审合一。

招投标管理机构审定标底时，主要审查的内容包括：修复工程范围是否符合招标文件规定的发包承包范围；工程量计算符合计算规则，有无错算、漏算和重复计算，使用定额、选用单价是否准确，有无错选、错算和换算的错误，各项费用、费率使用及计算基础是否准确，有无使用错误、多算、漏算和计算错误，标的总价计算程序是否准确，有无错误计算；标的总价是否突破概算或批准的投资计划；主要设备、材料和特种材料数量是否准确，有无多算或少算。

二、发布招标公告或招标邀请书

招标公告，依照《招标投标法》的规定，是指采用公开招标的方式向所有潜在的招标人发出一种广泛的通告。招标公告事宜以完全公开的形式，通过大众化的有关传播媒介没有保留余地地向公众发出。这样，招标人通过发布招标公告，使得所有潜在的招标人都具有公平招标竞争的机会。招标邀请书，依照《招标投标法》的规定，指采用邀请招标方式的招标人，向三个以上具有承担招标项目能力、资信良好的特定的法人或者其他组织发出投标邀请的通知。

招标公告和招标邀请书基本上具有相同的内容，以简短、明了和完整为宗旨。

三、资料审查

就招标来说，其目的就是要选择一个有实力的中标人，以便能按标书所规定的条款、条件和期限完成招标工程。如果投标人的技术和财力背景及过去的经验不能向业主保证投标具有能够完成所承诺的承保能力，那么与他签订合同将是有风险的。仅仅是承包人所提供的履约担保或保证，不能给业主以充分的保护。由于修复工程项目的目标在于场地土壤中的污染物的危害减小或者得到有效控制而无意于以诉讼收场，为此，招标人必须千方百计地采取措施，查明中选人履行承包合同的能力，也就是所说的资格审查。

资格审查在招标投标过程中，剔除了资格条件不符合承担和履行合同的潜在投标人或投标人。这种程序，对于复杂、高价值的修复工程项目特别有用。如果越过这道程序，而直接对招标人的招标文件进行审查和比较，不仅费用要高得多，而且也更加消耗时间。采用资格审查程序，可以缩短招标人评审和比较投标文件的数量。另外，有的资信较好、能力较高的修复单位往往不愿意与不合格或名声不好的修复单位进行竞争。因此，资格审查程序可能是资信较好、能力较高的潜在投标人决定是否参加投标的一个重要条件。

资格审查应当完全根据修复单位令人满意地实施招标项目的能力。为了判断这种能力，业主必须着重检查修复单位以下几个方面：组织机构、营业范围及行业资质、财务状况、正在执行的承包合同、经验和过去的表现、人员和设备的能力、社会信誉。所谓的资格预审，是指在招标开始前，由招标人组织对招标企业的资格、信誉、业绩、技术实力等进行审查，以确定招标企业是否具有完成招标项目的能力。目前，在招标实践中，招标人经常采用资格预审。

资格预审文件的内容一般包括资格预审通告、资格预审须知应包括总则、资格预审须知的有关附件。其内容包括工程概述、主要修复工程一览表、强制性标准一览表、资格预审时间表、资格预审申请书所用表格（包括投标人概况一览表、申请人财务状况表、近三年已完成工程及目前在修复工程一览表、拟派往本招标修复工程项目经理简历、项目经理近三年所承接的修复工程情况一览表、拟投入本修复工程的主要管理人员一览表、拟提供用于本修复工程的主要施工机械设备一览表、现场组织机构情况表、联合体情况表、未完成项目、延期完成项目和涉及诉讼案件、修复单位综合业绩表等)。格式可参见相关招标要求及公告。

四、资格预审

资格预审申请书一份正本，两份副本，在规定的截止时间前，按规定地点送达招标人或招标代理人。

(一) 资格预审

资格预审一般由招标人组织评审小组，对投标人提供的文件和资料进行评比和分析，确定合格的招标人名单。评审的方法可采用打分法和综合评议法。评分表如表 6-5 所示。

表 6-5　修复工程招标资格预审评分表

	评分项目		满分	及格分	得分
企业资质情况、一般工程经验、业绩和信誉评分 (**)	企业资质				
	ISO9000/ISO14000 认证情况				
	一般工程经验				
	业绩和信誉				
类似修复工程经验、类似现场条件修复经验评分 (**)	类似修复工程经验				
	类似现场条件修复经验				
人员能力、设备能力、财务能力评分 (**)	人员能力满分 (**)	项目经理经验与素质			
		项目总工经验与素质			
		其他技术人员经验和素质			
	设备能力满分 (**)	仪器			
		运输机械			
		特殊设备			
	财务能力满分 (**)	年营业额			
		一年的营运资本			
实际投标能力评分 (**)					
总分					

(二) 资格预审结论

资格预审是按所报资料和调查情况，根据所定标准，分出通过和不通过两种。通过资格预审的公司，其资料要汇聚起来，按不同的公司分别附在资格预审报告中；不通过的只提出哪些方面不合格。所有资料归档备查，评定工作组人员手中的资料全部收回后，按照保密文件处理。

评定工作结束后，应该写出资格预审报告。资格预审报告一般包括内容有：一般说明、评审标准、评审结果和合格者名单、通过者的情况证明和未通过者的理由。报告按需要的份数报送招标人、主管部门和有关部门审定。

在初步确定投标人名单后，应及时向名单中所列的修复单位发出通知，以便让其确定是否有投标的意向。资格预审合格通知书参考相关招标格式或公告。

（三）招标文件发售

发售招标文件。招标人向经资格预审合格的投标人发售招标文件及有关资料，公开招标实行资格后审的，可以向所有投标报名者发售招标文件和相关资料。招标文件发出后，招标人不得擅自变更其内容。确定需要进行必要的澄清、修改或补充的，应当在招标文件要求的截止日期内以书面的形式通知所有获得招标文件的投标人。该澄清、修改和补充的内容是招标文件的组成部分，对招标人和投标人都有约束力。

招标人向投标人发售招标文件的一般程序包括领取并填写申购表。申购表由招标人编制成固定的格式，发给前来购买招标文件的企业，主要是便于统计购买招标文件的企业情况，同时表明购买标书是企业自觉自愿的行为。申购表参考相关招标格式或公告。

为了防止招标文件被冒领，前来购买招标文件的企业代表必须持有单位介绍信、身份证和工作证，并交由发售招标文件的工作人员验证，对于采用资格预审和邀请招标的项目，还应验证招标人发放的招标邀请书。

其他需要注意的事项有：收取购买招标文件的费用；凭发票发放招标文件和其他资料；对购买了招标文件的企业进行登记，并报项目法人和主管部门。购买招标文件企业的名单属于保密文件，应按照有关的保密文件要求分发。

五、组织踏勘现场及标前会议

招标文件发售后，招标人在招标文件规定的时间内，组织投标人踏勘现场。招标人组织投标人进行现场踏勘，主要目的是让投标人了解场地土壤修复工程现场及周围环境情况，获取必要的信息。活动中可先请修复工程项目方案设计负责人进行设计交底，然后边踏勘现场边解答投标人问题。同时，这个阶段也是招标单位和投标企业相互摸底增进了解加深印象的好时机。踏勘现场时，招标人应向投标人介绍有关现场情况，需要注意的事项包括现场是否达到招标文件的规定；现场的地理位置；地形地貌；现场地质、土质、地下水位、风力风向、水文情况；现场周围居民、交通等情况；当地材料供应价格及能力。

标前会议也称投标预备会，是指招标人为澄清或解答招标文件或现场踏勘中的问题，以便投标人更好地编制投标文件而组织召开的会议。投标预备会一般安排在招标文件发出后的适当时机举行。参加会议的人员包括招标人、投标人、代理人、招标文件编制单位的人员、招标文件管理机构的人员等。会议由招标人或招标代理人主持。

六、投标

对招标人而言，资格预审合格并获得招标人的招标文件，也就意味着招标进入了实战准备阶段。

（一）研究招标文件

投标人首要的准备工作就是要仔细认真地研究招标文件，充分了解其内容和要求，以便安排投标工作的部署，并发现应提请招标单位予以澄清的疑点。研究招标文件的着重点，应放在以下几个方面：研究修复工程项目综合说明，以获得对工程全貌的轮廓性了解；熟悉并详细研究修复方案和相应规范，目的在于弄清楚工程的技术细节和具体的要求，使制定施工方案和报价有确切的依据；研究合同主要条款，明确中标后应承担的义务和责任及应享有的权利，重点是承包方式、开竣工时间及工期奖罚，材料供应及价款结算办法、预付款的支付和工程款结算办法、工程变更及停工、窝工损失处理办法等；熟悉投标须知，明确了解在招标过程中，投标单位应在什么时间做什么事和不允许做什么事，目的在于提高效率，避免造成废标。

全面研究招标文件，对工程本身和招标单位的要求有了基本的了解之后，投标单位才便于制定明确的招标工作计划，以争取中标为目标，有序地开展工作。

（二）投标信息分析

在投标竞争中，投标信息是一种非常宝贵的资源，正确、全面、可靠的信息对于投标决策起着至关重要的作用。投标信息包括影响投标决策的各种主观因素和客观因素。影响投标决策的各种主观因素可以参考以下几个方面分析：企业技术方面的实力即投标人是否拥有各类专业技术人才、熟练工人、技术装备以及类似工程经验，来解决工程施工中所遇到的技术难题；企业经济方面的实力，包括垫付资金的能力；购买项目所需新的大型机械设备的能力；支付施工用款的周转资金的多少；支付各种担保费用以及办理纳税和保险的能力；管理水平是指是否有足够的管理人才、运转灵活的组织机构，各种完备的规章制度、完善的质量和进度保证体系等；社会信誉，企业拥有良好的社会信誉，是获得修复工程承包合同的重要因素，而社会信誉的建立不是一朝一夕的事，要靠平时的保质、按期完成工程项目来逐步建立。影响决策的各种客观因素主要有招标人和监理工程师的情况，包括招标人的合法地位、支付能力及履约信誉情况；监理工程师处理问题的公正性、合理性、是否易于合作等；项目的社会环境，主要是指国家的政治经济形势，修复场地的土地规划，竞争激烈程度，与修复场地项目有关的国家的政策、法令、法规、税收制度以及银行贷款利率等方面的情况；项目的自然条件是指项目所在地及其气温气候、水质水文、地质地貌对项目进度和费用有影响的一些因素；项目的社会经济条件包括交通运输、药剂及设备的供应、水电等基础供应、工程款的支付、劳动力的供应、其他方面条件；竞争环境包括竞争对手的数量，其实力与自身实力的对比，对方可能采取的竞争策略等；工程项目的难易程度包括修复工程质量要求、施工工艺难度的高低；是否采用先进设备、新药剂；工程的紧迫程度。

（三）投标文件编制

投标文件的编制可按如下步骤进行：结合现场考察和标前会议的结果，对招标文件作进一步的分析。招标文件是编制投标文件的主要依据，因而必须结合以获取的有关信息认真细致地加以分析研究，特别是要重点研究其中的投标须知、专用条款、修复方案、工程范围以及工程量表等，要弄清到底有没有特殊要求或有哪些特殊要求。

投标人是否校核招标文件中的工程量清单或校核得是否准确，直接影响到投标报价和中标机会。因此，投标人应该认真核对。通过认真校核工程量，投标人在大体确定了工程总报价之后，估计某些项目工程量可能增加或减少，就可以相应地提高或降低单价。如果是发现工程量有重大出入的，特别是漏项的，可以找招标人核对，要求投标人认可，并给予书面确认。这对于总价固定合同来说，尤其重要。

根据修复工程主要污染类型编制施工规划或施工组织设计。施工规划和施工组织设计都是关于施工方法、施工进度计划的技术经济文件，是指导施工生产全过程组织管理的重要设计文件，是确定施工方案、施工进度计划和进行现场科学管理的主要依据之一。但两者相比，施工规划的深度和范围没有施工组织设计的详尽、精细，施工组织设计的要求比施工规划的要求详细得多，编制起来要比施工规划更加复杂。因此，在投标时，投标人一般只要编制施工规划即可，施工组织设计可以在中标以后再编制。这样，就可避免未中标的投标人因编制施工组织设计而造成人力、物力、财力上的浪费。但有时在实践中，招标人为了让投标人更充分地展示实力，常常要求投标人在投标时就要编制施工组织设计。

第一，施工规划或施工组织设计的内容包括施工程序、方案；施工机械、药剂和设备选定；临时生活设备安排；劳动力计划；施工现场平面和空间的布置。

第二，施工规划或施工组织设计的内容的编制依据包括修复方案设计和技术规范；复核了的工程量；招标文件要求的开工、竣工日期；对市场药剂、机械设备、劳动力价格的调查。

第三，施工规划或施工组织设计编制要求：编制施工规划或施工组织设计，要在保证工期和工程质量的前提下，尽可能使成本最低、利润最大。具体要求是：根据修复工程类型编制出最合理的施工程序；选择和确定技术上先进、经济上合理的施工方法；选择最有效的施工设备、施工设施和劳动组织；周密、均衡地安排人力、物力和生产；正确编制施工进度计划。

第四，根据工程价格构成进行工程估价、确定利润方针、计算和确定报价，投标报价是投标的一个核心环节，投标人要根据工程价格构成对工程进行合理的估价，确定切实可行的利润方针，正确地计算和确定投标报价。投标人不得以低于成本的报价竞标。

第五，形成、制定投标文件。投标文件应完全按照招标文件的各项要求编制。投标文件应当对招标文件提出的实质要求和条件作出响应，一般不能带任何附加条件，否则将导致投标无效。

一般情况下，一份完整的投标文件应包括商务部分和技术部分，主要内容简述如下。

1. 商务部分

商务部分主要分六个模块，分别是招标报价书、授权书、投标保函、履约保函、已标价的工程清单以及资信资料等。

招标报价书通常有规定的投标格式，投标人只需要填写必要的数据和签字即可，其内容包括项目名称、投标人的名称，并且要标明投标人完全愿意按照招标文件中的规定承担工程施工，修复竣工移交等任务；写明自己的总报价金额、总工期、提交履约保证金的数额；在最后投标人中签名盖章等。其格式参见相关招标格式或公告。

授权书是指投标企业法定代表人对参与本项目招标、投标及文件签署人的授权文件。授权书的主要作用是证明代理人是代表投标人行使权力的，其在授权范围内的行为对投标人有法律约束力。投标授权书格式参见相关招标格式或公告。

投标保函是指第三方（如银行、担保公司、保险公司或其他金融机构、商业团体或个人）应当事人一方的要求，以其自身信用，为担保交易项下的某种责任或义务的履行而作出的一种具有一定金额、一定期限、承担其中支付责任或经济赔偿责任的书面付款保证承诺。在招标投标中常涉及投标保函、履约保函、动员预付款保函等。

投标保函是指在投标中，招标人为防止中标者不签订合同而使其遭受损失，要求投标人提供的银行保函，主要用于保证投标人在决标签约前不撤销其投标书。保函的金额通常在招标文件中作出规定，由于场地土壤修复工程总价很高，其保函金额百分比可低一些。投标保函金额不宜定得过高，以免影响投标人的积极性。在决标受标后，未中标的投标人的保证金将尽快清退，最迟不超过规定标书有效期期满后的 28 天，以便银行注销和使押金解冻。如有以下情况，将没收投标保证金：投标人在投标有效期内撤回投标书；中标人未能在规定期限内签署协议或提供所需的履约保证金。投标保函格式参见相关招标格式或公告。

履约保函是修复单位通过银行向招标人提供的保证认真履行合同的一种担保。履约保函一般在修复单位收到中标通知后 28 天内向招标人提供。履约保函的担保金额，应在场地土壤修复工程承包合同中规定，最多不得超过 15%，履约保证金除了可用银行保函外，还可用备用信用证或契约担保等形式。银行保函或备用信用证由银行开设；契约担保通过保险公司进行。

已标价的工程清单内容包括工程量清单说明、投标报价编制说明、投标报价汇总表等。投标辅助材料包括单价汇总表、药剂材料汇总表、机械使用费汇总表、单价分析表、资金流量估算表等。

资信资料内容主要包括招标人基本情况表、营业执照、资质证书复印件、近年内完成的类似工程汇总表和类似工程情况表、近年内完成的其他工程汇总表和其他工程情况表、正在修复的和准备承接的类似工程汇总表和类似工程情况表、招标人认为需要的其他情况汇总表及证明资料等。

2. 技术部分

技术部分主要包括：编制说明、场地土壤修复工程施工规划总说明、场地土壤修复工程施工总布置、场地土壤修复工程施工组织及资源配置、场地土壤修复工程施工方法与技术措施、场地土壤修复工程施工质量控制与管理措施、场地土壤修复工程施工安全保证与管理措施、场地土壤修复工程施工二次污染防治与管理措施、场地土壤修复工程施工地下水保护与管理措施、信息管理十个方面内容。由于技术部分的主观性强，没有固定的格式而言，具体的可以结合本章案例作详细了解。

投标辅助材料包括拟投入本合同工作的修复施工队伍简要情况表、拟投入本合同工作的主要人员表、拟投入本合同工作的主要修复施工设备表、劳动力计划表、主要药剂及材料、水电需用量表等。

七、组建评标委员会和开标工作组

在开标前，招标机构应组建评标委员会和开标评标工作组。

组建评标委员会。评标由招标人依法组建的评标委员会负责，是招标投标的重要环节，起着举足轻重的作用。根据《招标投标法》第三十七条规定："依法必须进行招标的项目，其评标委员会由招标人的代表和有关技术、经济等方面的专家组成，成员的人数为五人以上单数，其中技术、经济等方面的专家不得少于总数的三分之二。""前款专家应当从事相关领域工作满八年并具有高级职称或者具有同等专业水平，由招标人从国务院有关部门或者省、自治区、直辖市人民政府有关部门提供的专家名册或者招标代理机构的专家库内的相关专业的专家名单中确定。"场地土壤修复属于特殊招标项目可以由招标人直接确定。"评标委员会成员的名单在中标结果确定前应当保密。"

招标人和招标委员会的每个成员之间应当缔结一个具有约束力的协议。对评标委员会规定以下职责，一般规定应该包括的内容有：对因评标委员会的工作而接触的关于投标文件的细节、评标情况以及招标和授予合同过程或者招标人和招标代理机构利益的其他信息进行保密；评标委员会成员利用招标相关信息只是为了执行评标的职责；在招标过程中不得与任何投标人及其合伙人或者任何与招标结果有直接或间接个人利益的人有任何接触；拒绝接受中标的投标人任何工作安排、合同和与其就将来的任何工作安排、合同进行任何讨论。

评标委员会成员的名单在中标结果确定前应当保密，以防止评标过程中出现不正当行为影响评标结果的公正性。现详细对各方面委员的相应责任所包含的内容加以说明。

评标委员会应履行的责任主要体现在讨论、通过评标细则；根据技术和商务评审意见、综合评比打分结果、综合评价意见确定推荐中标候选人名单及排序；讨论通过评标报告。评标委员会主任委员、副主任委员的主要职责应该包括：组织、指导专家组进行评标工作，控制评标进度；听取专家组和工作组的汇报；研究评标中重大问题，提出评价结论性意见；协调处理评标工作中的问题；审查评标报告，对项目业主负责。技术专家组的主要职责有：配合商务专家的有关工作；负责技术部分的评价；检查并评价投标书的有效性、完整性、符合性及投标人近年的经验、业绩和信誉；负责技术部分的分析对比资料统计以及分析与评估，列出投标文件中的重大偏差和细微偏差，编制相应对比评价报告和评标报告需要的材料；提出需要投标人澄清的问题。

商务专家主要职责包括：配合技术专家组评标有关工作；编制并提出商务部分评标报告，对评标委员会负责；检查并评价投标书的有效性、完整性、符合性及投标人财政状况和资信；负责商务部分的分析对比资料统计以及分析与评估，列出投标文件中的重大偏差和细微偏差，编制相应对比评价报告和评标报告需要的材料；提出需要投标人澄清的问题。

评标监督人员的职责包括在开标前负责封存评标细则、招标人的自编标底并保密，按照规定将上述文件带入会场并启封；对整个评标会和评标专家进行监督，负责评标保密工作。

开标工作组由招标机构组建，负责接收投标书、开标和评标组织、文秘后勤等工作。工作组应由具有良好职业素质，原则性、保密性强的人员组成，开标、评标工作组应包括公证机构和监督机构的人员，评标工作组人员应有技术、概算方面的专业人员参加。

八、组织评标及定标

评标及定标的程序一般由投标文件的初步审查、投标文件的详细评审、排序确定中标人、形成评标报告四大部分组成。

（一）投标文件的初步审查

在开始评标前，评标专家应认真研究招标文件，大致了解和熟悉以下内容：招标的目标；招标项目的范围和性质；招标文件中规定的技术要求、标准和商务条款；招标文件规定的评标标准、评标方法和在评标过程中考虑的相关因素。评标专家审阅各个招标文件，主要包括投标文件正副本之间的内容是否一致；是否按招标文件的要求提交了完整的资料，是否有重大的漏洞和缺项；是否提出招标人不能接受的保留条件；检查确认投标文件是否从实质上响应招标文件的要求，并分别列出各投标文件中的偏差。

评标过程中遇到的细微偏差是指投标文件在实质上响应招标文件的要求，但在个别地方存在漏项或者提供了不完整的技术信息和数据等情况，并且补正这些遗漏或者不完整不会对其他投标人造成不公平的结果。如有必要，评标期间，评标组织可以要求投标人对投标文件中不清楚的问题或细微偏差作必要的澄清或者说明，但是澄清或者说明不得超出投标文件的范围或者改变投标文件实质性的内容。但是出现投标文件没有规定的内容，澄清的时候应加以补充；投标文件规定的是某一特定条件作为某一承诺的前提，但解释为另一条件；澄清或者说明时改变了投标文件中的报价、主要技术报价、主要合同条款等实质内容等情况是不允许的。由于以上这些澄清和说明或超出了原有投标文件的范围，或改变了投标文件的实质性内容，如果允许这种情况存在，势必使原来不符合要求的投标成为合格的投标，使竞争力较差的投标成为竞争力强的投标，导致投标人处于不公平的状态，严重影响评标的公正性。评标委员会应当书面要求存在细微偏差的投标人在评标结束前予以补正。拒不补正的，在详细评审时可以对细微偏差作出不利于该投标人的量化，量化标准应在招标文件中规定。评标过程中遇到舞弊标、投标人报价明显低于标底、投标人不具备资格、出现重大误差的可按废标处理。

关于投标文件存在算术上的错误可参照《招标投标法》及相关规定处理。需要强调的是，如果投标人不接受修正后的金额，其投标书将被拒绝，投标保证金也要被没收。评标机构在对各投标人递交的标书进行审查和初步筛选之后，根据专家评审意见，淘汰有重大偏差的投标人后的名单即为进行详细评审的名单，进入正式评标的阶段。

（二）投标文件的详细评审

经初步评审合格的投标文件，评标委员会根据招标文件确定的评标标准和方法，对其技术部分和商务部分作进一步评审和比较，并向评标委员会提出书面的详细评审意见。

技术评审的目的是确认和比较投标人完成本工程的技术能力以及其修复施工方案的可靠性。技术评审主要从修复施工方案的可行性及对修复工程施工方法、施工人员和施工机械设备的配备、施工现场的布置和临时设备的安排、施工顺序及其相互衔接等方面的评审，特别是对该项目的关键工序的施工方法进行可行性论证，审查其技术的最难点或先进性和可靠性。修复施工进度计划的可靠性，主要是对审查修复施工进度计划是否满足对竣工时间的要求，并且是否科学合理、切实可行，同时还要审查保证修复施工进度计划的措施，修复工程药剂、材料和机械设备的技术性能是否符合设计技术要求。尤其是需要审查投标文件中关于主要药剂、材料和仪器设备的样本、型号、规格和制造厂家名称、地址等，判断其技术性能是否能达到设计标准。如果投标人拟在中标后将中标项目的部分工作分包给他人完成，应当在投标文件中载明。应审查确定拟分包的工作必须是非主体、非关键性工作；审查分包人应具备的条件为资格条件、完成相应工作能力和经验。如果招标文件中规定可以提交方案，则应对投标文件中建议方案的技术可靠性与优缺点进行评审，并与原招标方案进行对比分析。

商务评审的目的是从工程成本、财务和经验分析等方面评审投标报价的准确性、合理性、经济效益和风险等，比较授标给不同的投标人产生的不同后果。商务评审在整个评标工作中通常占重要地位。商务评审主要是通过对投标报价数据全面核查，看其是否有计算上或累计上的算术错误，如果有，则按“投标人须知”中的规定改正和处理。通过分析工程报价中直接费、间接费、利润和其他费用的比例关系，主体工程各专业工程价格的比例关系等，判断报价是否合理。注意审查工程量清单中的单价有无脱离实际的“不平衡报价”，计日工劳和机械台班报价是否合理。

（三）评标方法

评标方法通常使用打分法，又称百分制计分评议法。通常的做法是，事先在招标文件或评标定标办法中将评标的内容进行分类，形成若干评价因素，并确定各项评价因素在百分之内所占的比例和评分标准。开标后由评标组织中的每位成员按照评分规则，采用无记名方式打分，最后统计投标人的得分，得分最高者（排序第一名）或次高者（排序第二名）为中标人。使用打分法，原则上实行得分最高的投标人为中标人，但是场地土壤修复招标工程一般设计额度都在千万以上，因此，最高得分者和次高得分者的总得分相差不大，且次高得分者的报价比最高得分者的报价低到一定数额的，可以选择次高得分者为中标人。对此，在制定评标定标办法时，应作出详尽说明。

打分法的主要特点是要量化各评审因素。对各评审因素的量化，也就是评分因素的分值分配和具体打分标准的确定，是一个比较复杂的问题。采用打分法时，确定各个单项评标因素分值分配的做法多种多样，一般考虑的原则有：

第一，各评标因素在整个评标因素中的地位和重要程度。在所有评标因素中，重要或比较重要的评标因素所占的分值应高些。

第二，各评标因素对竞争性的体现程度。对竞争性体现程度高的评标因素及不只是某一投标人的强项，而一般来讲对所有的投标人都具有较强的竞争性的因素，如价格因素等，所占分值高些，而对竞争性体现程度不高的评标因素，即对所有投标人而言共同的竞争性不太明显的因素，所占分值应该低些。

第三，各评标因素对招标意图的体现程度。单项分值的分配，在坚持公平、公正的前提下，可以根据招标意向的不同侧重点而进行设置。能明显体现出招标意图的评标因素所占的分值可适当高些，不能明显体现出招标意图的评标因素所占分值可适当降低。

第四，各评标因素与资格审查内容的关系。在确定各个单项因素的分值分配时，应该考虑采用资格预审和资格后审的差异性，处理好评标因素与资格审查内容的关系。对某些评标因素，如在资格审查时已作为审查内容审查过了，其所占分值可适当低些。

打分法中所有评标因素的总分值，一般是 100 分，其各单项评标因素的分值分配，各地情况千差万别，难以统一。通常的做法是价格 30～70 分，工期 0～10 分，质量 5～25 分，修复施工组织设计 5～20 分，企业信誉和业绩 5～20 分，其他 0～5 分。

打分法中各评标因素所占的分值确定以后，就要对各评标因素进行具体的评分。对不同的评标因素，有不同的评分标准和方式。

1. 对投标报价的评分

投标报价所占的分值，可以根据具体的情况在 100 分之内，设定在 30～70 分。对投标报价的打分，需要确定评标基准价和计分方式。所谓的评标基准价，即作为评标参考物的价格，亦即评分时可以得到满分的价格。以评标基准价来衡量各投标人的投标报价，达到评标基准价的，给满分，未达到的，即偏离评标基准价的，每偏离一定的幅度或每增减一定的比例，扣除一定的分值，最后得出该投标报价应得的分数。所谓的计分方式，即对各投标报价进行评分时所采用的具体计分规划。计分方式可分为，限制式和无限制式计分法、间断式和连续式计分法、对称式和不对称式计分法。上述各种计分方式可以结合起来使用。

2. 对修复施工方案的评分

修复施工方案所占的分值，可以根据具体的情况在 100 分内，设定在 5～20 分。对投标文件中的修复施工方案进行评分，可以先将其内容分解为若干个子项，如施工设备及布置、现场总平面布置图、工程总体网络进度计划、主要修复施工机具配置、主要劳动力配置情况、设备仪器进场计划、技术质量保证措施、污染防治计划等，并分别对每一子项设定不等的子分值，然后就每一子项进行打分。打分的标准为，投标文件中有此项内容的，即可得基本分；内容有欠缺或不科学、不合理，适当扣分；内容科学、合理、可靠符合招标文件要求的，得满分。

当然，为了保证对修复施工方案的评分做到恰当、公正，减少打分的随意性，可以采用请投标人进行答辩的方式分别进行评分。

3. 对质量的评分

质量所占的分值，可以根据具体情况在 100 分之内，设定在 5～25 分。对投标文件中质量的评分，主要看是否符合招标文件要求。招标文件对质量的要求，通常是要达到业主修复竣工评估验收的合格标准或者优良标准。对质量的评分标准一般是：满足招标文件的要求，质量措施全面和可行的，得满分；质量措施有欠缺的适当扣分；未满足招标文件要求的，不参加评标计分。

4. 对主要药剂及其他材料的评分

对主要药剂及其他材料的评分一般包括对药剂用量、药剂的环境危害程度、药剂的人体危害程度进行打分。可根据具体情况在 100 分以内设定在 0～10 分。主要药剂用量可以审定标底为准，投标文件中主要药剂用量在标底的不同幅度内给不同的分。一般标准是在 3%以内给 3 分，在 4%以内给 2 分，在 5%以内给 1 分，超出此范围不得分。

5. 信誉评分

信誉所占的分值，可以根据具体情况在 100 分之内，设定在 5～10 分。反映投标人信誉的具体因素，主要包括投标人资质等级情况、近期修复施工承包合同履约情况、服务态度和经营作风、近期有关综合表彰、单项评比获奖情况、重合同守信用称号货的情况、社会形象等。

对投标人信誉进行评分，可以先将反映其信誉的各个具体因素细分出来，然后在信誉这项因素所占的分值内，再分别对信誉细化出来的每一子项设定相等或不相等的一定的子分值，最后就每一子项进行打分。打分的一般标准是：招标文件中有此项内容即得基本分；内容欠缺适当扣分；内容没有欠缺、证件齐全得满分。

6. 业绩评分

对投标人业绩进行评分，可以先将反映投标人业绩的具体因素细分出来，如经济技术实力，在修复任务、类似工程承包经历，近期有关工程质量、工程标准、场地管理、新技术应用、工法等获奖情况。然后在业绩这项评标因素所占的分值内，再分别对业绩细化出来的每一方面设定相等或不相等的一定的子分值，最后就每一项进行打分。业绩所占的分值，可以根据具体情况在 100 分之内，设定在 5～10 分。

打分的标准是：投标文件中有此项内容的，即可得分；内容有所欠缺的，适当扣分；内容没有欠缺、证件齐全的得满分。

7. 工期评分

工期所占的分值，可以根据具体情况在 100 分内，设定在 0～10 分。投标文件中的工期是指修复工程施工期，即自工程正式开工之日起到修复单位提交竣工报告之日为止的一段时间。对投标文件中工期的评分，主要看是否符合招标文件的要求。招标文件对工期的要求因具体工程不同而不同。对工期的评分标准一般是：满足招标文件要求，工期措施全面可行的，得满分；工期措施有欠缺的，适当扣分；未满足招标文件要求的，不参加评标计分。

8. 对项目经理的评分

项目经理所占分值，可以根据具体情况在 100 分之内，设定在 5～10 分。对项目经理进行评分时，可以将项目经理各评标因素等分或不等分。其打分标准一般是投标文件中有此项内容的，即可得分；内容有所欠缺的，适当扣分；内容没有欠缺、证件齐全的得满分。

标底与评标价的评审

招标人在投标截止时确定标底，并在开标后确定复合标底。复合标底的计算公式为

复合标底=（招标人的标底值+投标人评标价的平均值）/ 2

评标价是按照招标文件的规定，对投标价进行修正后计算出的标价。在评标过程中，应用评标价与复合标底进行比较。投标人提出的优惠条件或技术性选择方案，均不得折算成金额计入评标价。凡评标价高于复合标底 8%或低于复合标底 16%的投标人，不再进入下一阶段的详评。

评分标准：以低于复合标底 8%的评标价为最高得分即 60 分，介于两个百分点之间的按线性内插法确定分数，分数精确到 0.01 分。

以某地区某场地污染土壤招标评标办法为实例，对评标中关键部分作了解和参考。此次招标评标方法为综合评分法，即在最大限度地满足招标文件实质性要求的前提下，按照招标文件中规定的各项因素进行综合评审后，以评标总得分最高的投标人作为中标候选供应商或中标供应商的评分办法。

（1）评标时，评标委员会各成员应当按本评标办法规定的评分因素和标准独立对每个有效投标人提交的投标文件进行评价、打分，然后汇总每个投标人每项评分因素的得分。

（2）本项目技术标（投标书三和投标书四）为暗标，由评标委员会各成员独立评分，评委人数在 5 人以下（含 5 人）的，直接以各评委评分的算术平均值作为该部分的最终得分；评委人数在 5 人以上的，在去掉一个最高和一个最低的评委评分后以剩余的评委评分的算术平均值作为该部分的最终得分。

（3）投标人总得分＝报价得分＋资信部分得分＋污染土壤治理修复技术方案得分。

（4）如总得分相同的，则以投标人投标报价由低到高顺序排列确定中标候选顺序；如总得分且投标报价相同的，按技术标得分由高到低顺序排列；如总得分、投标报价和技术标得分均相同的，则由公证机构组织以抽签方式确定中标候选顺序。

（5）评分分值比重。本次招标的评标方法采用综合评分方法，总分为 100 分（100%）。其中报价部分得分占总分值的比重为**%（**分），资信部分得分占总得分的**%（**分），中试投标及中标企业最高加分**%，污染土壤治理修复技术施工方案部分得分占总得分的**%（**分），工程施工组织设计方案部分占总得分的**%（**分）。

（6）具体评分因素及分值如下。

1）价格部分评分（**分）

第一，工程施工报价不高于相应内容的招标控制价，且除工程施工报价以外的其他污染土壤修复治理过程报价不超过相应的财政预算价的投标报价为有效投标报价，否则，为无效投标报价。无效投标报价的投标文件不进行评审，也不得标。本项目中工程施工报价部分实行总价控制，工程施工报价部分的投标报价不得低于招标控制价的**%，否则，投标文件为无效投标文件，无效投标文件不作进一步评审，也不得标。

第二，以所有有效投标报价中满足采购文件要求，且被评标委员会确认的投标总价格最低的投标报价为评标基准价，其价格分为**分，其他投标人的价格分按下列公式计算

价格分＝（评标基准价 / 投标报价）×**

计算结果四舍五入保留两位小数。

2）资信部分评分（**分）

资信部分的评分标准及各项最高分值如表 6-6（本项评分仅对投标人进行评分；如为联合体投标，则仅对联合体牵头方进行评分，不对联合体的其他各方评分）所示。

表 6-6　资信部分评分细则

评价项目	具体评分内容	最高分值	备注
技术实力（**分）	可设定评价企业的技术实力、研发机构设置	**	相关证明复印随附，原件备查
	可设定相关环境资质要求	**	
	可设定对项目负责人和技术负责人的要求	**	
业绩经验评价（**分）	可设定综合修复业绩、专项业绩要求等	**	相关证明复印随附，原件备查
	可设定相关业绩的规模等要求	**	
	设定相关工程设计、施工资质要求	**	
财务状况及履约能力（**分）	可对投标人近年相关财务状况、资信等提出要求	**	相关证明复印随附，原件备查
标书质量	投标文件的规范性、完整性	一般 1 分	

3）中试投标、中标企业加分部分（**分）

原则上，参与中试的企业不可考虑加分，但实际上很多情况下，参与中试的企业不多，或中试资金不足需要中试企业垫资，招标人可依据中试招投标方案、资金投入适度考虑加分，并提前公告。

4）污染土壤治理修复技术施工方案部分评分（**分）

污染土壤治理修复技术施工方案部分的具体评分标准及分值分配可参见表 6-7。

表 6-7　污染土壤治理修复技术施工方案部分评分细则

评价项目	具体评分内容	最高分值	备注
安全管理与措施（**分）	二次污染防治要求	**	较为详细的打分说明
	工程施工现场有害物质对周边环境和周围居民危害防护管理措施	**	较为详细的打分说明
	施工组织、人员、安全防护等	**	较为详细的打分说明
	污染土壤治理修复过程事故风险防范措施、应急方案和措施	**	较为详细的打分说明
项目实施与水泥窑处置方案（**分）	污染场地现场开挖过程异味废气治理及达标排放技术措施	**	较为详细的打分说明
	污染土壤的堆放场地的安全处理	**	较为详细的打分说明
	井点降水和基坑废水治理及达标排放技术措施	**	较为详细的打分说明
	污染土壤物流方案及运输过程中二次污染防护措施	**	较为详细的打分说明
	水泥厂污染土壤存储条件和处理能力	**	较为详细的打分说明
	水泥窑处置的方式与工艺	**	较为详细的打分说明

5）工程施工组织设计方案部分评分（**分）

有关工程施工组织设计施工方案部分的具体评分标准及各项最高分值如表 6-8 所示。

表 6-8　工程施工组织设计方案部分评分细则

评价项目	具体评分内容	最高分值	备注
安全管理与措施（4.0 分）	针对本项目的具体管理措施	1.0	
	确保工程质量的管理体系和组织措施	1.0	
	施工安全管理体系与措施	1.0	
	环境保护管理体系与措施：确保文明施工，防止二次污染的技术措施	1.0	
项目实施方案（6.0 分）	确保工程工期的进度计划和保证措施	1.0	
	劳动力安排计划	1.0	
	施工机械设备情况及进退场计划	0.5	
	各类材料的进场计划和质量保证	0.5	
	解决本工程施工重点及难点的具体措施	1.0	
	施工中采用的新技术与新工艺以及相对优势说明	1.0	
	现场平面布置图	1.0	

（四）排序确定中标人

评标委员会经过对投标人递交的投标文件进行评审后，应以评标报告的形式向业主排序推荐不超过三名候选中标人，并标明排列顺序，以供业主最终选定中标人。能满足招标文件各项要求，并且经评审的投标价格最低，但标价不得低于成本，这就是通常讲的“最低价中标”。根据该条规定，“最低价中标”并不是在所有投标中报价最低的投标。中标的最低报价还要满足两个条件：第一，满足招标文件的各项要求；第二，投标价格不得低于成本。

（五）形成评标报告

《招标投标法》第四十条规定，“评标委员会完成评标后，应当向招标人提出书面评标报告，并推荐合格的中标候选人。”在评标报告中，应当如实记载以下内容：基本情况和数据表；评标委员会成员名单；开标记录；符合要求的投标一览表；废标说明情况；评标标准、评标方法一览表；经评审的价格一览表；经评审的投标人价格；推荐的中标候选人名单与签订合同前的要处理的事宜；澄清、补充事项纪要。

（六）确定中标人

招标人根据评标委员会提出的书面评标报告和推荐的中标候选人来确定最后的中标人，也可以授权评标委员会直接定标。大体来说，定标程序主要有以下几个环节：由定标组织对评标报告进行审议，审议的方式可以是直接进行书面审查，也可以采用类似评标委员会的方式召开定标会进行审查；定标组织形成定标意见；将定标意见报招标管理机构核准；按经核准的定标意见发出中标通知书。

（七）发出中标通知书

经过评标程序确定中标人后，招标人将于15日内向工程所在地的县级以上地方人民政府有关行政主管部门提交场地土壤修复工程施工招标情况的书面报告。有关行政主管部门自收到书面报告之日起5日内，未通知招标人在招标投标活动中有违法行为，招标人将向中标人发出中标通知书。同时，将中标结果通知所有未中标的投标人，退还未中标人的投标保证金。中标通知书对招标人和中标人具有法律效力，中标通知书发出后，除不可抗拒力外，招标人改变中标结果的，如宣布该标为废标，该标由其他投标人中标的，或者随意宣布取消项目招标的，应当适用定金罚则双倍返还中标人提交的投标保证金，给中标人造成的损失超过适用定金罚则返还的投标保证金金额的，还应当对超过部分予以赔偿；未收取投标保证金的，对中标人的损失承担赔偿责任。如果是中标人放弃中标项目，如声明或者以自己的行为表明不承担该中标项目的，则招标人对已经提交的投标保证金不予退还，给招标人造成的经济损失超过投标保证金金额的，应当对超过部分予以赔偿；未提交保证金的，对招标人损失承担赔偿责任。

至此，招标投标工作结束。

第三节　场地土壤修复投标技术部分案例

修复项目工程招标中考虑到技术标的专业性、行业保密性等多种条件限制，目前国内未有统一的标准和格式。因此，本书中引进了某修复项目招标文件中技术标部分，希望通过完整的案例分析对技术标编写能有全面的掌握。

一、项目概况

1. 场地气象气候（略）

2. 场地水文地质（见前述）

3. 场地污染状况

（1）土壤污染状况

场地环境调查的该地块土壤样品检测出的污染物主要有氯苯、苯酚、二苯醚、3-甲基二苯醚、萘和 2-甲基萘。具体应与招标文件一致，或依据投标人收集的资料补充完善，同时应给出布点、范围、浓度等示意图，同时应列表表述采样深度、污染物检测结果等以及地下水采样布点、范围等图示和监测结果列表。

与招标文件中水污染治理验收标准相比，发现该场地地下水中氯化物超出水污染治理验收标准。

（2）修复目标与范围

根据招标文件，列表说明土壤和地下水治理修复验收标准；依据该地块《土壤和地下水污染调查及风险评估报告（简本）》，描述不同土壤污染分布并绘制示意图。列表统计不同污染物及修复土方量。

二、场地修复工程方案总体设计

（一）场地修复技术路线

根据招标文件要求，对本场地黄海高程–8.15m 以上污染土壤进行异位修复，修复土方量为***m^3，采取水泥窑协同处置；黄海高程–8.15～–14.9m 污染土壤进行原位修复，修复土方量为***m^3，采用原位注入修复。本场地地下水修复深度***m，采用井点降水法抽取受污染地下水，处理达标后排放。

该场地异位修复污染地块均按照基坑支护→井点降水→密闭大棚建设→土壤清挖→土壤装袋→土壤外运→水泥窑协同处置修复过程进行。在异位土壤修复过程中，配合基坑施工单位做好污染土壤清挖工作；原位修复区域待异位污染土壤清挖完后，采取原位注入的方式进行修复，通过注入氧化药剂清除场地土壤和地下水中的有机物；原位修复区域地下水通过井点降水的方式抽出地下水后处理，总体技术路线如图 6-1 所示。

（二）污染土壤异位修复方案设计

本场地黄海高程–8.15m 以上污染土壤进行异位水泥窑修复，修复污染物和工程量见表 6-9。

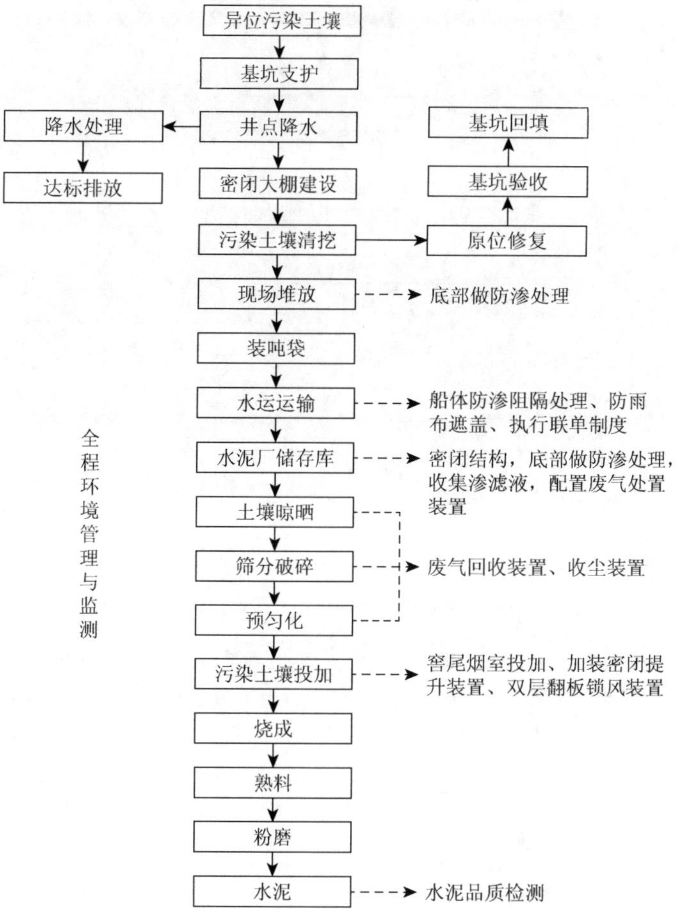

图 6-1　污染场地修复总体技术路线图

表 6-9　异位修复污染物及土方量

深度	超标点位	超标污染物	污染面积/m^2	污染土方量/m^3
0～6m	B7、B8、B11、B12、B13、B14、B15、B18、B19、B20	氯苯、苯酚、萘、2-甲基萘、二苯醚、3-甲基二苯醚	***	***
6～10.75m	B7、B11、B12、B15、B18、B19、B20	氯苯、苯酚、萘、2-甲基萘、二苯醚、3-甲基二苯醚	3371	16012
10.75～11.25m	B7、B11、B12、B15、B19、B20	氯苯、苯酚	3021	1510
汇总	B7、B8、B11、B12、B13、B14、B15、B18、B19、B20	氯苯、苯酚、萘、2-甲基萘、二苯醚、3-甲基二苯醚	4934	47129

异位修复区域污染土壤基坑支护和降水完成后，为防止挥发性有机物在开挖过程中造成二次污染影响周边居民正常生活，在开挖区域建设密闭大棚，大棚建设完成后开始污染土壤清挖。投标人配合基坑施工单位做好污染土壤清挖工作，清挖后的污染土壤装袋运输至水泥厂进行水泥窑协同处置。污染土壤处理流程如图 6-2 所示。

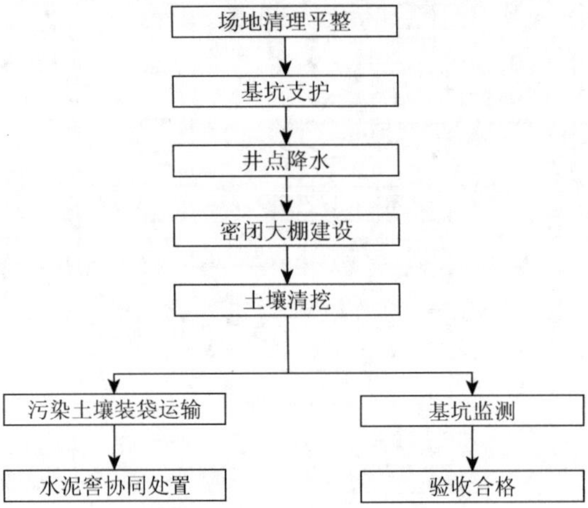

图 6-2　污染土壤处理流程图

根据污染场地土壤的土质分析将污染土壤作为水泥生产中替代黏土原料的 38.5% 投加入水泥生产中，根据污染物特性分析确定污染土壤的投加点位置，对水泥窑进行相应改造。经过水泥生产工序将有机污染物在回转窑内全部分解为水和二氧化碳，保证了污染土壤的无害化和水泥产品质量达标。在处置全过程进行环境监测管理，保证粉尘收集处理达标、废气处理达标并有组织排放。污染土壤水泥窑协同处置流程如图 6-3 所示。

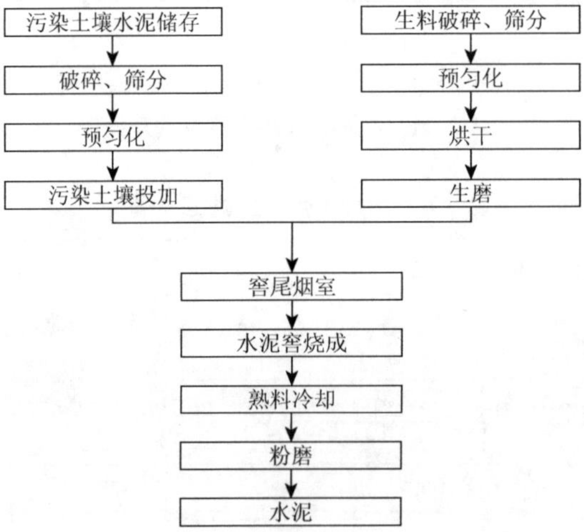

图 6-3　污染土壤水泥窑协同处置流程图

（三）污染土壤原位修复方案设计

该场地黄海高程−8.15～14.9m 污染土壤进行原位修复，具体修复污染物和工程量见表 6-10。

表 6-10 原位修复污染物及土方量

深度	超标点位	超标污染物	污染面积/m^2	污染土方量/m^3
11.25～18m	B11、B12、B19、B20	氯苯	***	***

根据招标文件和该地块《土壤和地下水污染调查及风险评估报告（简本）》相关内容，本场地原位修复区域超标点位只有 B12，在深度**m（黄海高程–8.9m），污染物为氯苯，污染浓度为 20.60mg/kg，修复标准为 6.3mg/kg。其他点位污染物都不超标，但考虑到场地异味明显，为降低风险，对整个原位修复区域进行原位注入化学氧化修复。

该场地污染土壤原位修复面积为***m^2，根据场地资料和工程施工经验，按照注入井的影响半径为*m，场地共设置 30 口注入井。井深设置**m，筛管设置**m。

注入药剂为类芬顿试剂，由于类芬顿试剂的反应速度比较快，不会在污染土壤中残留和对后续建筑造成影响。同时，类芬顿试剂对体系的 pH 要求较低，这样可以避免对土壤的过度酸化。药剂的添加量在 1%～3%。

对于原位修复区域表层 1m 的污染土壤采取 Geoprobe 注入，Geoprobe 注入法如图 6-4 所示，可以由表层到深层或由深层到表层连续注入，搭配 Geoprobe 压力启动式注入探头分层注入。这种方法具有注入效果好，注入深度控制准确的优点。

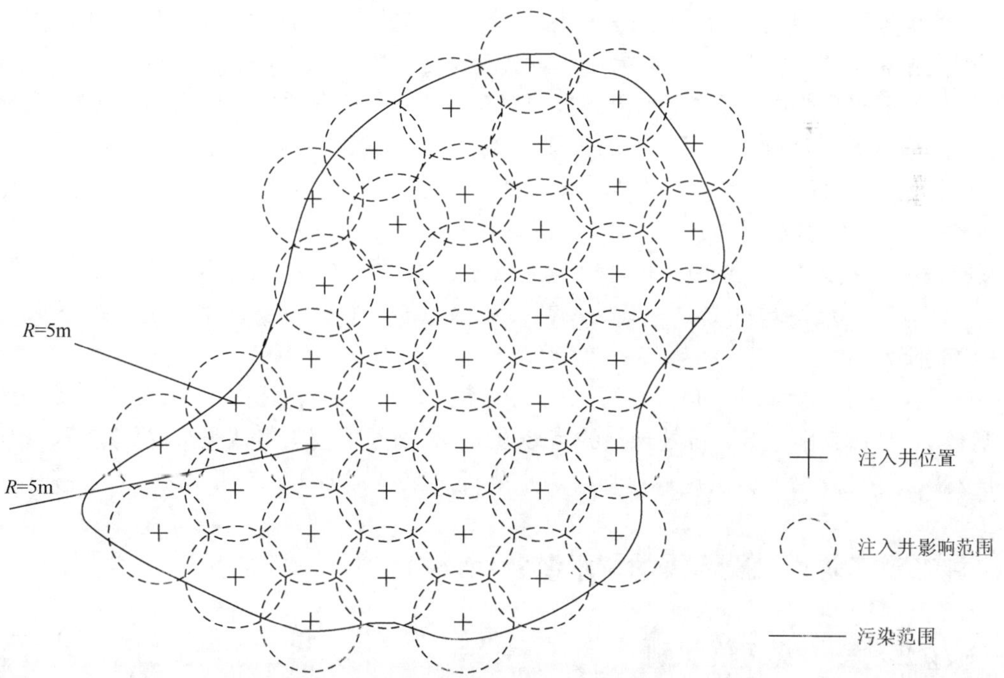

图 6-4 Geoprobe 注入井布设示意图

在原位注入实施过程中，按每 500m^2 设置一个取样点进行自检，对检测不合格的土壤重新进行注入修复。注入修复合格验收后，再在黄海高程–7.65～–8.15m 之间回填 0.5m 厚黏土，并进行压实。原位注入修复实施图如图 6-5 所示。

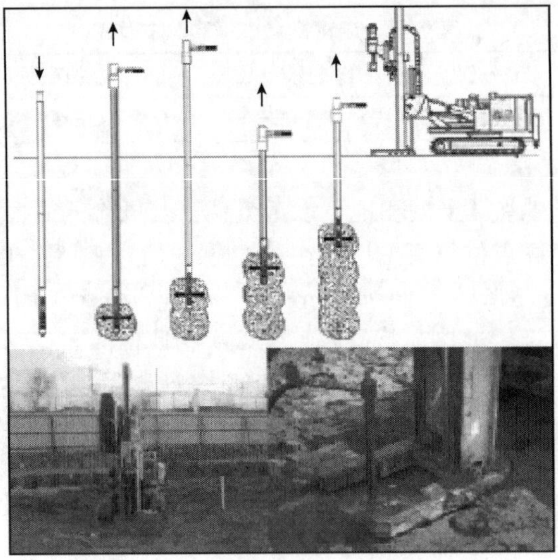

图 6-5　原位注入修复实施图

（四）污染地下水修复方案设计

该场地地下水修复包括异位修复区域开挖造成的井点降水和原位修复区域地下水。

根据招标文件验收要求，本场地地下水验收污染物为氯苯、萘、挥发酚、二苯醚、3-甲基二苯醚和氯化物。与地下水检测数据对比，发现场地内超标污染物为氯化物。因此，在地下水修复时，重点关注氯化物的去除，采取离子交换法对氯化物进行去除。

原位修复区域地下水采用井点降水的方式抽出后，进入废水处理设施处理。场地原位修复地下水区域共布设 20 口水井，该工程降水井孔径为 300mm，钻井设备选用长螺旋钻机。抽水井的建设工艺流程为测量定位井位→挖泥浆循环水池→钻机就位→成孔→下井管→填滤料→洗井→试抽→铺设集水总管→管井下泵抽水→观测地下水位深度→调整降水。

该项目处置的废水除来自井点降水的地下水外，还有施工废水、施工机具清洗废水、生活废水、受污染雨水等，日处理量约为 800m^3/d，处理工艺采用絮凝沉淀、过滤、吸附、离子交换，经处理后的废水达标排放。废水处理工艺流程如图 6-6 所示。

三、施工现场防止二次污染的技术装备保证措施

（一）施工过程二次污染识别

场地污染土壤修复过程主要包括污染土壤的清挖、运输、暂存及污染土壤原位修复、井点降水及基坑废水处理等过程。表 6-11 给出了施工过程中重要的环境因素及产生位置。由表 6-11 可看出，污染土壤暂存、污染土壤运输、废水处理过程环节产生二次污染的几率最大。可能产生的二次污染源主要是扬尘、异味。

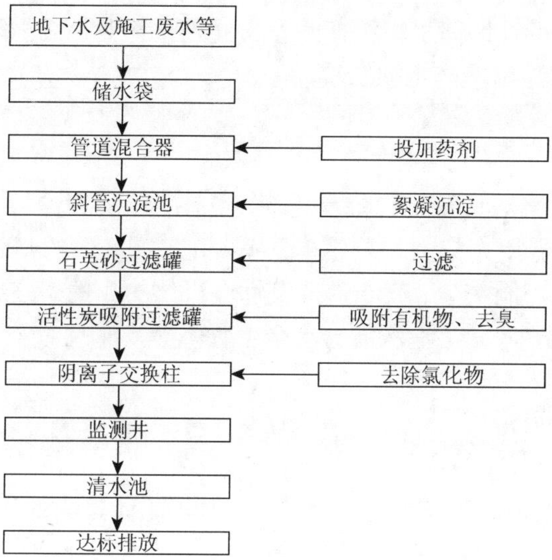

图 6-6　废水处理工艺流程

表 6-11　施工现场环境因素分析

序号	重要环境因素	易发生的场所或施工环节	主要存在形式
1	大气	污染土壤转运、土壤暂存	扬尘、异味（二苯醚、3-甲基二苯醚、2-甲基萘）
		土壤运输机械	尾气
2	废水	土壤外运、土壤暂存	基坑废水、清洗废水、井点降水
3	固废	场地清理、基坑开挖、土壤现场处理、废水处理	建筑垃圾、生活垃圾、污泥、废弃活性炭
4	噪声	施工机械、现场人员	机械噪声、人为噪声

（二）防止大气污染的技术装备保证措施

二苯醚、3-甲基二苯醚具有特殊臭味，2-甲基萘在水中的嗅觉阈浓度为 0.012mg/L。场地修复过程中，土壤或地下水中有极少量上述物质的存在会导致现场有浓烈的异味，因此，本工程施工过程需要采取有效的措施防止异味扩散、防止带污染物粉尘的扩散。

1. 现场建设密闭大棚

污染土壤包装、转运过程无法避免异味的产生，为了防止包装、转运过程中异味的扩散，在施工现场建设密闭大棚，该大棚设有废气收集、除异味设施。

密闭大棚为空气支撑膜结构。充气膜是选用高强度纤维织成的基材和聚合物涂层构成的复合材料，该材料在机械强度、耐化学性能、耐渗透性、耐加工性、高自洁性、透光性以及使用寿命上具有得天独厚的优势。充气式膜结构可实现对大面积敞开式作业区的围合密闭，将作业区释放的污染气体密封在一个密闭空间里，通过尾气处理设施达标排放，使原来的无组织排放变成有组织排放。由于该密闭大棚不受雨雪以及大风天气的影响，不仅可以防止异味扩散，还可以保证工程机械的全天候正常作业，减少降水产生的渗滤液，有效防止扬尘以及降水下渗可能产生的二次污染。

2. 使用隔气泡沫

在施工现场配备隔气泡沫发生设备及药剂，当施工过程粉尘较大或异味较重时，喷洒隔气泡沫。使用时采用专用充气泡沫发生单元喷洒泡沫，产生的是长效且具有黏合力的泡沫隔层，可以达到迅速控制灰尘、气味及挥发性有机物的目的。该泡沫除了可以添加的天然香味外，本身几乎无气味，该泡沫能够完全生物降解，而且对工人、附近居民、地下水等均无害。

3. 使用密闭储水和水处理装备

施工过程降水、土方开挖产生的基坑水中含有具有异味的污染物，为了防止水体中的异味在废水储存和处理过程中发生扩散，本工程配备密闭的储水装备和废水处理系统。

密闭储水装备是由复合材质制作而成的膜袋结构，具有安装方便、结实耐用等特点。废水泵入到密闭式储水袋中，阻断了异味向外界空气中的扩散，可以有效遏制废水存储过程异味的产生和扩散。

（三）防止水污染的技术装备保证措施

主要是废水收集系统和废水处理系统建设。施工废水主要来自井点降水、基坑废水、清洗废水和生活污水，除生活污水外，其他废水均收集后统一存放在储水袋中。

在施工现场建设井点降水、基坑废水、清洗废水处理系统，该系统的工艺流程为絮凝沉淀→砂滤→活性炭过滤→离子交换。通过絮凝沉淀和砂滤，可以去除废水中的悬浮物等杂质和部分污染物，通过活性炭过滤可以进一步吸附去除水中的污染物，通过离子交换可以去除水中氯化物，从而实现废水的达标排放，避免废水污染环境。

（四）防止噪声污染的技术装备保证措施

施工现场的噪声主要为机械设备产生的噪声。施工现场建有密闭大棚，场内转运、包装过程机械设备噪声对外界影响较小。密闭大棚的引风设备、鼓风设备、空气净化系统噪声较大，为此，在安装密闭大棚时，专门在噪声较大的设备周边安装了隔声罩。

（五）防止固废污染的技术装备保证措施

施工过程中产生的固废主要是土壤中可能存在的建筑垃圾、石块、砖块和场地中可能埋藏的废渣、废液桶和废旧设备以及施工人员丢弃的个人防护用品、施工过程产生的废弃活性炭、污水处理系统的污泥。工程施工现场固废来源分析见表 6-12。

表 6-12　工程施工现场固废来源分析

序号	施工环节	固废种类	固废危害
1	施工准备	杂草、生活垃圾	一般
2	降水井建设	泥浆	较大
3	土壤转运、包装	建筑垃圾、废弃个人防护用品、泥块	一般
4	废水处理	沉淀、污泥、废活性炭	较大
5	其他	生活区生活垃圾	一般

施工人员丢弃的个人防护用品集中放置于密闭垃圾桶中，交由市政卫生部门统一处置。施工过程中产生的废弃活性炭交由专业机构处置。污水处理系统产生的污泥、降水井建设过程产生的泥浆经干燥处理后与污染土壤一起运送到水泥厂进行处置。

四、工程施工现场有害物质对周边环境和居民危害防护管理措施

为保护施工环境和生态环境，防止由现场施工过程有害物质的扩散而造成的环境污染，保障现场施工人员和周边居民的安全，对施工过程有害物质对环境和人体的危害进行分析，并制定相应的防护措施。

（一）施工现场周边环境及敏感点分布

分析项目所在地敏感目标（略）。

（二）施工现场有害物质识别

场地中的污染物主要有氯苯、苯酚、萘、2-甲基萘、二苯醚、3-甲基二苯醚。其中氯苯、萘为挥发性有机物，2-甲基萘、二苯醚、3-甲基二苯醚为半挥发性有机物。

根据施工过程的特点，该项目施工现场有害物质主要通过扬尘、废水、废气、洒落的污染土壤对环境造成的二次污染等对环境和人体造成危害。

（三）有害物质对环境和人体的影响分析

场地中的污染物主要有氯苯、苯酚、萘、2-甲基萘、二苯醚、3-甲基二苯醚。施工过程中这些有害物质主要通过扬尘、遗洒、渗漏等途径进入环境。遗洒的污染土壤可能进入水体，造成水体污染；含污染物的扬尘（粉尘、气体）通过呼吸道、皮肤接触等对人体造成危害，另外也可能干湿沉降进入水体。含污染物的废水可能通过食管、皮肤接触等对人体造成危害；含污染物的废水若处理不当，还可能对地下水和地表水造成危害。

（四）防止有害物质对环境造成影响的措施

现场工程实施过程中，有害物质主要通过粉尘扩散、废水排放或泄漏对周边环境及居

民和现场工作人员造成危害。在现场工程实施过程中，全面制定和落实各项环保措施，从源头上截断有害物质对环境和人体的影响。

防止有害物质污染水体的措施。根据有害物质进入水体的途径，制定相应的控制措施，从而防止有害物质对水体环境造成影响。

防止有害物质污染大气的措施。根据有害物质进入大气的途径，制定相应的控制措施（表 6-13），从而防止有害物质对大气环境造成影响。

表 6-13　有害物质进入大气的环节及相应的大气污染控制措施

修复阶段	可能产生有害物质进入大气的环节	大气污染控制措施
污染土壤场内转运、包装阶段	在空旷且未加屏蔽的污染场地进行施工，可能导致扬尘	在整个施工场地和生活区域设置围墙，减少施工期间粉尘对周边环境的影响
	在大风、干燥的天气进行工程施工，可能导致扬尘	遇到大风天气时应停止挖掘作业并用防雨布覆盖挖掘面，防止造成扬尘
	土方开挖后的裸露地表，在大风或干燥的天气情况下，可能导致扬尘	采用防雨布覆盖挖掘后的裸露地面，防止造成扬尘
	任意丢弃或堆放土方开挖过程中产生的弃土和废石，可能导致扬尘	在场地进行污染土壤暂存时，采用防雨布进行适当覆盖，减少粉尘产生和扩散
污染土壤运输阶段	在大风情况下进行土方装卸或凌空抛散，可能导致扬尘	土壤装卸过程中，尽量减缓车速、降低落差，大风天气停止土方装卸
	土方运输车辆采用普通敞开式车厢，则可能导致污染土壤在运输过程中意外散落，进而造成扬尘	装车前后，在车身覆盖帆布，避免土壤暴露在空气中，降低洒落道路的可能；采用密闭式渣土运输车进行运输
	土方运输车辆速度过快，可能导致污染土壤在运输过程中意外散落，造成扬尘	控制车速在 50km/h 以内
	土方运输车辆离开现场前轮胎上附着有污染土壤，则污染土壤可能被带出场地，造成扬尘	在现场作业区出入口处设置洗车台，对施工和自卸车辆轮胎以及其他部位沾染的污染土壤及时进行清扫和清洗，减少污染土壤的被动转移
污染土壤堆放阶段	将可能产生扬尘的土方堆放在环境敏感点的上风向，可能对敏感目标造成较为严重的大气环境污染 将污染土方堆放在户外空旷地带且未采取防扬尘与挥发措施，易造成多方位、大范围的大气环境污染 未对土方堆置采取防扬尘与挥发措施，且堆置时间较长、堆置范围较大，则易导致严重扬尘 土壤露天堆放时，有机或无机的挥发性物质会通过自然挥发产生无组织排放	污染土壤堆放时，采用密闭大棚。在水泥厂待处置时，堆放在专门的土壤储存车间，土壤储存车间配备有相应的通风设施
水泥窑共处置阶段	土壤的准备、预处理、添加、共处置等过程都会产生大量工艺废气，特别是水泥窑共处置过程会产生高温废气	土壤的准备、预处理均在专用封闭车间内进行，车间内配有除尘设施和有害气体处置设施，粉尘和有害气体不会进入大气环境。水泥窑共处置工艺配备有专用的尾气处理设施
工程机械及运输车辆尾气排放	若采用的施工机械设备不符合国家卫生防护标准，其废气排放不符合有关的国家污染物排放标准，则可导致工程机械尾气造成的大气环境污染 工程施工时使用大功率机械，其燃料燃烧产生大量废气，可导致大气环境污染 若采用的交通运输工具不符合国家卫生防护标准，其尾气排放不符合有关的国家污染物排放标准，则可因运输车辆尾气造成大气环境污染 施工运输车辆在交通高峰时段上路，尤其是负责大件或突击运输的，可导致较大规模的车辆尾气污染	采用符合国家卫生防护标准的机械设备和运输车辆，选用高质量的燃油

对控制水污染源提出有效施工、管理、防范措施，严格进行废水处理，及时处理基坑水，及时处理清洗废水，对生活污水进行处理。

（五）防止有害物质对人体造成伤害的措施

现场工程实施过程中，有害物质主要通过粉尘扩散、废水排放或接触等对现场施工人员或周围居民造成危害。

在现场工程实施过程中，全面制定和落实各项环保措施，将采取以下措施防止有害物质对现场施工人员和周围居民造成危害。

1. 成立工作组

成立施工现场防止有害物质危害人体健康工作组，针对不同施工阶段制定相应的人体健康管理措施。工作小组主要有项目总负责人、工程技术负责人、安全工程师、现场环境监测负责人等构成。其主要职责包括负责定期组织现场施工人员体检和职业健康教育；指导现场人员正确使用个人防护用品；确定工作组构成，明确相应职责，责任到人。

2. 建立施工现场人员劳动保护制度

坚持“安全第一，预防为主”的方针，做好人员安全防范。制定培训上岗计划，明确培训目的和范围、教育内容。

3. 加强现场空气质量监测

现场施工过程主要为污染土方转运、暂存、包装、场内运输等过程，在这些施工过程中可能会产生大量含有污染物的粉尘。为保障周围敏感区点居民及现场施工人员的健康安全，需对整个施工过程进行大气污染物监测，主要使用空气监测仪监测，重点关注空气中的可吸入颗粒物。根据《大气污染物无组织排放监测技术导则》（HJ/T 55—2000）中第 4 章规定，监控点最多可设 4 个，参考点只设 1 个。

在处理污染物超标的污染土壤时，要加强个人防护，必须佩戴安全帽、护目镜、防毒口罩、胶鞋、手套等防护用品，必要时还需要穿上防护服。

根据《场地环境监测技术导则》（HJ 25.2—2014）的规定，对场区外主要环境敏感点布设采样点。据此，拟在场地施工区域上风向 20m 处设置参考点 1 个，沿下风向 5m 布设监测点 3 个，场区内东、南、西、北侧各设一个空气采样点。根据《环境监理工作制度（试行）》中第 3 款规定，现场环境监理规定“对重点污染源及其污染防治设施的现场监察每月不少于 1 次”，现场监测频次拟按照每周 1 次进行。

根据《大气污染物组织排放监测技术导则》（HJ/T 55—2000）中第 10 章规定，无组织排放监控点的采样，一般采取连续 1 小时采样计平均值或实行等时间间隔采样，在 1 小时内采集 4 个样品计平均值。场区内及周边环境大气中主要污染物为含有重金属污染物的颗粒物，施工期粉尘浓度执行《大气污染物综合排放标准》（GB 16297－1996）表 1 无组织排放监控浓度限值，即监控点与参照点浓度值≤1.0mg/m^3，监测颗粒物浓度≤1.0mg/m^3

时则不存在大气污染（表 6-14）。

表 6-14　大气无组织排放颗粒物浓度限值

序号	污染物	最高允许排放浓度/（mg/m³）	无组织排放监控浓度限值	
			监控点	浓度/（mg/m³）
1	颗粒物	18（炭黑尘、染料尘）	周界外浓度最高点	肉眼不可见
		60（玻璃棉尘、石英粉尘、矿渣棉尘）		1
		120（其他）		1
2	酚类	100		0.08
3	氯苯类	60		0.4

4. 为施工人员配备有效的个人防护装备

在作业场地操作的现场工作人员和进出人员必须穿戴安全防护用品。根据现场作业风险的不同，配备不同等级的防护装备，目的是最大可能地保护工作人员在工作场地的健康与安全。关注并按照相关要求选择、检查、配备个人安全防护设备以及相应的个人防护特殊装备。

5. 施工期间接触有害物质后的处理措施

施工现场应配置紧急洗眼器、急救箱、吸氧机等常用救护设施，制定皮肤接触、眼睛接触、吸入急救、食入急救等应急措施。

五、施工作业人员安排、工期计划及安全防护措施

（一）施工作业人员安排

根据工程实施所在的不同阶段进行劳动力的安排，包括污染现场异位修复施工、污染土壤运输、污染土壤水泥窑处置、污染现场原位施工等不同阶段人员安排。

（二）施工进度计划

该场地原位修复工期为**天，水泥窑协同处置固体废物工期为**天。根据招标文件要求，合理布置各阶段施工工期，同时结合工程本身特点，合理组织施工工序搭接和穿插，合理安排劳动力、机械设备及施工物资等的进场计划，加强施工过程质量控制，确保各阶段施工工期实现，确保整个工期顺利实施。

1. 进度计划安排

严格依照合同规定，制定详细的施工计划。其中原位修复工期安排应考虑施工准备、原位注入系统构建、原位注入实施与自检、原位修复区域地下水降水井构建、废水治理实

施、回填压实等环节的工作量；水泥窑协同处置工期安排应重点考虑污染土壤运输及污染土壤水泥窑协同处置环节的工作量。

2. 进度计划保障措施

本着“质量第一”的原则，运用 ISO9000 系列管理程序，统筹安排生产计划。以计算机为手段，按实际情况调整施工部署，实现动态管理，确保施工工期顺利实现。通过组织措施、资金保证措施、技术保证措施、人力保障措施和其他配合保障措施保证工作计划的顺利完成。

（三）施工人员安全防护措施

1. 工程安全防护措施

建立健全的安全教育制度（表 6-15），加强施工现场安全管理措施。

表 6-15　安全教育主要内容

类别	主要内容
现场规章制度和遵章守纪教育	项目施工特点及施工安全基本知识；项目（包括施工生产现场）安全生产制度、规定及安全注意事项；工种的安全技术操作规程；基坑作业、机械设备、电气安全基础知识；防火、防毒、防尘、防爆及紧急情况安全防患自救；防护用品发放标准及防护用品、用具使用的基本知识
岗位安全操作及班组安全制度、纪律教育	各班组作业特点及安全操作规程；班组安全活动制度及纪律；爱护和正确使用安全防护装置（设施）及个人劳动防护用品；各岗位易发生事故的不安全因素及其防患对策；作业环境及使用的机械设备、工具的安全要求
安全生产须知	基坑围护施工现场安全生产须知；基坑开挖安全生产须知；基坑降水安全生产须知；土壤包装与运输安全生产须知；土壤堆放安全生产须知；土壤前处理安全生产须知；土壤入窑处理安全生产须知
施工现场有害物质安全教育	使相关人员充分了解与本项目有关的污染物对环境和人体的危害途径；因暴露于这些物质或工艺而可能引起的不良的健康影响的资料信息；危害预防措施；相关急救措施

2. 个人安全防护措施

根据本项目污染物特点为现场施工人员和进出人员配备个人安全防护装备，根据现场作业风险的不同，配备相应的现场污染区施工人员安全防护装备、现场非污染区人员安全防护装备、急救器材以及制定相应的人员安全防护措施、配备安全急救措施。当施工现场发生下列情形时，迅速采取急救措施后就医（表 6-16）。

表 6-16　急救措施

接触途径	急救措施
皮肤	脱去污染衣物，用肥皂水和清水彻底清洗，就医
眼睛	立即翻开上下眼睑，用流动清水冲洗 15 分钟，就医
呼吸	脱离现场至空气新鲜处，呼吸困难时输送氧气，呼吸停止时立即进行人工呼吸，就医
食入	饮适量温水，催吐，就医

六、井点降水和基坑废水治理及达标排放技术措施

（一）井点降水和基坑废水治理分析

依据项目场地地下水监测结果，参照居住用地地下水修复目标值（表6-17），废水的排放执行《污水排入城镇下水道水质标准》（CJ 343—2010）。由于地下水中含有大量2-甲基萘、二苯醚、3-甲基二苯醚等具有臭味的物质，必须对其进行处理，除去臭味后排放。施工废水经处理后排入城市下水管道，还需要对废水中的氯化物（《污水排入城镇下水道水质标准》要求氯化物含量≤600mg/L）进行达标处理。

（二）总体工艺方案的选择与确定

1. 废水处理工艺方案确定

表6-17　地下水修复目标值

名称	单位/（mg/L）
氯苯	54.7
萘	4.35
挥发酚	643
二苯醚	11.5
3-甲基二苯醚	11.5
氯化物	****

该工程废水中的污染物主要为氯化物和具有臭味的有机物。具有臭味的这些有机物对微生物有较大的毒害作用，不适合采用生物法进行处理。常见的有机废水处理工艺主要有吸附法、萃取法、浓缩法、焚烧法、氧化法等。

废水中氯化物的处理方法主要有阴离子交换树脂法、蒸馏技术、复合絮凝剂絮凝处理、电渗析、反渗透膜分离处理技术等。由于施工工期短、现场场地有限、修复资金有限，拟采用阴离子交换树脂法对水中的氯化物进行达标处理。

该工程废水中的污染物主要是有恶臭的有机物、氯化物，根据修复工程工期安排，确定主要采用活性炭吸附工艺对废水中的有机物进行处理，采用阴离子交换树脂法对废水中的氯化物进行处理。具体的修复工艺为絮凝沉淀→砂滤→活性炭吸附过滤→阴离子交换树脂。由于本工程废水中含有恶臭物质，废水的储存和处理过程均在密闭环境中进行，不暴露在空气中。

2. 废水处理工艺参数

项目涉及的废水处理工艺参数具体按照项目设计内容确定，此处略去具体参数。

（三）废水的监测和检测措施

监测点位设置：在废水储袋出口、活性炭过滤吸附设备出口、监测井处设监测点位。

监测频率：废水储袋出口、活性炭过滤吸附设备出口监测频率为每天1次；监测井监测频率为每周1次。

监测指标：主要测量水体的异味、浊度、氯化物。

废水监测执行标准：《污水排入城镇下水道水质标准》（CJ 343—2010）。

水样采集方法：采用便携式多参数水质监测仪、浊度计和光离子化检测设备在现场进行快速检测。采用100mL的玻璃瓶或塑料瓶对废水储袋出口、活性炭过滤吸附设备出口、监测井进行取样，使水样充满整个容器至溢流并密封保存。

水样检测方法：采用浊度计或便携式多参数水质监测仪现场监测浊度，采用便携式多参数水质监测仪现场监测氯化物浓度，采用光离子化检测仪测定水样臭味。

（四）废水治理技术的科学性和可行性

1. 活性炭吸附技术的科学性和可行性

采用活性炭吸附技术对废水中的具有臭味的有机物进行处理。活性炭作为一种比较特殊的碳质材料，以其发达的孔隙结构、巨大的比表面积、良好的稳定性质、很强的吸附能力以及优异的再生能力，被广泛用于废水处理、废气处理等环保领域。具体论证可参考相关技术说明。

根据该工程工期短、现场施工场地有限的特点，采用活性炭吸附技术可以实现快速、便捷、彻底治理废水的目的，而且活性炭不仅可以去除废水的臭味，还可以在一定程度上降低废水中氯化物的含量。施工时，可以购买市售的活性炭吸附设备，处理后产生的废旧活性炭还可以送到专业的公司进行再生。因此，本工程采用活性炭吸附技术处理现场有机污染废水是科学可行的。

2. 离子交换技术的科学性和可行性

该工程采用离子交换技术去除废水中超标的氯化物。

离子交换技术是利用离子交换剂来进行物质的分离和提纯的方法。该工程用有机阴离子交换树脂作为离子交换剂，有机离子交换树脂具有网状结构，难溶于水、酸、碱、有机溶剂，性质稳定（热、机械、化学），具有较强的机械强度。

相关研究及废水处理案例表明，阴离子交换树脂不仅可以有效去除废水中的氯化物，还能吸附废水中的其他杂质。市售的离子交换设备占地较小，易于安装、操作和管理，还可以通过租赁的方式获得相关设备，降低废水处理成本。

综合废水处理成本、废水处理对象、施工现场情况等因素分析，该工程采用离子交换技术处理含氯废水是科学可行的。

七、污染土壤运输方案及运输过程中二次污染防护措施

（一）污染土壤外运计划

依照该地块所处位置，可选择的运输方式主要有公路运输、水路运输、铁路运输和航空运输等。根据招标文件要求，综合考虑周边环境、运输条件、处理工期和运输成本后，本次污染土壤运输采用水路运输和短途陆路运输。

1. 污染土壤外运流程

该块土壤及地下水污染治理项目中污染土壤采用水泥窑协同处置。根据招标文件规定，本项目需要异位治理修复的土方量约为***m^3，采用陆路与水路相结合的运输方式。袋装的污染土壤利用吊机和叉车将土壤装至运输车上，运输车从场地暂存场经短驳运输至码头，再利用吊机和叉车将袋装污染土壤装卸到运输船上，由水路直接运输到水泥厂码头所在地，再利用吊车和叉车将袋装污染土壤卸载到运输车上，最后由运输车转运到水泥厂堆放仓库。

2. 污染土壤包装方式

对污染土壤进行包装入袋，为了方便操作，包装袋采用简易束口袋。具体的流程为：土壤清挖后，挖掘机把污染土壤直接装入吨袋，污染土壤进入吨袋装满后由人工封口。

3. 污染土壤运输路线安排

污染土壤运输场地内运输道路尽量选择原有道路，如需自建临时道路，则选择合适的路基材料铺设道路，碾压成型。厂区内运输道路设置成双向行驶道路，方便车辆进出双向行驶。污染土壤运输的场外运输道路则是选择通航能力好、航道宽、行驶安全的航道运往水泥厂。

4. 污染土壤运输设备安排

根据招标文件规定，需异位治理修复的土方量为***m^3，折合为重量，约需运输污染土壤的总重量为***t，本项目计划水泥窑协同处置固体废物总工期为***天，计划污染土壤运输工期为***天。依照实际情况安排车辆运输和水路运输计划。

污染土壤经由吊机和叉车将装袋污染土壤转运至运输车上。每台运输车每一工作循环时间为

$$T_S = t_1 + \frac{2L}{V_c} + t_2 + t_3 = 10 + 4 \times 2 \times \frac{60}{40} + 10 + 6 = 38\text{min} \qquad (6.3.1)$$

其中，t_1为自卸汽车每次装车时间，取值 10min；L 为运土距离（km），实际运输路线约为 4km；V_c为重车与空车的平均速度，取 40km/h；t_2为卸车时间，取 10min；t_3为操纵时间（包括停放待装、等车、让车等），取 6min。

根据计算，每台运输车从场地至码头再至场地约需时间38min，每天按照8小时工作时间计算，则每台运输车每天约运输13次，每天运输1000t，可计算出实际需要运输车辆数。主要机械设备和运输车辆参数可参照表6-18。根据驳船运输量、距离、时间确定驳船规格，并配备专业人员跟船检测。

表6-18　污染土壤运输主要机械设备

序号	机械设备名称	型号规格	数量	主要用途	设备状态
1	自卸车	ZZ3257N3847C	4	运输污染土壤	良好
2	运输船	500t	8	运输污染土壤	良好
3	吊车	QY25K5-I	1	辅助装卸袋装土壤	良好
4	叉车	CPC（D）30	2	装卸袋装土壤	良好

（二）污染土壤外运方式及运输途径科学性分析

1. 污染土壤外运方式科学性分析

针对该地块土壤及地下水污染治理项目的位置，可行的运输方式主要有公路运输、铁路运输、水路运输等。

公路运输机动灵活，货物损耗少，运送速度快，可以实现点对点运输。但运力小、能耗和成本高，劳动生产率低，此外，由于汽车体积小，无法运送大件物资，不适宜运输大宗和长距离货物。

铁路运输运行速度快，运输能力大，运输成本较低，但缺乏专门的铁路运输路线，若新建铁路，投资太高，建设周期长。

综合考虑周边环境、运输条件、处理工期和运输成本，本次污染土壤运输采用水路运输和短途陆路运输。水路运输作为主要的运输方式不仅是由于污染场地和拟定水泥厂附近有便捷的水路运输系统，并且具有经济性强、限制条件少、事故率低的优点，可最大限度减少扰民行为，便于水泥窑预先安排好接货工作及后续作业等优势。

由于本次污染土壤具有异味，且污染物易挥发，为了将运输过程中的负面影响降到最低，污染土壤采用吨袋包装，同时对船只进行防渗、防污染处理，采用HDPE膜对船只底部及四周进行包裹，避免堆渗水对船只造成污染。同时，由于运输途中时间较长，还将对土壤进行全封闭式覆盖，采用防水油布进行双层覆盖。

2. 污染土壤运输途径科学性分析

该项目所在地和拟选水泥厂附近均有码头，水路运输体系完善，运输途径较为便捷。首先，污染土壤由自卸车运到港口码头处后直接装卸到驳船，由水路直接运输到距离水泥厂最近的港口码头所在地，最后由自卸车转运到水泥厂所在地处理污染土壤。

污染土壤采用吨袋装运，短途运输车辆全封闭，长途运输采用封闭船只。运输所用船只进行防渗阻隔，防止造成二次污染及运输过程造成遗洒，采用高密度聚乙烯膜对船只底部及四周进行包裹，避免污染土壤及渗滤液对船只造成污染。同时，考虑运输途中时间较长，采用防水油布对污染土壤进行覆盖。

（三）运输过程的监测和控制措施

运输过程专人跟船，并制定详细的陆路运输过程的监测措施、水路运输过程的监测措施、运输过程中的控制措施及应急预案。

（四）外运土壤二次污染防护措施

本项目主要污染因子为氯苯、苯酚、二苯醚、3-甲基二苯醚、萘和 2-甲基萘等。在土壤运输过程中，必须充分重视二次污染的防治，尤其对“尘、噪、毒”等作为重点防治对象，做好防尘、防止噪声、防毒伤害。基于此，工程施工设计中重视二次污染防治，消除或降低项目实施对环境产生的不良影响。

1. 陆路运输土壤二次污染防护措施

土壤运输过程中由于路面不平，运输车辆颠簸可能会导致污染土壤的遗洒；车辆运输过程中的噪声及鸣笛声可能会对周围居民生活产生影响；运输过程中遇天气干燥可能会引起扬尘，造成大气污染。为此，土壤运输过程中应做好防遗洒、防噪声、防大气污染等二次污染防护措施。

2. 水路运输土壤二次污染防护措施

土壤运输过程中由于运输船只在航行、停泊港口、装卸货物的过程中可能会对周围水环境和大气环境产生污染，为此，土壤运输过程中应做好防遗洒、防水污染、防大气污染等二次污染防护措施及其他二次污染防护措施。

（五）运输过程中突发事件的应急响应

土壤外运过程中可能由于自然原因、不可抗力及外运条件不满足等因素造成土壤外运停止。投标方应提前制定应急预案并于以上情况发生时迅速采取有效措施保证工程实施人员及管理人员的人身安全、工程设备的妥善处置，并尽可能降低对周围环境的影响。

建立应急机构、制定应急反应程序，成立专门部门管理专项资金。

八、外运污染土壤堆放场地安全处理方案

（一）外运土壤堆放场地及周围环境

该工程外运的污染土壤堆放在水泥厂内。土壤中的污染物主要是氯苯、苯酚、二苯

醚、3-甲基二苯醚、萘和2-甲基萘，对环境具有一定的毒性。因此，需要做好外运污染土壤堆放场地的选择、堆放场地的防护处理等工作。

由于土壤里含有氯苯、苯酚、二苯醚、3-甲基二苯醚、萘和2-甲基萘等污染物，对环境具有一定的危害性，并且具有较强刺激性气味，其堆放场地的选择参照《危险废物贮存污染控制标准》的要求执行。

综合分析污染土壤运输、处置等各主要环节，该工程拟将项目外运污染土壤的堆放场地选择在水泥厂内。

该项目选定水泥厂储存污染土壤的密闭储存仓库面积***m^2，高度**m，针对密封储存仓库地面及**m以下混凝土挡墙采用加设防渗层，底部配置渗滤液收集设施，污染土壤储存过程中产生的渗滤液收集转移至废水处理系统集中处置。

在水泥厂储存仓库中，污染土壤需经过干燥、破碎、筛分等过程，所以土壤处理前，水泥厂储存仓库中的堆放采用堆垛的方式，设定堆垛尺寸。土壤经过干燥、破碎、筛分后再进行水泥窑协同处置。

（二）堆放后污染土壤的安全防护措施

土壤在转运至储存库后，需做好配套安全防护措施，防止污染渗滤液以及废气所造成的二次污染。

1. 渗滤液处理措施

现场污染土壤堆放区应尽量远离地表水和地下水位较浅的区域，同时必须做好防渗、防雨措施，避免产生渗滤液进入土壤或地下水，引发二次污染；严格控制作业范围，避免施工过程中夹带的污染土壤在雨水天气对水体及周边土壤造成污染。针对密封储存仓库地面及**m以下混凝土挡墙采用加设防渗层，防渗层由0.5mmHDPE膜焊接，设置渗滤液导排管，收集污染土壤渗滤液至废水处理系统。该系统为可拆卸移动式废水处理系统，系统包括化学反应单元、絮凝沉淀单元、过滤单元、活性炭吸附单元。处理后的废水达到接管标准后，排入污水管网送至附近的污水处理厂进行达标处理。

2. 废气处理措施

水泥窑密闭储存仓库配备了三套引风装置，并对仓库进行了密封性改造。通过在整个密闭储存仓库内形成微负压防止污染气体的扩散，污染气体将通过管道和熟料冷却器相连，引至水泥窑协同高温处理。

3. 扬尘处理措施

仓库内扬尘主要来自土壤的转运及破碎、筛分等环节。当气候干燥，有较强风力时，扬尘较大，此时可以采用洒水车洒水来降低扬尘。污染土壤转运过程中产生的粉尘，根据工艺要求，污染土壤进料含水率控制在15%以下，所以，一旦空气干燥，污染土含水率较低时，设计采用渗滤液处理后的排放水调节土壤水分，一方面满足了工艺要求，另一方面起了防尘作用。同时采用了全封闭操作空间，避免了操作空间以外灰尘的蔓延。

（三）污染土壤堆放过程中废气污染防治措施

对储存污染土壤的密闭储存仓库进行密封性改造（图 6-7），并针对密封储存仓库地面及**m 以下混凝土挡墙采用加设防渗层。仓库西南、东南、东北各有风机及引风管道，通过在整个密闭储存仓库内形成微负压防止污染气体的扩散，污染气体将通过管道引至水泥窑协同高温处理。土壤入窑前处置的所有处理均在该密闭空间中进行，切断了污染气体的扩散途径。

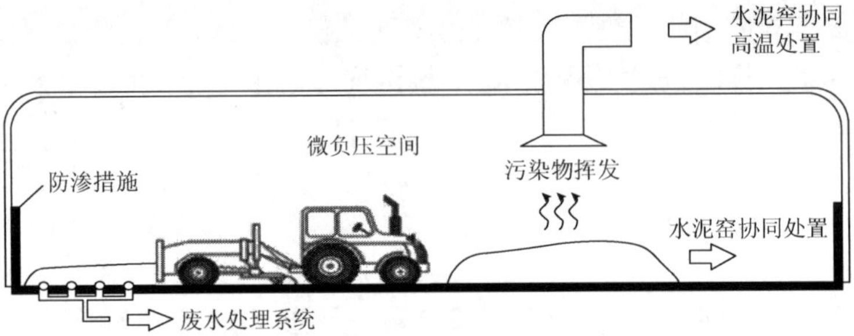

图 6-7 水泥厂污染土壤储存仓库示意图

污染土壤向堆放区进行倾倒或装车转运时可能会产生扬尘，在这两个环节需要做好扬尘的防治工作，可供选择的防治措施有两种。

（1）通过洒水降尘对污染土壤装卸过程产生的粉尘进行控制；

（2）改进污染土壤转运工艺，采用配备无动力除尘器的带式输送机完成污染土壤的装卸。根据后续工艺要求，进入水泥窑的土壤含水率不能超过 15%，因此，该工程采用改进土壤转运工艺的措施降低粉尘对空气的污染。无动力除尘器工作流程如图 6-8 所示。

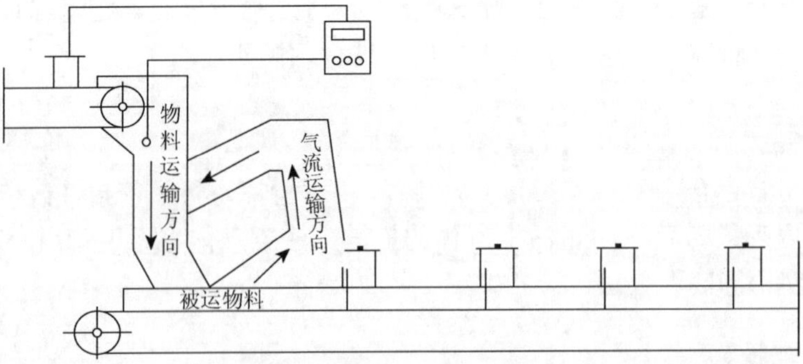

图 6-8 无动力除尘器工作流程示意图

九、污染土壤在进入水泥窑协同处置前的技术装备

污染土壤在进入水泥窑协同处置前需要经过处理，使其投入水泥窑的污染土壤物理特

性（如热值、含水率、挥发分含量、灰分含量、粒度、黏度等）和化学特性（如矿物成分 CaO、SiO_2、Al_2O_3、Fe_2O_3 的含量）、有害元素含量（K、Na、Mg、Cl、F、S、P、重金属等）等指标经过检测符合进窑要求，保证入窑的污染土壤不应对水泥生产过程和水泥产品质量产生不利影响。其前处理破碎、检测、监控等可参照水泥窑协同处置的相关规范。

（一）前处置车间改造

由于土壤污染物中存在挥发性有机污染物，经专业改造，用于储存污染土壤的密闭储存仓库一座，密封储存仓库地面加设防渗层。仓库内不同方向各有风机及引风管道将仓库内挥发性有机气体抽至水泥窑高温焚烧。

（二）水泥窑改造

由于本项目污染土壤中污染物具有挥发性，如果与生料一起入窑，在还未达到污染物被分解温度时就已挥发而随烟气进入大气，造成二次污染，无法实现无害化处置。因此，污染土壤需从水泥窑的高温段加入，以保证气体和物料的温度都能达到900℃以上，确保污染物被彻底分解破坏。根据以上原则，本方案选择水泥窑烟室位置作为污染土壤的投加点，在烟室处增设投料管道、锁风阀和提升设备（图 6-9）。为避免卸料时扬尘造成二次污染，将对卸料区进行密封并在卸料区安装收尘器。

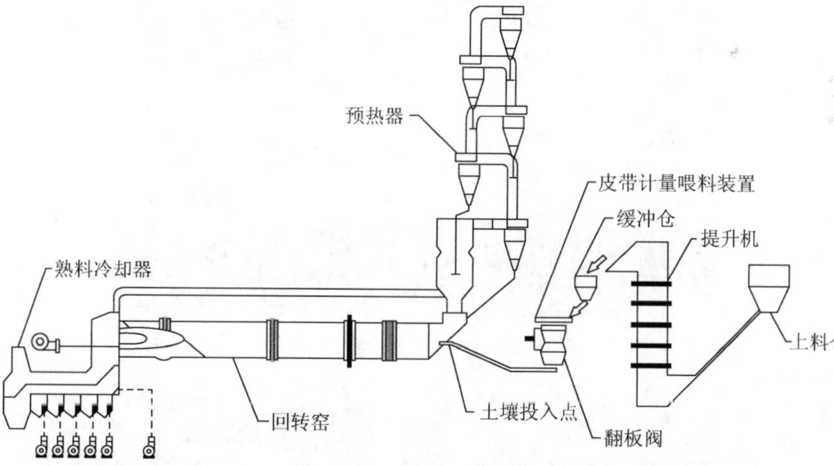

图 6-9　水泥窑改造示意图

十、原位修复技术装备

（一）原位修复二次污染防治措施的技术可行性

1. 原位修复技术装备

原位注入化学氧化技术具体示意如图 6-10 所示。整个场地共布设注入井 30 口，集成注入设备如图 6-11 所示。在场地原位注入的同时根据自检情况，使用 Geoprobe 移动注入药剂修复，其主要起到辅助修复的作用（图 6-12）。

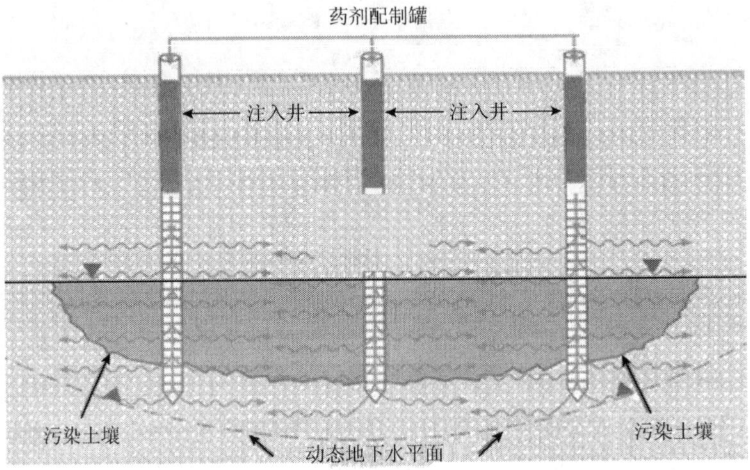

图 6-10　原位注入化学氧化技术示意图

图 6-11　集成注入设备示意图

图 6-12　Geoprobe 辅助场地注入示意图

整个场地集成注入系统包括药剂混合系统、药剂输送系统、注入动力设备、压力监控设备、流量监控设备等。药剂混合系统包括药剂桶（带搅拌器）、防腐输药管道等。药剂混合系统的主要作用是为原位注入提供氧化药剂；药剂输送系统主要有防腐蚀管道、止回阀、阀门快接等组成，输送系统设有压力和流量监控设备，用以根据场地实际注入情况调节压力和注入速率；注入动力设备根据场地地质结构，选择高压注入设备注入，采用高压柱塞泵，高压注入的压力范围在3～10MPa；压力监控设备采用隔膜压力表，防止注入的氧化药剂腐蚀压力表，注入压力根据场地修复情况进行调整；注入药剂流量根据场地注入井所处土层情况和场地污染分布情况进行调整。

2. 原位修复二次污染防治措施的技术可行性

化学氧化修复技术是指通过向土壤中添加氧化剂的方式把土壤中的污染物氧化为低毒、易迁移的物质或者直接把污染物降解。本项目污染场地主要污染物为有机物，对于部分较深污染土壤采用原位注入强氧化药剂对其进行氧化，使其最终分解形成无毒无害的水和二氧化碳。

结合本项目原位土壤修复深度及工艺技术特点，在原位修复实施中可能产生二次污染的过程有：选择注入药剂对土壤的影响、注入过程中可能有臭味外溢、施工过程中机械设备产生噪声。

基于以上三点对原位修复污染土壤过程中可能产生的二次污染提出以下防治措施并分析其技术可行性。主要包括防治注入药剂对土壤二次污染、防治臭味外溢对土壤二次污染、防治施工噪声对周围二次污染等三方面的措施及技术可行性。

（二）治理过程添加物质对后续建筑材料的安全性

1. 治理过程添加物质的安全性

该项目中主要污染物为有机物，有机污染物采用原位注入化学氧化药剂对其进行氧化使其分解最终形成无毒无害的产物水和二氧化碳。本项目中原位注入选择的氧化剂为类芬顿试剂，该药剂主要以过氧化氢为基础，复配少量的催化剂和络合剂形成。过氧化氢化学式 H_2O_2，纯过氧化氢是淡蓝色的黏稠液体，可任意比例与水混合，是一种强氧化剂，水溶液俗称双氧水，为无色透明液体。其水溶液适用于医用伤口消毒及环境消毒和食品消毒。在一般情况下会分解成水和氧气，但分解速度极慢。

考虑项目修复场地日后需要作为建筑用地，为防止化学药剂对建筑物的损害，减少土壤中的药物残留和对土壤酸碱性的改变，在对多种药剂筛选后，选择类芬顿试剂作为本项目修复场地原位注入的氧化药剂。

2. 治理过程反应产物的安全性

由于本场地有机物中含有氯苯，该物质与类芬顿试剂反应最终都可转化为二氧化碳和水，而氯苯会产生少量氯离子，需要对其潜在影响进行分析。

氯离子是极强的去钝化剂，在不均质的混凝土中，氯离子能够破坏钢筋表面的钝化膜，使钢筋发生局部腐蚀。在阳极区铁发生腐蚀生成铁离子，当钢筋/混凝土界面环境存在氯离子时，在腐蚀电池产生的电场作用下，氯离子不断向阳极区迁移而富集。Fe^{2+}和 Cl^-生成可溶于水的 $FeCl_2$，然后向阳极区外扩散，与本体溶液或阴极区的 OH^-生成俗称“褐锈”的 $Fe(OH)_2$，遇孔隙液中的水和氧很快又转化成其他形式的铁锈，如 $Fe(OH)_3$。$FeCl_2$ 生成 $Fe(OH)_2$ 后，同时释放出 Cl^-，新的 Cl^-在腐蚀电池电场下又向阳极区迁移，带出更多的 Fe^{2+}。Cl^-不构成腐蚀产物，在腐蚀中也未被消耗，如此反复对腐蚀起催化作用。可见，$C1^-$对钢筋的腐蚀起着阳极去极化作用，加速钢筋的阳极反应，促进钢筋局部腐蚀，这是氯离子侵蚀钢筋的特点。此外，氯化物对混凝土也有侵蚀作用。

依据《岩土工程勘察规范》（GB 50021—2001）局部修订版中水和土对钢筋混凝土结构中钢筋的腐蚀性评价指标评价，并根据调查报告中的调查数据显示，最大超标点位氯苯浓度为***mg/kg，当其全部降解后可产生氯离子的量为***mg/kg，远低于标准所规定的数值（400mg/kg），因此可以忽略修复过程中产生氯离子对建筑物的影响。

综上所述，治理过程中添加的氧化药剂在跟场地的有机物的反应产物及其本身都不会对后续的建筑材料产生影响，可以充分保证建筑材料的安全性。

十一、污染土壤治理修复过程事故风险防范措施、应急方案和措施

（一）事故风险分析

本项目污染土壤修复过程主要包括清挖、运输、暂存、污染土壤处理等过程。修复过程中的事故风险主要包括基坑稳固、机械操作、交通安全、土壤堆放场安全、水泥窑安全等。

（二）事故风险防范

以“预防为主，防治结合”的原则为指导，从施工的各个环节做好大气污染事故风险防范、水污染事故风险防范（主要是基坑降水过程和基坑废水处理过程）、污染土壤运输过程污染防范、火灾和爆炸事故风险防范。

（三）事故发生后的应急预案

建立应急组织机构，明确应急组织的职责，明确人员分工。

（四）事故发生后的应急措施

包括大气污染事故应急措施、水污染事故应急措施、火灾、爆炸事故应急措施、人员安全事故应急措施。

十二、污染土壤水泥窑协同处置治理方案及质量控制措施

（一）水泥窑协同处置污染土壤全过程方案的完整性

1. 污染土壤投加

由于该项目污染土壤中有机污染物具有挥发性，如果与生料混在一起入窑，在还未达到污染物被分解破坏的温度时就已挥发而随烟气进入到大气中造成二次污染，达不到无害化处置的目的。所以，污染土壤必须在水泥窑的高温段加入。在水泥窑高温段，气体和物料的温度都能达到900℃以上，确保污染物被彻底分解破坏。根据以上原则，本方案选择水泥窑窑尾烟室位置作为污染土壤的投加点，在烟室处增设投料管道、翻板锁风阀和提升设备（图6-9）。

为避免卸料时造成二次污染，需对卸料区进行密封。卸料进口安装1道闸门，卸料完成后，该门处于密封关闭状态。卸料点旁安装1台收尘器，在卸料时保持负压，收尘器主拉风机出口接入篦冷机前段，废气作为二次风入窑，避免污染土粉尘外扬，造成二次污染。卸料区和物料提升区实行全封闭。在全封闭的卸料和物料提升区顶部加安通风管道与篦冷机前段相连，废气作为二次风入窑，并在通风管上加安与中控联网的锁风阀。汽车卸料时整个区域半封闭，卸完料后整个区域全封闭，无论是半封闭或全封闭均要保证整个土壤投加系统处于负压状态。通风管道上的锁风阀开度可通过中控进行远程调控，确保生产期间整个土壤投加系统的负压状态。

2. 水泥窑协同处置全过程

图6-13为污染土壤水泥窑协同处置全过程工艺流程示意图，包括生料制备、煅烧、熟料烧成、尾气除尘、熟料粉磨、水泥包装。具体可参照相关水泥窑协同处置相关规范和水泥生产相关工艺介绍。

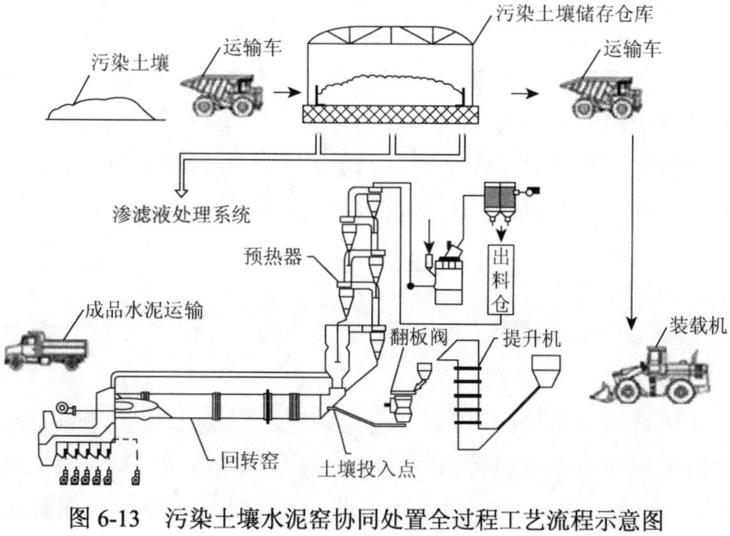

图6-13　污染土壤水泥窑协同处置全过程工艺流程示意图

3. 污染土壤协同处置周期

依据水泥厂回转窑日产水泥熟料量、生料消耗量，考虑污染土壤特性，在最大限度不影响水泥成品品质的前提下，核算污染土壤替代黏土比例和水泥窑运转率，确定污染土壤日处理量，进而根据土方量计算出需处理污染土壤量和连续处理所需时间。

4. 污染土壤协同处置质量控制措施

污染土壤水泥窑协同处置是连续性很强的过程，任何一道工序出现问题都将会影响水泥产品的最终质量，因此必须在水泥生产全过程中严把质量关。不仅要控制出厂水泥的质量，更要控制生产过程中的每个工序，包括进窑前的质量控制措施、协同处置过程中的质量控制措施、出窑后的质量控制措施，具体标准可参见《水泥窑协同处置固体废物技术规范》（GB/T 30760—2014）中的要求检验取样水泥熟料，并按《通用硅酸盐水泥》（GB 175—2007）的要求对水泥产品进行取样和质量分析。

5. 环境污染防护措施

主要是环境管理、监测和污染防护措施。烟气排放应符合现行国家标准《工业炉窑大气污染物排放标准》(GB 9078—1996)、《水泥工业大气污染物排放标准》(GB 4915—2013）中的有关规定。水泥窑及窑尾余热利用系统排气筒配备粉尘、NO_x、SO_2浓度在线监测设备，连续监测装置需满足《固定污染源烟气排放连续监测技术规范》（试行）（HJ/T 75—2007）的要求，并与当地监控中心联网，保证污染物排放达标。

6. 作业人员的保护措施

水泥窑协同处置过程中应对污染土壤协同处置作业人员制定相关的保护措施，保证协同处置作业人员的身体健康。主要措施有作业人员安全培训、安全管理、健康管理制度和应急管理制度。协同处置企业遵守《关于加强环境应急管理工作的意见》和《突发环境事件应急管理办法》等相关要求，建立包括安全生产事故和突发环境事件在内的全面应急管理制度，主要包括应急管理组织体系、生产安全事故应急救援预案管理、突发环境事件应急预案管理、应急管理培训、应急演练、应急物资保障等。

协同处置企业每年至少进行一次全员应急管理培训，内容包括事故预防、危险辨识、事故报告、应急响应、各类事故处置方案、基本急救常识、避灾避险、逃生自救等。要准备好应急救援设备、器材、防护用品、工具、材料、药品等保障工作，并对其进行定期检测、维护、更新，确保性能完好。

7. 处置验收

在水泥窑协同处置污染土壤阶段，由业主委托第三方对处置现场、处置过程二次污染控制效果、处置后水泥产品质量进行监测验收。为配合业主验收，应做好如下工作：

（1）做好污染土壤在水泥厂的堆放、预处理、入窑过程的全程在线监控和记录，完整保存影像数据和记录资料，便于验收；

（2）做好水泥厂有组织和无组织废气达标排放，提供环境监理单位的抽查监测资料；

（3）提供水泥厂定期质量控制数据验证污染土壤水泥窑协同处置时对水泥产品质量的影响。

（二）水泥窑协同处置污染土壤全过程方案的可行性分析

水泥窑协同处置污染土壤全过程方案的可行性分析可从技术是否成熟可靠、水泥的生产过程、技术适用性等几方面加以论证，此处不再详细论述。

该项目污染土壤中的污染物质有氯苯、苯酚、二苯醚、3-甲基二苯醚、萘和2-甲基萘，根据《水泥窑协同处置固体废物环境保护技术规范》（HJ 662—2013），对于以上污染物没有具体要求，也未禁止水泥窑协同处置含如上所述有机污染物的污染土壤，本项目可以利用水泥窑协同处置。

（三）处理过程中防止有害物质及有害气体扩散的处置措施

1. 有害物质及有害气体扩散环节

水泥窑协同处置污染土壤过程中可能产生有害物质和有害气体的环节包括：

（1）污染土壤储存库中对污染土壤进行预处理的破碎、筛分过程中部分可挥发性有机污染物挥发；

（2）吨袋包装的污染土壤从运输货船卸货经自卸车短驳至储存库过程中污染土壤的遗洒，预处理后的污染土壤从储存库转运至水泥生产线过程中的遗洒、污染土壤自窑尾烟室投加过程中的遗洒；

（3）投加污染土壤后水泥窑排放烟气中颗粒物、SO_2、NO_x等浓度超标。

2. 有害物质及有害气体扩散处置措施

基于以上有害物质及有害气体扩散可能产生的环节，特制定以下针对性处置措施。

（1）污染土壤储存库不同方向各设置风机及引风管道，保证储存库内空气每小时置换3～5次，并保持储存库内负压，防止污染土壤破碎、筛分过程中部分污染物挥发泄漏。储存库内置换的气体通过外部引风管道经过收尘器除尘后抽至水泥窑高温区焚烧，除尘器内收集的粉尘随污染土壤投加至窑尾烟室进行烧成，彻底杜绝二次污染的产生。

（2）吨袋包装的污染土壤从运输货船卸货经自卸车短驳至储存库的过程中，需要对自卸车预先进行车厢内部防渗处理，吨袋堆放整齐，堆放高度不高于两侧车帮；自卸车行驶速度不宜过快，保证行驶安全。保证吨袋卸车时全过程在储存库中进行，保证卸车时可能产生的扬尘及挥发性有机污染物能够进行有效处置，防止二次污染。

自卸车将预处理后的污染土壤经储存库转运至水泥生产线，对运输污染土壤的自卸车预先进行车厢内部防渗处理，每辆车污染土壤装载不得超过车载容量的4/5，装载完毕后对车厢顶部敷盖防水布，有效防止水泥厂内转运过程中污染土壤的遗洒。在污染土壤投加过程中，窑尾烟室投加处对卸料点进行密封，卸料口安装闸门，卸料完成后闸门处于密封关闭，卸料口旁安装收尘器，保持在卸料时呈负压，防止污染土粉尘扬尘造成二次污染。

（3）水泥窑排气筒安装有烟尘在线监测系统，对水泥厂生产废物的排放进行全天候的监测。在投加污染土壤后如果发现烟气中污染物监测数据浓度超出《水泥工业大气污染物排放标准》（GB 4915—2013）对各污染物的排放限值，立即停止投加污染土壤，待查明原因并恢复正常运行后方可恢复投加。

（四）处理后有害物质的检验措施

该协同处置污染土壤中污染物为氯苯、苯酚、二苯醚、3-甲基二苯醚、萘和 2-甲基萘，在协同处置过程后需对烟气、水泥熟料和水泥成品进行有害物质检验检测。

1. 烟气中有害物质监测措施

利用水泥窑协同处置污染土壤时，水泥窑及窑尾余热利用系统排气筒大气污染物中颗粒物、二氧化硫、氮氧化物和氟化物的排放限值按《水泥工业大气污染物排放标准》（GB 4915—2013）中的要求执行。利用水泥窑协同处置污染土壤时，水泥窑及窑尾余热利用系统排气筒大气污染物中除应该满足以上污染物限值外，还应该按照《水泥窑协同处置固体废物污染控制标准》（GB 30485—2013）中的要求执行。其检验措施如下：

（1）按照《污染源自动监控管理方法》的规定，设置污染物排放自动监控设备；

（2）对水泥厂排放废气的采样，根据监测污染物的种类，在规定的污染物排放监控位置进行；有废气处理设施的，在该设施处理后监测。排气筒中大气污染物的监测采样按《固定污染源排气中颗粒物测定与气态污染物采样方法》（GB/T 16157—1996）或《固定污染源烟气排放连续监测技术规范》（试行）（HJ/T 75—2007）规定执行；大气污染物无组织排放的监测按《大气污染物无组织排放监测技术导则》（HJ/T 55—2000）规定执行；

（3）对烟气中重金属（Hg、Sn、Sb、Co、Mn、Ni、Cd、Pb、As、V 及其化合物）以及总有机碳、氯化氢、氟化氢的监测，在水泥窑协同处置污染土壤时，每季度至少开展 1 次。对烟气中二噁英类的监测每半年至少开展 1 次，其采样要求按《环境空气和废气二噁英类的测定同位素稀释高分辨气相色谱-高分辨质谱法》（HJ 77.2—2008）的有关规定执行，其浓度为连续 3 次测定值的算数平均值。其他大气污染物排放情况监测的频次、采样时间等要求，按有关环境监测管理规定和技术规范的要求执行。

2. 水泥熟料中有害物质检验措施

水泥窑协同处置固体废物时，水泥窑生产的水泥熟料应满足《硅酸盐水泥熟料》（GB/T 21372—2008）的要求。水泥熟料中重金属含量不宜超过《水泥窑协同处置固体废物技术规范》（GB 30760—2014）中规定的限值（表 6-19）。水泥熟料中重金属含量的检测参照

《水泥工厂设计规范》（GB 50295—2016）中附录B规定的方法进行。

表 6-19　水泥熟料中重金属含量限值（单位：mg/kg）

类别	As	Pb	Cd	Cr	Cu	Ni	Zn	Mn
熟料	40	100	1.5	150	100	100	500	600

水泥窑协同处置固体废物时，水泥熟料中可浸出重金属含量不得超过《水泥窑协同处置固体废物技术规范》（GB 30760—2014）中规定的限制（表 6-20）。水泥熟料中可浸出重金属含量测定按照《水泥中可浸出重金属的测定方法（报批稿）》规定的方法进行，其中样品制备按照《硅酸盐水泥熟料》（GB/T 21372—2008）进行。

表 6-20　水泥熟料中可浸出重金属含量限值（单位：mg/kg）

类别	As	Pb	Cd	Cr	Cu	Ni	Zn	Mn
熟料	0.1	0.3	0	0.2	1	0.2	1	1

熟料取样应具代表性，可连续取，亦可从 20 个以上不同部位取等量样品，总量至少 22kg。

3. 水泥成品中有害物质检验措施

水泥窑协同处置固体废物时，水泥窑生产的水泥产品应满足《通用硅酸盐水泥》（GB 175—2007）的要求。

袋装水泥和散装水泥分别进行编号和取样，取样方法按《水泥取样方法》（GB/T 12573—2008）进行。可连续取，亦可从 20 个以上不同部位取等量样品，总量至少 12kg。

水泥成品的分析内容包括化学指标（不溶物、烧失量、三氧化硫、氧化镁、氯离子）、碱含量（选择性指标）、物理指标（凝结时间、安定性、强度、细度）。试验方法和各指标限值参照《通用硅酸盐水泥》（GB 175—2007）的要求。经确认，水泥各项技术指标及包装质量符合要求时方可出厂。

（五）未达逾期效果的技术修正措施

水泥的生产工艺并非为处置污染土壤设计，只是作为水泥生产的附加功能。因此，水泥窑协同处置污染土壤有可能会影响水泥的品质，在出现影响水泥品质的问题时，要及时采取技术修正措施，确保在污染土壤被处置的同时，水泥能够正常达标生产。关注并制定烟气中污染物浓度升高、窑内温度明显异常和水泥品质不合格的技术修正措施。

第七章　场地修复项目污染评估与控制及社会稳定风险评估

第一节　场地修复项目污染评估与控制

一、概念

场地修复项目污染评估与控制是指对工业企业污染的场地在修复实施过程中可能造成的环境二次污染进行分析、预测和评估，提出预防或者减轻不良环境影响的对策和措施，进行跟踪监测的方法与制度。场地修复项目污染评估与控制的特殊性主要体现在对象特殊性、时效特殊性和责任主体特殊性三个方面。

（一）对象特殊性

特指工业企业污染场地修复项目，这类项目本身就是环保工程项目。

（二）时效特殊性

场地修复项目污染评估与控制是对修复过程中可能造成的环境二次污染进行预测评估，是一种“事中”评价。

（三）责任主体的特殊性

场地修复项目责任人按照“谁污染、谁治理”的原则，被污染的土壤或者地下水由造成污染的单位和个人负责修复和治理。造成污染的单位因改制或者合并、分立而发生变更的，其所承担的修复和治理责任，依法由变更后承继其债权、债务的单位承担。事实上，很多工业企业建厂时间早，污染地块的责任人无法追溯，由当地政府承担修复责任。

二、工作流程

场地修复项目污染评估与控制的工作流程一般分为前期准备、调研和工作方案三个阶段（图 7-1）。

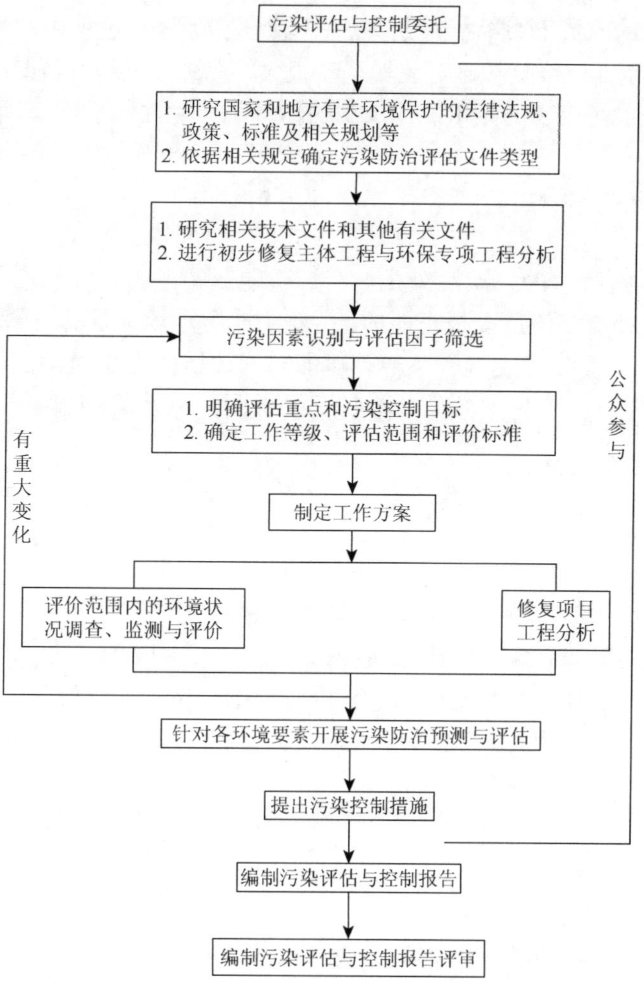

图 7-1　场地修复项目污染评估与控制的工作流程图

三、重点内容

工业企业污染场地主要分布在工业园区（集中区）、老城区等开发程度较高的城市建成区，在进行场地修复项目污染评估时重点关注以下几个方面。

（一）工程分析

场地修复项目工程分析最大的难点是污染物源强的不确定性。由于土壤或地下水中污染物空间分布的差异性，导致污染物的源强不是持续稳定的，传统的类比法、物料衡算法、反推法都不适用修复项目源强的估算。较为可行的办法是，充分利用场地调查数据，选择代表性的特征污染物的最高浓度推算修复范围内的污染物总量，进而估算污染物源强。在场地调查较为充分的前提下，这种办法可以基本保证实际修复过程中产生的源强都低于估算源强。此外，采用异位修复技术对土壤扰动很大，在进行工程分析时，要特别关注土壤中挥发性和半挥发性污染物的无组织排放源的估算。

（二）二次污染分析预测

修复项目实施过程中的二次污染是一个短暂的影响过程，由于其本身就是环保工程项目，长期的环境影响应该是积极正面的。工业企业污染场地周边一般分布有居民住宅，在修复实施过程中，产生的废气、噪声等可能对周边居民产生短期的不利影响。因此，应特别关注不利气象条件下有组织点源或无组织面源以及机械设备运行噪声对周边居民的影响。

（三）污染防治措施

作为环保工程的场地修复项目，污染防治措施更多地关注土壤或地下水修复过程中的废气（有组织和无组织排放）、废水、噪声以及固体废弃物（特别是危险废物）的污染处置工艺或措施。特别是由于废气和废水浓度不是持续恒定，具有较大的波动性，设计的处理工艺应充分考虑这点。同时，应制定废气、废水事故排放情况下的应急预案。

（四）公众参与

场地土壤修复过程可能对附近居民造成一定影响。在进行污染场地修复项目公众参与时，建议政府适度的公开土壤污染信息，建立完善的环境质量监测体系和污染场地修复信息公开制度，加强环境教育，积极正确引导社会舆论，从而获得公众的支持。

四、实施时间

一般场地修复项目污染评估与控制项目应该在修复方案确定以后，进入修复工程详细设计阶段进行，并在修复项目正式开工前报批。

第二节　场地修复项目社会稳定风险评估

一、概念

常州外国语学校污染事件发生以后，场地修复项目的社会稳定风险评估越来越受到重视。场地修复项目社会稳定风险评估是指对污染场地修复项目在制定及实施后可能发生危害社会稳定的诸多因素进行分析，评估发生危害社会稳定的频率，对不同的风险进行管理，做好危机预防及计划准备工作，采取切实可行的措施防范、降低、消除危害社会稳定的风险（麻宝斌等，2014）。

二、工作流程

场地修复项目社会稳定风险评估工作流程参见第三章图 3-5。

三、主要内容

场地修复项目社会稳定风险评估的主要内容包括以下几个方面。

（一）确定重大决策的利益相关者

确定重大决策的利益相关者是指确定场地修复实施过程中可能会受到直接或间接影响的单位或个人。

（二）评估社会稳定风险的可能诱发原因

预测社会稳定风险的可能发生领域是重大决策社会稳定风险评估的一项重要内容。

（三）评估社会稳定风险的时空范围

场地修复项目实施时间一般较短，从性质上看，往往是短期性的小范围问题。

（四）评估社会稳定风险的级别

《国家发展改革委重大固定资产投资项目社会稳定风险评估暂行办法》将重大项目社会稳定风险评估的等级划分为三个等级：高风险，大部分群众对项目有意见、反应特别强烈，可能引发大规模群体性事件；中风险，部分群众对项目有意见，反应强烈，可能引发矛盾冲突；低风险，多数群众理解支持但少部分人对项目有意见，通过有效工作可防范和化解矛盾。

（五）提出相关政策建议

重大决策社会稳定风险评估的最终目的是对政策是否具有可行性提出科学的建议。

四、实施时间

场地修复项目社会稳定风险评估应该在污染场地治理方案确定以后，准备实施之前进行，并在修复工程正式开工前完成社会风险评估工作。

第八章　场地土壤污染修复技术与方法

污染土壤修复是指利用物理、化学和生物等方法转移、吸收、降解和转化土壤中的污染物，使其浓度降低到可接受水平或将有毒有害污染物质转化为无害物质的过程。土壤污染修复的技术原理实质为改变污染物在土壤中的存在形态或同土壤的结合方式，降低污染物在环境中的可迁移性与生物可利用性，进而降低土壤中有害物质的浓度。

第一节　污染场地分类

一、按场地原用途分类

按场地原用途分类可分为工业污染场地、农田污染场地、矿山污染场地、固废集中处理处置场地等。工业污染场地主要是化学工厂、生产或堆放有害化学物质场所、电厂或核电厂使用后的土地；农田污染场地主要是因污灌及大气、地下水及周边其他污染物等造成污染的农田；矿山污染场地主要指矿山开采和选矿过程中污染的场地；固废集中处理处置场地主要是固体废物简易填埋和简易焚烧等不当处置方式造成的污染场地。

二、按污染物类型分类

按污染物类型分类主要有重金属污染场地、有机物污染场地、持久性有机污染物（POPs）污染场地、电子废弃物污染场地等。其中重金属污染场地主要是钢铁冶炼企业、尾矿以及化工行业固体废物的堆存场，典型污染物包括砷、铅、镉、铬等；有机物污染场地是石油、化工、焦化等企业的污染场地，污染物以有机溶剂类如苯系物、卤代烃为代表，也常复合有重金属等其他污染物；持久性有机污染物污染场地主要是杀虫剂生产、使用过程中污染的场地，污染物主要包括 DDT、六氯苯、氯丹及灭蚁灵等，还包括含多氯联苯（PCBs）的电力设备的封存和拆解场地等；电子废弃物污染场地主要以重金属和 POPs（主要是溴代阻燃剂和二噁英类剧毒物质）为特征污染物。

我国目前已实施的土壤修复类项目以重金属为主要污染物，占 53.2%；其次为有机污染物，占 19.8%；第三是重金属、有机污染物、POPs 和 VOCs 等复合污染，占 15.3%；POPs 和 VOCs 等单因子污染的占比较少，分别为 9.9%和 1.8%（陈武等，2015）。

第二节　污染物特性介绍

下面对常见的场地污染物，如非卤代挥发性有机物、卤代挥发性有机物、非卤代半挥发性有机物、卤代半挥发性有机物、燃料类、无机污染物、爆炸类污染物7类进行简要介绍。

一、非卤代挥发性有机物

非卤代挥发性有机物的主要污染源有化工厂、废弃物填埋场、受污染的海洋沉积物、排污井、电镀/金属加工厂、消防演练区、储罐泄漏、下水道系统泄漏、氧化塘、油漆喷涂、机动车维修区等。主要污染物有1-丁酯、4-甲基-2-戊酮、丙酮、丙烯醛、氨基苯、丁酮、环己酮、乙醇、乙酸乙酯、乙醚、异乙醇、甲醇、甲基异丁基酮、*n*-丁醇、苯乙烯、四氢呋喃、醋酸乙烯酯、二硫化碳。

该类污染物常用的修复技术包括土壤气提法、热解析法、焚烧和生物通气法。土壤气提法最常用，其次是热解析法，当具有诸多场地条件限制时采用焚烧法（陈怀满，2010）。对于易生物降解的污染物，生物通气法也是较好的选择。为保证修复成功，实施该类污染修复时需明确具体的污染物，并根据污染物特性制定修复方案（苏朋等，2015）。主要存在的介质类型有气态（可以蒸气的形式存在于非饱和带）、固态体（污染物以液态的形式吸附在饱和或非饱和带土壤颗粒表面）、液态（根据污染物的可溶性可溶解于饱和或非饱和带的水中）、非溶解态（以废水相态（NAPLs）的形态存在于非饱和带）。溶解于水中的污染物能随着水流进行移动；不溶于水的污染物中，比重大于1的会下沉到地下水中，比重小于1的会随水流上浮，随着毛细作用进入上层土壤中（叶茂等，2012）。

二、卤代挥发性有机物

卤代挥发性有机物主要污染源有化工厂、废弃物填埋场、受污染的海洋沉积物、排污井、电镀/金属加工厂、消防演练区、储罐泄漏、下水道系统泄漏、氧化塘、油漆喷涂、机动车维修区等。主要污染物有1,1,1,2-四氯乙烷、1,1,1-三氯乙烷、1,1,2-三氯乙烷、1,1-二氯乙烷、1,1-二氯乙烯、1,2,2-三氟乙烷、1,2-二氯乙烷、1,2-二氯丙烷、1,2-反式-二氯乙烯、1,3-顺-二氯-1-丙烯、1,3-顺-二氯丙烯、1-氯-2-丙烯、二氯-2-丁烷、四氯乙炔、三氯乙烷、溴仿、溴化甲烷、四氯化碳、氯化氰、氯乙烷、氯仿、氯甲烷、氯丙烷、顺-1,2-二氯乙烯、顺-1,3-二氯丙烯、二溴氯丙烷、二溴甲烷、二氯溴甲烷、二氯甲烷、二溴乙烷、溴二氯甲烷、甘油三氯丙烷、六氯丁二烯、六氯环戊二烯、六氯乙烷、聚氯丁烯、五氯乙烷、二氯化丙烯、三氯三氟代乙烷、一氯化苯、四氯乙烯、三氯乙烯、氯乙烯、氟三氯甲烷。

常用的修复技术包括土壤气提法、热解析法、焚烧法和生物通气法。土壤气提法最为常用，其次是热解析法，当具有诸多场地条件限制时采用焚烧法。对于易生物降解的污染物，生物通气法也是较好的选择。

三、非卤代半挥发性有机物

非卤代半挥发性有机物主要污染源有化工厂、废弃物填埋场、受污染的海洋沉积物、排污井、电镀/金属加工厂、消防演练区、储罐泄漏、下水道系统泄漏、氧化塘、油漆喷涂、机动车维修区、木材防腐处置厂等。主要污染物有荧蒽、1,2-二苯基肼、2,3-亚苯基芘、2,4-二硝基苯酚、2-萘胺、2-甲基萘、2-硝基萘胺、2-硝基酚、3-硝基苯胺、4,6-二硝基-2-甲酚、4-硝基苯胺、4-硝基酚、苊、苊烯、黄樟脑、碘依可酯、苯并荧蒽、苯甲酸、苯甲醇、邻苯二甲酸二甲酯、邻苯二甲酸二丁酯、邻苯二甲酸二正辛脂、马拉硫磷、甲基对硫磷、萘、*n*-亚硝基二甲胺、对硫磷、菲、苯基萘、芘、1,2-苯并蒽、蒽。

常见的非卤代半挥发性有机物主要有PAHs，可在土壤系统中降解，低分子量的PAHs的迁移速率要高于高分子量的PAHs，同时具有更高的可降解性；高分子量的PAHs具有致癌作用，因此在场地清理标准中更为严格。杀虫剂是一类化学终端使用产品，关于这类污染物的清理要求较高。

常用的修复技术包括生物降解法、焚烧法和挖掘及异地填埋法。生物降解法使用接入（或本土）微生物降解污染物，一般需要充足的养分；焚烧法是在870～1200℃的高温下挥发并分解污染物，分解率往往在99.99%以上；异地填埋法被广泛使用，但目前该方法在很多情况下不被考虑。

四、卤代半挥发性有机物

卤代半挥发性有机物主要污染源有化工厂、废弃物填埋场、受污染海洋沉积物、排污井、电镀/金属加工厂、消防演练区、储罐泄漏、下水道系统泄漏、氧化塘、油漆喷涂、机动车维修区、木材防腐处置厂等。主要污染物有1,2,4-三氯苯、1,2-二乙烷、1,2-二氯苯、1,3-二氯苯、对二氯苯、2,4,6-三氯苯酚、2,4-二氯苯酚、2-氯萘、2-氯苯酚、3,3-二氯联苯胺、4-溴苯基苯酯、4-氯苯胺、4-氯苯基苯酯、双乙醚、双甲烷、双邻苯二甲酸盐、双醚、二氯异乙醚、氯丹、氯苯、克氯苯、DDT、六氯苯、六氯丁二烯、六氯环戊二烯、邻二氯苯、对氯间甲酚、五氯苯、五氯酚、多氯联苯、五氯硝基苯、四氯酚、偏三氯苯、艾氏剂、氯丹、硫丹、狄氏剂、异狄氏剂、异狄氏醛、乙硫磷、乙基对硫磷、七氯、环氧七氯、毒杀芬。需确定的是，卤代半挥发性有机物、卤素链接的位置和种类是否影响修复技术效果。

含卤素有机化合物的消除比不含卤素的有机化合物的处理难度大，但卤素量高的有机化合物具有较高的生物可降解性（骆永明等，2015）。在焚烧过程中，含卤素有机物的处理过程中需要进行尾气处理和设备清洗废水处理。在实际修复技术筛选时，为保证修复效果，需明确具体的污染物方可进行修复方案设计。

常采用的修复技术包括生物降解法、去卤化法和焚烧法。生物降解法使用接种或本土微生物降解污染物，一般需要充足的养分，一般情况下，污染物会彻底降解成水、二氧化碳和卤素离子，但有时会进行不完全降解，可能产生毒性更大的物质；去卤化法是在土壤中加入试剂，将污染物中的卤素原子替换出来或将其降解并增加其挥发性；焚烧法是在高温下挥发并分解污染物，分解率往往在99.99%以上。

五、燃料类

燃料类主要污染源有化工厂、废弃物填埋场、受污染的海洋沉积物、排污井、电镀/金属加工厂、消防演练区、储罐泄漏、下水道系统泄漏、机动车维修区等。主要污染物有1,2,3,4-四甲基苯、1,2,4,5-四甲基苯、1,2,4-三甲基-5-乙苯、1,2,4-三甲苯、1,3,5-三甲苯、1-戊烯、2,2,4-三甲基庚烷、2,2,4-三甲基丙烷、2,2-二甲基庚烷、2,2-二甲基戊烷、2,2-二甲基己烷、2,3,4-三甲基庚烷、2,3,4-三甲基己烷、2,3,4-三甲基戊烷、2,3-二甲基丁烷、2,3-二甲基戊烷、2,4,4-三甲基己烷、2,4-二甲酚、2-甲基-1,3-丁二烯、2-甲基-2-丁烯、2-甲基丁烯、2-甲基庚烷、2-甲基萘、异己烷、2-甲酚、3,3,5-三甲基庚烷、3-甲基己烷、3-甲基戊烷、4-甲基苯酚、苊、蒽、苯并芘、苯、苯并蒽、苯并苊、茚并芘、反-2-戊烯、苯乙烯、甲基环己烷、甲基环戊烷、甲基萘、甲基丙基苯、间二甲苯、萘、正丁烷、*n*-癸烷、*n*-十二烷、*n*-庚烷、*n*-正己烷、*n*-正乙基苯、壬烷、*n*-辛烷、正戊烷、丙苯、正十一烷、邻二甲苯、菲、苯酚、丙烷、对二甲苯、芘、吡啶、甲苯、3,3-二甲基-1-丁烯、3-乙基戊烷。

燃料类污染物一般不含卤族元素，其特性、化学行为与不含卤素挥发性及半挥发性有机物相似。在饱和带主要存在于4相中：土壤孔隙中、土壤颗粒表面、溶解于水相中、非水相液态。该类污染物迁移速率与其本身特性有很大关系，如密度、蒸气压、黏度、疏水性，大部分燃料类污染物比水轻，存在于地下水上层。

常用的修复技术包括生物降解法、土壤气提法、焚烧法和低温热解析法。焚烧法主要是在含氯半挥发性有机物和燃料共存情况下使用，一般不用于处理只有燃料污染物的土壤，大部分的原位或异位技术方法都可使用生物降解法，但是使用不广泛。同时，在使用本土或接种微生物进行污染物降解时，需要保证有充足的氧分，有时会出现不完全降解情况，分解中间产物可能具有更大毒性；土壤气提法是一种原位不饱和区域土壤修复技术，通过土壤抽气方式形成空气流将燃料污染物从土壤中提取出来，提出的气体按照修复技术要求进行处理或回收其中的污染物；低温热解析是在90～350℃的温度下使水分和污染物挥发并进行收集处理，该技术相对成熟，处理后的土壤能保证其物理性质不变。

六、无机污染物

无机污染物主要污染源有火炮/轻武器训练场地、电池处理区、化学品填埋场、受污染的海洋沉淀物、污灌井、电镀/金属加工厂、消防演练场、下水道渗滤、储罐泄漏、氧化塘、机动车维修区等。主要污染物有氧化铝、铝、锑、砷、钡、铍、铋、硼、铬、镉、钙、钾、钴、铜、铁、锌、镁、锰、汞、氰化物、钼、镍、硒、银、钠、铊、钛、钒、石棉、氟（罗小三等，2005）。

常用的修复技术较其他污染物少很多。石棉纤维处理过程需防止其扩散，并需要永久性的封装；金属污染物不像有害有机物可用降解方法，其长期存在环境介质中，最终归宿与理化性质有关。显著的金属污染物垂直向下迁移的原理一般是浓缩扩散、金属离子可溶。灰尘和地表侵蚀是金属污染物水平迁移的重要途径。

常用的修复技术包括固定/稳定化法、挖掘异地填埋法和酸提取法。固定技术中，污染物不一定需要与凝固剂结合，也可用物理方法将其封闭在固体里面，该技术常用于铅电池回收污染的场地修复。此外，原位固化技术是一种处于研究中的新型技术；异地填埋法被广泛使用过，但目前该方法在很多情况下不被考虑；酸提取法是使用无机酸将土壤中的重金属提取出来，在这个过程中首先对污染土壤进行筛选，将粗颗粒去除。

七、爆炸类污染物

爆炸类污染物主要污染源有火炮/轻武器训练场地、受污染的海洋沉淀物、污灌井、填埋场等。主要污染物有 TNT、TNB、2,4-DNT、硝化纤维素、硝基芳烃、苦味酸盐、三硝基苯甲硝胺、硝酸甘油、HMX、RDX、DBN、2,6-DNT。爆炸类污染物主要包括推进剂、炸药和烟火制造及燃放等具有能量的物质，许多爆炸类污染物的特性和半挥发有机物相似。部分爆炸类污染物中含铅，因此可能伴随重金属污染。

常用的修复技术有以下几种。生物处理技术有水相生物反应法、堆肥法、植物修复法、自腐菌处理法、原位生物修复法；热处理技术有高温气体净化技术、焚烧法、回转焚化法、开放式燃烧法；其他处理技术有溶剂提取法、土壤淋洗法。

第三节　污染场地土壤修复技术概述

污染场地土壤修复技术是指通过物理、化学、生物和生态学等方法和原理，采取人工调控措施使土壤污染浓度降低，实现污染物无害化和稳定化，达到人们期望的解毒效果的技术和措施。对污染场地土壤实施修复，可阻断污染物进入食物链，防止对人体健康造成危害，对促进土地资源的保护和可持续发展有重要的意义。

一般来说，按照修复场地不同，可将污染场地土壤修复分为原位修复和异位修复。其中原位修复是对土壤污染物的就地处置，使之得以降解和减毒，不需要建设昂贵的地面环境工程基础设施和运输，操作维护比较简单，可对深层次污染的土壤进行修复（曹雪莲等，2008）；异位修复是污染土壤的异地处理，与原位修复技术相比，技术的环境风险较低，系统处置的预测性高，但修复过程复杂，工程造价高，且不利于异地对大面积污染土壤进行修复。近年来，原位修复技术显示出旺盛的生命力。在美国超级基金支持的修复计划中，原位修复技术所占比例呈上升趋势，从 1985～1988 年的 28%上升到 1995～1999 年的 51%。环境工程技术人员及政府对环境修复技术的信赖度不断提高，促使了修复技术在生物学、化学、物理和生态学等多领域的进一步研发和推广应用。按照技术类别可以将污染土壤修复方法分为物理修复、化学修复、生物修复、生态工程修复和联合修复几大类（赵景联，2006）。污染场地土壤修复分类与技术体系可概括为如表 8-1 所示。

表 8-1　污染场地土壤修复分类与技术体系

分类		技术方法
按修复场地分类	原位修复	生物通风、原位化学淋洗、热力学修复、化学还原处理墙、固化/稳化、电动力学修复、原位微生物修复等
	异位修复	泥浆反应器、土壤耕作法、土壤堆腐、焚烧法、预制床、化学淋洗等
按技术类别分类	物理修复	物理分离、玻璃化、热力学、固化/稳化、冰冻、电动力学等技术
	化学修复	化学淋洗、溶剂浸提、化学氧化、化学还原、土壤性能改良等技术
	生物修复	微生物修复、生物通风、泥浆反应器、预制床、植物提取、植物挥发、植物固化等技术
	生态工程修复	生态覆盖系统、垂直控制系统和水平控制系统等技术
	联合修复	物理化学-生物联合修复、淋洗-生物反应器联合修复、植物-微生物联合修复、菌根菌剂联合修复等

注：引自赵景联. 2006. 环境修复原理与技术. 北京：化学工业出版社

一、物理修复技术

物理修复技术作为一大类污染场地土壤修复技术，近年来得到了多方位的发展，主要包括物理分离修复、蒸气浸提修复、固定/稳定化修复、玻璃化修复、热力学修复和电动力学修复、低温冰冻修复等技术，各技术的技术方法和所需设备见表 8-2。

表 8-2　污染场地土壤的物理修复技术方法和所需设备

类型		技术方法描述	所需设备
物理分离	粒径分离	分离结合污染物的一定粒径大小的颗粒物	筛子、过滤器
	密度分离	分离结合污染物的一定密度大小的颗粒物或分离不同密度的污染物和土壤颗粒	振动筛、螺旋富集器、摇床、比目床、沉淀池、离心机
	浮选分离	利用黏土、铁氧化物和含碳物质的表面特性差异分离污染物	空气浮选室
	磁分离	根据不同土壤颗粒的不同磁化系数分离污染物	磁过滤器、电磁装置
	水动力学分离	根据不同土壤颗粒的不同水动力学特征分离污染物	澄清池、淘选机、水力旋风分离器、机械粒度分级机
蒸气浸提修复		应用负气压和一定程度加热，促使污染物挥发与土壤颗粒分离	鼓风机、浸提井、真空系统、监测井、气体处理系统
固化/稳定化修复		防止和降低污染土壤释放有害污染物	固化剂储存和施用设备、混合器、尾渣和尾气处理设备
玻璃化修复		通过高温挥发、热解和熔化冷却来分离和固定污染土壤	电力系统、封闭系统、逸出气体冷却和处理系统、控制站、石墨极
热力学修复		利用热传导和辐射加热使污染物蒸发和气化迁移	热传导或电磁加热系统、尾气收集和处置系统
热解吸修复		通过热交换使污染介质与污染物分离	加热系统、尾气收集和处理系统
电动力学修复		利用电极在污染土壤两端形成的低压直流电场富集和回收带不同电荷的污染物	两个电极、电源、AC/DC 转换器
低温冰冻修复		通过冰冻土层容纳和屏障污染物，防止污染物扩散，用环境无害的冰冻介质冻结土壤	地下冷冻管网、冷凝厂或车间、绝缘材料和覆膜

注：引自赵景联. 2006. 环境修复原理与技术. 北京：化学工业出版社

（一）物理分离修复技术

1. 技术介绍

污染土壤的物理分离修复技术是依据污染物和土壤颗粒的特性，借助物理手段将污染物从土壤分离开的技术，工艺简单，费用低。依据物质颗粒的颗粒大小、密度、形状、表面特性和磁性等可以采用不同的物理方法实现对污染物的分离（李玉双等，2012）。

粒径分离是针对不同的土壤颗粒粒级、形状或粒径，通过不同大小和形状的网络筛子和过滤器进行分选的方法。该方法简便易行、经济和持续处理性高，但是筛子可能会被堵塞，细格筛易破损，干筛过程则产生粉尘。而密度分离是依据不同的土壤颗粒的密度特性，通过重力富集方式分离颗粒。具体地说是在重力和其他一种或多种与重力方向相反的作用力同时作用下，不同密度的颗粒产生的运动行为不同而分离。该方法同样具备简便易行、经济和持续处理性高等优点，但是当土壤中有较大比例黏粒、粉粒和腐殖质存在时便难以操作。浮选分离则是根据颗粒的表面特性不同，将一些颗粒吸收到目标泡沫上进行浮选分离的方法。该方法适用于分离较低密度存在的颗粒物，尤其适于细粒级的处理。磁分离主要是根据物质具有磁性而具有磁效应进行分离。该方法如果采用高梯度的磁场可以恢复交界范围的污染介质，但处理费用高。根据水动力学原理，通过不同密度颗粒在重力作用下的沉降和不同沉降速率得以分离。该方法不适于有较大比例黏粒、粉粒和腐殖质的土壤。

物理分离技术通常需要挖掘土壤，在原位通过流动单元进行修复工程。修复效率取决于设备的处理速度和待处理土壤的体积，修复能力在 9～450m^3/d 不等。其中一些处理过程属于湿处理，待处理土壤和污染物要在水中实现分离。

2. 技术应用

各类物理分离方式缺乏选择性。通常情况下，物理分离技术难以达到土壤修复要求，一般只作初步分选，以减少待处理土壤体积，优化后续处理。但该方法却非常适于小范围射击场污染土壤的处理。

射击场土壤的密度差异性和粒度特征使子弹残留的重金属易于通过物理分离的方式分离去除。射击过程涉及铜铅混合物碎片和氧化物通常比土壤介质的密度高，且许多弹头还完整地留在土壤中，因此，一般先采用干粉筛方法取出完整的弹头或少部分损失的弹头，然后再用其他更加复杂的物理分离方法分离比土壤颗粒重的重金属混合物。

（二）蒸气浸提修复技术

1. 技术介绍

蒸气浸提修复技术是在污染土壤内引入清洁空气作为驱动力的基础上，利用土壤固相、液相和气相之间的浓度梯度，在大气压降低的情况下，将其转化为气态污染物排出土壤。蒸气浸提修复技术利用真空产生负压驱使空气通过污染的土壤孔隙，解吸并夹带有机污染组分流向抽提井，最终在地上进行修复。为增加压力梯度和空气流速，常常在污染土壤中也安置若干空气注射井。

为了评估某些特定污染点使用该技术是否可行，通常对该污染点的土壤特性和污染物特性进行测定。土壤特性包括控制污染土壤空气流速的物理因子和决定污染物在土壤与空气之间分配数量的化学因子，如容重、总孔隙度、充气孔率、挥发性污染物的扩散率、土壤湿度、气态渗透率、质地、结构、矿物含量、表面积、湿度、有机碳含量、均一性、空气可渗入区的深度和地下水深度等。采用原位蒸气浸提修复的污染土壤应均一，且具有高渗透能力、大孔隙度以及不均匀的颗粒分布。当土壤容重大、含水量大、孔隙度较低或渗透率小时，土壤蒸气迁移将受到极大限制。污染物特性主要有污染程度与范围、蒸气压、亨利定律常数、水溶解度、扩散速率和分配系数等，如许多有机污染物在非水溶液体中有较高的溶解性，亚表层土壤系统中非水溶态液体物质的存在会影响污染物的归宿及其形态分布。

2. 技术应用

限制原位土壤蒸气浸提修复技术应用效果的主要因素有下层土壤的异质性会引起不均匀的气流分配、低渗透性的土壤难于修复处理、地下水位太高会降低土壤蒸气浸提的效果、排出的气体需要进一步处理等。黏土、腐殖质含量高或本身极其干燥的土壤，由于其本身对挥发性有机物的吸附性很强，采用原位土壤蒸气提取修复时，污染物的去除效率很低（李广贺等，2010），对饱和土壤层的修复效果不好；但降低地下水位，可增加不饱和土壤层体积，从而改善这一状况；采用真空提取时，会引起地下水位上涨，此时可以利用低压水泵控制地下水位或者加深渗流层深度。

影响异位土壤蒸气浸提技术发挥有效性的主要原因包括挖掘和物料处理的过程中容易出现气体泄漏，运输过程中可能导致挥发性物质释放，占地空间要求大，处理前直径大于 60mm 的块状碎石需要提前去除，黏质土壤影响修复效果，腐殖质含量高会抑制挥发过程（赵景联，2006）。

多相浸提技术是蒸气浸提修复技术的强化，与蒸气浸提修复技术不同的是，它同时对地下水和土壤蒸气进行提取。随着地下水位的降低，浸提过程就可以应用到新露出的土壤层中。多相浸提修复技术特别适于处理中、低渗透性地层及地下水中的挥发性有机卤化污染物；对于非卤化挥发性有机卤化物和石油烃化合物的修复效果也不错。该技术通常应用在地下水位以下，也可在地下水位上、下同时应用。多相浸提修复技术的应用效果与污染物场地的特性有关，不适于高渗透性和许多卵石的场地，不适于地下水流过高的污染场地。多相浸提修复技术包括两相浸提修复技术和两重浸提修复技术。

两相浸提修复技术是指利用蒸气浸提或生物通风技术向不饱和土壤中输送气流，以修复挥发性有机物和油类污染物污染土壤。气流也可同时将地下水抽提到地上进行处理，两相提取井同时位于土壤饱和层和土壤不饱和层，施以真空后进行提取。在提取井附近产生锥形真空低压区，形成压力梯度，引导气流将先前饱和土壤中的挥发性有机污染物抽提出来。待挥发性有机污染物气提取到地上后，对污染物蒸气和水分进行分离处理。真空抽提管的位置在地下水位以下，随着真空提抽的进行，更多污染土壤被暴露出来，又可以通过蒸气浸提加以修复。

与两相浸提修复技术相比，两重浸提修复技术既可以在高真空下，也可以在低真空条件下使用潜水泵或空气泵工作。两相浸提修复技术通常不受地下水产生速率的影响，但含水层需能脱水，且不受目标污染物深度的影响。而两重浸提修复技术适于地下水产生速率小于 5g/min 的场地，当地下水流速小于 2g/min 时，可处理目标污染物最大深度为 150m，当地下水流速在 2～5g/min 时，可处理目标污染物的最大深度为 60～90m。

由于受修复目标、处理量、污染物浓度与分布、现场特性、地下水抽取影响半径和地下水抽取半径等条件的限制，多相浸提修复技术修复土壤时间由 6 个月至几年不等。

（三）固化/稳定化修复技术

1. 技术介绍

固化/稳定化修复技术是防止或者降低污染土壤释放有害化学物质过程的一组修复技术，包括原位和异位固化/稳定化。物理固化与其他固定技术相比，无需破坏无机物质，但可能改变有机物质的性质；稳定化可与封装等其他技术联合应用，有可能增加污染物的总体积（郭观林等，2005）。固化/稳定化处理后的污染土壤应利于后续处理。现场需要安装螺旋钻井和混合设备、集尘系统、挥发性污染物控制系统和大型储存池等全部或者部分设备。

固化/稳定化通常采用的方法为先利用吸附质，如黏土、活性炭和树脂等吸附污染物，施浇沥青，然后添加某种凝固剂或黏合剂，使混合物成为一种凝胶，最后固化为硬块，其结构类似矿石，使金属离子的迁移和对地下水的威胁大大减轻。

异位固化/稳定化土壤修复技术通常将污染土壤与黏合剂混合形成物理封闭或者发生化学反应，从而达到降低污染物活性的目的。因此，该技术主要特征是将污染土壤或污泥挖出后，在地上利用大型混合搅拌装置对污染土壤与修复物质进行完全混合，处理后的土壤或污泥再被送回原处或者进行填埋处理。异位固化/稳定化用于处理挖掘出来的土壤，操作时间取决于处理单元的处理速度和处理量等，通常使用移动处理设备。

在异位固化/稳定化过程中，许多物质都可以作为黏结剂，如硅酸盐水泥、火山灰、硅酸酯和沥青以及各种多聚物等。硅酸盐水泥以及相关的铝硅酸盐是最常使用的黏结剂。利用黏土拌和机、转筒混合机和泥浆混合器等将污染土壤、水泥和水混合在一起。根据需要，可适当添加一些添加剂以增强污染物稳定性，防止随着时间发生某些负面效应。

异位固化/稳定化通常用于处理无机污染物。对于受半挥发性有机物质及农药杀虫剂等污染的土壤，其修复的适用性有限（周启星等，2004）。能有效处理有机污染物的黏结剂研究有望在不久的将来应用于有机污染物污染土壤的修复。

实践表明，影响固化/稳定化技术的实际应用和效果的因素有最终处理时的环境条件可能会影响污染物的长期稳定性；一些工艺可能会导致污染土壤或固体废物体积显著增大；有机物质存在可能影响黏结剂作用的发挥；通常 VOCs 很难固定，在混合过程中就会挥发逃逸；对成分复杂的污染土壤还未发现有效的黏结剂；石块或碎片化比例太高会影响黏结剂的注入和土壤的混合，处理之前必须除去直径大于60mm的石块和碎片。

在某些状况下，无需将污染土壤从污染地挖出，而是直接将修复物质注入污染土壤中进行相互混合。这时需要大型螺旋搅拌装置或者钻头，处理后的土壤留在原地，用无污染的土壤进行覆盖，从而实现对污染土壤的原位固化/稳定化。原位固化/稳定化技术是少数几个能够原位修复金属污染土壤的技术之一，由于有机物不稳定且易于反应，原位固化/稳定化技术一般不适于有机污染物污染土壤的修复。固化/稳定化技术一度用于异位修复，近年来才开始用于原位修复。

有很多因素影响原位固化/稳定化技术的应用和有效性的挥发，这些因素主要包括许多污染物相互复合作用的长期效应尚未有现场实际经验可以参考；污染物的埋藏深度会影响、限制一些具体的应用过程；必须控制黏结剂的注射和混合过程，防止污染物扩散进入清洁土壤区域；与水的接触或者结冰/解冻循环过程会降低污染物的固定化效果；黏结剂的输送和混合要比异位固化/稳定化过程困难，成本也相对高许多。

为克服上述因素对该技术有效性的影响，也有一些新型的固化/稳定化技术，如螺旋搅拌土壤混合，即利用螺旋土钻将黏结剂混合进入土壤，随着钻头的转动，黏结剂通过土钻底部的小孔进入待处理的土壤中与之混合，但该技术只适用于地下深度在45m以内待处理的土壤；还有就是压力灌浆，是利用高压管道将黏结剂注射进入待处理的土壤孔隙中。

2. 技术应用

在美国超级基金项目支持下，固化/稳定化技术处理各类废弃物在美国已有20余年的历史，大部分工程获得圆满成功。超级基金项目支持的固化/稳定化技术多数属于异位固化/稳定化，使用无机黏结剂和添加剂来处理含金属的固体废物，有机黏合剂处理放射性和含有特殊有害有机废弃物的特殊污染物。固化/稳定化项目用于有机化合物处理的较少。

（四）玻璃化修复技术

1. 技术介绍

玻璃化修复技术是指通过高强度能力输入，使污染土壤熔化，将含有挥发性污染物的蒸气回收处理，同时污染土壤冷却后成玻璃团块固定。玻璃化修复技术包括原位和异位玻璃化修复两个方面。其中，原位玻璃化修复技术发展于20世纪五六十年代核废料的玻璃化修复处理技术，近年来该技术被推广应用于污染土壤的修复治理。1991年，美国爱达荷州工程实验室把各种重金属废物及挥发性有机组成填埋于0.66m的地下后，使用原位玻璃化技术，证明了该技术的可行性。

原位玻璃化技术是指通过向污染介质中插入电极，对污染介质的固体组成给予1600～2000℃的高温处理，使有机污染物和一部分无机化合物，如硝酸盐、硫酸盐和碳酸盐等得以挥发或热解而从污染环境中去除的过程。其中，有机污染物热解产生的水分和热解产物由气体收集系统收集进行进一步处理。熔化的污染物废弃物冷却后形成化学惰性的、非扩散的整块坚硬玻璃体，有害无机离子得到固化。原位玻璃化修复技术适用于含水量较低、污染物深度不超过 6m 的土壤。

异位玻璃化修复技术使用等离子体、电流或其他热源在 1600～2000℃的高温熔化土壤及其中的污染物，有机物在如此高温下被热解或者蒸发去除，有害无机离子得到固化，产生的水分和热解产物则由气体收集系统收集进一步处理。熔化的污染介质冷却后形成化学惰性的、非扩散的整块坚硬玻璃体。

2. 技术应用

原位玻璃化修复技术的处理对象可以是放射性物质、有机物、无机物等多种干湿污染物质。通常情况下，原位玻璃化修复系统包括电力系统、封闭系统、逸出气体冷却系统、移除气体处理系统、控制站和石墨电极。现场电极大多数为正方形排列，间距约 0.5m，插入土壤深度 0.3～1.5m，电加热可以使介质局部温度高达 1600～2000℃，玻璃化修复深度 6m，逸出气体经冷却后进入封闭系统，处理后达标排放。

经验表明，原位玻璃化修复技术可以破坏、去除污染土壤、污泥等泥类物质中的有机污染物和固定化大部分的无机污染物。这些污染物主要有挥发性有机物、半挥发性有机物、其他有机物，包括二噁英/呋喃、多氯联苯和金属污染物。

原位玻璃化修复技术适用于含水量低、污染深度不超过 6m 的土壤，其修复时间较长，一般 6～24 个月。影响该技术应用效果的因素也较多，如埋设的导体通路、质量分数超过 20%的石块、介质加热引起的污染物向清洁介质的迁移、易燃易爆物质积累、土壤中可燃有机物的质量分数、固化的物质对今后现场的土地利用与开发、低于地下水位的污染修复需要采取措施防止地下水反灌、湿度过高会影响成本等。

异位玻璃化修复技术对于降低土壤中污染物的活性非常有效。玻璃化物质的防泄漏能力很强，但不同系统方法产生的玻璃态物质的防泄漏能力有所不同（苏朋等，2015）。与风冷形成的玻璃体相比，以淬火硬化的方式急冷得到的玻璃态物质更易崩裂；使用不同的稀释剂产生的玻璃体强度也有所不同，被玻璃化的土壤成分对此也有一定影响。

异位玻璃化修复技术可以破坏、去除污染土壤、污泥等泥类介质中的有机污染物和大部分无机污染物，对于降低介质中污染物的活性非常有效。玻璃化物质的防泄漏能力也很强，其应用受到以下因素影响：需要控制尾气中的有机污染物以及一些挥发的重金属蒸气；需要处理玻璃化后的残渣；湿度太高会影响成本等。

（五）热力学修复技术

热力学修复技术是利用热传导或热辐射等实现对土壤的修复。与玻璃化修复技术相比，即使是高温加热，修复的温度也相对较低。根据加热体系和温度差异分为高温（>100℃）加热修复技术、低温（<100℃）加热修复技术和电磁波加热修复技术。

1. 高温加热修复技术

高温加热修复技术是通过热毯或加热井中的加热器进行热传导加热，并通过气提井和鼓风机将水蒸气和污染物收集后加以处理。加热毯和加热井的加热元件可升温至 1000℃，使污染物挥发气化，通过抽风造成负压，使之迁移到收集系统，再通过热氧化和炭吸附等过程去除污染物。

热毯系统采用覆盖在土壤表层的标准组件加热毯进行加热，每一块标准组件加热毯上面都覆盖一层防渗膜，内部设有管道和气体排放收集口。各个管道的气体由总管道引至真空管。土壤加热和加热毯下面抽风机造成的负压，使得污染物蒸发，气化迁移到土壤层中，再利用管道将气态的污染物引至热处置设施进行氧化处理。为了保护抽风机，高温气体需要冷却，然后穿过炭处理床去除参与的未处理有机物，最后排放到大气。

热井系统需将电子元器件埋藏至间隔 2～3m 的竖直加热井中，加热井升温至 1000℃来加热周围土壤，与热低碳系统相似，热量从井中向周围土壤传递靠热传导，井中都安装了有孔的筛网，所有加热井的上部都由特殊装置连接到一个总管，利用真空将气流引入到处理设施进行氧化、炭吸附等过程去除有机物。

2. 低温加热修复技术

低温加热修复技术是利用蒸气井加热土壤，温度可以达到 100℃，蒸发污染物，使非水质液体进入提取井，再用潜水泵收集流体、真空泵收集气体，送至处理设施进行处理。

利用电阻直接加热是一种非常有发展潜力的方法，它直接通过电流将热量送至污染土壤。通过土壤中安装电极并施以足够的电压在土壤中产生电流实现土壤加热过程。当电流通过土壤时，电流热效应使土壤升温。土壤中的水分是电流的主要载体，而热量使水分不断地从土壤中蒸发出来，因此，电阻加热要求不断补充水分，以保证土壤中水的含量。正因为土壤中水的存在，电阻加热最高温度为 100℃，挥发和半挥发性有机物在蒸气提取和升高的蒸气压作用下挥发成气体，进而由真空提取并收集至处理设施进行处理。

电磁波加热修复系统应该包括无线电能量辐射布置系统、无线电能量发射传播和监控系统、污染物蒸气屏障包容系统和污染物蒸气回收处理系统四部分。结合实践经验和研究成果，热力学修复技术的适用性和应用限制因素汇总见表 8-3。

表 8-3 热力学修复技术的适用性和应用限制因素

类别	适用性	影响因素
高温加热	半挥发性卤代有机物和非卤代有机物、多氯联苯以及密度较高的非水质液体有机物等	地下土壤的异质性会影响处理的均匀度；提取挥发性弱一些的有机物效果取决于处理过程选择的最高温度；加热和蒸气收集系统必须严格设计和严格操作，以防止污染物扩散至清洁土壤；高温可能会改变土壤结构；如处理饱和层土壤，需将水分加热至沸腾，这会大幅度提高成本；需要尾气收集处理系统
低温加热	半挥发性卤代有机物和非卤代有机物、多氯联苯以及浓的非水质液体有机物等	地下土壤的异质性会影响处理的均匀度；渗透性能低的土壤难于处理；在不考虑重力的情况下，会引起蒸气绕过非水溶性液态稠密污染物；地下埋藏的导体会影响电阻加热的应用效果；必须严格设计和操作流体注射和蒸气收集系统，以防止污染物扩散进入清洁土壤
电磁波加热	挥发性和难处理的半挥发性有机物	含水量高于 25%的土壤耗能大，水的蒸发降低了系统的效率；对非挥发性有机物、无机物、金属以及重油无效；深于 15m 的地下土层，某些特定的电磁波加热技术不明显；黏性土壤吸附的污染物难于去除

（六）热解吸修复技术

1. 技术介绍

热解吸修复技术是利用直接或间接热交换，通过控制热解吸系统的床温和无停留时间有选择地使污染物得以挥发去除的技术。热解吸技术可以分为两步，即加热污染介质使污染物挥发和处理废气防止污染物扩散到大气（常江和竺伟名，1996）。

根据土壤和沉积物的加热温度可将热解吸技术分为高温热解析（315～540℃）和低温热解吸（150～315℃）。根据加热方式，可分为直接加热系统和间接加热系统。直接加热系统可采用火焰加热和直接接触对流加热，包括直接火焰加热和直接接触加热热解吸系统；间接加热则可采用物理阻隔将热源和加热介质分开加热，包括间接火焰加热和间接接触加热热解吸系统。

根据给料方式可将热解吸系统分为连续给料系统和批量给料系统。连续给料系统采用异位修复的方式，将污染物挖出后经过预处理后方可加入处理系统，代表性的该类处理系统有直接接触热解吸系统-螺旋干燥机、间接接触热解吸系统-旋转干燥机和热螺旋。批量给料系统可以是异位修复如加热灶和热空气浸提（HAVE）热解析系统；也可以是原位修复，如热毯、热井系统和土壤气体抽提系统。

热解吸系统可用在广泛意义上的挥发性有机物、半挥发性有机物、农药甚至高沸点氯代化合物如多氯联苯、二噁英和呋喃类污染土壤的治理与修复中。除了土壤外，持续修复也包括污泥、沉积物等。但热解吸技术对仅被无机物如重金属污染的土壤、沉积物的修复是无效的。此外，也能把这项技术用于含腐蚀性有机物、活性氧化剂和还原剂污染的土壤处理与修复。

2. 技术应用

不管采用什么样的热解吸系统，污染土壤修复的成功与否在很大程度上取决于土壤自身的特性和加热温度。此外，系统性能还与污染物种类、与污染土壤的亲近程度以及水分含量等密切相关。连续给料系统比批量给料系统的土壤处理能力高，适用于较大工程，特别是直接接触螺旋干燥式热解吸系统。由于许多系统的允许最大土壤粒径是2mm，前期需进行预处理，破碎、筛分较大的土壤团粒。需高温处理的污染物更适合连续给料热解吸技术。批量给料系统需要更小的工程施展空间和更短的活化时间。

总之，需对污染场地进行充分调研、评估，选择合适的热解吸系统。

（七）电动力学修复技术

1. 技术介绍

该技术是向污染土壤中插入两个电极，形成低压直流电场，通过电化学和电动力学的复合作用，使水溶态和吸附于土壤颗粒的气态污染物根据自身带电特性在电场内定向移动，在电极附近富集或收集回收并去除（仓龙和周东美，2005）。污染物的去除过程涉及电迁移、电渗析、电泳和酸性迁移，设备一般由两个电极、电源、AC/DC 转换器组成。

电动力学修复技术主要用于均质土壤以及渗透性和水含量较高的土壤，该技术适用于大部分无机污染物污染土壤，也可用于较强的有机污染物。大量实验证明，其对铬、汞、镉、铅、锌、锰、钼、镍等无机金属和苯酚、乙酸、六氯苯、三氯乙烯和一些石油类污染物处理效果很好（最高去除率可达 90%以上）。表 8-4 列举了电动力学修复技术在修复重金属污染方面的优势和限制因素。

表 8-4 电动力学修复技术在修复重金属污染方面的优势和限制因素

修复重金属污染的优势	限制因素
对现有景观、建筑物和结构等影响小；土壤本身的结构不会造成破坏且过程不受土壤低渗透性的影响；金属离子从根本上被去除；对于不能原位修复的现场，可以采用异位的方法修复；可能对饱和层和不饱和层都有效；水力传导性较低特别是黏土含量高的土壤适用性较强；对于有机和无机污染物都有效	污染物的溶解性和污染物从土壤胶体表面的脱附性能对该技术成功应用有重要的影响；需要电导性的孔隙流体来活化污染物；埋藏在地基的碎石、大块金属氧化物、大石块等会降低处理效率；金属电极电解过程中发生溶解，产生腐蚀性物质，因此电极需要采用惰性物质；污染物的溶解性和脱附能力限制技术的有效应用；土壤的含水量低于 10%的场合，处理效果大大降低；非饱和层水的引入会将污染物冲洗出电场影响区域；当目标污染物的浓度相对背景值较低时，处理效果降低

Lasagna 工艺是一个综合的土壤原位修复技术。该技术在污染土壤中建立近似断面的渗透性区域，通过注入适当的物质（吸附剂、催化剂、微生物、缓冲剂）将其变成处理区，然后采用电动力学法使污染物（重金属）从土壤中迁移至处理区，在吸附、固定等作用下得到去除。该工艺适用于低渗透性土壤或者是包含低渗透性区域的非均相土壤。工艺结构主要是，通直流电的电极利用电场促使水和可溶性污染物迁移，加试剂，在类似断面的处理区域使可溶性有机污染物分解或者将无机污染物固定，然后去除和处理；还有一个水循环系统，使在阴极积聚的水循环至阳极进行酸碱中和。

美国有两个团队在开发 Lasagna 工艺，各自采用不同的电极装置。美国国家环境保护局和辛辛那提大学致力于论证在污染土壤下安装水平方向上的电极的可行性；美国能源部及其工业合伙人则致力于发展安装垂直方向上的电极装置。两个团队已先后在现场进行了小规模和大规模实验，论证了 Lasagna 工艺的处理效果。

一般来说，水平结构的电极装置适用于超固结黏土。在垂直方向上，污染土壤的上面和下面插入石墨电极形成垂向电场。另外，可以向中间加入试剂来提高处理效果。水平结构电极的缺点是在处理过程中，电极产生的气体向上运动穿过污染土壤，这会增大土壤电阻，提高处理成本。现场运行时要注意地下水位，以免影响处理效果。

垂直结构的电极装置适用于浅层土壤污染（＜15m）及土壤不是超固结状态。电极垂直插入污染土壤的两端，形成一个水平方向的直流电场（Raymond and Loretta，2000）。这种结构可以和其他处理方法结合，以提高处理效率。

Lasagna 工艺的优点在于，在低渗透性土壤中效果显著，污染物可在地下去除，无噪声污染，安装迅速，处理时间相对较少。Lasagna 工艺的缺点在于，设计和操作过程中考虑因素太多，如处理区的间距、化学试剂的选择、垂直粒状电极的放置方法等。

Lasagna 工艺有可能处理土壤中多种污染物，但对某种污染物要采取特定的方法以确保这种处理工艺的兼容性。该工艺电极的水平结构利用水力压裂及加入泥浆可以处理深层区域的土壤污染，但仍要考虑电极的接触问题和电解产生的气体的去除，可综合考虑生物处理与Lasagna工艺结合（Roulier et al.，2000）。

阴极区注射导电性溶液工艺。当用电动力学法处理重金属污染的土壤时，土壤中会产生酸性迁移带和碱性迁移带。酸性迁移带会促进重金属离子从土壤中分离；而碱性迁移带会促使重金属离子沉淀，这会降低重金属离子的去除效率。为了解决这个问题，有些学者提出了新的方法，在处理土壤和阴极之间注入导电性溶液，把碱性迁移带产生的高pH区控制在土壤和阴极之间的导电性溶液中。这种装置的好处是不需要额外的水循环系统，可使处理系统简单化，还可用于可移动的土壤原位修复。实验结果显示，Cu和Zn在沙土中5天内去除效率可达到96%以上。

阴极区注射导电性溶液工艺有其明显的优劣势。其可使重金属的处理效率大为提高，且装置简单易行，但位于土壤和阴极之间的导电性溶液的长度至少要两倍于处理土壤的长度，且pH缓冲容量、介质的阳离子交换能力及导电性溶液与土壤的相互反应可能影响酸碱迁移带的前进和pH跃迁的位置，这都还需要更多的现场试验数据。另外，导电性溶液也要放在一个特殊的容器中，可能增加处理成本（Lee and Yang，2000）。

鉴于阴极区注射导电性溶液工艺处理方法的缺点，一些学者发展了新的方法。将一个阳离子选择性透过膜放在土壤中靠近阴极的地方，H^+和金属阳离子可能会透过阳离子选择性透过膜，而OH^-无法通过，这样可以把高pH区控制在靠近阴极的地方，提高重金属离子的去除效率。该工艺包括污染土壤、土壤和阳离子选择性透过膜之间的溶液室、膜和阴离子之间的阴极室三个部分。

在外加电场的作用下，带不同电荷的离子分别向电性相反的电极迁移。放置于土壤和阴极之间的阳离子选择性透过膜，允许阳离子及少数阴离子通过。这样就把阴离子电解产生的大部分 OH^-限制在膜靠近阴极区域，而阳极的酸性迁移带可以通过膜与碱性迁移带中和，在膜的附近发生pH的跃迁。实验结果表明，重金属的去除率在90%以上。另外，为提高处理效果，还可向该装置的阴极区加入酸性溶液来控制pH。实验结果显示，加入酸性溶液后的重金属离子去除效率高于仅使用选择性透过膜的去除效率。

2. 技术应用

电动力学修复技术的应用方法通常有以下几种：直接将电极插入污染土壤的原位修复，污染修复过程对现场的影响较小（侯彬等，2008）；污染土壤被输送到修复设备分批处理的序批修复；受污染土壤中，依次排列一系列电极用于去除地下水中的离子状态污染物的电动栅修复。一般人们倾向于采用原位修复方法，但每种方法的适用性最终取决于现场土壤条件和污染物的特性。

鉴于该技术对重金属有独特的优势，几乎无需化学试剂投入，对环境无任何负面影响，且成本低、效率高，逐渐受到高度重视和关注。但由于是新近发展起来的新型修复技术，仍需全面的实验研究以确定不同场地和污染情况下该技术的适用性。采用电动力学修复技术，现场评估则显得十分重要。在应用之前需进行实验研究，以确定该场地是否适于电动力学修复技术（表8-5）。首先，要进行现场导电性调查，观察是否存在高电导性沉积物；

其次，要进行不饱和土壤水质化学分析，分析溶解的阴阳离子和污染物的成分、浓度，水的电导性和 pH，从而评估污染物的传输系数；最后，要进行土壤化学分析确定土壤的性质和缓冲性能。

表 8-5　电动力学修复现场所需信息

需要信息	基础/应用
水力传导性	匀质、渗透性和含水量高的场合
地下水位	饱和层和不饱和层土壤应用的技术方法不同
污染空间	确定电极和回收井的位置
电渗析渗透性能	估计产生水流和污染物的迁移速率
阳离子交换能力	阳离子交换能力低的场合应用效果较好
金属分析	水溶性污染物应用效果较好
盐分分析	盐分低的场合应用效果较好
半电池电势	用以分析可能的化学反应
污染物的传输系数	用以确定所需要的电流
孔隙水的 pH	孔隙水的 pH 影响污染物的价态，导致污染物不易降解

电动力学修复试验阶段已经完成，在美国、荷兰该技术的研究已经进入到现场示范阶段。该技术著名的范例就是美国能源信息署和美国国家环境保护局支持的用“烤宽面条”法对三氯乙烯污染土壤的成功修复（Reddy et al.，2009）。

（八）低温冰冻修复技术

低温冰冻修复技术是通过适当的管道布置，在地下以等距离形式围绕已知的污染源垂直安放，然后将对环境无害的冰冻溶剂溶液送入管道来冻结土壤中的水分，形成地下冻土屏障，防止土壤或地下水中的污染物扩散（李顺等，2009）。冻土屏障提供了一个与外界土壤隔离的“空间”，另外还需要一个冷冻车间保障冻土屏障层的温度低于 0℃。

低温冰冻修复技术可用于隔离和控制饱和土层中的辐射性物质、金属和有机污染物的迁移。研究表明，在饱和土层中，可以形成低水力穿透性的冻土屏障。在干燥土层中，需要合适的方法均匀引入水分使土壤达到饱和，以便于现有的技术应用。

该项技术适合中短期修复项目，当堆土壤进行长期隔离时，则需要联合其他辅助措施；修复后，需及时去除隔离层。表 8-6 列举了低温冰冻修复技术的优点和限制因素。

表 8-6　低温冰冻修复技术的优点和限制因素

技术优点	限制因素
提供与外界相隔离的独立空间；冰冻介质对环境无害；冰冻屏障可以通过采用升温的措施容易、完全去除；冻土屏障出现破损时，泄漏处可以通过原位注水加以修复	需要电力维护冻土层的存在，而且为了保证修复过程不出现故障，还必须有备用发电机；用于污染土地体积较大，不利于一般性污染土壤修复，而且溶解性的污染成分可能对饮水水源产生危害；尽管尽量使用对环境无害的制冷剂，但制冷剂及其有害成分的泄漏会使许多制冷剂流失到环境中造成严重的环境问题

1994年，美国田纳西州进行了一场土壤原位修复的试验研究，该实验场地构筑了“V”形结构的冰冻容器，容器长、宽和深分别为17m、17m和8.5m，采用200mg/L的罗丹明溶液为假想污染物，观察了冻土层的整体性特征。结果表明，对于饱和土壤层的铬酸盐（400mg/kg）和三氯乙烯（6000mg/kg），该技术可以形成有效的冰冻层。通过同位素示踪实验显示，无明显的扩散现象，整体性能良好。

二、物理修复技术工艺设计

以热脱附（热解吸）技术和土壤气相抽提技术工艺设计为例，简要说明物理修复技术操作的关键步骤和注意事项。

（一）热脱附（热解吸）修复技术

1. 热脱附（热解吸）修复技术的介绍

热脱附（热解吸）修复技术是将土壤中有机污染组分加热到足够温度，使其蒸发并与土壤介质分离的方法。Michael等（1995）已开发出商业化的汞污染治理技术，并成功治理了2300t以上的汞污染土壤，治理后的汞浓度低于1mg/L。该方法运用蒸气对破碎后的污染土壤进行二段加热。为防止汞蒸气泄漏，系统采用双层空间，双层空间中保持负压。热修复法工艺简单，可以运用现有成熟技术；但该方法能耗过大，操作费用高且只适用于易挥发的污染物。主要适用对象：挥发性有机物污染土壤。

2. 热脱附（热解吸）修复技术的设计

目前，还未有成熟的热脱附（热解吸）反应器设计规范，要达到修复目标浓度所需的时间取决于以下五个因素。一是反应器内部温度：温度越高，解吸速率越高，因此停留时间越短；二是反应器内部混合条件：较好的混合条件会增加热交换，并促进已解吸污染物的排除；三是污染物的挥发性：污染物越容易挥发，所停留的时间越短；四是土壤的粒径：土壤的粒径越小越容易解吸；五是土壤类型：黏土对污染物的吸附更强，因此黏土中污染物更难以解吸（Pope et al.，2000）。

要确定达到修复目标浓度所需时间或解吸速率，则需开展中试研究，再进行规模运行初步设计。运行时可采用序批模式或连续模式。对于连续模式，如果反应器内土壤混合相对较好，则可以将其当做连续搅拌式反应器；对于解吸过程，可以合理假设为一级反应。对于一级反应，初始和最终浓度、反应速率常数及停留时间的关系如式（8.3.1）所示。

$$\frac{C_{出}}{C_{进}}=\frac{1}{1+k\left(V/Q\right)}=\frac{1}{1+k\tau} \tag{8.3.1}$$

其中，k为速率常数；τ为流体污染物在反应器中停留的时间；V为容器体积；Q为流体污染物流速。

（二）土壤气相抽提技术（SVE）

1. 简要介绍

（1）土壤气相抽提技术

土壤气相抽提技术是通过抽气井产生真空，形成压力或浓度梯度，使气相中的挥发性有机物由抽气井抽出的方法。该方法已成为一种普遍采用的挥发性有机物污染土壤修复技术（USEPA，2003）。通过气体在污染区域内的流动，该技术能够将挥发性有机污染物从土壤中去除，真空泵（风机）通过对一个或一组井的抽提形成气流。由于新鲜空气的流动会破坏污染物在孔隙、土壤水分和土壤颗粒表面已有的平衡，促进吸附相和溶解相中污染物的挥发，因此，在整个过程中需要新鲜空气进入，为土著微生物降解污染物提供氧气，进而带走生物降解过程中产生的有毒代谢副产物。

（2）SVE 系统的主要组成

典型的 SVE 系统主要由气体抽提井、真空风机、除湿设备、尾气收集管道及辅助设备以及尾气处理系统组成。

（3）主要设计要点

初步设计阶段最重要的参数是抽提气体浓度、空气流量、抽提井的影响半径、井的数量以及真空风机的规格。

2. 抽提气体浓度

挥发性有机污染物在包气带中以溶解在土壤水相中、吸附在土壤颗粒表面、挥发到孔隙空间和自由相 4 种相态存在。如果自由相存在，孔隙空间的气体浓度可由拉乌尔定律计算

$$P_A = (P^{\text{vap}})(X_A) \tag{8.3.2}$$

其中，P_A 为组分 A 在气相中的分压；P^{vap} 为组分 A 的纯液相蒸气压；X_A 为组分 A 在液相中的摩尔分数。

由式（8.3.2）计算出的分压表示了 SVE 所能达到的抽提气体污染物浓度的上限。由于不是所有的气体都经过污染区域，存在传质限制，因此，实际浓度低于上限浓度。尽管如此，该上限浓度可用于在项目开始前计算初始气体浓度。最初的抽提气体浓度会相对稳定，随着持续的土壤抽提，自由相消失，然后抽提气体浓度开始下降。抽提气体的浓度将取决于污染物在其他三种相态中的分配，随着气体流过孔隙并带走污染物，溶解在土壤水分中的污染物会从液相挥发到孔隙中，同时，污染物还会从土壤颗粒表面解吸进入到土壤水分中。因此，随着抽提过程持续，三相态的浓度均会下降。

计算抽提气体与自由相平衡时初始浓度的步骤是：先获得关注污染物的蒸气压数据；然后计算自由相中各物质的摩尔分数，对于纯物质，设定 $X_A = 1$；之后应用式（8.3.2）来计算蒸气压（atm①）；如果需要，第四步将体积浓度转换成质量浓度，公式如下

---

① $1\text{atm} = 1.01325\times10^5\text{Pa}$。

$$
1\text{ppm}V=\begin{cases}\dfrac{\text{MW}}{22.4}(\text{mg/m}^3)0℃\\ \dfrac{\text{MW}}{24.05}(\text{mg/m}^3)20℃\\ \dfrac{\text{MW}}{24.5}(\text{mg/m}^3)25℃\end{cases} \tag{8.3.3}
$$

其中，1ppm$V$ 为一百万份体积的空气中含有一份体积的某物质；MW 为化合物的分子量；式中每个公式中分母上的数字是理想气体在对应温度下的摩尔体积。

计算过程所需要的信息有污染物的蒸气压、污染物的分子量。

前面提到，是否存在自由相会极大地影响抽提气体浓度，可采用如下步骤来确定是否存在自由相：首先是获得关注污染物的物理化学数据；然后是假设存在自由相，利用式（8.3.2）来计算饱和蒸气压（atm）；之后是将饱和气体浓度换算为质量浓度，公式为式（8.3.3）；第四步是应用式（8.3.4）计算 K_{oc} 值，应用式（8.3.5）计算 K_p 值。

$$
K_{oc}=0.63K_{ow} \tag{8.3.4}
$$

$$
K_p=f_{oc}K_{oc} \tag{8.3.5}
$$

其中，K_{oc} 为有机碳分配系数；K_{ow} 为有机物在有机相与水之间的分配系数；K_p 为分配系数，是指化合物被土壤或底泥从液相中吸附的趋势，并描述该化合物在两介质间的分配程度；f_{oc} 为土壤中有机物的百分含量。

第五步是应用式（8.3.6）和第三步算出的气体浓度进而计算土壤中污染物浓度。

$$
\frac{M_t}{V}=\left[(\phi_w)+(\rho_b)K_p+(\phi_a)H\right]C=\left[\frac{(\phi_w)}{K_p}+\rho_b+(\phi_a)\frac{H}{K_p}\right]X \tag{8.3.6}
$$

其中，X 为吸附浓度；C 是液相浓度；ϕ_a 是空气的孔隙度；ϕ_w 是体积水含量；H 为无量纲亨利常数；M_t 为污染物总质量；V 为已知污染羽体积；K_p 为分配系数；ρ_b 为土壤密度。

如果第五步中得出的土壤中污染物浓度小于土壤样品中的浓度，说明存在自由相。

计算过程所需要的参数是污染物蒸气压、污染物的分子量、污染物的亨利常数、有机物的辛醇-水分配系数 K_{ow}、有机质含量 f_{oc}、孔隙度 $\phi=\phi_w+\phi_a$、水饱和度和土壤密度 ρ_b。

如果场地内不存在自由相，则可以采用如下步骤来计算抽提气体浓度：一是获得关注污染物的物理化学数据；二是应用式（8.3.4）计算 K_{oc} 值，应用式（8.3.5）计算 K_p 值；三是将土壤中污染物浓度的单位从 mg/kg 换算成 mg/L；四是应用式（8.3.6）和第三步算出的气体浓度进而计算土壤中污染物浓度。

3. 影响半径和压强分布

原位土壤气相抽提系统设计的主要任务之一是基于影响半径（R_1）来确定气体抽提井的数量和位置。R_1 可定义为抽提井至压降极小处的距离。针对特定场地，最精确的 R_1 值应该通过稳态中试来确定，将抽提井和观测井的压降对其距离作半对数图，从而确定抽提井的 R_1。R_1 通常选择压降小于抽提井真空度 1%处的距离。

对于存在边界条件的稳态径向流，地层中的压强分布可由下式导出

$$P_r^2 - P_{\mathrm{w}}^2 = (P_{R_1}^2 - P_{\mathrm{w}}^2)\frac{\ln\ln\left(\dfrac{r}{R_{\mathrm{w}}}\right)}{\ln\ln\left(\dfrac{R_1}{R_{\mathrm{w}}}\right)} \tag{8.3.7}$$

其中，P_r为距离气相抽提井r处的压强；P_{w}为气相抽提井的压强；P_{R_1}为影响半径处压强；r为与气相抽提井的距离；R_1为影响半径，此处的压强为某预设值；R_{w}为气相抽提井的半径。

如果没有中试试验，则基于以往经验进行估计。文献报道的R_1值范围为9～30m，抽提井的压强范围为0.90～0.95atm。更浅的井，更低渗透压的地层，采用更低的抽提井真空度，通常对应更小的R_1。

4. 气体流量

在均质土壤系统中的径向达西流速μ_r可表示为

$$\mu_r = \left(\frac{k}{2\mu}\right)\frac{\left[\dfrac{P_{\mathrm{w}}}{r\ln\left(\dfrac{R_{\mathrm{w}}}{R_1}\right)}\right]\left[1-\left(\dfrac{P_{R_1}}{P_{\mathrm{w}}}\right)^2\right]}{\left\{1+\left[1-\left(\dfrac{P_{R_1}}{P_{\mathrm{w}}}\right)^2\right]\dfrac{\ln\left(\dfrac{r}{R_{\mathrm{w}}}\right)}{\ln\left(\dfrac{R_{\mathrm{w}}}{R_1}\right)}\right\}^{0.5}} \tag{8.3.8}$$

其中，μ_r为距离抽提井r处的气体流速；P_{w}为抽提井的压强；k为地层渗透率；μ为空气黏度；R_{w}为抽提井半径；r为抽提井某点的半径；R_1为抽提井影响半径；P_{R_1}为影响半径R_1处的压强，一般为1。当式（8.3.8）中的r取R_{w}时，即可得到井壁处进入抽提井的气体流量Q_{w}为

$$Q_{\mathrm{w}} = 2\pi R_{\mathrm{w}}\mu_{\mathrm{w}}H = H\left(\frac{\pi k}{\mu}\right)\left[\frac{P_{\mathrm{w}}}{\ln\left(\dfrac{R_{\mathrm{w}}}{R_1}\right)}\right]\left[1-\left(\frac{P_{R_1}}{P_{\mathrm{w}}}\right)^2\right] \tag{8.3.9}$$

其中，H为抽提井的开孔区间；P_{w}为抽提井的压强；R_{w}为抽提井的半径；R_1为抽提井影响半径；P_{R_1}为影响半径R_1处的压强，一般为1。

应用式（8.3.10）可将进入抽提井的气体流量换算为相应的标准状态流量Q_{atm}（当P=P_{atm}=1atm时）

$$Q_{\mathrm{atm}} = \left(\frac{P_{井}}{P_{\mathrm{atm}}}\right)Q_{井} \tag{8.3.10}$$

其中，Q_{atm}为相应的标准状态流量；$Q_{井}$为井内气体流量；$P_{井}$为抽提井压强。

5. 污染物去除速率

可通过抽提气体流量（Q）和气体浓度（G）的乘积来计算污染物的去除率（$R_{去除}$）

$$R_{去除} = GQ \tag{8.3.11}$$

注意 G 和 Q 的单位一致，且 G 以质量浓度单位表示。如果存在自由相，应该用式（8.3.12）计算初始气体浓度；如果不存在自由相，则应按上述不存在自由相计算抽提气体浓度。需要说明的是，计算得到的气体浓度是平衡状态的理论值，由于不是所有的空气都经过污染区且存在传质限制，实际值仅为计算值的几分之一。尽管如此，计算值所提供信息也极有价值，可将计算值和取样得到的实际数据相比较，建立它们的对应关系，从而校准调节计算值，用于以后的预测。

$$P_A = (P^{\mathrm{wap}})(X_A) \tag{8.3.12}$$

其中，P_A 为组分 A 在气相中的分压；P^{wap} 为组分 A 的纯液相蒸气压；X_A 为组分 A 在液相中的摩尔分数。可采用如下步骤计算污染物去除速率：一是通过现场测量计算抽提气体流量；二是存在自由相时，用式（8.3.12）来计算抽提气体浓度，当不存在自由相，则应用不存在自由相的步骤计算抽提气体浓度；三是采用式（8.3.3）将气体浓度换算为质量浓度；四是使用综合效率因子 η 来调整第三步计算出的浓度；五是将第一步得出的气体流量与第四步得出的调整后的浓度相乘，得到污染物的去除效率。

计算过程所需信息有抽提气体流量 Q、抽提气体浓度 G、相对于理论去除率的综合效率因子。

6. 清理时间

当确定了污染物的去除速率，则可以计算清理时间（$T_{清理}$）

$$T_{清理} = M_{泄漏} / R_{去除} \tag{8.3.13}$$

其中，$M_{泄漏}$为要去除的泄漏量。$M_{泄漏}$可通过下式计算

$$M_{泄漏} = \left(X_{初始} - X_{目标}\right)\left(M_{\mathrm{s}}\right) = \left(X_{初始} - X_{目标}\right)\left[\left(V_{\mathrm{s}}\right)\left(\rho_{\mathrm{b}}\right)\right] \tag{8.3.14}$$

其中，$X_{初始}$ 为土壤中初开始的平均污染物浓度；$X_{目标}$ 为土壤修复目标值；M_{s} 为污染土壤的质量；V_{s} 为污染土壤的体积；ρ_{b} 为土壤密度。如果修复目标值相比初始污染物浓度低很多，则可在式（8.3.14）中去除 $X_{目标}$，作为设计的安全系数。

上式看起来简单，但由于污染物去除速率的变化，计算清理时间比较复杂。随着土壤中残留污染物的量不断地减少，去除速率也在降低，可将清理时间分为几个阶段，计算每个时间段的去除速率及清理时间，则总的清理时间为各清理时间之和。详细步骤如下：首先，计算自由相不存在时的最大可能土壤污染物浓度 $X_{自由基}$，当土壤样品中的平均浓度超过 $X_{自由基}$时说明存在自由相，进入第二步；当样品平均浓度小于 $X_{自由基}$时说明不存在自由相，进入第五步。然后计算抽提气体浓度和计算去除速率。第三是应用修改后的公式即将式（8.3.14）中的 $X_{目标}$换成 $X_{自由基}$计算自由相消失前去除的污染物质量。第四步是应用第二步和第三步以及式（8.3.13）计算去除自由相所需要的时间。第五步是将 $X_{自由基}$–$X_{目标}$分为几个区间，使用每个区间的平均 X 值来计算气体浓度，再计算去除速率。如果初始状态没有自由相，则在本步骤中用 $X_{初始}$代替 $X_{自由基}$。第六步是应用下列修改后的公式计算每个区间去除的污染物质量

$$M_{去除} = \left(X_{开始} - X_{结束}\right)\left(M_{\mathrm{s}}\right) = \left(X_{开始} - X_{结束}\right)\left[\left(V_{\mathrm{s}}\right)\left(\rho_{\mathrm{b}}\right)\right] \tag{8.3.15}$$

其中，$X_{开始}$和 $X_{结束}$分别为每个区间开始和结束时的浓度。第七步是用第五步和第六步以及式（8.3.13）计算每个区间清理所需要的时间。第八步是将每个区间所需的时间累加得到

总清理时间。

7. 温度对 SVE 的影响

在 SVE 项目中，地层温度会影响空气流量和气体浓度。温度较高时，有机组分的蒸气压也会较高，此外，空气黏度随地层温度的升高而增加，导致空气流量下降。

$$\frac{\mu@T_1}{\mu@T_2}=\sqrt{\frac{T_1}{T_2}} \tag{8.3.16}$$

其中，T 为地层温度，以开尔文或兰氏度表示。从式（8.3.9）可知，不同温度下流量之比为

$$\frac{Q@T_2}{Q@T_1}=\sqrt{\frac{T_1}{T_2}} \tag{8.3.17}$$

由式（8.3.16）可以看出，温度较高时，气体的流量会下降。但由于温度较高时气体的浓度会更高，去除速率会更高。

8. 气体抽提井的数量

确定 SVE 项目所需抽提井数量的因素主要有三个。一是需要足够数量的抽提井来覆盖整个污染区域，换句话说，整个污染区域都在抽提井群的影响范围内，因此

$$N_{井}=\frac{1.2(A_{污染})}{\pi R_1^2} \tag{8.3.18}$$

其中的因子 1.2 是随机选取的，用于表示井群影响范围之间的重合以及边缘井的影响范围可能会超出污染区域之外。

其次，应有足够的井数量来保证在可接受时间内完成场地修复，因此

$$R_{可接受}=\frac{M_{泄漏}}{T_{可接受}} \tag{8.3.19}$$

$$N_{井}=\frac{R_{可接受}}{R_{去除}} \tag{8.3.20}$$

式（8.3.18）和式（8.3.20）中计算出的井数量较大值即为最小的气体抽提井数量。

最后，也是最重要的，是经济因素，需要在井数量和总处理成本之间达到平衡。

9. 真空泵的规格

真空泵、风机或压缩机对理想气体的等温压缩所需的理论功率可表示为

$$\mathrm{HP}_{理论}=3.03\times10^{-5}P_1Q_1\ln\ln\frac{P_2}{P_1} \tag{8.3.21}$$

其中，P_1 为进气压强（1bf/ft^2[①]）；P_2 为输出压强（1bf/ft^2）；Q_1 为进气条件下的空气流量，（ft[②]^3/min）。对于理想气体等熵压缩（PV^k=常数），以下公式适用于单级压缩机

$$\mathrm{HP}_{理论}=\frac{3.03\times10^{-5}k}{k-1}P_1Q_1\left[\left(\frac{P_2}{P_1}\right)^{\frac{(k-1)}{k}}-1\right] \tag{8.3.22}$$

① 1bf/ft^2≈47.88Pa。

② 1ft≈304.8mm。

其中，k 为等压比热与等容比热的比值，对于典型的 SVE 项目可选 k=1.4。

对于活塞式压缩机，等熵压缩的效率（E）通常为 70%～90%，等温压缩为 50%～70%，实际需要的功率为

$$\mathrm{HP}_{实际}=\frac{\mathrm{HP}_{理论}}{E} \tag{8.3.23}$$

三、化学修复技术

污染土壤的化学修复技术是根据污染物和土壤性质，选择合适的化学修复剂加入土壤，使污染物与修复剂发生一定的化学反应降解污染物或解毒的技术。修复技术手段可以是将液体、气体或活性胶体注入地下表层、含水层，或在地下水流经的路径上设置能滤出污染物的可渗透反应墙。通常情况下，生物修复不能满足污染土壤修复的需求时才选择化学修复方法。根据化学反应特点可将化学修复分为土壤性能改良、溶剂浸提、化学氧化、化学还原与还原脱氯及化学淋洗等几类。各技术的方法描述及适用性见表 8-7。

表 8-7　污染土壤的化学修复技术和方法

类型	技术方法描述	适用性
土壤性能改良	原位修复技术，有针对性地采取施用改良剂或人为改变土壤氧化-还原电位，使污染物转化为难以迁移或从土壤中去除	主要针对无机污染物，包括重金属、阳离子和非金属及腐蚀性物质
化学氧化修复	原位修复，通过向土壤中加入氧化剂、催化剂等与污染物发生氧化反应，使污染物降解或转化为低毒或者低移动性产物	主要用于被油类、有机溶剂、多环芳烃、PCP、农药以及非水溶态氯化物等污染的土壤
化学还原与还原脱氯	原位修复技术，即创建一个化学活性反应区或反应墙，污染物通过这个特殊的区域时，与化学还原剂反应可被降解或者被还原为难溶态化合物，从而使污染物在土壤环境中迁移性和生物可利用性降低	氧化态金属、含氯有机物、非饱和芳香烃、多氯联苯、卤化物和脂肪族化合物等污染物
化学淋洗	包括原位和异位化学淋洗，是指借助能促进土壤环境中污染物溶解或迁移的溶剂通过水力压头推动清洗液，将其注入污染土壤，然后再把这些含有污染物的液体从土壤中抽提出来进行分离和污水处理	适用范围广，包括重金属、芳烃、石油类、卤代试剂、多氯联苯、氯代苯酚和农药等污染物
溶剂浸提	一般为异位修复，利用溶剂将有害化学物质从污染土壤中提取出来或者去除的技术	包括多氯联苯、石油类碳氢化合物、卤代碳氢化合物、多环芳烃、二噁英和二苯呋喃污染土壤
燃烧氧化	异位修复技术，有机污染物在高温作用下分子中加入氧气，最终生成二氧化碳和水	有机污染物
降解水解	通过人为调控促进有机污染物通过水解或化学降解而脱除毒性或去除的方法	易降解或水解的有机污染物
聚合	通过聚合剂使几个小分子结合成复杂大分子而使污染物毒性或者迁移性降低的方法	脂肪族化合物和含氧有机物

（一）土壤性能改良技术

1. 技术介绍

施用改良剂。一般来说，对于污染程度较轻的土壤，根据污染物在土壤中的存储特点，可向土壤中加入石灰性物质、有机物及黏土矿物、离子拮抗剂等改良剂来改良土壤性能，

修复被重金属污染的土壤（于颖和周启星，2005）。石灰性物质能够提高土壤的 pH，促使重金属形成氢氧化物沉淀，因此，施加改良剂到重金属污染土壤可减少植物对重金属的吸收。常用的石灰性物质有熟石灰、碳酸钙、硅酸钙和硅酸镁钙等。使用这些石灰性物质的目的在于中和土壤酸性，提高土壤的 pH，降低重金属污染物质的溶解度，达到钝化重金属活性的目的。一般土壤 pH 提高到 7 左右时，对重金属的抑制效果可以达到 70%～80%。

石灰性物质对土壤的改良作用主要体现在，能够在很大程度上改变土壤固相中的阳离子构成，取代氢，从而增加土壤阳离子的代换量。此外，还能改善土壤结构、增加土壤胶体的凝聚性，增强植物根表面对重金属离子的拮抗作用。向土壤中施加石灰性物质的效果依赖于土壤特性和石灰性物质的状态。为保证土壤和石灰性物质的充分接触，可将石灰性物质磨成粒径很细的粉状来提高颗粒的比表面积，实验表明，细粒径石灰性物质在施入土壤几小时内就会发挥功效。

有机物质和黏土矿物。向土壤中添加有机物和黏土矿物质不仅能改善土壤肥力，还能增强土壤对重金属离子和有机污染物的吸附能力。通过有机物质与重金属的络合、螯合作用，黏土矿物质对重金属离子和有机污染物产生强烈的物理、化学吸附作用，使污染物分子失去活性，从而减轻土壤污染对植物和生态系统的伤害。有机污染物包括生物体排泄物和泥炭类物质、污泥等。生物体排泄物中含有一定的微生物，可加速植物残体的矿化过程，丰富土壤微生物群落。厩肥含有多量胡敏酸胶体，能与黏粒结合，形成粒团。泥炭类有机物能够增加土壤的吸附容量和持水能力。有机物质对重金属污染的缓冲和净化主要表现为参与土壤离子交换反应、稳定土壤结构、提供微生物活性物质、提供微生物活动基质及能源、形成重金属螯合剂等方式来缓冲和净化污染的土壤。

离子拮抗剂。化学性质相似的元素之间，可能因为竞争植物根部同一吸收点而产生离子拮抗作用。因此，在改良重金属污染土壤时，还可以利用金属间的拮抗作用，添加一种化学性质相似但又不污染土壤的元素来控制另一种污染性的重金属毒性。例如，锌和隔的化学性质相似，在镉污染土壤中，比较便利的改良措施之一便是以合适的锌/镉浓度比施入植物肥料，缓冲镉对农作物的毒害作用。

化学沉淀剂。磷酸盐化合物很容易与重金属形成难溶态沉淀物，因此，利用这一化学反应改良被铅、铁、锰、铬、锌污染的土壤。

调节土壤的氧化-还原电位。由于土壤中重金属的迁移转化与土壤的氧化-还原电位密切相关，因此可采用调节土壤氧化-还原电位的方法控制重金属的迁移。一般土壤中多种重金属元素在还原条件下，随淹水时间延长，与产生的 H_2S 结合成难溶的硫化物沉淀，因此，可采用盐水栽培和向水中施用促进还原的物质及提供 H_2S 来源的方法，降低重金属的活性，减少其毒害作用。如受镉和钼污染的土壤便可采用长期淹水、避免落干、烤田和间接灌水的方法抑制其毒性效应。而 As 污染的土壤则不能采用此方法，因为其在还原条件下可转化为亚砷酸，反而增加毒性效应。

2. 技术应用实例

美国某公司在实验室研究的基础上，开发了 Envirbond™ 技术。研究发现，该技术能有效降低重金属在土壤中的移动性，降低淋洗的金属含量，从而减少环境和人类健康的暴露风险。

Envirbond^{TM}技术主要是通过一定组成和配比的络合剂与污染土壤、污泥、废弃矿场中的重金属形成化学键，将淋溶态重金属转化为稳定态、无害的重金属络合物，从而达到修复污染土壤的目的。在络合反应中至少有两个非金属官能团与一个金属离子作用形成多环稳定的链状结构。

1998 年，该公司在俄亥俄州 Rosebille 两个铅污染土壤使用了改良 Envirbond^{TM} 技术。现场修复的结果表明，土壤中铅的浓度由 382mg/L 降到 1.4mg/L，降幅达 99%，同时还减少了 12.1%的铅的生物可利用性（USEPA，2010）。采用 Envirbond^{TM} 技术后，分析人员对土壤中铅的长期稳定性和修复程度进行了监测和试验评估。pH、E_h、硝酸铅盐、氢氟酸铅和总磷酸铅的分析数据显示出该技术修复的有限性，但淋溶试验、铅形态顺序提取及阳离子代换量的测试结果却证明该技术是比较稳定和有效的。该技术通过了美国国家环境保护局超级基金创新技术项目的评估认可。

（二）化学氧化修复技术

1. 技术介绍

化学氧化修复技术是通过在污染区设置不同深度的钻井，然后通过钻井中的泵将化学氧化剂注入土壤中，使氧化剂与污染物产生氧化反应，达到使污染物降解或转化为低毒、低迁移性产物的一项污染土壤原位氧化修复技术。

化学氧化修复技术需在钻井前对污染场地的土壤和地下水特征、污染区所在地和覆盖面积等进行勘察，否则很难将氧化剂泵入到准确的污染点。化学氧化修复工作完成后，一般只在原污染区留下水和二氧化碳等无害化学反应产物，且无需将泵出液体送到专门的处理系统进行处理，具有省时、经济的技术优势（陈怀满，2002）。

该技术主要用于修复在土壤中污染期长和难生物降解的污染物，如油类、有机溶剂、多环芳烃、PCP、农药以及非水溶态氯化物等污染的土壤。

常见的化学氧化技术的关键要素为化学氧化剂和分散技术。最常用的氧化剂有液态的 H_2O_2、K_2MnO_4 和气态 O_3。根据待处理土壤和污染物的特性，可以选择不同的氧化剂。有时，在应用氧化剂的同时可以加入催化剂增强氧化能力和反应速率。传统的氧化剂分散技术有竖直井、水平井、过滤装置和处理格栅等，这都已通过现场应用证明了其有效性。其中，竖直井和水平井都可以用来向非饱和区的土壤注射气态氧化剂。根据报道，在非饱和土壤分散臭氧方面，水平井比竖直井更有效。修复剂良好的分散效果依赖于细心的工程设计和分散设备的正确建造。无论哪种化学分散技术，其建造注射系统的材料必须要与氧化剂相匹配。近年来，针对低渗透性污染土壤开发出了分散技术，如深度土壤混合技术和液压破裂技术。深度土壤混合技术是利用特殊钻和混合板，通过旋转以达到混合土壤的目的。据报道，深度混合技术已能将臭氧疏散到土壤表层下 7.5m。液压破裂技术是通过高压破裂土壤结构，将水和空气泵到土壤表层。其中深度土壤混合技术已经通过现场应用，如美国橡树岭国家实验室研制了一项可行的将高锰酸钾分散到土壤下层的技术，其特点是通过再循环的原位化学氧化方式，包括多种水平和竖直井，向污染的含水层注射和再循环氧化剂溶剂。该技术的优点是，由于土壤毛细水已经被先抽提出来，因此它能够引入大体积的氧化剂溶液修复污染土壤。需要指出的是，在渗透性较好或者物理破坏污染区无法实施的土壤条件下，不推荐采用深度土壤混合技术。

2. 技术应用

美国已应用化学氧化修复技术实施了许多原位修复的小规模实验（Dickson and Irene，2013），表 8-8 罗列了几例典型的代表实例。

表 8-8　美国化学氧化修复技术的修复实例

项目	氧化剂	污染物	过程与结论
俄亥俄州 Piketon 地区煤气输送 X-231B 号	H_2O_2	易挥发有机物	H_2O_2 稀释液从周围空气压缩系统注射到空气运送管道，在地下 4.5m 深处延续修复 75min，大约 70%污染物被氧化降解
俄亥俄州 Piketon 地区煤气输送 X-701B 号	K_2MnO_4	TCE	将地下水从一个水井抽提出来，加入 K_2MnO_4 后注入距离大约 27m 的平行井，一个月处理时间，K_2MnO_4 溶液体积占土壤总毛孔体积的 77%。处理后 8～12 周，地下水监测井的监测数据表明 TCE 浓度由 7000mg/L 降到不足 5μg/L
Savannah 河流域 A/M 地区	Fenton 试剂	DNAPLs，主要是 TCE 和 PCE	将 Fenton 试剂注射到土壤中后，连续处理 6 天，DNAPLs 含量由 272kg 降到 18kg，大约 90%的目标污染物被降解
堪萨斯州 Hutchinson 干结设备公司	臭氧	PCE	臭氧以 0.086m/min 流量注入含有 PCE 污染的含水土层，对离注射井 3m 远的多点采样分析表明，91%的 PCE 被去除
加利福尼亚州 Sonoma 地区废弃工厂场地	臭氧	PCP 和 PAHs	以臭氧溢流量变换的方式经过注射井注入污染土壤地下水位以上的区域，大约一个月后，10 个采样点的数据表明，1800mg/kg 的 PAHs 和 3300mg/kg 的 PCP 分别被去除 99.5%和 98%

（三）化学还原与还原脱氯修复技术

化学还原与还原脱氯修复技术是利用化学还原剂将污染物还原为难溶态，使污染物在土壤中的迁移性和生物可利用性降低的一项污染土壤原位修复技术。一般用于污染土壤在地面较深范围，污染区域较大，且呈斑块状扩散，对地下水也构成污染，而用常规技术又难以奏效的污染修复。表 8-9 简述了化学还原与还原脱氯修复技术常用还原剂的主要特征。

表 8-9　化学还原与还原脱氯修复技术常用还原剂的主要特征

还原剂	二氧化硫	气态硫化氢	零价铁胶体
适用污染物	对还原敏感的元素集散部分为较大的氯化溶剂	对还原性敏感的金属元素	对还原敏感的元素及氯化溶剂
修复对象	通常是地下水		
最适 pH	碱性	不受限制	高 pH 可能导致铁表面覆盖膜，降低还原效率
天然有机质的影响	未知		有促进铁表面形成覆盖膜的可能
适宜的土壤渗透性	高渗透性	高渗和低渗	依赖于铁胶体的渗透技术
其他因素	在水饱和区域较有效	以 N_2 为载体	要求高的土壤含水量和低氧量
潜在危害	可能产生有毒气体，系统运行较难控制		有可能产生有毒中间产物

化学还原与还原脱氯修复技术通常是通过向土壤注射液态还原剂、气态还原剂或者胶体还原剂，通常要建一个化学活性反应区或反应墙，当污染物通过这个特殊的区域时被降解和固定。活性反应区还原能力保持很长时间。实验表明，注入的二氧化硫在一年后仍保

持还原活性（李学垣，2000）。与化学氧化技术相似，化学还原与还原脱氯修复技术的关键要素包括化学药剂和系统设计两个方面。

代表性的还原剂主要有液态 SO_2、气态 H_2S 和零价 Fe 胶体。通常在污染土壤的下游或污染源附近的含水层，向土壤下表层注入 SO_2 创建可渗透性反应区，当地下水中对还原作用敏感的污染物迁移到反应区时被降解或转化为固定态。该方法以碳酸盐或重碳酸盐作为缓冲溶液，将 SO_2 溶解在碱性溶液中注入土壤，使矿物中 Fe^{3+}还原为 Fe^{2+}，之后 Fe^{2+}便可还原敏感的污染物，如铬酸盐和一些氯化溶剂（Dickson and Irene，2013）。H_2S 以活性气体混合物方式注入土壤，向污染区准确分散处理剂，易于分散、控制处理过程和处理后从土壤中去除。H_2S 将敏感污染物还原降解或转化为固定态的同时可转为对环境安全的硫化物。由于气态 H_2S 有毒，现场操作人员须采取防护措施。粉末 Fe 是很强的化学还原剂，能使氯化溶剂脱氯，将可迁移的氧化阴离子和氧化阳离子转化为难迁移态。一般可通过构建反应墙、垂直井、含水层和在污染物流经路线等途径加入或注射零价 Fe 胶体。与反应墙技术相比，注射零价 Fe 胶体无需挖掘污染土壤，安装操作简便、经济，可减少工作人员暴露于有害物质中。采用注射井可修复深层土壤。注射微米、纳米零价 Fe 胶体可增大活性物质表面积，用少量的还原剂达到处理效果，也可以最小的经济投入来更新反应墙。

化学还原和还原脱氯修复的过程涉及注射、反应和将试剂与反应物抽提三个阶段。以零价 Fe 胶体活性反应墙为例，可通过一系列的井构造活性反应墙。零价 Fe 胶体首先被注射到第一口井中，然后第二口井用来抽提地下水，这样零价 Fe 胶体向第二口井移动，当第一口井和第二口井之间的介质中零价 Fe 胶体饱和时，第二口井转化为注射井，第三口井作为抽提井抽提地下水并使零价 Fe 胶体运送到井口附近，其余井重复以上过程，就构造了活性反应墙系统。为了使零价 Fe 胶体快速分散到待修复位点，通常采用高黏性液体为载体高速注射。由于土壤下层物质的复杂和非均一性，在每个阶段都可能出现不可预见性的反应和交互作用，因此必须在仔细、有计划的小规模实验基础上，确定当地水文学特征参数，以选择布井点并计算还原剂的浓度和体积、注射和抽提速度、每一阶段维持的时间等工艺参数，最终提出理想的设计方案。

（四）化学淋洗修复技术

1. 技术介绍

原位化学淋洗修复技术重点在于原位化学淋洗操作系统的过程设计，简而言之，淋洗系统的过程设计就是把许多亚系统组合在一起，使土壤修复工作顺利实施。原位化学淋洗操作系统的装备由向土壤中施加淋洗液的设备、下层淋出液收集系统、淋出液处理系统三个部分组成。同时，通常采用物理屏障或分割技术把污染区域封闭起来。

土壤淋洗技术在地面表层实施或通过下表层注射。地面实施方式包括漫灌、挖池和沟渠、喷洒等，这些方式适用于处理深度在 4m 以内的污染物。地面实施土壤淋洗技术除了要考虑地形因素外，还要人为构筑地面梯度，以保证流体的顺利加入和向下穿过污染区的速率均一。当采用地面实施方法时，地势倾斜度要小于 3%，要求地势相对平坦，没有沟谷。砂型土壤最适合采用地面实施方法，水力学传导系数大于 10^{-3}cm/s 的土壤也可在地表进行土壤淋洗。

在当地地形限制了其他修复方法实施，或整个表面土壤不需要湿润时，可采用挖沟渠方式。大多数沟渠的形状是平底较浅的，以尽量充分运送和分散淋洗液。喷淋方式能够覆盖整个待治理区域的下层土壤。据报道，喷淋系统可湿润地下 15m 深处的土壤。

下表面重力输送系统采用浸渗沟和浸渗床，是一些挖空土壤后在充满多孔介质的区域，能够把淋洗液充分地扩散到污染区。浸渗渠道主要是地穴，淋洗液依次在横向和纵向分散。压力驱动的分散系统也可用来加快淋洗液的分散，压力系统可利用一开关管道来控制，也可采取狭口管。压力分散系统适用的土地类型是水力学传导系数大于 10^{-4}m/s、孔积率高于 25%的土壤。

收集淋洗液-污染物混合体的系统一般包括屏障、下表面收集沟及恢复井。许多场地工程往往合并采用这三种措施。下表面土壤环境越复杂，收集系统的设计就越繁杂。其实，在多数修复点，收集系统类似于传统的泵处理装置。

异位化学淋洗技术。适合操作异位土壤淋洗技术的装备通常是可以运输的，可随时随地搭建、拆卸、改装，一般采用单元操作系统，包括矿石筛、离心装置、摩擦反应器、过滤压榨机、剧烈环绕分离器、流化床淋洗设备和悬浮生物泥浆反应器等。异位化学淋洗技术具有灵活方便、有利于技术推广、适用于各类型污染物治理等特点。对重金属、石油烃、易挥发性有机物、多氯联苯以及多环芳烃等都有良好的淋洗效果。一般而言，异位化学淋洗技术更适合污染物集中于大粒级土壤的情况，砂砾和细砂以及相似土壤组成中的污染物更容易处理，对于含有 25%～30%黏粒的土壤不易采用这项技术。

2. 技术应用

欧洲和北美的一些国家已经有许多运用化学淋洗全方位修复污染土壤成功的先例。美国波士顿军事基地土壤受到四氯乙烯污染，从 1990 年 6 月到 1991 年 8 月采取了淋洗液加表面活性剂的泵处理系统进行化学淋洗修复试验。试验在体积 27m^3 的狭窄土壤空间进行，该空间能够自我封闭，采用了五个注射井和五个抽提井，先直接抽提去除自由态的 PCE，然后用水浸灌淋洗取出自由态和溶解态的 PCE，去除了 50%的 PCE，用表面活性剂冲洗去除其余的四氯乙烯。

美国新泽西州有 4hm^2 土壤用于建设工业处理废弃物的循环中心，工业废弃物的倾斜导致周围土壤受到砷、铍、铬、镉、铜、铅、镍和锌的污染，其中铬、铜和镍是导致较大环境污染的污染物，最大浓度均超过 10000mg/kg。USEPA 经过实验室和小规模现场试验后，开始进行大规模的异位清洗修复，修复系统运用了筛分、剧烈水力分离、空气浮选等一系列污泥浓集和脱水程序，对接近 19000t 的污染土壤和污泥进行土壤清洗修复，清洗后土壤中的镍、铬和铜的浓度分别为 25mg/kg、73mg/kg 和 100mg/kg。这是美国超级基金项目非常有名的清洗修复实例，也是 USEPA 首次全方位用清洗技术修复污染土壤的成功案例（USEPA，2013）。

马萨诸塞州有 34hm^2 棕色田地受到萘、BEHP、砷、铅和锌污染。1996 年，技术人员在该区搭建了处理能力为 15t/h 的清洗工厂，进行了长达 6 个月的异位土壤淋洗修复工程。

首先将待处理土壤分为含有 RAPR 污染物、大于 2mm 的土壤和小于 2mm 的泥土，再将湿泥浆通过剧烈水力单元分成粗粒级和细粒级，粗粒级土壤检验合格后可作为清洁土壤回填，而细粒级土壤则需要生物泥浆反应器进一步修复。工程共修复 9600t 土壤，污染物去除率为 93%，土壤清洗和生物修复总费用为 90 万美元（USEPA，2008）。

（五）溶剂浸提修复技术

1. 技术介绍

溶剂浸提修复技术是利用溶剂将有害化学物质从污染土壤中提取或去除的技术，属于土壤异位处理。一般先将污染土壤中大块岩石和垃圾等杂质分离去除，然后将污染土壤放置于提取罐或箱中，清洁溶剂从存储罐运送到提取罐，以慢浸方式加入土壤介质，以使土壤污染物全面接触，在其中进行溶剂与污染物的离子交换等反应。溶剂类型和浸泡时间则根据土壤特性和污染物化学结构来确定。根据检测和采样分析判断浸提过程，用泵抽出浸提液并导入恢复系统以再生利用，污染土壤中污染物浓度达到预期指标后就可回填。溶液浸提修复技术如果设计和运用得当，是比较安全、快捷、有效、经济和易于推广的技术。该技术适用于多氯联苯、石油类碳水化合物、氯代碳氢化合物、多环芳烃以及多氯二苯呋喃等有机污染物。该方法对一些有机农药污染土壤的修复也很有效，一般不适于重金属和无机污染物的修复（Xing and Pignatello，1998）。由于低温不利于浸提液流动和浸提效果，黏粒含量高则导致污染物被土壤胶体强烈吸附，妨碍浸提溶剂渗透，因此，低温和土壤黏粒含量高不利于溶剂浸提修复。

2. 技术应用

在美国，该技术已经成功实施了多氯联苯、二噁英和有机农药污染土壤的修复。美国 Terra-kleen 公司运用溶剂浸提修复技术，在原位修复了大约 2000m^3 多氯联苯和二噁英污染土壤，多氯联苯浓度从 2000mg/kg 减少到 1mg/kg，二噁英浓度去除率高达 99.9%，平均处理费用为 165～600 美元/t（Knaebel et al.，1996）。与传统挖掘-拖走处理技术相比，经济性和可操作性强。此外，美国的某些修复公司在溶剂浸提修复农药污染土壤的小规模现场试验中也取得了明显的处理效果。经过 3 次循环浸提，土壤中农药去除率可高达 98%，DDD、DDE 和 DDT 浓度分别从 12mg/kg、1.5mg/kg 和 80mg/kg 降到 0.024mg/kg、0.009mg/kg 和 0.093mg/kg（USEPA，2008）。

四、化学修复技术工艺设计

以淋洗技术设计工艺为例，说明化学修复技术在应用设计时的相关计算。

淋洗技术是指用水或含有冲洗助剂的溶液洗脱和清洗土壤中污染物的方法。常用于污染土壤清洗的表面活性剂有非离子表面活性剂（如乳化剂 OP、Triton-X-100、平平加、AEO-9 等）、阴离子表面活性剂（如十二烷基苯磺酸钠 SLS、AES 等）、阳离子表面活性剂（如溴化十六烷基三甲铵 CTMAB）、生物表面活性剂以及阴-非离子混合表面活性剂。

其中生物表面活性剂，即由微生物、植物或动物产生的天然表面活性剂，通常比合成的表面活性剂的分子结构更为复杂，因而临界胶束浓度 CMC 较低且易于降解，在污染土壤修复中具有良好的应用前景。如 Roy 从 *Sapindus mukurossi Gaerth*.果皮中提取化学式为 $(C_{26}H_{31}O_{10})n$ 的生物表面活性剂，以 0.5%和 1.0%生物表面活性剂溶液去除土壤中六六六的效率分别为清水的 20 倍和 100 倍（Roy et al.，1997）。Kommalapati 等（1997）发现，该生物表面活性剂在浓度大于临界胶束浓度 CMC 时，六六六的溶解度与表面活性剂浓度成正比；该生物表面活性剂解吸土壤中六六六的性能与 SDS 相当，淋洗费用较低，操作人员不直接接触污染物。但该方法仅适于砂壤等渗透系数大的土壤，且引入的清洗剂易造成二次污染。淋洗技术主要适用对象为重金属或多污染物混合污染场地。

淋洗技术一般采用原位工艺，水或溶剂流经污染区域时将污染物解吸或溶解出来，然后冲洗废水从井或排水沟中收集起来进一步处理。

假设清洗液中不含污染物，清洗前后土壤和清洗液中污染物浓度的质量平衡方程为

$$X_{初始}M_s = X_{结束}M_s + CV_1 \tag{8.3.24}$$

其中，$X_{初始}$为初始的土壤污染物浓度（mg/kg）；$X_{结束}$为最终的土壤污染物浓度（mg/kg）；M_s为清洗土壤的质量（kg）；C 为清洗液中的污染物浓度（mg/L）；V_1 为清洗液的用量（L）。

如果清洗结束时达到了分配平衡，则污染物在土壤和液相中的分配方程为

$$X_{结束} = K_p C \tag{8.3.25}$$

其中，K_p 为分配平衡常数。将式（8.3.25）代入式（8.3.24），得到初始和最终土壤污染物浓度

$$\frac{X_{结束}}{X_{初始}} = \frac{1}{1+\left[\dfrac{V_1}{M_s K_p}\right]} \tag{8.3.26}$$

对于多级清洗，最终的土壤污染物浓度为

$$\frac{X_{结束}}{X_{初始}} = \frac{1}{1+\left[\dfrac{V_{1.1}}{M_s K_p}\right]} \times \frac{1}{1+\left[\dfrac{V_{1.2}}{M_s K_p}\right]} \times \frac{1}{1+\left[\dfrac{V_{1.3}}{M_s K_p}\right]} \tag{8.3.27}$$

五、生物修复技术

生物修复技术是在生物降解的基础上发展起来的一种新兴的清洁技术，是传统生物处理方法的进一步发展，是利用生物（包括动物、植物和微生物），通过人为调控，将土壤中有毒有害污染物质吸收、分解或转化为无毒无害的过程（张从和夏立江，2000）。与物理、化学修复污染土壤技术相比，具有成本低，不破坏植物生长所需要的土壤环境，环境安全，无二次污染，处理效果好，操作简单，费用低廉等特点，是一种新型的环境友好替代技术。根据土壤修复的位点和修复的主导生物，可将生物修复技术分为原位/异位微生物修复和植物修复等类型（王磊，2014）。

（一）生物修复过程的评价

同任何处理技术一样，生物修复工程运行好与坏需要评价。对生物修复工程的评价标准业界争论颇多，其原因是多方面的。首先，评价一个生物修复技术项目需要生物修复的知识；其次，处理点的复杂性和特异性也使评价标准不统一。因此，在清洁的程度上、价格制定上以及技术检验上，监管部门、客户以及研究检验的技术部门达成一致性意见存在难度。监督部门注重生物修复技术满足的清洁标准；客户希望尽量低的清洁成本和尽可能好的处理效果，即物美价廉；研究者和清洁公司更加注重污染物清洁中微生物作用功能的取证，即污染物并不是简短的挥发和迁移过程，而是生物降解过程。

生物修复的一个重要环节是要以充分的证据来表明微生物是降低污染物浓度的主体。在生物修复过程中，虽然其他过程可能对场地的清洁有贡献，但在满足清洁目标过程中，微生物应当是最主要的贡献者（Taub，1976）。如果没有证据证明微生物起主要作用，则无法证明污染物的去除是生物在起作用，如挥发、迁移到现场以外的某一点，吸附到土壤颗粒表面，或通过化学反应改变形态等，均可使得局部污染物浓度降低。因此，制定科学的生物修复工程评价方法，不仅可为法规制定者和提供生物修复服务的商家提供一种手段来证明其所提出的或正在进行的原位生物修复的真实性。研究者还可利用这一方法评价现场试验的结果。

生物修复工程评价环节，最重要的是证明污染物的去除是生物修复完成的。混合污染物的复杂性、修复现场水文地质条件、土壤理化特性以及有机化合物被降级的非生物竞争机制等环节，使得生物修复的证据并不明确，进而很容易对生物修复可靠性提出挑战。生物修复项目与实验室研究完全不同。在实验室研究中，各种条件都可以控制，干扰因素极少，很容易对测定结果作出解释。但在现场实践中，对诸多因素间的关系远没有实验室简单。要完全肯定证明微生物与清洁过程的关系具有一定的难度，但可以证明微生物是污染清洁过程的主要参与者（沈德中，2002）。一般来说，污染物生物修复的评价方法应该包括以下三个方面：记录生物修复过程中污染物的减少；以实验结果表明现场污染环境中微生物具有转化污染物的能力；用一个或者多个例证表明实验条件下被证明的生物降解潜力在污染场地条件下是否依然存在（赵景联，2006）。这个方法不仅适合现场规模生物修复项目的评价，也适合对拟采取生物修复技术进行污染处理的项目的评估。为了证明该项目的设计符合生物修复标准与要求，每个生物修复都应满足以上三点要求。管理者和使用者也可以用以上三点检验提交或正在实施的生物修复项目的修复质量。

检验污染物的生物降解率需进行现场水样和土壤样品采集。为了说明微生物的降解潜力，也需要现场采样进行实验室条件下的微生物培养，通过实验所得结果说明微生物的降解能力。此外，还可进行文献资料的归纳和研究。在有很多文献报道生物对某类污染物易降解时，不必继续开展实验研究，可直接参考文献报道结果（周启星等，2004）。

仅有研究表明，实验条件下微生物对污染物具有降解作用，并不能说明其在现场条件下也具有同样的降解能力。由于实验条件往往比现场试验条件好，从这个意义上说，收集上述“用一个或者多个例证表明实验条件下被证明的生物降解潜力在污染场地条件下是否依然存在”的证据，即在实验条件下生物具有降解潜力，但要说明在场地条件下是否有效则仍然比较困难（赵景联，2006）。因此，有必要开展现场示范性生物修复实验。

综上分析，生物修复过程的评价是生物修复工程必不可少的环节，常用的生物修复评价方法有：样品测定、细菌总数、原生动物数、细菌活性率、细菌的适应性、无机碳浓度等方法，现作以下简要概述。

1. 样品测定

生物修复过程中通常涉及现场采样以及样品的实验分析等问题。在生物修复结束后，要对生物修复技术的处理效果进行比较评价，方法一般分为两种。第一种方法是选择对照点进行采样分析，以此作为生物修复技术的评价参照点，参照点的选择标准是：具有与处理点类似的水文地质条件特征；未受污染或不受生物修复影响的地带。第二种方法是以生物修复系统运行前的样品分析作为对照，以此作为生物修复评价的参考值。然后，将生物修复各个阶段采样分析结果与运行前的结果进行比较，考察系统运行的动态状况。第二种方法只适用于工程生物修复系统，因为对一个自然生物修复系统来说，系统的起始运行时间是从污染物进入时刻起算，由于很难计算污染物是何时进入系统的，所以这一时刻只是相对值（晁雷等，2006）。

2. 细菌总数

微生物在进行污染物代谢时通常会再生，一般来说，活性微生物的数量越大，污染物的降解速度越快。污染物浓度的减少与降解细菌总数的增加是显著负相关关系。通过分析样品的细菌总数可以为生物修复活性提供指示作用。当污染物的生物降解速率下降时，土壤污染物浓度水平较低时或介质中没有生物可降解的组分时，细菌总数与背景水平无显著差别。这一结果表明，细菌总数没有大的增加并不代表生物修复失败，很可能表明生物修复进行到了一定的阶段。

细菌种群测定的第一步是采样。原则上，最好的样品包括团体基质（土壤和支撑地下水的岩石）及与之相连的孔隙水（Chiou，1989）。因为多数微生物被附着在固体表面和在土壤颗粒的空隙中，如果只采集水样，通常会低估细菌总数，有时测得的值与实际值会相差几个数量级。此外，由于水样可能只含有易于从表面移动或在运动地下水中迁移的细菌，仅凭借采集水样得出的结果可能会导致微生物分布类型的错误。地表采样相对容易，但从土壤的亚表层采样则耗时且费用高。亚表层采样通常是钻孔采样，采样时尤其要注意防止采样过程和处理样品过程中微生物污染。因此，应事先对采样仪器进行灭菌处理。此外，还应避免采样过程中的空气污染、土壤污染和人为接触污染。

采集地下水样品进行细菌数量分析有较大的缺陷，但可作为了解生物数量的半定量指标。多数情况下，地下水中微生物数量的增加与土壤亚表层细菌数量增加呈正相关关系。地下水采样的优势是易于重复采样，采样费用低廉。

细菌种群测定的第二步是细菌总数分析。已有若干不同技术，包括标准方法和快速分析方法，虽然各有优缺点，但均可采用。

（1）微生物直接计数方法

微生物直接计数法是一种传统技术，通过用普通显微镜观察样品进行细菌计数，通过这一方法，再根据固体碎片的尺寸和形状，可辨认出哪些是细菌，哪些是固体碎片。吖啶橙基质和荧光显微镜可使细菌与其他颗粒分离，使细菌总数测定技术更为简化、方便和准确。显微镜计数的缺点是耗时长且需要有经验的技术人员来完成，尤其是当样品中含有固体物时，更需要有经验的技术人员来操作。显微镜计数法可提供细菌的总数，但不能给出细胞类型或代谢活动的情况。

（2）INT 活性试验法

INT 活性试验法可以通过鉴定电子迁移过程中细菌活性的方法提高显微镜计数。电子迁移过程中的细菌活性是所有代谢作用后的主要活动。如果在控制条件下用四唑盐培养样品，活性呼吸细菌就将电子转移到四唑盐中，形成紫色的 INT 结晶，在显微镜下则可观察到这些代谢活动中的活性细菌（Raymond and Loretta，2000）。

（3）平板计数法

平板计数法也是一种细菌计数方法，该方法可对一组固定在固体介质上的细菌进行定量计数。通过细菌群落计数，就可以表明原始样品中代谢活性细菌的数量。由于平板计数法中细菌生长和繁殖，形成大量可见的细菌群落，以平板计数法计数往往会导致细菌的实际数量及细菌的多样性偏低。对此，可根据菌样品的活性状况，对待测样品进行指数稀释后进行计数分析。

（4）MPN 技术

MPN（most-probable-number）技术也取决于介质中细菌的生长状况。细菌计数采用统计学方法，与平板计数法不同，MPN 技术的培养基数很大。根据样品的统计结果和稀释的液体样品数，对原始样品中的细菌总数进行计数。平板计数法和 MPN 法的具体技术细节不同，但两种方法的优缺点基本相同。

（5）脱氧聚核苷酸探针

采用现代生物化学和分子生物学的方法，可精确计数，鉴定现场样品细菌。这些新技术的应用，使研究人员对细菌的细胞组成特征与细菌生长过程有了新的理解和认识。

DNA 是通过标记在细菌基因中的独特分子序列进行细菌鉴定的小片脱氧核糖核酸。将 DNA 探针键合到靶细胞遗传物质的相辅区域，通过键合探针的量就可以对细菌数进行定量。目前，进行整体样品细胞计数的探针技术——脱氢聚核苷酸探针（oligonucleotide probe）仍在研究之中，只要搞清楚靶细菌的遗传序列，探针法就可以鉴定细菌类型，因此，探针法是一种非常实用的技术。探针法也适用于测定其他类型的细菌，如工程微生物以及生物放大微生物工程中的微生物细胞计数。

（6）脂肪酸分析

脂肪酸分析是另一种细菌鉴定技术，是利用细胞膜中的脂肪酸特征来进行细菌鉴定。对于不同的细菌，脂肪酸分布具有独特的稳定特征，可作为细菌鉴定的特征指标。像基因探针一样，脂肪酸分析需要专业技术知识与专业仪器。但脂肪酸分析方法也有其不足之处，如方法的定量能力有限，对小种群的鉴定不够敏感等（沈德中，2002）。

有了基因探针和脂肪酸分析，就不必用实验室常用的细菌培养方法检验样品中的细菌型和细菌总数。但需要说明的是，目前上述方法都还不完整。

3. 原生动物数

原生动物是所有主要生态系统的重要组成部分，其动力学和群落结构特征是生物与非生物环境变化的关键指示者（Haberl，1990）。自 20 世纪初以来，作为各种淡水生态系统的指示生物，已被广泛接受和使用。

原生动物捕食细菌，原生动物数量的增加表明细菌总数增加。因此，如果原生动物种群数量的增长并伴随着污染物数量减少，就可证明是生物修复在起作用。利用 MPN 技术可以进行原生动物计数，其方法与细菌计数类似，但需要对土壤或水样进行稀释。利用显微镜观察结果可以确定细菌是否被原生动物捕食。原生动物具有精致的且能快速生长的表膜，能够对外界环境作出比其他生物体更快的反应，可在 24h 内出结果。因此，原生生物测定非常适宜做早期预警。传统意义上，土壤原生动物分为裸变形虫、变形虫、鞭毛虫、纤毛虫和孢子虫，是很好的监测土壤污染或土壤修复的工具。

4. 细菌活性率

细菌活性是一个关键信号，细菌活性的增加，通常表明生物修复正在进行。生物修复是否成功的一个重要指标是潜在的生物转化率。当潜在生物转化率足够大时，表明系统能迅速去除污染物或防止污染物迁移；细菌活性越大，说明潜在生物转化率越高，可为生物修复的成功运行提供证据。

5. 细菌的适应性

污染点的细菌进行一段时间的驯化后，能产生代谢污染物的能力，使原本在溢漏时不能转化或转化非常低的污染物被代谢降解。这一特性称为代谢适应性，有可能实现现场污染生物修复。适应性可以导致能够代谢污染物的细菌总数增加，个体细菌遗传性或生理特性发生变化。

微宇宙研究适宜于适合性评价（赵景联，2006）。在微宇宙试验中，微生物转化的污染物比例增加可证明微生物对环境存在适应性，进而证明生物修复在正常运行。为了验证降解速率是否增加，有两种比较方法：一个是将生物修复现场采集的样品与相邻地段的样品进行比较；另一个是将生物修复处理前后的样品进行比较。但有时将微宇宙中的结果外推到野生环境中时，往往存在很大的不确定性。如氧浓度、pH 和营养物浓度发生变化，则土壤环境中的有关化学、物理和生物相互作用关系也会发生改变，从而影响生物修复。研究表明，由于实验室存在人为干预，野生分离出来的微生物在实验室条件下其性质和数量完全不同于野外条件，这都会影响现场条件下结果的解释。

分子生物学方法可提供新的实验手段，可对某些污染物细菌降解的适应性进行跟踪。例如，可以构建专门用来示踪降解基因的基因探针，至少在原理上可以测定混合群落中是否存在基因，但需要研究人员了解降解基因的 DNA 序列。当用普通的工程微生物进行生物修复时，可以给工程微生物加一个报道基因，当降解基因被表达时，这个基因也得到相应的表达。于是，基因蛋白质产物发出信号，并在原位种群中表达。

6. 无机碳浓度

降解有机污染物时，除了需要更多的微生物外，在降解过程中细菌会产生无机碳，通常为气态的二氧化碳、溶解态二氧化碳或碳酸根。因此，当样品中含有丰富的水和无机碳气体时，表明系统存在生物降解活性。气态二氧化碳的浓度可以用气相色谱法进行检测，水样中的二氧化碳可以进行无机盐分析。但是，通过检测二氧化碳浓度的变化来判断降解活动有时并不准确（Haberl，1990）。例如，当二氧化碳的背景浓度高或样品中含石灰质矿物质时，往往可掩盖呼吸产生的无机碳。在这种情况下，可采用稳定同位素分析方法来鉴别细菌产生的无机盐与矿化产生的无机盐。

确定样品中 CO_2 和其他无机碳是污染物质生物降解产生还是来自其他方面，用碳同位素分析较为有效。众所周知，大多数碳都是以 ^{12}C 同位素（原子核中六个质子和六个中子）形式存在，但有些碳以同位素 ^{13}C（其中六个质子和七个中子）形式存在，它的质量略大于同位素 ^{12}C。在一个样品中，$^{13}C/^{12}C$ 是个变量，其变化程度取决于碳的来源，如污染物的生物降解、有机质的生物降解与矿物质的溶解，在这些情况下 $^{13}C/^{12}C$ 不同。

有机污染物与矿物质溶解过程中产生的 $^{13}C/^{12}C$ 的值有本质不同，这一现象较为普遍。因为矿物质中的无机碳含有更多的 ^{13}C，当有机污染物被降解成二氧化碳时，$^{13}C/^{12}C$ 的值会发生一些变化，但多数有机污染物产生的无机碳中含有更为丰富的 ^{12}C。于是现场采样样品的 $^{13}C/^{12}C$ 值低于矿物质矿化 $^{13}C/^{12}C$ 值，如果测定结果与此相符，说明产生的碳来自于污染物的生物降解（晁雷等，2006）。

（二）异位微生物修复技术与工艺

异位微生物修复是将污染土壤、沉积物移离原地，在异地利用特异性微生物进行处理，最终污染物被降解，使受污染的土壤恢复原有功能的过程。主要工艺类型包括土地填埋、生物农耕、预备床、堆腐和泥浆生物反应器。异位微生物修复较为成功，关于异位微生物修复技术处理石油燃料、多环芳烃、氯代芳烃和农药污染的土壤报道较多。

土地填埋是将废物作为一种泥浆施入土壤，通过施肥、灌溉、添加石灰等方式调节土壤营养、湿度和 pH，保持污染物在土壤上层被好氧微生物降解。用于降解过程的微生物通常是土著土壤微生物群系。为了提高降解能力，亦可加入特效微生物，以改进土壤生物修复的效果。该方法已被广泛用于炼油厂含油污泥的处理。

土壤耕作工艺是在非透性垫层和砂层上，将污染土壤以 10～30cm 的厚度平铺其上，并淋洒营养物、水及降解菌株接种物，定期翻动充氧，以满足微生物生长需求，彻底清除污染物。处理过程产生的渗滤液再回淋于土壤，以彻底清除污染物。土地耕作使用设备是农用机械，一般只适于上层 30cm 污染土壤，深层污染土壤修复则需特殊设备。土壤耕作属于好氧生物降解处理，以土壤为微基质，为加速微生物降解，需通过人为通风（翻耕、加蓬松剂）、加入营养液（化肥、粪类）、调节 pH（加入石灰、明矾、磷酸）等手段加以调控。该技术可用于处理多种类型的废物，已成功用于处理五氯酚、杂酚油、石油加工废水污泥、焦油或农药等污染土壤。如 Hyzy 和 Schepart（1995）用该方法对 4000m^3 受 PAHs

污染池塘沉积物进行修复，PAHs 由 1000mg/L 降到 100mg/L。Hutzler 于 1989 年报道了土地修复耕作木材防腐剂 PCP 污染土壤，先在处理床底部铺设 2mm 厚的 HDPE 膜，渗滤液收集系统上铺设 15cm 厚的砂粒层，将污染土壤挖出摊开至 0.4m 厚置于砂层上，并加入 8cm 厚牛粪和下水道污泥。该方法修复了 4000m^3 污染土壤，使 PCP 浓度由 100mg/kg 在 4 个月内降到 5mg/kg。

预备床是将受污染的土壤从污染区挖掘出来进行异地处理，防止污染物向地下水或其他地方扩散。这种方法的特点是工程量大，即将土壤运输到一个经过各种工程准备的预备床上堆放，形成上升的斜坡，并在此进行生物恢复处理。处理过程中通过施肥、灌溉、控制 pH 等方式保持对污染物最佳降解状态，有时也加入一些微生物和表面活性剂，处理后的土壤再回填（俞慎等，2003）。复杂的系统可用温室封闭，简单的系统则只是露天堆放。有时首先将受污染的土壤挖出来，运输到一个处理点暂时堆放，然后在受污染原地做一些工程准备，再把受污染的土壤运回原地处理。

预备床设计应该满足高效并避免外溢的要求，通常具有淋滤液收集系统和外溢控制系统，这些收集与控制系统的目的是收集系统中的渗滤液，重新喷洒或者另外处理。这种技术的优点是可在土壤初始受污染时限制污染物的扩散和迁移，减少范围污染，但其土方挖掘和运输费用明显高于原位处理方法。另外，在运输过程中很可能造成一部分污染物暴露，也会因挖掘而破坏原位土壤生态结构。该技术的其他一些工程措施包括用有机块状材料补充土壤，如在一些受酚污染的土壤中，用 35m^3 的软木皮和 70m^3 的污染土壤构成处理床，然后加入营养物质，经过三个月的处理，氯酚浓度从 212mg/L 降到 30mg/L。添加这些材料，一方面可以改善土壤结构，保持湿度，缓冲温度变化；另一方面也能够为一些高效降解菌提供适宜的生长基质。将五氯酚钠降解菌接种在树皮或包裹在多聚物材料中能够强化微生物的五氯酚钠降解能力，同时也可增加微生物的污染物毒性耐受能力。

Ellis 和 Harold（1992）用具有滤液收集和水循环系统的预制床对斯德哥尔摩中部防腐油生产区的土壤进行治理，土壤中的多环芳烃的浓度从 1024.4mg/kg 降至 324.1mg/kg。虽然多环芳烃的浓度显著降低，但是高分子量多环芳烃的降解率很低。与同一区域原位处理技术相比，预制床处理对三环和三环以上的多环芳烃的降解率明显提高（Ellis and Harold，1992）。

堆腐修复是利用传统堆肥方法堆积污染土壤，将污染土壤与有机质、粪便等混合，依靠微生物降解土壤中难降解有机污染物。可通过翻耕和增加土壤透气性来改善土壤结构，同时控制湿度、pH 和养分，促进污染物的分解。堆腐工艺通常有条形堆、静态堆和反应器堆三种系统。条形堆是将污染物土壤或污泥与疏松剂混合后用机械压成条，通过对流空气运动供氧，每天翻耕保持微生物的好氧状态。该系统灵活、简便、处理量大，但占地大，且不能有效控制挥发性污染气体。静态堆系统是通过布置在堆下的通风管，通过鼓风机强制性通气保持微生物的好氧状态，静态堆一般为 6m 高，封闭操作可控制水分和尘土飞扬。反应器堆放使用先进的传送和混合设备传送污染土壤及促进通气，该系统可以最佳地控制气流，占最小空间，但欠灵活性，设备的维护也比较昂贵和复杂。

近年来国内一些学者研究堆腐修复的原理、工艺、条件、影响因素、降解效果等，并应用于污染土壤修复。由于污染土壤与未污染土壤混合，如果处理失败将导致更大的污染，目前该方法尚未得到较好的推广。

在挪威用堆腐法处理20000t多环芳烃污染土壤。将土壤和松树皮1∶1混合定期喷水，并通过翻堆、通气和加氧化氢等方法进行通风处理，结果表明，7 周后多环芳烃浓度由500mg/kg降至20mg/kg，氮、磷元素能显著加速微生物的降解效率，且在环境温度为4℃时仍可去除多环芳烃。

姜昌亮等（2001）采用异位堆腐条形法，对辽河油田4种不同类型的石油污染土壤进行生物处理示范研究，结果表明，该方法对油田稀油、稠油和高凝油污染土壤的处理效果很好。该处理工程自然通风即可满足运行要求，可大大减少能源投资，对大规模污染土壤处理来说是一种简单易行、便于推广的污染土壤清洁技术。

张文娟等（1999）用实验模拟方法，研究堆置处理过程对污染土壤中多环芳烃的降解，结果表明，堆置对6种难降解的多环芳烃都有不同程度的降解能力。多环芳烃的降解随着苯环数目的增加而降低，当多环芳烃的初始浓度提高50倍时，除了荧蒽、蒽外，其他多环芳烃的降解随着浓度的提高而降低。

堆龄会影响到烃类的降解速率。处理柴油污染的土壤陈堆（6 周）明显优于新堆（2周）。虽然新堆的生物量高，但是陈堆中的污染物降解速率要高出一倍。其原因可能是新堆中的有机质妨碍了柴油的降解，同样，较高的天然有机质也会阻碍杀虫剂的降解。

泥浆生物反应器是处理污染土壤的特殊反应器，可建在污染场地或者异位处理场地。污染土壤用水调成泥浆，装入生物反应器内，通过控制一些重要的微生物降解条件，提高处理效果。通常，驯化微生物种群从前一批处理中引入到下一批新泥浆中，处理结束后通过水分离器脱除泥浆水分并循环利用。泥浆生物反应器包括池塘、开放式反应器和封闭式反应器。处理步骤包括铲挖污染土壤、筛除直径大于1.2cm的石块，制成含水为60%～90%的泥浆。反应器可设计成容器，也可利用现有池塘。反应器罐盖一般为平鼓型或升降机型，底部为三角形。一般的反应器有气体回收和循环装置。为减少罐体对污染物的吸附并增加耐磨性，反应器主体一般采用不锈钢，小型反应器可用玻璃原料。反应器设有搅拌装置，将水和土壤充分混合使土壤颗粒在反应器内呈悬浮状态，使添加的营养物质、表面活性物质以及外界菌种在反应器内与污染物充分接触，加速降解。可根据需要合理调控搅拌速率、水土比例、空气流速以及添加物浓度等反应器的处理条件来增强其降解能力，其操作关键是混合程度和通气量，以改善土壤的均一性。除了反应器外还需要沉淀池和脱水设备。

高浓度固体泥浆反应器能用来直接处理污染土壤，其典型的方式是液固接触式。该方法采用批式运行，在第一单元中混合土壤、水、营养、菌种、表面活性剂等，最终形成含5%～40%的泥水混合相，然后进行第二单元的初步处理，完成大部分的生物降解，最后在第三单元中进行深度处理。现场实际应用结果表明，液固接触式反应器可以成功处理有毒有害有机污染物含量超过总有机浓度 1%的土壤和沉积物。反应器的规模为 100～250m^3/d，与土壤中污染物浓度和有机物含量有关。

反应器处理的一个主要特征是以水相为处理介质。由于是以水相为主要处理介质，污染物、微生物、溶解氧和营养物的传质速度快，避免了复杂而不利的自然环境变化，各种环境条件便于控制在最佳状态，因此，反应器处理污染物的速度明显加快。该技术能满足污染物生物降解所需的最适宜条件，获得最佳的处理效果，是污染土壤修复的最佳技术。但其工程复杂，处理费用高；此外，对难生物降解的物质处理时，必须慎重使用该技术，以防止污染物从土壤转移到水中。

泥浆生物反应器已经成功应用到固体和污泥的污染修复，能够处理多环芳烃、杀虫剂、石油烃、杂环类和氯代芳烃等有毒污染物。美国得克萨斯州 Harris 泥浆塘生物修复项目证明了该技术的有效性。该项目取代了原焚烧计划（预计 1.2 亿美元），用 5500 万美元就达到了预期修复目标，最终使污染土壤中氯乙烯浓度＜5mg/kg，苯和苯并芘浓度＜10mg/kg。巩宗强等（2001）通过小型泥浆反应器的运行，确定了生物泥浆法修复多环芳烃污染土壤的温度、水土比和通气量参数。不同水土比对菲和芘的影响差别不大，因此利用生物泥浆反应器进行多环芳烃污染土壤的修复可以采用 2∶1 的水土比，这样既可以节约用水，又能保证运行期内土壤不至于结块，也可充分利用反应器的空间，增加单位体积反应器处理土壤的量。温度是影响生物修复的一个关键因素，适宜的温度是微生物生长的必要条件。实验结果表明，在利用微生物泥浆反应器进行污染土壤生物修复时，温度控制在 20～25℃比较合适，此温度与 Castldi 在研究利用生物泥浆反应器处理石油烃污染的淤泥时采用的温度基本一致（Castldi and Ford，1992）。

（三）原位微生物修复技术与工艺

原位处理是污染土壤不经搅动，在原位或易残留部位之间进行原位处理的方法。最常用的原位处理方式是进入土壤饱和带污染物的生物降解。可采取添加营养物、供氧（加 H_2O_2）和接种特异工程菌等措施提高土壤生物降解能力，亦可把地下水抽到地表，进行生物处理后再注入土壤中，以再循环的方式改良土壤。该方法适于渗透性好的不饱和土壤生物修复。原位微生物修复的特点是在处理污染的过程中土壤的结构基本不受破坏，对周围环境影响小，生态风险小；工艺路线和处理过程相对简单，不需要复杂的设备，处理费用较低，但整个过程难以控制。该方法一般采用土著微生物处理，有时也可以加入经驯化和培养的微生物以加速处理。在这种工艺中经常采用各种工程化措施来强化处理效果，这些措施包括生物强化、生物通风、泵出生物以及改善渗滤系统等。

1. 生物强化

生物强化是基于改变生物降解中微生物的活性和强度而设计的，可分为培养土著菌的生物培养法和引进外来菌的投菌法。目前，在大多数生物修复过程中，实际应用的都是土著菌，其原因一方面是土著菌降解污染物的潜力大；另一方面是接种的微生物在环境中难以保持较高的活性以及工程菌的使用受到严格的限制。当修复包括多种污染时，单一微生物的能力通常很有限。土壤微生物实验表明，很少有单一微生物具有降解所有污染物的能力。另外，污染物的降解通常是分步进行的，在这个过程中包括多种酶和多种微生物的作用，一种酶或微生物的产物可能成为另一种微生物的底物。因此，在污染土壤实际修复中必须考虑激发当地多样的土著菌。另外，基因工程菌的研究引起了人们浓厚的兴趣，采用细胞融合技术等遗传工程手段可以将多种降解基因转入同一微生物中使之获得广谱的降解能力。例如，将甲苯降解基因从恶臭假单胞菌转移给其他微生物，从而使受体菌在 0℃时也能降解甲苯，这比简单地接种特定的微生物使之艰难而又不一定成功地适应外界环境要有效得多。

生物培养法是定期向土壤投加 H_2O_2 和营养以满足污染环境中已经存在的降解菌的需要，以使土壤微生物通过代谢将污染物彻底矿化成二氧化碳和水。

投菌培养法是直接向遭受污染的土壤接入外源的污染降解菌，同时提供这些细菌生长所需要氧源（多加 H_2O_2）和营养，以满足降解菌的需要，使土壤微生物通过代谢将污染物彻底矿化成二氧化碳和水。处理期间，土壤基本不被搅动，最常见的就是在污染区挖一组井，并直接注入适当的溶液，这样就可以把水中的微生物引入到土壤中。地下水经过一些处理后可以恢复和再循环使用，在地下水循环使用前，还可以加入土壤改良剂。采用外来微生物接种时会与土著微生物竞争，需要用大量的接种微生物形成优势，以便迅速开始生物降解过程。

Ellis 和 Harold（1991）在斯德哥尔摩中部的一个废弃的木材防腐油生产区，对低分子量多环芳烃和高分子量多环芳烃污染进行就地投菌处理。在 0.9～4.5m 的深度范围内，土壤中防腐油的总浓度为 10～3200mg/kg。在污染区设置一些井，井中注入含有营养盐的磷酸氢钾、氧源（35%的 H_2O_2，100mg/L）和表面活化剂的溶液，并接种能促进多环芳烃降解的微生物，对污染区域进行处理。经过四个月的处理，污染土壤中所有多环芳烃都明显降解，但是三环芳烃和多环芳烃的降解率一般明显低于 60%。该方法对湿度较为敏感，只能在气温大于 8℃的月份进行。截至 1993 年，美国共有 159 个污染场地已经或拟使用生物修复技术进行现场修复治理，对已经使用生物修复技术的 124 个场地进行分类，其中 96 处（77%）使用土著微生物，17 处（14%）采用添加微生物的方式，另外 11 处（9%）是两种方式共有（Hinchee et al.，1991）。

2. 生物通风法

生物通风法是一种强化污染物生物降解的修复工艺。一般是在受污染的土壤中至少打两口井，安装鼓风机和真空泵，将新鲜空气强行排入土壤中，然后再抽出，土壤中的挥发性毒物也随之去除。在通入空气时，有时加入一定量的氨气，可为土壤中降解菌提供氮素营养；有时也可将营养物与水经渗滤通道分批供给，从而达到强化污染物降解的目的（沈铁孟等，2002）。另外，还有一种生物通风法，即将空气加压后注射到污染地下水的下部，气流加速地下水和土壤中有机物的挥发和降解，有人称为生物注射法（张甲耀等，1996）。在有些受污染的区域，土壤中的有机污染物会降低土壤中的氧浓度，增加二氧化碳浓度，进而形成一种抑制污染物继续生物降解的条件。因此，为了提高土壤中的污染物降解效果，需要排除土壤中的二氧化碳并补充氧气。

生物通风系统的主要目的就是改变土壤中的气体成分，其主要制约因素是土壤结构，不合适的土壤结构会使氧气和营养物质在达到污染区域之前就被消耗掉，因此要求土壤具有多孔结构。向土壤中注入空气时需要对空气流速有一定的限制，并且要有效控制有机污染物挥发。生物通风法的设备和运行维护费用低，可以清除不适于蒸气浸提修复的黏稠烃类，但是其局限性是只适用于好氧降解的有机污染物；对于挥发性化合物的修复不如蒸气浸提法，但是其气体处理费用只相当于蒸气浸提法修复的一半。

对于不同有机污染物进行修复的相对适宜度不同，表 8-10 列举了一些有机污染物生物通风修复适宜性评价。如四氯乙烯在好氧条件下不利于降解，因此不宜用该方法；氯乙烯虽易于好氧降解，但由于蒸气压高，挥发性强于生物降解，因此适宜度中等。生物通风方法现已成功应用于各种土壤的生物修复治理，其主要是通过真空或加压进行土壤曝气，使土壤中的气体成分发生变化。生物通风工艺通常用于处理在受地下储油罐泄漏造成的土壤污染进行生物恢复处理时产生的少量土壤。

表 8-10　有机污染物生物通风修复适宜性评价

化合物	适宜性	化合物	适宜性	化合物	适宜性
三氯乙烯	中	乙苯	好	1,1,1-三氯乙烯	中
甲苯	好	二甲苯	好	反-1,2-二氯乙烯	中
苯	好	二氯甲苯	中	1,2-二氯乙烯	中
多氯联苯	差	氯乙烯	中	四氯乙烯	差
三氯甲烷	中	氯苯	中	酚	好

得克萨斯州研究院首先通过实地调查，说明土壤通风去污技术是高效的去污技术，所需成本不到土壤挖掘法、清洗法的十分之一，速度却是后者的五倍以上。该技术只需在真空吸抽系统上装上净化设备就不会造成二次污染。

Agrelot 等（1984）用该技术清除了 CCl_4 地下储罐泄漏污染，分析报告说明，CCl_4 总泄漏 67500L，其中 70%被截留在不饱和区域。实验人员在污染物浓度最高的两个位置各设置一个空气抽提井，并安装土壤通风清除系统。实验结果表明，土壤通风是一种比挖掘、淋洗等更有效的去污技术，但实验人员未进行最优去污设计。

Crow 等（1985）在汽油泄漏实地做了一组土壤通风去污试验，研究了空气流速对汽油蒸气去除速率的影响。液体汽油滞留于地下水层之上的毛细管区域，汽油蒸气滞留于毛细管区域之上的窄区域，其通风系统由并排的三个井组成，边上两个井用来进风，中间的井用来出风。结论表明，随着空气流速的增加，汽油蒸气的去除速率增加；在进气井与出气井连线区域，空气速率较高，窄区域土壤中汽油蒸气浓度降低最快。

Fall 和 Pickens（1988）基于简化机理分析，设计了现场去除饱和土壤中泄漏汽油的通风系统，完成了与上述类似的研究。该系统在白天运行，晚上关闭，以便重建地下土壤蒸气的压力平衡。研究发现，该方法在与 Crow 试验同样的时间内能增加去污效率，使碳氢化合物去除能力提高 1.5 倍以上，真空抽吸系统的流量是 Crow 试验的 1/4～1/2，该方法污染物蒸气恢复速率至少大于 Crow 试验报道的两个数量级。结果也指出，土壤中任何位置汽油蒸气浓度的减少取决于当地空气速率而不是引发的真空度。

为探明通风去污的有效性，Thoraton 和 Wootan（1984）在一个大敞口罐中模拟了汽油渗漏事故。他们在两种不同的渗流空气流速下，研究去污速率随时间的变化，同时监测土壤不同位置的汽油浓度。开始抽吸时，气流中的起始汽油浓度非常高，之后浓度逐渐下降，去污速度也慢慢下降。结果显示，通风速率与汽油的去除量之间存在确定的关系，这取决于不同空气流速下汽油空气界面浓度梯度的大小，通风流速越高，蒸发前锋到达真空井所需时间（即彻底去除汽油污染所需时间）越少。

美国犹他州等空军基地的生物修复项目是最早采用生物通风修复污染土壤的项目之一。除了气提去除挥发性有机污染物外，微生物降解去除了15%～80%的汽油和甲苯等土壤污染物，有效地验证了生物通风法可以通过通气促进挥发性有机污染物从土壤亚表层挥发以及通氧可以促进微生物降解可降解性有机污染物。生物通风工艺通常用于地下储油罐泄漏造成的轻度污染土壤生物修复。由于生物通风方法在军事基地的成功实施，美国空军将生物通风法列为处理喷气飞机燃料污染土壤的一种基本方法。

3. 泵出生物法

泵出生物法工艺主要用于受污染地下水和由此引起的土壤污染，需在受污染区域钻井。井分为两组，一种是注入井，用来将接种的微生物、水、营养物质和电子受体等按一定的比例混合后注入土壤中；另一组是抽水井，通过向地面上抽取地下水造成地下水在地层中流动，促进微生物的分布和营养物质的运输，保持氧气供应。由于处理后的水中含有驯化的降解菌，因而对土壤有机污染物的生物降解有促进作用。通常需要的设备是水泵和空压机。在有的系统中，在地面上还建有采用活性污泥法等手段的生物处理装置，将抽取的地下水处理后再注入地下。氧的传输和土壤的渗透性能是泵出生物处理法处理成功的关键。为了加强土壤内空气和氧气的交换，可采用加压空气和真空抽提系统。

Kaemfer（1993）用泵出生物工艺向石油污染土壤和地下水连续注入适量N、P、NO_3^-、H_2O_2等电子受体，经过2天运转，对土壤和水中的样品进行微生物和化学分析。随着实验时间的延长，采集到的样品中的菌量有所增加，分离得到的细菌超过70种，其中大多数为烃降解细菌，石油烃的浓度明显下降。相关研究表明，使用三种补充的营养液与*Mycobacterium* sp.等菌种一起注入土壤，取得了良好效果。该工艺是较为简单的处理方法，费用较低，但由于采用的工程强化措施较少，处理时间会有所增加，而且在长期的生物恢复过程当中，污染物可能会进一步扩散到深层土壤和地下水中，因而适于处理时间较长、土壤状况已基本稳定的地区或受污染面积较大的地区。

除了以上几种常用的原位微生物修复技术外，还有生物搅拌法、工程螺旋法、慢速渗滤法和农耕法等技术。

生物搅拌法是向土壤饱和部分注入空气，同时从土壤的不饱和部分通过抽真空的方法吸出空气，这样既向土壤提供了充足的氧气又加强了空气流动性，可为土壤微生物供氧，促进了其最大限度的降解。此方法能同时处理饱和土壤和地下水污染。

工程螺钻法是用工程螺钻系统使表层污染土壤混合，并注入含有营养和氧气的溶液，最大限度促进微生物的降解。

慢速渗滤法是通过在污染土壤区域内布设垂直井网，将营养液、降解菌、修复剂和氧气等缓慢注入土壤表层，使之散布在污染区域表面，经渗滤铸件达到土壤中或与地下水混合，最大限度促进微生物降解。在修复期间，为了防止污染物质扩散或营养物质及表面活性剂等修复剂的迁移，常用水泥或水力格栅区分污染区与非污染区。

农耕法是对污染土壤进行耕耙处理。在处理进程中施入肥料，进行灌溉，加入石灰，尽可能为微生物降解提供一个良好的环境，使其具有充足的营养、水分和适宜的pH，保证在土壤各层都发生污染物降解。该方法最大的缺陷是污染物可能从污染土壤迁移。但由于该方法简单经济，在土壤渗透性较差、土壤污染较浅、污染物较易降解时可以使用。Mueller等（1991）对佛罗里达州 Pensacola 木材防腐油污染土壤进行现场农耕处理，并测定了 21 种多环芳烃的降解率。结果表明，各类有机物的降解顺序为：酚醛类＞杂环烃＞低分子量多环芳烃＞高分子量多环芳烃。12 周后，表土低分子量多环芳烃平均降解率大于 50%，而高分子量多环芳烃的降解率很低。同一时间内，底土的多环芳烃仍保持较高浓度。

（四）植物修复技术

植物修复技术是运用农业技术改善污染土壤对植物生长不利的化学和物理方面的限制条件，使之适于种植，并通过种植优选的植物及其根际微生物直接或间接吸收、挥发、分离或降解污染物，恢复和重建自然生态环境和植被景观，使之不再威胁人类的健康和生存环境（曹雪莲等，2008）。研究人员可以根据需要对所种植物、灌溉条件、施肥制度及耕作制度进行优化，使修复效果达到最好。植物修复是一种低耗费、多收益，对人类和生态环境都有利的技术。

植物修复对环境的扰动少，一般属于原位处理。与物理、化学和微生物处理技术相比，植物修复技术在修复土壤的同时也净化和绿化了周围环境，植物修复污染土壤的过程也是土壤有机质含量和土壤肥力增加的过程，植被修复净化后的土壤适合多种农作物的生长（陈怀满等，1996）；植物固化技术使地表长期稳定，可控风蚀、水蚀，减少水土流失，有利于生态环境的改善和野生生物的繁殖；植物修复的成本比较低，研究表明，用植物修复 $1hm^2$ 土地的种植和管理费用为 200～10000 美元，即每年 $1m^2$ 土壤的处理费用仅为 0.02～1.0 美元，比物理和化学处理费用低几个数量级（Page et al.，1981）。

1. 有机污染物的修复

植物对有机污染物的修复集中于对有机物的吸收、降解和稳定等方面。

植物吸收。植物对有机物的吸收与有机物的相对亲脂性有关（Catherine et al.，2003）。这些化合物一旦被吸收后，会有多种去向，但许多化合物实际上是以一种很少能被生物利用的形式被束缚在植物组织中，这时普通的化学提取法是无法提取出来的，如利用胡萝卜素吸收二氯二苯基-三氯乙烷，然后收集胡萝卜素，晒干，最后完全燃烧以破坏污染物。在这一过程中，亲脂性污染物离开土壤基质进入脂含量高的胡萝卜素中（沈振国和陈怀满，2002）。另一个运用植物从土壤中直接提取有机污染物的方法是根据积累后经木质部转移，随后从叶表挥发得以去除。MTNE 是一种常用的汽油添加剂，通过废气排放污染土壤。MTNE 的水溶性很好且不易吸附在土壤上，对地下水易产生持久性污染。MTNE 的 $\lg K_{O/W}$ 为 1.24，属于植物可吸收范围，利用杨树等植物可以将其挥发。TNT 也可以被植物去除，如美国艾奥瓦州军火工厂建造的一块人工湿地可用于植物修复工程，湿地中包含 3 种水生植物，即眼子菜、葛和金鱼藻，在湿地的周边还种植了杨树，结果表明，每天能去除 0.019mg/L 的 TNT。

植物降解。一些有机污染物能被植物或其根际微生物降解甚至矿化。植物的根和茎都有相当的代谢活性，即使在植物根以外或根际，其中一些代谢酶在植物修复技术中也是很有用的，如植物根中的硝基还原酶，可降解含硝基的有机污染物；植物中的脱卤素酶和漆酶可被用来降解含氯有机物及其他有机污染物。植物的这些能力会被根际活跃的微生物群落进一步提高，这些微生物群落可分布在根际、根组织、木质部液流、茎叶组织中以及叶的表面。如在根际，某些杀虫剂成分，如三氯乙烯和石油醚等能在根际快速降解，而在土体中降解的整体速率和数量相对较慢。

鉴于多环芳烃的毒性和难降解性，用植物修复多环芳烃的研究较多。多数的研究结果表明，在根际的土壤中多环芳烃的降解率明显高于无植物生长的土壤中的多环芳烃。但植物可以忍受的最大多环芳烃浓度范围是土壤多环芳烃污染植物修复技术面临的现实问题，因为植物富集多环芳烃的浓度过高时，植物的生长受到不同程度的影响，导致生物量下降。此外，研究者们认为植物修复主要适合二、三环多环芳烃的降解，高分子多环芳烃则很难降解（Ma et al.，2010）。但是，通过人为控制的方法（如增加土壤的肥力和投加特种真菌等方法），可以改善土壤状况，从而提高土壤中多环芳烃的降解率。

植物稳定。对有机污染土壤来说，植物稳定修复在于通过植物的生长改变土壤的水流量，使残存的游离污染物与根结合，增加对污染物的多价螯合作用，从而防止污染土壤的风蚀和水蚀。为防止农业径流中阿特拉津和硝酸盐对河流和地下水的污染，沿河栽种杨树。他们用 2m 长的杂交杨枝条埋入土壤 1.7m 深，让其发根成活，每公顷栽植了 2400 株，3 年后，树高达 5～8m，结果表明，地表水硝酸盐含量由 50100mg/L 减少到小于 5mg/L，并吸收分解掉了 10%～20%的阿特拉津。杨树抗逆性强，能耐受较高的有机污染物，生长速度快，寿命长，将杨树栽植在垃圾场可以防止污水下渗，稳定地面，吸收臭气，从而改善周围环境。

2. 无机污染物的植物修复

对无机污染物的修复与能被矿化的有机物不同，有两种方式可供选择，即机械地将污染物移出土体和使污染物转变成一种无生物活性的形态。移去的方式可以通过去除生物量来实现，对于有些无机污染物也可通过将之气化挥发来实现。但生物挥发一般不适于大多数无机离子，因此，从土体中提取大部分污染物来去除生物量最为可行。污染物由根摄取并转运到冠，这使组织收获污染物更为容易，并减少人工接触污染物的机会。收获后，对大多数无机污染物进行回收是一个实用的生物量加工过程。方法之一是对收获的生物量通过微生物的、物理的、化学的方法以及热加工等减少其体积或质量，这会降低处理、加工和可能的后续填埋费用。对某些金属来说，回收具有很大的价值。

目前关于无机污染物土壤的植物修复主要集中于重金属污染修复。不同于有机物，重金属不能被生物降解，只有通过生物吸收从土壤中去除。而植被具有生物量大且易于后处理的优势，用植物对金属污染位点进行修复是解决重金属污染的较好选择。

超富集植物提取修复技术。重金属污染土壤中大量地方性植物种属促进了耐金属植物的研究，同时也相继发现了能够富集重金属的植物（魏树和和周启星，2004）。有关工程性试验研究以及实地应用效果显示，植物修复技术商业化前景巨大。超富集植物可以从现有自然资源中筛选或利用突变体培育新的植物种。但是，自然筛选主要存在以下几个问题：一是超富集植物是在重金属胁迫环境下长期强化、驯化的一种适应性突变体，往往生长缓慢，周年生物量受到限制；二是超富集植物多为野生稀有植物，对生物气候条件的要求比较严格，区域性分布较强，因而筛选工作量大，且超富集植物移植到本地时，其生态位低于本土植物，处于竞争劣势。利用基因工程定向培养超富集植物目前仍处于试验阶段，离实际应用还有一定距离。

普通富集植物的强化修复技术。鉴于本地植物特别是速生草本植物适应性强，周年生长量大，但现行栽培条件下其重金属积累量有限的特点，将驯化外地超富集植物和强化本地优势植物富集两者耦合的强化植物修复便应运而生。土壤重金属污染植物修复的效率通常以单位面积、植物所能提取的重金属总量来表征，即

植物的提取总量＝重金属含量×修复植物的生物量

为提高植物提取总量，一方面要提高植物体内重金属的积累量而不使植物中毒死亡；另一方面要增加植物生物量，尤其是地上部分的生物量。因此，强化植物修复首先是从土壤入手，与抑制土壤重金属进入植物的做法相反，增加土壤中靶重金属的植物利用性，强化土壤中靶重金属向植物体转移、转化与积累。强化修复的另一个原理是从植物入手，在保证超积累植物与本地优势植物等不出现毒性的前提下，一方面根据植物的吸收、转运重金属的机制，采用相应的物理、化学和生物方法提高植物地上部分对靶重金属的牵引力，促使重金属顺利完成土壤—植物根际—植物根系—植物茎叶的传输过程；另一方面利用农艺措施调节、控制修复植物的生长发育，以获得较高的生物产量。一般情况下，植物生长良好也可反过来促进土壤重金属活性的提高，这可能与根系分泌物有关。氮肥可促进植物对铜、锌、铬、铅、镍等的吸收，但不影响它们在土壤中的迁移。

强化植物修复的方法有物理学强化、化学强化、生物强化、农艺学强化等。

物理学强化。国外已成功利用直流电极，改善靶重金属在土壤中的移动性，从而强化植物修复。研究表明，电流能打破所有重金属的土壤键，当电压固定时，其作用效率和通电时间成正比。但对于渗透性较高、传导性较差的砂性土壤，电动力学方法所起的作用较弱。向植物根系通直流电可以提高重金属的活性，增加重金属与植物的结合机会。以石墨为电极，向植物根系的生长介质中通 0.2～0.5mA 的电流，可使蒿属 *Artemisia tilessi* 根系的铅、铜、铝浓度增加一倍。对于豚草属 *Ragweed* 植物，直流电能使根上部分铅的浓度增加一倍（Huang，1995）。电动力学强化的原理包括土壤溶液的电渗析、土壤带电胶体粒子的电泳、带电离子的电迁移以及电解四方面。除了直流电动以外，静电也对植物吸收重金属有刺激作用。在盆栽试验中采用同位素示踪法发现高压静电场可以强化植物吸收锌、铜等重金属离子的能力。

化学强化。可根据土壤的酸度和靶重金属的性质，投加酸性或碱性物质改变土壤 pH，增加重金属的生物效应性。其次，根据污染物和污染土壤的特性，通过添加络合-螯合剂如 EDTA、表面活性剂如 LAS 和特异性离子，强化植物对靶金属的吸收。

生物强化。利用植物与微生物结合的植物辅助生物技术来降解土壤中有机污染物是最近出现的新技术，然而利用微生物提高植物从土壤中吸收有害金属的研究很少见到报道。通过根际微生物可以加速植物吸收某些矿物质，如铁和锰。根际以内以微生物为媒介的腐殖化作用可能是提高金属可利用性的原因之一。

农艺学强化。采用施肥、轮作、耕作、质地调节等农艺措施，既可改变土壤重金属的形态，又可以调节植物的新陈代谢，从而达到修复重金属污染的目的。无机养分和有机肥

含量是影响植物吸收重金属的要素，可以作为调控重金属植物毒性和重金属吸收强度的途径与措施；水旱作物之间的轮作可以改变土壤的 E_h，从而改变土壤的重金属活性；超富集植物与普通植物之间的轮作也可以强化植物修复。不同的土壤耕作方式使植物对重金属的吸收及其分布有明显的差异。有研究报道指出，常规耕作的植物吸收重金属都集中在地上部分，且高于免耕作，而免耕作的则集中在根部，且高于常规耕作。可利用土壤质地的差异性强化植物对重金属的吸收，一般土壤质地越黏重，重金属活性越小，反之其植物有效性就越高。对灰钙土机械组成不同的普通灰钙土和砂质灰钙土投加重金属盆栽试验表明，春小麦籽粒中的富集系数以质地较粗的砂质土为高。在添加汞的小麦盆栽试验中，也观察到同样的趋势。因此，对受重金属污染较重的黏性土壤，可以通过“土掺沙”来促进强化修复（杨居荣和许嘉琳，1995）。

3. 技术应用

应用植物修复技术时，可根据现场污染的情况，在不同的污染带种植具有不同修复功能的植物，以联合发挥修复作用，达到最佳修复效果，如苜蓿根系深，具有固氮的能力；杨树和柳树分布范围广，且具有耐涝和生长迅速的特点；黑麦和一些野草则具有生长茂密和覆盖力强等特点。因此，可以根据植物的特点加以搭配使用。

目前，美国、加拿大等国的植物修复技术已经进入产业化初期阶段。在美国的艾奥瓦州，为了防止农业径流污染河流，沿河栽种 8m 宽、16km 长、4 排、平均每公顷 10000 株的杨树缓冲带。杨树具有速生、寿命长、抗逆性强、易活和耐受高浓度有机污染等诸多优点。杨树的根可以形成很强的根系，可以吸收大量的土壤水和地下水，这样就增强了土壤的吸水能力，增强了对污染物的吸收并减少了污染物的迁移能力，能有效地截流和去除残留于土壤中的污染物，防止了它们对地下水和河流的污染。经过检测，种植杂交杨的地表水中硝酸盐含量由 100mg/L 减少到小于 5mg/L，并有 10%～20%的莠去津被树木吸收。此外，将杨树种植于垃圾填埋场上可以防止污水下渗，改善景观和收集臭气。

我国在植物修复领域也取得了重大进展。其中砷污染土壤修复等领域已经达到国际水平，并成为目前国际上真正掌握植物修复核心技术并具备产业化潜力的国家。中国科学院地理科学与资源研究所组织多家科研机构的 60 多名研究员进行了 863 课题“重金属污染土壤的植物修复技术与示范”研究，并已经通过了科技部的组织验收。科研人员开发出了超富集植物育种、栽培、管理、施肥、微生物和化学调控剂等配套或优化工艺，并已经初步探索出高效筛选和鉴定超富集植物的方法。他们通过对 20 多个省（市）的大规模野外调查、室内分析和盆栽实验，从 1000 多种植物、5000 多个植物样品中筛选和鉴定出了 16 种这类植物；并开发出了三套具有自主知识产权的土壤污染风险评估与植物修复成套技术，在湘、浙等省的砷、铜、铅污染土壤上建立了 3 个植物修复示范工程，在两广及云南等地开始了示范性推广工作。在湖南郴州建立的占地 $1hm^2$ 的砷污染土壤植物修复示范工程是世界上第一个砷污染土壤植物修复示范工程，已经稳定运行 4 年有余。

据龙育堂等（1994）的研究，苎麻是耐汞植物，在土壤汞含量 70mg/kg（环境背景值为 0.39mg/kg）时其产量不受影响。水稻田种苎麻后，总汞残留系数由 0.94mg/kg 降为 0.59mg/kg。因此，在汞污染地区种植苎麻可以极大地缩短污染土壤的修复时间，尽早切断其进入食物链的途径，并可以创造经济效益。

宋玉芳等（2001）选择苜蓿草和水稻为供试生物，通过盆栽实验，进行土壤中石油和多环芳烃的生物修复研究，旨在探讨以植物修复矿物油和难降解有机污染物土壤的可能性。研究发现，投肥对苜蓿草土壤中矿物油降解有促进作用，但对水稻土壤中矿物油降解无明显作用；有机肥量与苜蓿草根际土著真菌、细菌数量明显呈正相关，说明植物根际使土壤环境发生变化，起到了改善和调节作用，从而有利于污染物的降解。因此，通过选择适当植物和控制土壤条件等手段，可实现污染土壤的快速修复。

六、生物修复技术工艺设计

影响生物修复的关键因素有水分需求量、营养物需求量、氧气需求量等（表 8-11）。

表 8-11　影响生物修复的环境要素

环境因子	最佳条件
可利用的土壤水分	持水度的 25%～85%
氧气	好氧代谢：溶解氧＞0.2mg/L，含气空隙的体积分数＞10% 厌氧代谢：氧气的体积分数＜1%
氧化还原电位	好氧和兼性厌氧：＞50mV 厌氧：＜50mV
营养物	足够的 N，P 及其他营养物（建议 C∶N∶P 摩尔比例为 120∶10∶1）
pH	5.5～8.5
温度	15～45℃

（一）水分需求量

土壤生物修复的最佳含水率 25%～85%，但在大多数情况下土壤的湿度会低于或者在该范围的较低端，因此，通常需要补充水分。通常用体积含水量或饱和度来量化表示。体积含水量的变化范围为 0～1 孔隙度，而饱和度的变化范围为 0%～100%，表示被水占据孔隙度的百分比。对于完全饱和状态，体积含水量等于孔隙度，饱和度则等于 100%，可用以下公式计算生物修复所需水体积

$$\begin{aligned}\text{所需的水体积}V_{\text{水}} &= \text{土壤体积}\times(\text{所需含水率}-\text{初始含水率}) \\ &= (V_{\pm})(\phi_{\text{w,f}}-\phi_{\text{w,i}}) = (V_{\pm})[(\phi)(S_{\text{w,f}}-S_{\text{w,i}})]\end{aligned} \tag{8.3.28}$$

其中，$\phi_{\text{w,f}}$ 为所需的土壤含水率；$\phi_{\text{w,i}}$ 为初始的土壤含水率；ϕ 为土壤孔隙度；$S_{\text{w,i}}$ 为初始饱和度；$S_{\text{w,f}}$ 为所需饱和度。

（二）营养物需求量

地下通常含有微生物活动所需的营养物，然而当有机污染物存在时，则需要更多的营

养物以强化生物修复，促进微生物生长所需的营养物质主要是氮和磷。在缺少其他信息时，C∶N∶P 摩尔比可采用 120∶10∶1。生物修复实施需开展可行性研究，主要目的就是确定最佳的营养物投加比。

营养物需求量计算。第一步，计算污染土壤中的有机物量；第二步，将有机物量除以其分子量，得到污染物的摩尔数；第三步，将第二步中得到的污染物摩尔数乘以污染物分子式中的 C 摩尔数；第四步，应用最佳 C∶N∶P 比计算氮和磷的摩尔数；第五步，计算营养物需求量。计算过程中所需的信息包括有机污染物的质量、污染物的化学式、最佳 C∶N∶P 比和营养物的化学式。

（三）氧气需求量

土壤生物修复过程中生物活动所需氧气通常由空气氧提供。大气中氧气占比约 21%，氧气微溶于水中的 DO 仅为 9mg/L。可用以下简化方式来说明氧气的需求量：

	C	+	O_2	→	CO_2
摩尔数/mol	1		1		1
质量/g	12		32		44

说明 1mol 碳需要 1mol 氧气，或 12g 碳需要 32g 氧，比值为 2.67。污染物中的氢、氮和硫等其他元素在生物修复过程中也能耗氧，例如，苯在好氧生物降解时理论需氧量为

	C_6H_6	+	$7.5O_2$	→	$6CO_2$	+	$3H_2O$
摩尔数/mol	1		7.5		6		3
质量/g	78		240		264		54

说明 1mol 苯需要 7.5mol 氧气，或者 78g 苯需要 240g 氧气，比值 3.08，大于纯碳比值。以苯为基准，意味着每克碳水化合物的好氧降解需要大约 3g 氧气。当然，提高氧气浓度会加速生物降解速率。

七、地下水修复

（一）活性炭吸附

吸附过程是指利用吸附剂固体表面收集溶液中的可溶性物质。活性炭是一种普遍使用的吸附剂，几乎能够吸附所有类型的有机化合物（丁贞玉等，2015）。活性炭颗粒具有较大比表面积，在活性炭吸附过程中，有机化合物被活性炭表面吸附而离开液体。当活性炭耗尽时，流出污染物会突然升高，应及时更换活性炭。

通常，活性炭吸附系统包括吸附器规格、活性炭更换时间间隔。当使用多个活性炭吸

附时，还需对活性炭单元的结构进行设计。

如果使用多个活性炭吸附器，通常以串联及并联方式分布。两个吸附器串联时，监测可以设置在第一个吸附器流出口，从第一个吸附器流出高浓度溶液时就表明该吸附器已达到吸附容量，此时去掉第一个吸附器，第二个吸附器转化为第一个吸附器，以此类推。两个吸附器的吸附容量可充分利用，并达到设计浓度标准。如果两个吸附器并联，那么对其中一个进行“离线”再生或者维修时，系统仍能保持连续运行。

活性炭吸附系统设计的基本流程是：

第一步，确定吸附容量。环境应用中最常使用的吸附模型是 Langmuir 等温线公式

$$q=\frac{\alpha bC}{1+bC} \tag{8.3.29}$$

其中，q 为吸附浓度；C 为水体积浓度；α 、b 为常数。

通常采用理论值的 25%～50%为安全系数，以此作为吸附容量的设计依据

$$q_{理论}=0.5q_{实际} \tag{8.3.30}$$

当给定活性炭数量时，可以确定可清除污染物的最大量

$$M_{\text{removal}}=(q_{实际})(M_{\text{carbon}})=(q_{实际})[(V_{\text{carbon}})(\rho_{\text{b}})] \tag{8.3.31}$$

其中，M_{removal} 为活性炭质量；V_{carbon} 为活性炭的体积；ρ_{b} 为活性炭密度。

第二步，确定活性炭吸附所必需的体积。在确定液相活性炭系统的吸附容量时，通用标准是采用空床接触时间（EBCT）。典型的空床接触时间为 5～20 分钟，主要取决于污染物的性质，有些化合物具有较强的吸附性，则所需空床接触时间短。以 PBC 和丙酮两个极端例子为例，PBC 亲水性弱，因此极易吸附于活性炭表面，而丙酮则不易被活性炭吸附。如果溶液流速一定，可用空床接触时间来确定活性炭吸附器的体积（V_{carbon}）

$$V_{\text{carbon}}=(Q)(\text{EBCT}) \tag{8.3.32}$$

第三步，确定活性炭吸附器所必需的横截面积。活性炭吸附器的水力负荷通常设置为 5gpm/ft^{2}①或更少，该参数可用来确定吸附器所需的最小横截面积（A_{carbon}）

$$A_{\text{carbon}}=\frac{Q}{表面负荷} \tag{8.3.33}$$

第四步，活性炭吸附器所需高度。活性炭吸附器所需高度（H_{carbon}）可用下式确定

$$H_{\text{carbon}}=\frac{V_{\text{carbon}}}{A_{\text{carbon}}} \tag{8.3.34}$$

第五步，确定污染物去除率或加载率

$$R_{去除}=\left(C_{\text{in}}-C_{\text{out}}\right)Q \tag{8.3.35}$$

实际应用中，排气口污染物浓度 C_{out} 必须低于排放限值，作为安全系数。在实际工作中会忽略式（8.3.35）中的 C_{out}，污染物去除率等同于设备的污染物质量负荷（R 负荷）

$$R_{去除}\approx R_{负荷}=C_{\text{in}}Q \tag{8.3.36}$$

第六步，确定活性炭所能吸附的污染物数量，可参照式（8.3.31）。

第七步，确定活性炭使用时间。活性炭一旦达到吸附容量，应及时更换。两次更换时

---

① 1gpm/ft^2=0.6791L/（s·m^2）

间间隔或一批新的活性炭使用寿命可通过活性炭容量除以污染物去除速率求得

$$T=\frac{M_{负荷}}{R_{负荷}} \tag{8.3.37}$$

第八步，当有多个活性炭吸附器时，则可确定最优结构。

（二）空气吹脱法

空气吹脱法是以清洁空气为载气，使之通过污染水体且充分接触，增强水中有机物挥发达到去污的方法，是常用的挥发性有机物污染地下水修复方法之一。

空气吹脱系统是通过促使水中溶解气体和挥发性物质穿过气液界面，向气相转移，从而达到脱出污染物的目的。目前已有许多成熟设备可以选用，其中填料塔是地下水污染治理中最常用的技术。

1. 过程描述

在吹脱法所用的填料塔中，污染水体从塔顶喷下，在填料表面呈膜状向下流动，气体从塔底送入，从下而上同液膜逆流接触，完成传质过程。填料为挥发性有机物气体从液相转移到空气中提供表面积，根据质量守恒定律，从污染液中移除的污染物总量与进入到空气中的污染物总量相等。

$$Q_w\left(C_{in}-C_{out}\right)=Q_a\left(G_{out}-G_{in}\right) \tag{8.3.38}$$

其中，C 为液相中污染物的浓度（mg/L）；G 为空气中污染物的浓度（mg/L）；Q_a 为空气流量（L/min）；Q_w 为液相流量（L/min）。

在理想状态下，流入空气不含污染物（$G_{in}=0$），地下水可以完全清污（$G_{out}=0$），因此，式（8.3.38）转化为

$$Q_w\left(C_{in}\right)=Q_a\left(G_{out}\right) \tag{8.3.39}$$

假设符合 Henry 定律，且流出空气与流出水处于平衡状态，则有

$$G_{out}=H^*\times C_{in} \tag{8.3.40}$$

其中，H^*为所关注的常数，无量纲。

结合式（8.3.39）与式（8.3.40）可以得到以下关系

$$H^*\times\left(\frac{Q_a}{Q_w}\right)_{min}=1 \tag{8.3.41}$$

其中，$(Q_a/Q_w)_{min}$ 为最小气水比（体积比），这是上述理想案例的气水比。实际气水比通常比理想状态最小气水比高几倍。

吹脱因子（S），是无量纲 Henry 常数和气水比乘积，常用于吹脱设计。

$$S=H^*\times\left(\frac{Q_a}{Q_w}\right) \tag{8.3.42}$$

上述理想案例中吹脱因子等于 1。为完全移除污染物，理论上需要填料高度无限大。现场应用中，S 值应大于 1，通常取 2～10，S 取值大于 10 的系统其经济性较低。此外，

过高的气水比会导致“溢流”现象发生。

液相流量条件下空气流量确定。第一，将 Henry 常数转换为无量纲值；第二，如果吹脱因子已知或已经选定，通过式（8.3.42）确定气水比，进入第四步；第三，如果吹脱因子未知或待定，通过式（8.3.41）确定最小气水比，最小气水比乘以 2～10 之间的数值以获得气水比；第四步，通过乘以上步骤确定的气水比下的液相流量确定所需空气流量。

2. 填料塔直径

空气吹脱法设计的一个关键因素就是填料塔直径。填料塔直径取决于溶液的流量，溶液流量越大，所需的塔体直径越大。典型的吹脱塔水力负荷维持在 20gpm/ft^2 或更小，通常用该参数来确定吹脱塔所需横截面积 $A_{\text{stripping}}$

$$A_{\text{stripping}}=\frac{Q}{\text{表面负荷}} \tag{8.3.43}$$

3. 填料高度

填料高度（Z）是制定移除效率时的另一个关键因素。吸附桶越高，移除效率也越高。填料高度可通过传质单元概念来确定

$$Z=(\text{HTU})\times(\text{NTU}) \tag{8.3.44}$$

其中，HTU 为传质单元高度；NTU 为传质单元的数量。

HTU 很大程度上依赖于水力负荷和整体质量转移速率 $K_{\text{L}}\cdot\alpha$（s^{-1}）。对于指定应用的 $K_{\text{L}}\cdot\alpha$ 值，最好是通过引导测试，$K_{\text{L}}\cdot\alpha$ 通常为 0.01～0.05/s。

HTU 的计算公式如下

$$\text{HTU}=\frac{L}{K_{\text{L}}\cdot\alpha} \tag{8.3.45}$$

其中，L 为液体水力负荷（单位：长度/时间）。NTU 可用下式计算

$$\text{NTU}=\left(\frac{S}{S-1}\right)\ln\ln\left\{\left(\frac{C_{\text{in}}}{C_{\text{out}}}\right)\left[\frac{S-1}{S}\right]+\frac{1}{S}\right\} \tag{8.3.46}$$

其中，S 为吹脱因子；C 为溶液污染物浓度；G 为气体中污染物浓度。

吹脱填料柱的规格确定。一是确定吹脱塔所需横截面积，然后利用横截面积确定吸附桶直径；二是用上步计算的直径，确定水力负荷，得到 HTU；三是确定吹脱因子；四是得到 NTU，最后得到填料高度 Z。

八、专题技术介绍

土壤修复过程中，有机污染物往往会转化为气体。完整的修复措施必须包括废气排放控制方案制定和实施，废气排放控制可能会影响修复工艺的成本效益。

在土壤修复过程中，包括土壤气相抽提、空气注入、气提、固化/稳化及生物修复等工艺，都会产生 VOCs 富集气体。因此，本章将以专题形式介绍 VOCs 富集气体处理。常用的方法有活性炭吸附、热氧化和生物过滤。

(一) 活性炭吸附

1. 工艺说明

活性炭吸附是土壤修复中普遍使用的减少 VOCs 排放的污染控制工艺，可高效去除废气中的各类 VOCs，适用范围广。最常用的活性炭种类是颗粒状活性炭（以下简称 GAC）。

活性炭的有效吸附区域是有限的，因此其吸附容量是固定的。一旦被吸附的污染物占据了大部分可用的吸附区域，则活性炭的吸附效率会显著降低。如果活性炭吸附设备连续超负载运行，一旦突破临界点，那么经过活性炭吸附设备的废气中的 VOCs 浓度会急剧上升。当所有的吸附区域被污染物占据，活性炭会达到"饱和"状态，达到饱和状态的活性炭需要进行再生处理或者安全废弃处理。

GAC 吸附系统往往需要冷却和除湿这两个预处理环节对其工况进行优化。VOCs 吸附是放热过程，因此，低温环境效果好。根据经验，需要将待处理的废气温度降至 54.4℃以下，水蒸气也会与 VOCs 竞争可用吸附区域，因此，应将待处理废气相对湿度降至 50%以下。

2. GAC 规模的标准

市场上有多种不同的活性炭吸附器，最常用的两种类型一是罐式活性炭吸附系统（饱和活性炭需送往他处再生）；二是在现场配有饱和活性炭再生装置的层叠式板框活性炭吸附系统（该系统分为吸附和再生两个子系统，活性炭板框在两个系统中循环，交替使用）。

GAC 系统的规模设计主要基于以下的参数：VOCs 富集气流的体积流量；VOCs 的浓度或者质量负荷；GAC 的吸附量；预期 GAC 再生频率。

体积流量决定 GAC 吸附板的规格或者横截面积、引风机和发动机的规格，还有烟道的直径。其他三项参数根据实际的情况进而决定 GAC 的用量。

3. 吸附等温线与吸附量

GAC 的吸附量受 GAC 的种类、目标 VOCs 种类、目标 VOCs 浓度、温度以及是否存在其他竞争等效吸附区域的物质等因素的影响。在给定的温度条件下，单位 GAC 对某种 VOCs 的吸附容量与废气中 VOCs 的浓度之间存在相互关系，对大部分 VOCs 来说，吸附等温式可以用一条幂曲线表示，即 Freundlich 吸附等温线公式

$$q = \alpha (P_{\mathrm{VOCs}})^m \tag{8.3.47}$$

其中，q 为平衡吸附容量（1b[①]VOCs/1bGAC）；P_{VOCs} 为 VOCs 在废气流中的气体分压（psi[②]）；α、m 为经验常数。各种 VOCs 都对应 Freundlich 吸附等温线公式的经验常数，具体可参见表 8-12。表中的经验常数只是对应特定类型的 GAC，如果使用其他类型的 GAC 则不适用。

现场应用中，实际吸附量低于平衡吸附容量。一般来说，设计人员会取平衡吸附量的 25%～50%作为实际的吸附容量，即取 0.5～0.75 为安全系数。因此

$$q_{理论} = 0.5 q_{实际} \tag{8.3.48}$$

① 1b≈0.45kg。

② 1psi≈6.895kPa。

定量 GAC 对污染物的最大去除量或吸附容量可以由以下公式确定

$$M_{\text{removal}} = (q_{\text{实际}}) \cdot (M_{\text{GAC}}) = (q_{\text{实际}})[(V_{\text{GAC}}) \cdot (\rho_{\text{b}})] \tag{8.3.49}$$

其中，M_{GAC}为活性炭质量；V_{GAC}为体积；ρ_{b}为 GAC 的容积密度。

活性炭吸附器的吸附容量。首先使用式（8.3.47）计算理论吸附容量；然后使用式（8.3.48）计算实际吸附容量；之后计算吸附设备中 GAC 的用量，使用式（8.3.49）计算吸附设备可吸附污染物的最大容量；最后确定活性炭吸附器的吸附容量。计算所需的信息包括吸附等温线、流入废气流中污染物浓度、GAC 的体积和 GAC 的容积密度。

表 8-12　各种 VOCs 对应 Freundlich 吸附等温线公式的经验常数

污染物	吸附温度/°F	α	m	PVOCs 范围
苯	77	0.597	0.176	0.0001～0.06
甲苯	77	0.551	0.110	0.0001～0.05
间二甲苯	77	0.708	0.113	0.0001～0.001
苯酚	104	0.855	0.153	0.0001～0.03
氯苯	77	1.05	0.118	0.0001～0.01
环己烷	100	0.508	0.210	0.0001～0.05
二氯乙烷	77	0.976	0.281	0.0001～0.04
三滤乙烷	77	1.06	0.161	0.0001～0.05
氯乙烯	100	0.20	0.477	0.001～0.05
丙酮	100	0.412	0.389	0.001～0.05

注：引自 USEPA. 1991. Control Technologies for Hazardous Air Pollutants，EPA/625/6-91/014. Washington，DC

4. 活性炭吸附器的横截面积和高度

为达到有效吸附，应尽可能降低 GAC 废气流速。实践中，废气流速取值通常为 60ft/min 或更低，最大值一般不超过 100ft/min，该设计参数一般用于计算活性炭的横截面积

$$A_{\text{GAC}} = \frac{Q}{\text{气体流速}} \tag{8.3.50}$$

其中，Q 为废气流量。吸附设备的设计高度一般在 2ft 以上，以便提供足够的吸附区。

活性炭吸附器去除率计算。活性炭吸附器的去除效率（$R_{\text{去除}}$）可用下列公式计算

$$R_{\text{去除}} = (G_{\text{in}} - G_{\text{out}})Q \tag{8.3.51}$$

实际应用中，排气口污染物浓度（G_{out}）必须低于排放限值，因此作为安全系数。在实际工作中会忽略式（8.3.51）中 G_{out} 污染物的去除速率，等同于设备的污染物质量负荷速率（$R_{\text{负荷}}$）

$$R_{\text{去除}} \approx R_{\text{负荷}} = G_{\text{in}}Q \tag{8.3.52}$$

污染物质量负荷速率等于废气流速与污染物浓度乘积。当然，在质量负荷速率计算中，必须把浓度转化成质量浓度。

5. 更换（或再生）频率

一旦 GAC 达到饱和状态，需进行再生或者安全废弃。两次再生之间的处理间隔或一批全新 GAC 的预期使用周期可通过 GAC 吸附量除以污染物去除速率来计算

$$T = \frac{M_{去除}}{R_{去除}} \tag{8.3.53}$$

如果废气中污染物的浓度高，可以考虑使用配有现场再生设备的 GAC 吸附系统。现场再生设备的饱和与 GAC 处理量与污染物质量负荷、GAC 吸附量、两次再生处理间的时间间隔以及可用 GAC 过滤板在再生作业和吸附作业之间的分配比例有关。GAC 的需求量可以用下式计算

$$M_{\mathrm{GAC}} = \frac{R_{去除}T_{\mathrm{ad}}}{q}\left[1 + \frac{N_{\mathrm{des}}}{N_{\mathrm{ad}}}\right] \tag{8.3.54}$$

其中，M_{GAC} 为 GAC 需求量；T_{ad} 为两次作业再生之间吸附作业时长；N_{ad} 为处于吸附作业期的过滤板数量；N_{des} 为处于再生作业期的过滤板数量。

（二）热氧化

1. 工艺说明

热氧化普遍用于处置 VOCs 富集废气，热氧化、催化焚烧、内燃机焚烧都属于常用的处理工艺。热处置系统的核心组件归纳为燃烧三“T”，即焚烧温度、停留时间以及湍流度（She et al.，2003）。这三个参数决定了焚烧设备的规格和对污染物的破坏效率。为确保热能破坏效率，VOCs 富集废气应该在热氧化器停留足够时间（一般为 0.3 秒到一分钟），而设备的焚烧温度应该至少比废气中目标污染物的自燃温度高出 100℉。此外，必须在焚烧设备中维持足够的湍流度以确保气体中的污染物可以充分混合及完全焚烧。

2. 气体流量与温度关系

由于气体的体积是由温度及该气流经过热能处理工艺各段温度区域共同决定（气体的流量通常用 $\mathrm{ft^3/min}$ 显示）的，因此，气体流量又被细分为实际气体流量（acfm①）和标准气体流量（scfm②）。前者显示实际温度下的气体流量，后者显示标准条件下的气体流量。标准条件是数据对比的基础，但标准条件的定义并不统一。美国国家环境保护局采用的标准条件是在 77℉（25℃）和 1 个大气压下。因此，在实际项目实施过程中必须根据项目所在地的相关法规规定的标准温度为设计条件，除特殊说明，在此采用 77℉（25℃）为标准温度。

假设理想气体定律有效，则实际气体流量和标准气体流量可用下式进行转换

$$\frac{Q_{\mathrm{acfm}}}{Q_{\mathrm{scfm}}} = \frac{460 + T}{460 + 77} \tag{8.3.55}$$

其中，T 为实际温度（℉），加上 460 是为了将温度的单位由华氏温度转为兰氏温度。

① acfm 为实际立方英尺/分钟。

② scfm 为标准立方英尺/分钟。

3. 气流的热值

有机物一般热值较高，因此在焚烧过程中也可以作为热源。废气流中的有机物含量越高，可提供的热值就越高，相应焚烧所需辅助燃料就越少。如果没有可作为热源的有机物，则可用 Dulong 公式

$$热值(\text{Btu}^{①}/1\text{b})=(145.4\cdot C)+(620)\cdot\left(H-\frac{O}{8}\right)+41\cdot S \tag{8.3.56}$$

其中，C、H、O、S 为有机物中各元素的质量百分比。式（8.3.56）用来计算固体废物的热值。气体所含有的热值可用下式计算

$$气体所含热值\text{VOCs}(\text{Btu/scf}^{②})=\text{VOCs}热值(\text{Btu/1b})\times\text{VOCs}质量浓度(\text{1b/scf}) \tag{8.2.57}$$

通过将废气流所含热值（Btu/scf）除以气体的密度计算热值

$$气体所含热值\text{VOCs}(\text{Btu/scf})=\text{VOCs}热值(\text{Btu/1b})/气流密度(\text{1b/scf}) \tag{8.3.58}$$

可用下式计算标准条件下的气体密度

$$气流密度(\text{1b/scf})=\frac{分子质量}{392} \tag{8.3.59}$$

由于空气主要含有 21%的氧和 79%的氮，一般将空气分子质量定为 29，因此空气密度设定为 29/392=0.0739(1b/scf)。在浓度不是极高时，该数据也适于 VOCs 式的富集气体。

4. 稀释气体

某些气流含有足够的有机物支持持续焚烧，因此，直接燃烧适于处置高浓度有机气体。出于安全考虑，在处置危险废气的氧化装置中往往将待处置气体中可燃性蒸发浓度限制在最低爆炸限值的 25%。当燃烧设备配有 VOCs 浓度在线监测设备、自动工艺控制和关停设备时，可燃性蒸气浓度的限值可上调到最低爆炸限值的 40%～50%。

当尾气中的 VOCs 浓度超过其最低爆炸限值的 25%时，需用空气将尾气中的 VOCs 浓度稀释至其最低爆炸限值的 25%以下方可使气体进入焚烧设备进行处置。在大多数情况下，浓度为最低爆炸限值的 25%的气体所含热量约等于 176Btu/1b 或者 13Btu/scf。

5. 提供氧气的助燃空气

如果废气中含氧量过低，则需向其中加入助燃空气来提高废气中的含氧量，确保燃烧器的火焰强度处于稳定状态。如果废气流的组分已知，设计者可以计算完全燃烧需要氧气的化学计量流量。在实践中，常会加入过量的助燃空气以确保完全燃烧。

6. 燃烧室体积

流入焚烧炉的气流是由废气、稀释空气、助燃气体组成，其总量由下式计算

$$Q_{\text{inf}}=Q_{\text{w}}+Q_{\text{d}}+Q_{\text{sf}} \tag{8.3.60}$$

---

① 1Btu≈1.055kJ。

② 1scf≈0.028m²。

其中，Q_{inf} 为气体总流量（scfm）。

在大部分情况下，可假设在标准条件下进入燃烧室的混合气流的流量 Q_{inf} 近似等于流出燃烧室的烟道气流量 Q_{fg}。假定 VOCs 和助燃气体焚烧导致的燃烧室内气流体积变化很少，可忽略不计，实际上在处置土壤或地下水修复所产生的稀释 VOCs 气流时都是按该方法计算的。实际条件下的尾气流量可用式（8.3.55）或下式计算

$$Q_{\text{fg.a}} = Q_{\text{fg}} \frac{T_{\text{c}} + 460}{77 + 460} = Q_{\text{fg}} \frac{T_{\text{c}} + 460}{537} \tag{8.3.61}$$

其中，$Q_{\text{fg.a}}$ 为实际的尾气流量（acfm）。

燃烧室的体积 V_{c}，由 $Q_{\text{fg.a}}$ 和停留时间决定（s），用下式计算

$$V_{\text{c}} = \left[\left(\frac{Q_{\text{fg.a}}}{60} \right) \tau \right] \times 1.05 \tag{8.3.62}$$

其中，τ 为要求的停留时间。该公式的实质就是“停留时间等于体积除以流量”。1.05 是安全系数，反映了工业实践中流量的微小波动。表 8-13 列出了热氧化系统的设计数据。

表 8-13　热氧化系统的设计数据

目标去除率/%	非卤代有机物		卤代有机物	
	焚烧温度/℉	停留时间/s	焚烧温度/℉	停留时间/s
98	1600	0.75	1800	1.0
99	1800	0.75	2000	1.0

注：引自 USEPA. 1991. Control Technologies for Hazardous Air Pollutants，EPA/625/6-91/014. Washington，DC

（三）生物过滤器

生物过滤器是新兴的 VOCs 气体富集处理技术。基本原理是将 VOCs 富集气体通入生物富集的土壤介质中，通过生物降解 VOCs。其中，气流与生物过滤床的温度与湿度是重要参数。生物过滤技术适合处理 VOCs 浓度较低的气体，最大入流气体 VOCs 浓度可达 3000～5000mg/m^3。为达到最佳处理效率，废气温度一般在 20～40℃，相对湿度为 95%。过滤材料的湿度应维持在其质量的 40%～60%，pH 应在 7～8，典型生物过滤系统的设计横截面一般为 10～2000m^2，生物过滤器所需横截面积可用下式计算

$$A = \frac{\text{气流量}}{\text{表面负荷}} \tag{8.3.63}$$

第四节　污染土壤污染修复发展趋势

通过已实施的场地土壤污染修复不难发现，在污染土壤修复之前，污染诊断与风险评估是第一步。传统的处理方法要经过现场采样、实验室样品分析、数据汇总和专业风险评估等多个环节，事故处理时间过长，加剧了污染造成的社会恐慌和经济损失。随着我国经济的快速发展，对环境污染事故的处理更需运用快速场地污染诊断与风险评估技术来缩短事故处理周期，加快污染土壤的修复进程。我国科研工作者正在研发

污染土地的重金属快速原位检测技术。该技术应用于研发污染土壤样品重金属现场测定的方法和配套的设备基础，集成 GPS/GIS/RS 技术，实现环境样品重金属浓度和污染环境信息、地理信息的采集、存储、管理和分析，可大幅提高突发事件中污染控制的决策速度。

创新性修复技术包括植物修复、微生物修复以及联合修复技术等。

一、污染场地植物修复

重金属污染土壤植物修复技术已逐步成为当今环境科学和土壤学等领域的研究热点，越来越受到政府、学术界和企业界的高度重视（van Aken et al.，2010）。然而，污染土壤植物修复技术总体上仍处于应用基础研究阶段，在未来相当长时间内，核心问题首先是超富集植物的发现、筛选、培育和驯化以及满足实际应用的需要；同时，在修复机理研究方面，植物对污染物的吸收、累积及其解毒机理等一系列基础理论问题有待深入，并在此基础上将自然界中超富集植物的耐性基因移植到生物量大、生长速率快的植物中去以克服天然超富集植物生物量小的缺点，提高植物修复效率（SSSA，1995）。

二、污染场地微生物修复

城市化进程中旧城改造和新城建设的不断进行，因此，迫切需要解决污染场地的修复问题。目前，我国已建立了农药厂有机氯污染土壤的微生物强化修复技术，但总体来说还处于起步阶段。从未来发展来看，污染场地修复技术的研究及应用将是我国污染土壤修复中的重点方向之一。

有机污染物污染土壤的微生物修复技术近年来受到了普遍关注，特别是在农药和石油污染土壤中已经有了一些成功实践。然而，微生物修复的周期较长，受环境条件限制较多，应加强土壤微生物降解性及作用机理的研究，以便对影响其活性的环境因子进行选择与调控；同时，应通过基因工程等手段开发新的高效基因工程菌，向污染土壤中投加环境适应强、降解效能高的菌种或菌群以提高处理效果。

三、发展联合修复技术

由于土壤环境污染的复合性和复杂性，单一的修复方法往往很难满足实践工作的需要，因此，应用多种技术的联合修复将是未来发展的重点方向。利用基因工程技术，构建能降解污染物的高效工程菌，培养高效超富集植物，利用酶工程技术生产、提取、钝化和固化酶或酶制剂都有广泛的发展空间。微生物-植物-酶组合能形成营养来源和环境空间互补，应特别关注该体系在有机污染物污染土壤修复中的研究与实践。

第五节　场地土壤修复技术筛选案例分析

引入该案例旨在说明在不同的场地背景下如何科学选择修复技术及对修复技术方案的全方位论证。

一、项目概况

该厂成立于20世纪60年代，主要从事机械、仪表行业加工零件，主要业务为镀金、镀银、镀铬、镀锌等，是一个专业电镀企业。截至2007年，该地块的生产企业全部搬迁。

根据相关法律法规，业主委托当地相关机构对该地块土壤和地下水进行了初步和详细调查并编制完成场地污染详细调查报告。根据报告结论，需对场地内污染土壤进行治理，土壤污染物浓度达到治理目标后方可用于居住用地。为此，某机构受业主委托，按照国家及地方的相关规定，结合污染现状调查成果，编制相应的治理技术方案。

（一）场地位置及规划用途

该厂原址位于交通枢纽处，总面积约为***m^2。该场地规划用途为居住用地。

（二）周边环境概况

通过现场实地踏勘，场地周边范围内居住区较多（具体数据在此略去）。

二、场地调查结论与土壤治理目标

（一）现场调查情况

1. 调查采样方法

根据前期调查结果及现场踏勘情况，该场地调查采样分两个阶段，第一阶段为初步调查，旨在确定场地土壤和地下水主要污染物质是否超标。初步调查以30m×30m网格布点，共布设若干土壤采样点，每个采样点取若干样品，位于地表下−0.6～−1.8m；第二阶段以网格布点法实施详细调查，土壤采样点间距20m左右，在初步调查污染区域加密布点，采样点区域10m×10m，共布设若干土壤采样点位，取样深度−8～−18m。

2. 初步调查

通过对初步调查的样品进行分析，得出以下结论：①通过初步调查可以认为该场地存在重金属（六价铬、铜、锌、镍、总铬、铅等）、氰化物污染的风险，第二阶段详细调查时需重点关注；②初步调查的结果表明，在若干点位（具体点位编号略去）所在原址的电镀生产区以及污水处理设施区域是第二阶段详细调查所要重点关注的区域。

综上所述，初步调查表明，该场地存在较为严重的重金属污染和氰化物污染。为精准核实污染土壤和地下水污染范围，了解土地在开发利用时污染治理费用和时间概算，需要对场地的土壤和地下水进一步详细调查。

3. 详细调查

根据初步调查的结果，场地内存在重金属（六价铬、铜、锌、镍、总铬、铅等）、氰化物的污染，为此，对该地块进行了第二阶段的详细调查。

（1）土壤详细调查情况

①土壤酸碱性分析

在实验室检测的所有土壤样品中，有若干样品的 pH 偏酸性，pH 异常点位均位于地块北边界附近，对照原厂区平面布置情况，很有可能位于前处理车间附近。根据该电镀厂主要产品的生产工艺流程，电镀工艺前处理过程中存在酸洗工段，主要使用硫酸、硝酸和盐酸，因此，地块北边界附近出现的个别点位表层土壤（主要是回填土）pH 偏酸性，可能是由于厂房拆迁过程中未采取有效的环保措施导致前处理车间中少量酸性物质进入地表，造成浅层部分点位 pH 偏酸性。

②土壤重金属分析

详细调查未发现铅超标情况，铜、锌、镍等重金属超标值仅超过《展览会用地土壤环境质量评价标准（暂行）》（HJ 350—2007）（以下简称展会标准）中 A 级标准，其中铜的最大超标倍数为 6.3 倍，锌的最大超标倍数为 4.7 倍，镍的最大超标倍数为 12.5 倍。总铬的最大超标倍数为 5.6 倍，其中有个别点位总铬浓度超过《展览会用地土壤环境质量评价标准（暂行）》（HJ 350—2007）中 B 级标准；六价铬的最大超标倍数为 6.0 倍，有个别点位的六价铬含量超过《土壤环境质量标准》（征求意见稿第四版 2009-07-15）中商业用地标准。

地块内存在重金属超标的土壤主要集中在表层。根据实验室分析的数据可以看出，铜、锌、镍、总铬、六价铬等重金属超标的土壤大致都位于浅层土壤（地表–4.8m 以内）。该土层范围内回填土较多，出现超标的原因很可能是生产车间和设备在拆除过程中含有重金属的污染物质回填土未经妥善处理导致。

重金属超标区域主要集中在地块东侧。总铬、铜、锌、镍、六价铬等重金属超标点位主要集中在原厂区前处理车间、镀铬车间、镀锌车间附近，是该电镀厂主要的污染源。

③土壤氰化物

氰化物超标点位主要集中在原厂区镀铬、镀锌车间和污水处理设施及污水管线沿线区域。超标原因可能是电镀工艺在生产过程中用到的氰化钠（钾）泄漏所致。土壤中氰化物的超标程度不严重，未发现氰化物浓度超过展会标准中 B 级标准，并且超过 A 级标准的最大超标浓度仅为 1.2 倍，可见氰化物在土壤中超标并不严重。

（2）地下水详细调查情况

详细调查共布设若干地下水监测井，根据地下水检测数据，仅有个别井出现超标情况，主要污染物为氰化物、镍、硫酸盐和 COD_{Mn}，其中有些井氰化物超过《地下水质量标准》（GB/T 14848—1993）中Ⅳ类水标准 264 倍，镍超过Ⅳ类水标准 7.5 倍，硫酸盐超过Ⅳ类水标准 8.5 倍，COD_{Mn} 超过Ⅳ类水标准 9 倍；有些井 COD_{Mn} 超过Ⅳ类水标准 0.3 倍。

（3）电镀槽填埋

该厂在停产期间，曾将直径 1.5m 的电镀槽（内部残留部分六价铬电镀废液）用水泥封存，埋入地下，埋深为3～4m。

（二）调查结论

1. 污染物种类

根据两次场地调查可知，该地块存在的主要污染物类型为重金属和氰化物污染。其中重金属污染物主要有总铬、铜、锌、镍、六价铬以及极少量的铅。

2. 污染范围及污染土方量估算（略）

（三）土壤污染治理目标

主要采用展会标准 A 标准，六价铬参照《土壤环境质量标准》（征求意见稿第四版 2009-07-15）中表 1 的标准限值（表 8-14）。

表 8-14　土壤污染治理标准限值（单位：mg/kg）

序号	监测因子	标准限值 A 标准	参考依据
1	As	20	《展览会用地土壤环境质量评价标准（暂行）》（HJ 350—2007）
2	Cr	190	
3	Cu	63	
4	Pb	140	
5	Ni	50	
6	Zn	200	
7	总氰化物	0.9	
8	六价铬*	居住用地 6.0	《土壤环境质量标准》（征求意见稿第四版 2009-07-15）中表 1 的标准限值

三、污染土壤治理技术分析

（一）筛选条件

污染土壤治理技术路线的确定需要考虑场地现状、处置成本以及处置技术成熟可靠等因素，必要时可对不同类型的土壤进行实验，确定处置工艺和参数，以达到污染土壤治理后达到的目标值。

在污染土壤治理技术的筛选方面主要考虑以下问题。

（1）多种治理技术综合使用。由于污染场地中各区域污染物性质和浓度不同，因此必须结合实际情况选择合适的治理技术和方法。该方案中针对场地内不同污染土壤采取相应的清理和处置技术以达到污染场地治理目的。

（2）治理技术成熟可靠。目前，国内外有多种污染场地清理技术，有些技术已经成熟，有些还在研究阶段。为了保证污染土壤治理工程顺利完成，该方案设计采用成熟可靠的治理技术，避免采用处于研究初期的污染土壤治理技术。

（3）治理时间合理。本项目需要在较短时间内完成场地治理并降低清理过程中的潜在环境风险。在选择污染土壤治理技术时，应在同等条件下选择时间短的治理技术。

（4）治理费用经济合理。该方案将结合场地中的污染物特性，选择经济可行的污染土壤治理技术，既满足治理目标要求，又尽量控制土壤治理费用。

（5）治理期间减少对周边环境影响。污染土壤治理工程实施过程中要严格控制对周围环境的影响，做好工程实施过程中的各项环境保护措施，如防尘、防噪声、防二次污染、防臭味等，将场地清理对周围居民的影响降到最低。

（6）治理结果达标。污染土壤治理的最终目标是场地满足今后的土地规划标准，确保环境安全及居民健康。

（7）资源循环利用。处置后的污染土壤再作为资源利用，变废为宝。

（8）环境长期效应。处置后的土壤在环境长期放置所产生的环境效应。

（二）污染治理技术筛选

1. 治理技术简介

主要阐述稳定化/固化技术+化学氧化技术、水泥窑协同处置技术、电动修复技术等的特点、优劣势等主要技术指标（具体参见前述内容，此处不再详述）。

2. 治理技术评估

根据两次场地调查结果，土壤中重金属的污染基本属于轻度和中度污染。结合前述各种治理技术的特点以及场地特性和工程需求，可对各治理技术可行性进行评估（表 8-15），其中各项内容依照 10 分为满分来分别打分，最后合计计分进行评判。据表 8-15 显示，推荐水泥窑协同处置和稳定化/固化（含化学氧化）技术进行污染土壤治理。

（三）推荐技术可行性研究

1. 水泥窑协同处置

将满足或经过预处理后满足入窑要求的固体废物投入水泥窑，在进行水泥熟料生产的同时实现对固体废物的无害化处置过程称为水泥窑协同处置。《水泥窑协同处置固体废物环境保护技术规范》（HJ 662—2013），适用于危险废物、生活垃圾（包括废塑料、废橡胶、废纸、废轮胎等）、城市和工业污水处理污泥、动植物加工废物、受污染土壤、应急事件废物等固体废物在水泥窑中的协同处置。规范中明确规定了利用水泥窑协同处置固体废物的设施选择、设备建设和改造、操作运行以及污染控制等方面的环境保护技术要求（见专题一）。

表 8-15　污染土壤治理技术可行性评估表

评判指标		轻、中度污染土壤			
		淋洗技术	稳定化/固化法+化学氧化法	水泥窑协同处置	电动修复
场地特征	土壤类型	2	8	10	10
	污染物浓度	10	10	10	8
技术指标	技术成熟性	8	8	10	6
	处置效果	10	9	10	6
	成本	3	7	5	4
	资源循环利用	1	3	10	2
	时间	3	6	10	5
环境	是否存在二次污染	6	8	9	9
	环境长期效应	5	4	10	9
安全	施工安全性	9	9	9	7
健康	对工人健康影响	9	9	9	9
合计		66	81	102	75
推荐方案		水泥窑协同处置、稳定化/固化			

专题一　水泥窑协同处置设备技术要求

一、协同处置设施技术要求

（一）水泥窑

1. 满足以下条件的水泥窑可用于协同处置固体废物：

（1）窑型为新型干法水泥窑。

（2）单线设计熟料生产规模不小于 2000t/d。

（3）对于改造利用原有设施协同处置固体废物的水泥窑，在改造之前原有设施应连续两年达到 GB 4915—2013 的要求。

2. 用于协同处置固体废物的水泥窑应具备以下功能：

（1）采用窑磨一体机模式。

（2）配备在线监测设备，保证运行工况的稳定。

包括窑头烟气温度、压力；窑表面温度；窑尾烟气温度、压力、O_2浓度；分解炉或最低一级旋风筒出口烟气温度、压力、O_2浓度；顶级旋风筒出口烟气温度、压力、O_2、CO 浓度。

（3）水泥窑及窑尾余热利用系统采用高效布袋除尘器作为烟气除尘设施，保证排放烟气。

中颗粒物浓度满足 GB 30485—2013 的要求。水泥窑及窑尾余热利用系统排气筒配备粉尘、NO_x、SO_2浓度在线监测设备，连续监测装置需满足 HJ/T 76—2007 的要求，并与当地监控中心联网，保证污染物排放达标。

（4）配备窑灰返窑装置，将除尘器等烟气处理装置收集的窑灰返回送往生料入窑系统。

3. 用于协同处置固体废物的水泥生产设施所在位置应该满足以下条件：

（1）符合城市总体发展规划、城市工业发展规划要求。

（2）所在区域无洪水、潮水或内涝威胁。设施所在标高应位于重现期不小于 100 年一遇的洪水位之上并建设在现有和各类规划中的水库等人工蓄水设施的淹没区和保护区之外。

（3）协同处置危险废物的设施，经当地环境保护行政主管部门批准的环境影响评价结论确认与居民区、商业区、学校、医院等环境敏感区的距离满足环境保护的需要。

（4）协同处置危险废物的，其运输路线应不经过居民区、商业区、学校、医院等环境敏感区。

（二）固体废物投加设施

1. 固体废物投加设施应该满足以下条件：

（1）能实现自动进料并配置可调节投加速率的计量装置，实现定量投料。

（2）固体废物输送装置和投加口应保持密闭，固体废物投加口应具有防回火功能。

（3）保持进料通畅以防止固体废物搭桥堵塞。

（4）配置可实时显示固体废物投加状况的在线监视系统。

（5）具有自动联机停机功能，当水泥窑或烟气处理设施因故障停止运转或者当窑内温度、压力、窑转速、烟气中氧含量等运行参数偏离设定值时或者烟气排放超过标准设定值时，可自动停止固体废物投加。

（6）处理腐蚀性废物时，投加和输送装置应采用防腐材料。

2. 固体废物在水泥窑中投加位置应根据固体废物特性从以下三处选择：

（1）窑头高温段，包括主燃烧器投加点和窑门罩投加点。

（2）窑尾高温段，包括分解炉、窑尾烟室和上升烟道投加点。

（3）生料配料系统（生料磨）。

3. 不同位置的投加设施应满足以下特殊要求：

（1）生料磨投加可借用常规生料投料设施。

（2）主燃烧器投加设施应采用多通道燃烧器，并配备泵力或气力输送装置；窑门罩投加设施应配备泵力输送装置并在窑门罩的适当位置开设投料口。

（3）窑尾投加设施应配备泵力、气力或机械传输带输送装置并在窑尾烟室、上升烟道或分解炉的适当位置开设投料口；可对分解炉燃烧器的气固相通道进行适当改造，使之适合液态或小颗粒状废物的输送和投加。

（三）固体废物储存设施

1. 固体废物储存设施应专门建设，以保证固体废物不与水泥生产原料、燃料和产品混合储存。

2. 固体废物储存设施内应专门设置不明性质废物暂存区。不明性质废物暂存区应与其他固体废物储存区隔离并设有专门的存取通道。

3. 固体废物储存设施应符合 GB 50016—2014 等相关消防规范的要求。与水泥窑窑体、分解炉和预热器保持一定的安全距离；储存设施内应张贴严禁烟火的明显标识；应根据固体废物特性，储存和卸载区条件配置相应的消防警报设备和灭火药剂；储存设施中的电子设备应接地并装备抗静电设备；应设置防爆通信设备并保持通畅完好。

4. 危险废物储存设施的设计、安全防护、污染防治等应满足 GB 18597—2001 和 HJ/T 176—2005 中的相关要求；危险废物储存区应标有明确的安全警告和清晰的撤离路线；危险废物储存区及附近应配备紧急人体清洗冲淋设施并标明用途。

5. 生活垃圾和城市污水处理厂污泥的储存设施应有良好的防渗性能并设置污水收集装置；储存设施应采用封闭措施，保证其中有生活垃圾或污泥存放时处于负压状态；储存设施内抽取的空气应导入水泥窑高温区焚烧处理或经过其他处理措施达标后排放。

6. 除第 4 和 5 两条规定之外的其他固体废物储存设施应有良好的防渗性能以及必要的防雨、防尘功能。

（四）固体废物预处理设施

1. 固体废物的破碎、研磨、混合搅拌等预处理设施有较好的密闭性，并保证与操作人员隔离；含挥发性和半挥发性有毒有害成分的固体废物的预处理设施应布置在室内车间，车间内应设置通风换气装置，排出气体应通过处理后排放或导入水泥窑高温区焚烧。

2. 预处理设施所用材料需适应固体废物特性以确保不被腐蚀并不与固体废物发生任何反应。

3. 预处理设施应符合 GB 50016—2014 等相关消防规范的要求。区域内应配备防火防爆装置，灭火用水储量大于 50m^3；配备防爆通信设备并保持通畅完好。对易燃性固体废物进行预处理的破碎仓和混合搅拌仓，为防止发生火灾爆炸等事故，应优先配备氮气充入装置。

4. 危险废物预处理区域及附近应配备紧急人体清洗冲淋设施并标明用途。

5. 应根据固体废物特性及入窑要求，确定预处理工艺流程和预处理设施：

（1）从配料系统入窑的固态废物，其预处理设施应具有破碎和配料的功能；也可根据需要配备烘干等装置。

（2）从窑尾入窑的固态废物，其预处理设施应具有破碎和混合搅拌的功能；也可根据需要配备分选和筛分等装置。

（3）从窑头入窑的固态废物，其预处理设施应具有破碎、分选和精筛的功能。

（4）液态废物，其预处理设施应具有混合搅拌功能，若液态废物中有较大的颗粒物，可在混合搅拌系统内配加研磨装置；也可根据需要配备沉淀、中和、过滤等装置。

（5）半固态（浆状）废物，其预处理设施应具有混合搅拌的功能；也可根据需要配备破碎、筛分、分选、高速研磨等装置。

（五）固体废物厂内输送设施

1. 在固体废物装卸场所、储存场所、预处理区域、投加区域等各个区域之间，应根据固体废物特性和设施要求配备必要的输送设备。

2. 固体废物的物流出入口以及转运、输送路线应远离办公和生活服务设施。

3. 输送设备所用材料应适应固体废物特性，确保不被腐蚀和不与固体废物发生任何反应。

4. 管道输送设备应保持良好的密闭性能，防止固体废物的滴漏和溢出。

5. 非密闭输送设备（如传送带、抓料斗等）应采取防护措施（如加设防护罩），防止粉尘飘散。

6. 移动式输送设备，应采取措施防止粉尘飘散和固体废物遗洒。

7. 厂内输送危险废物的管道、传送带应在显眼处标有安全警告信息。

（六）分析化验室

1. 从事固体废物协同处置的企业，应在原有水泥生产分析化验室的基础上增加必要的固体废物分析化验设备。

2. 分析化验室应具备以下检测能力：

（1）具备 HJ/T 20—1998 要求的采样制样能力、工具和仪器。

（2）所协同处置的固体废物、水泥生产原料中汞（Hg）、镉（Cd）、铊（Tl）、砷（As）、镍（Ni）、铅（Pb）、铬（Cr）、锡（Sn）、锑（Sb）、铜（Cu）、锰（Mn）、铍（Be）、锌（Zn）、钒（V）、钴（Co）、钼（Mo）、氟（F）、氯（Cl）和硫（S）的分析。

（3）相容性测试，一般需要配备黏度仪、搅拌仪、温度计、压力计、pH 计、反应气体收集装置等。

（4）满足 GB 5085.1—2007 要求的腐蚀性检测；满足 GB 5085.4—2007 要求的易燃性检测；满足 GB 5085.5—2007 要求的反应性检测。

（5）满足 GB 4915—2013 和 GB 30485—2013 监测要求的烟气污染物检测。

（6）满足其他相关标准中要求的水泥产品环境安全性检测。

3. 分析化验室应设有样品保存库，用于储存备份样品；样品保存库应可以确保危险固体废物样品储存 2 年而不使固体废物性质发生变化，并满足相应的消防要求。

二、固体废物特性要求

（一）禁止进入水泥窑协同处置的废物

禁止在水泥窑中协同处置以下废物：

（1）放射性废物。

（2）爆炸物及反应性废物。

（3）未经拆解的废电池、废家用电器和电子产品。

（4）含汞的温度计、血压计、荧光灯管和开关。

（5）铬渣。

（6）未知特性和未经鉴定的废物。

（二）入窑协同处置的固体废物特性要求

1. 入窑固体废物应具有稳定的化学组成和物理特性，其化学组成、理化性质等不应对水泥生产过程和水泥产品质量产生不利影响。

2. 入窑固体废物中如含有重金属成分，其含量应该满足 HJ 662—2013 第 6.6.7 条的要求。

3. 入窑固体废物中氯和氟元素的含量不应对水泥生产和水泥产品质量造成不利影响，其含量应该满足 HJ 662—2013 第 6.6.8 条的要求。

4. 入窑固体废物中硫元素含量应满足 HJ 662—2013 第 6.6.9 条的要求。

5. 具有腐蚀性的固体废物，应经过预处理降低废物腐蚀性或对设施进行防腐性改造，确保不对设施造成腐蚀后方可进行协同处置。

（三）替代混合材的废物特性要求

1. 作为替代混合材的固体废物应该满足国家或者行业有关标准并且不对水泥质量产生不利影响。

2. 下列废物不能作为混合材原料：

（1）危险废物；

（2）有机废物；

国家法律、法规另有规定的除外。

（1）技术评估

①污染物特征分析

重金属污染土壤。《水泥窑协同处置固体废物环境保护技术规范》（HJ 662—2013）中对投加重金属有明确的要求（表 8-16）。根据该场地详细调查报告，该项目土壤中各类重金属污染物最高含量参见表 8-17，一般水泥生料中黏土的含量在 11%～17%（取 14%），以本项目场地内各类重金属最高含量计算相应的水泥窑重金属投加量（表 8-17）。

表 8-16 重金属最大允许投加量限值

重金属	单位	重金属的最大允许投加量
汞（Hg）	mg/kg	0.23
铊+镉+铅+15×砷（Tl+Cd+Pb+15 As）		230
铍+铬+10×锡+50×锑+铜+锰+镍+钒（Be+Cr+10Sn+50Sb+Cu+Mn+Ni+V）		1150
总铬（Cr）	mg/kg	320
六价铬（Cr^{6+}）		10（1）
锌（Zn）		37760
锰（Mn）		3350
镍（Ni）		640
钼（Mo）		310
砷（As）		4280
镉（Cd）		40
铅（Pb）		1590
铜（Cu）		7920
汞（Hg）		4（2）

注（1）：计入窑物料中的总铬和混合材中的六价铬；（2）：仅计混合材中的汞

表 8-17 各类重金属污染物最高含量及相应的水泥窑重金属投加量

重金属	单位	土壤中污染物的最大含量	单位	相应的水泥窑重金属投加量
总铬（Cr）	mg/kg	***	mg/kg	581
六价铬（Cr^{6+}）		***		5.8
锌（Zn）		***		702.8
镍（Ni）		***		170.8
铅（Pb）		***		24.22
铜（Cu）		2220		310.8

对比表 8-16 和表 8-17，污染土壤中锌、铅、铜、六价铬和镍等重金属相应的投加量均低于《水泥窑协同处置固体废物环境保护技术规范》（HJ 662—2013）中重金属最大允许投加量。因此，利用水泥窑协同处置锌、铅、铜、六价铬、镍污染土壤技术可行。但是，总铬中的投加量高于《水泥窑协同处置固体废物环境保护技术规范》（HJ 662—2013），中规定的最大投加量，因此，在投加前应控制好入窑污染土壤中总铬的浓度，不能直接投加，需计算污染土壤替代黏土比例后掺加部分其他的黏土。

氰化物污染土壤。根据《水泥窑协同处置固体废物环境保护技术规范》（HJ 662—2013），对于氰化物污染土壤没有具体要求，也未禁止水泥窑协同处置氰化物污染土壤。本项目氰化物污染土壤土方量不大，可以利用水泥窑协同处置。

土壤中氟、氯、硫、硅、镁、铝等元素的分析。根据《水泥窑协同处置固体废物环境保护技术规范》（HJ 662—2013）的要求，对进窑烧制的土壤氟、氯、硫元素应满足水泥生产和水泥产品质量的要求。具体来讲，入窑物料中氟元素含量不应大于 0.5%；氯元素含量不应大于 0.04%。通过配料系统投加的物料中硫化物硫与有机硫总含量不应大于 0.014%；从窑头、窑尾高温区投加的全硫与配料系统投加的硫酸盐硫总投加量不应大于 3000mg/kg。为此，编制单位在该厂原址中具有代表性的重金属污染区域选取两个点位，检测土壤中氟、氯、硫元素的含量，具体数据参见表 8-18。

表 8-18　代表性点位土壤中氟、氯、硫元素的含量

代表性点位	检测项目	单位	数据
***	氟化物	mg/kg	**
	氯化物		**
	硫化物		**
***	氟化物		**
	氯化物		**
	硫化物		**

由表 8-18 可知，按选取土壤样品中氟、氯、硫元素的含量计算，入窑的土壤样品中氟、氯、硫元素均应低于《水泥窑协同处置固体废物环境保护技术规范》（HJ 662—2013）的相应要求。此外，一般水泥生产过程中，原料中氟、氯、硫元素含量极小，对水泥产品的质量影响很小，即使部分批次原料中这三种元素含量较高，只要控制好污染土壤的投加比例，也不会对水泥产品的质量造成影响。

此外，根据专家咨询意见，编制单位在重金属污染区域选取两个点位加测了硅、镁、铝的含量（表 8-19）。

表 8-19　代表性点位土壤中硅、镁、铝元素的含量

代表性点位	检测项目	单位	数据
***	硅	mg/kg	**
	镁		**
	铝		**
***	硅		**
	镁		**
	铝		*

由于目前国内并未找到各类水泥制品生产过程中对黏土中硅、镁、铝含量的要求，只有《通用硅酸盐水泥》（GB 175—2007）对成品水泥产品中氧化镁含量作了规定（表 8-20）。水泥生产过程中，黏土中一般均含有硅、镁、铝元素，如果部分批次原料中这三种元素含量较高，只要控制好污染土壤的投加比例，也不会对水泥产品的质量造成影响。

表 8-20　各类水泥化学指标

品种	代号	不溶物（质量分数）	烧失量（质量分数）	三氧化硫（质量分数）	氧化镁（质量分数）	氯离子（质量分数）
硅酸盐水泥	P-I	≤0.75	≤3.0	≤3.5	≤5.0a	≤0.06c
	P-Ⅱ	≤1.50	≤3.5			
普通硅酸盐水泥	P-O	—	≤5.0			
矿渣硅酸盐水泥	P·S·A	—	—	≤4.0	≤6.0b	
	P·S·B	—	—		—	
火山灰质硅酸盐水泥	P·P	—	—	≤3.5	≤6.0b	
粉煤灰硅酸盐水泥	P·F	—	—	—		
复合硅酸盐水泥	P·C	—	—	—		

注：a. 如果水泥压蒸试验合格，则水泥中氧化镁的含量（质量分数）允许放宽至 6.0%；
b. 如果水泥中氧化镁的含量（质量分数）大于 6.0%时，需进行水泥压蒸安定性试验并合格；
c. 当有更低要求时，该指标由买卖双方协商确定

②水泥窑投加位置选择

水泥窑协同处置技术的难点是如何解决污染土壤的预处理和投加进料问题，以防止污染物在进入回转窑高温段前挥发。本案例主要污染物为重金属（总铬、铜、镍、六价铬等）和氰化物，污染土壤不含挥发性有机物，不会造成异味气体挥发污染，不存在污染物进入回转窑前就挥发的情况，可以随黏土一起按照一定添加比例从生料磨投加入窑，水泥窑不需要进行大范围的改造。结合大量研究结果表明，固体废物中重金属在水泥窑协同处置过程中能进入水泥熟料的晶格，起到很好的固定作用。按照水泥窑处置危险废物技术规范的要求，合理地控制重金属废物的投加速率，重金属对水泥产品质量的影响和对烟气污染物的排放的问题就能得到很好的控制。

（2）经济效益

目前，国内市场上水泥窑协同处置污染土壤的价格在 600～700 元/m^3。尽管目前国内市场上水泥窑协同处置污染土壤的价格偏高，但水泥窑协同处置是一种将污染的土壤作为原料生产水泥的"变废为宝"的技术，按照一立方水泥约 1.3t 计算，目前市场上普通水泥的售价约为 300 元/t，每立方水泥中黏土的含量约为 10%～15%，因此，每利用 1m^3 的污染土壤可以产生直接经济效益为 39～58.5 元。

（3）环境效益

水泥窑协同处置技术工艺简单，在治理过程中，解决好污染土壤临时堆放问题和水泥窑尾气收集处理问题后基本不会产生二次污染。此外，水泥窑协同处置技术一般均在水泥

厂处理污染土壤，水泥厂周边至少设置300m以上的卫生防护距离，水泥烧制过程中对周边居民的环境影响很小。

（4）社会影响

水泥窑协同处置技术将污染土壤中的重金属有害物质绝大部分固定成为水泥熟料晶格，不存在治理完成后土壤处置问题。污染场地在治理完成后，土地利用不再受到限制且可彻底解除场地开发后居民对土壤健康安全的疑虑。

2. 固化/稳定化技术+化学氧化技术

重金属污染土壤处理采用稳定化/固化技术，氰化物污染土壤处理采用化学氧化技术。

（1）技术评估

①重金属污染土壤处理技术——固化/稳定化技术

土壤重金属固化/稳定化技术指运用物理或化学的方法将土壤中的有毒重金属固定起来，或者将重金属转化成化学性质不活泼的形态，阻止其在环境中迁移、扩散等过程，从而降低重金属的毒害程度的治理技术。根据USEPA定义，固化技术和稳定化技术具有不同的含义。固定化技术是将污染物囊封入惰性基材中或在污染物外面加上低渗透性材料，通过减少污染物暴露的淋滤面积达到限制污染物迁移的目的；稳定化技术是指从污染物的有效性出发，通过形态转化，将污染物转化为不易溶解、迁移能力或毒性更小的形式来实现无害化以降低其对生态系统的危害风险。

在发达国家，采用物理固化技术处置污染土壤的应用较为普遍（表8-21）。以美国超级基金为例，在1982～2005年，采用物理固化技术处置污染土壤的项目为217个。

表8-21　物理固化技术治理污染场地工程实例

地点	Davie Landfill Florida	Cleve Reber，Lousianna	Wyckoff/Eagle Harbor，Washington
时间	1985	1987	1996
状态	完成	完成	完成
技术	水泥石灰物理固化	水泥石灰物理固化	水泥石灰物理固化
污染物	汞、砷、铅、铬、镉	汞、砷、钡、铬、镉、铅等	汞、砷、锑、铬、铅、锌
结果	达标	达标	达标

根据国外经验并结合场地内土壤的结构，本地块内重金属污染土壤可以采取以硅酸盐水泥为主，辅以石灰、草木灰添加剂的固化/稳定化技术。

该技术主要利用水泥熟料中矿物成分（主要为硅酸三钙、硅酸二钙、铝酸三钙和铁相固溶体）的水化过程（见专题二），将有害物质密封在硬化组织内（结晶），通过水泥中粉末状的硅酸钙水化物胶体对有害物质的吸附及水泥中水化物能与有害物质形成固溶体而将其束缚的过程。其中，石灰主要用于调节pH，pH偏碱性可以起到较好的缓冲作用，草木灰增加了土壤中有机质含量，能够有效地组织重金属随淋溶液浸出。

专题二　硅酸盐水泥水化反应

1）硅酸三钙的水化。硅酸三钙在常温下的水化反应生成水化硅酸钙（C-S-H 凝胶）和氢氧化钙

$$3CaO\cdot SiO_2+nH_2O=xCaO\cdot SiO_2\cdot yH_2O+(3-x)Ca(OH)_2$$

2）硅酸二钙的水化。β-C2S 的水化与 C3S 相似，只不过水化速度慢而已。所形成的水化硅酸钙在 C/S 和形貌方面与 C3S 水化生成的都无大区别，故也称为 C-S-H 凝胶。但 CH 生成量比 C3S 的少，结晶却粗大些。

3）铝酸三钙的水化。铝酸三钙的水化迅速，放热快，其水化产物组成和结构受液相 CaO 浓度和温度的影响很大，先生成介稳状态的水化铝酸钙，最终转化为水石榴石（C_3AH_6）。在有石膏的情况下，C_3A 水化的最终产物与起始石膏掺入量有关。最初形成的三硫型水化硫铝酸钙，简称钙矾石，常用 AFt 表示。若石膏在 C_3A 完全水化前耗尽，则钙矾石与 C_3A 作用转化为单硫型水化硫铝酸钙（AFm）。

4）铁相固溶体的水化。水泥熟料中铁相固溶体可用 C_4AF 作为代表。它的水化速率比 C_3A 略慢，水化热较低，即使单独水化也不会引起快凝。其水化反应及其产物与 C_3A 很相似。

国外有很多成功案例，特别是美国超级基金项目中，都是采用草木灰为添加剂协同水泥固化/稳定化重金属污染土壤。该技术的成功与否取决于水泥、草木灰的配比以及浸出稳定性两个方面。

国外很多案例以抗压强度和颗粒固体化（粒径≤9.5mm）浸出毒性为指标确定水泥和草木灰的最优配比；通过酸雨条件下（pH=3）对颗粒固化体和整个固化体的浸出试验来评价固化/稳定化的效果；利用 X 射线衍射仪和环境扫描电镜分析固化/稳定化机理。经大量实验结果证明，固化/稳定化的最优配比为水泥掺入量为 10%（干土壤），草木灰掺入量为 2%（干土壤）。其固化体 7d 抗压强度为 1.03MPa，颗粒固化体中重金属 Cu、Zn、Pb、Cd 的浸出浓度分别为 0.105mg/L、4.65mg/L、0.232mg/L 和 0.123mg/L，能够达到安全填埋要求。

水泥固化/稳定化技术是治理重金属污染土壤的常用方法，治理后的固化土在干湿循环作用下的稳定性是治理成败与否的关键。大量系统室内试验着重研究了水泥固化 Pb^{2+}、Zn^{2+} 污染土壤在干湿循环作用下的强度特性、淋滤特性以及微结构变化规律，揭示了水泥固化重金属污染土的微观作用机制。结果表明，随着水泥掺量的增加，固化土壤的强度及淋滤特性显著改善。固化重金属污染土壤的无侧限抗压强度随干湿循环次数的增加先增大，达到峰值后，随干湿循环次数的继续增大而减小。污染物掺量较低时，重金属离子的滤出浓度在干湿循环作用初期略有降低，此后则有所增加，但变化幅度较小；高污染物掺量时，滤出液中的重金属离子浓度较高，且随着干湿循环次数的增加而不断增大。低污染物掺量下，水泥对 Pb^{2+} 及 Zn^{2+} 固化效果相差不大；高污染物掺量下，水泥对 Zn^{2+} 的固化效果较好。经过干湿循环作用后的固化土的扫描电镜试验结果与其宏观力学及淋滤特性指标变化规律一致，从微观角度揭示了固化土工程性质的变化机制。

②氰化物污染土壤——化学氧化技术

在处理氰化物污染土壤方面，化学氧化技术是一种比较成熟的技术。一般化学氧化技术就是通过向污染土壤中加入一定数量的氧化剂（过氧化氢、臭氧、高锰酸钾等），将土壤中的氰化物氧化成气体排出，以达到污染物去除的目的。

（2）经济效益

固化/稳定化技术和化学氧化技术在处理污染土壤方面，治理成本普遍较低。其中，

固化/稳定化技术的单价成本约为 540 元/m^3，化学氧化技术的单价成本约为 600 元/m^3。但是固化/稳定化技术往往存在对治理完成后的土壤进行堆放安置的问题。原位回填可能会对场地再开发带来限制；异位安全填埋成本太高，作为修路路基填土可能是较为理想的选择。因此，固化/稳定化技术往往需要考虑后期治理完成后土壤的处置费用。

（3）环境效益

固化/稳定化技术+化学氧化技术在治理重金属污染土壤时应严格按照工程和环保要求，做好地面硬化、基坑降水、废水收集处置、噪声防治等措施后，基本不会产生二次污染。如果处置后的重金属污染土壤原位回填，在回填完成后应定期进行地下水跟踪监测，以确定固化/稳定化技术处理效果。

（4）社会影响

用化学氧化技术处理氰化物污染土壤时，土壤中的氰化物被氧化分解为气体排出，土壤中基本不会有残留。重金属污染土壤采用固化/稳定化技术后，重金属以更稳定的形态固定在土壤中，不被浸出，但土壤中的重金属含量并未减少，存在后期土壤处置问题。如果进行原位回填，若地块用于安置居民，居民可能会对土壤健康安全产生疑虑，会给地块再开发带来限制；如果进行安全填埋，则由于土方量大，填埋面积较大，填埋成本高，填埋场所不易确定；如果作为路基填土，则需要找到足够规模的道路来进行。此外，处理后的土方临时堆放也要做好必要的污染防治措施。

（四）土壤污染治理技术结论

对推荐的水泥窑协同处置和固化/稳定化（含化学氧化技术）两个方案比较参见表 8-22。

表 8-22　水泥窑协同处置技术和固化/稳定化技术（含化学氧化技术）的对比结果

技术方法	技术	经济	环境	社会影响
水泥窑协同处置技术	较成熟	成本较高，但治理效果彻底，无需考虑治理后土壤处置问题	基本不会产生二次污染	地块再开发利用不受影响和限制
固化/稳定化技术（含化学氧化技术）	较成熟	成本较低，但需要考虑治理后土壤处置问题	基本不会产生二次污染，如果原位治理，需进行跟踪监测	原位回填将来可能会引起安置居民对土壤健康安全的疑虑，地块再开发利用受到一定的限制

该原址规划作为居住用地，如采用固化/稳定化技术，必须解决固化/稳定化后的土壤处置问题。原位回填治理好的土壤未来可能会引起居民对土壤健康安全的疑虑，地块再开发会受到限制；安全填埋也不合适；作为路基填土，目前无法找到工期和规模能够完全消化工程土方量的项目。因此，在采用固化/稳定化技术（含化学氧化技术）处理污染土壤并且对处理后的土壤尚未有合适去向的条件下，建议建设居住区时，采用地面停车库的方式（不建地下停车场），这样就可以将治理好的土壤回填，消耗掉稳定化固化后的土方量。如果采用水泥窑协同处置技术则不存在治理后土壤的处置问题。

尽管固化/稳定化技术（含化学氧化技术）的治理成本低于水泥窑协同处置的治理成

本，但是考虑到治理后土壤处置的费用，实际成本应高于水泥窑协同处置的治理成本；同时，水泥窑协同处置技术在国内已经逐步得到应用，治理成本有进一步下降的空间。

综上所述，对比水泥窑协同处置技术和固化/稳定化技术（含化学氧化技术），并结合场地现状及用地规划，建议优先考虑水泥窑协同处置技术治理该案例厂址污染土壤，其次可以考虑固化/稳定化技术（含化学氧化技术）。

第九章　场地土壤污染修复工程监理

第一节　场地土壤污染修复工程监理

土壤治理与修复技术本身还在研发、消化、实验阶段，施工过程中也具有很多不确定性，相关规范并未就环境监理给出明确建议和指导。考虑到施工的不确定性、对周边环境和居民的影响，除了对土壤治理、修复进行必要的工程监理外，还需实施相应的环境监理。土壤修复工程行业属于服务行业，但工程包含土方工程，因此，土壤修复工程监理不单单只有环境监理，还包括施工工程监理。我国的环境监理才刚刚起步，结合实际案例可以看出，工程监理项目以交通、水利水电和管线等大型生态影响类建设项目居多，场地污染修复项目工程监理尚不多见。随着中国经济和城市化的快速发展，因产业结构升级、城市布局调整，越来越多的工业企业遗留污染场地逐步进行环境修复。这些工业企业遗留场地污染修复工程耗资大、周期较长而且在整个项目实施过程可能对环境产生较大影响，需要进行全过程施工工程监理。

土壤修复工程施工监理分设计阶段、施工招标阶段、施工阶段和后期监测阶段四大部分，其监理工作总程序如图 9-1 所示。土壤修复工程施工阶段监理工作主程序是围绕投资控制、质量控制和进度控制来展开的，其程序如图 9-2 所示。投资控制涉及业主和修复单位直接利益，监理如何按程序严格把关、减少工程疏忽十分重要，具体程序如图 9-3 所示。质量控制是监理工作三大控制的重点，具体控制程序如图 9-4 所示。进度控制受制于修复质量，必须在保证修复质量的前提下坚持进度控制程序，如图 9-5 所示。

一、土壤修复工程施工监理工作内容

土壤修复工程施工监理包括质量、进度、投资“三大控制”工作内容。其工程质量控制主要包括对修复单位的资质审查、工程所需原料、构配件的质量控制、监理工程师需要审核修复方案等方面的内容（李桂宏，2014）。

土壤修复工程开工前的质量控制直接决定着修复质量，因此，对工程开工前的质量控制也应纳入监理范围，其内容包括以下几个方面。

（一）修复单位资质审查

对修复单位资质的审查通常情况在招标阶段进行。主要审查其是否有完成投标工程并

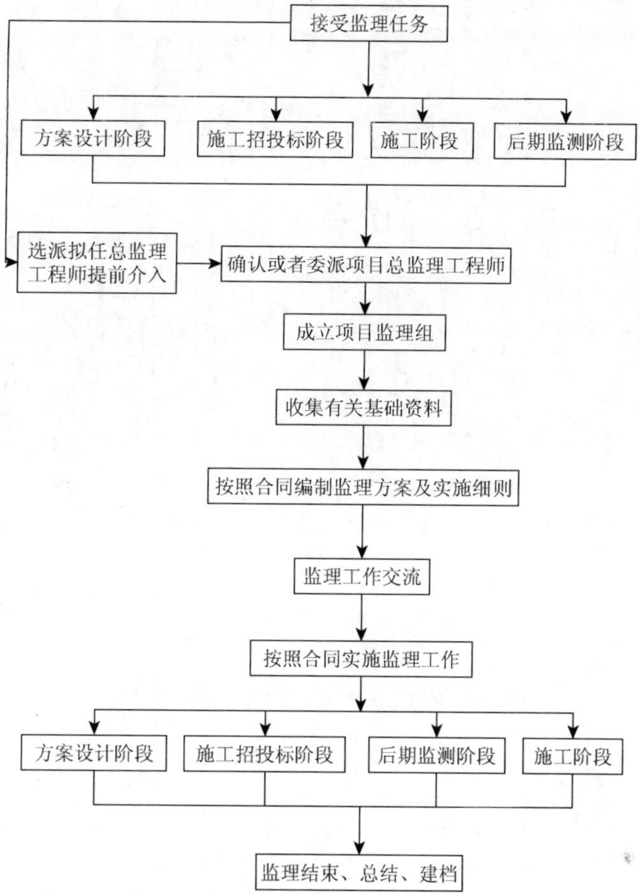

图 9-1　土壤修复工程施工监理工作总程序

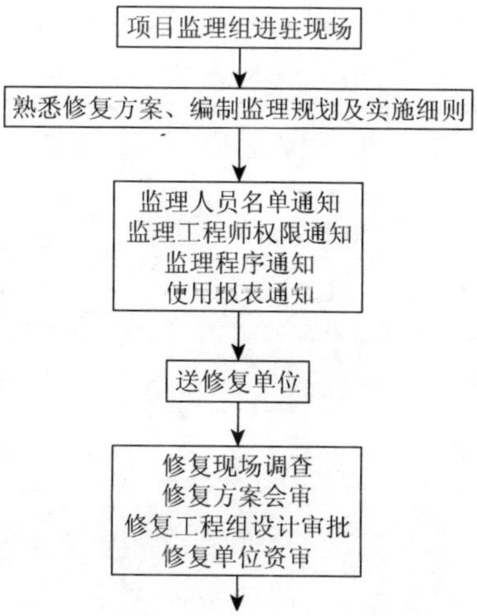

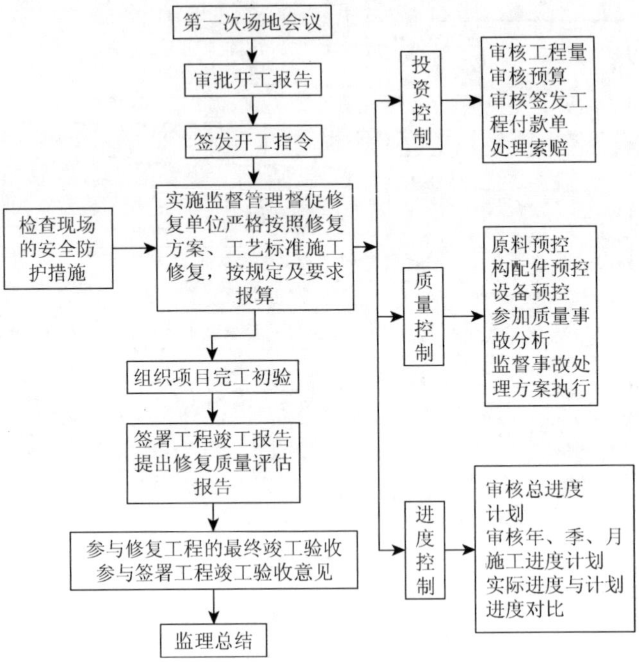

图 9-2　土壤修复工程施工阶段监理工作主程序

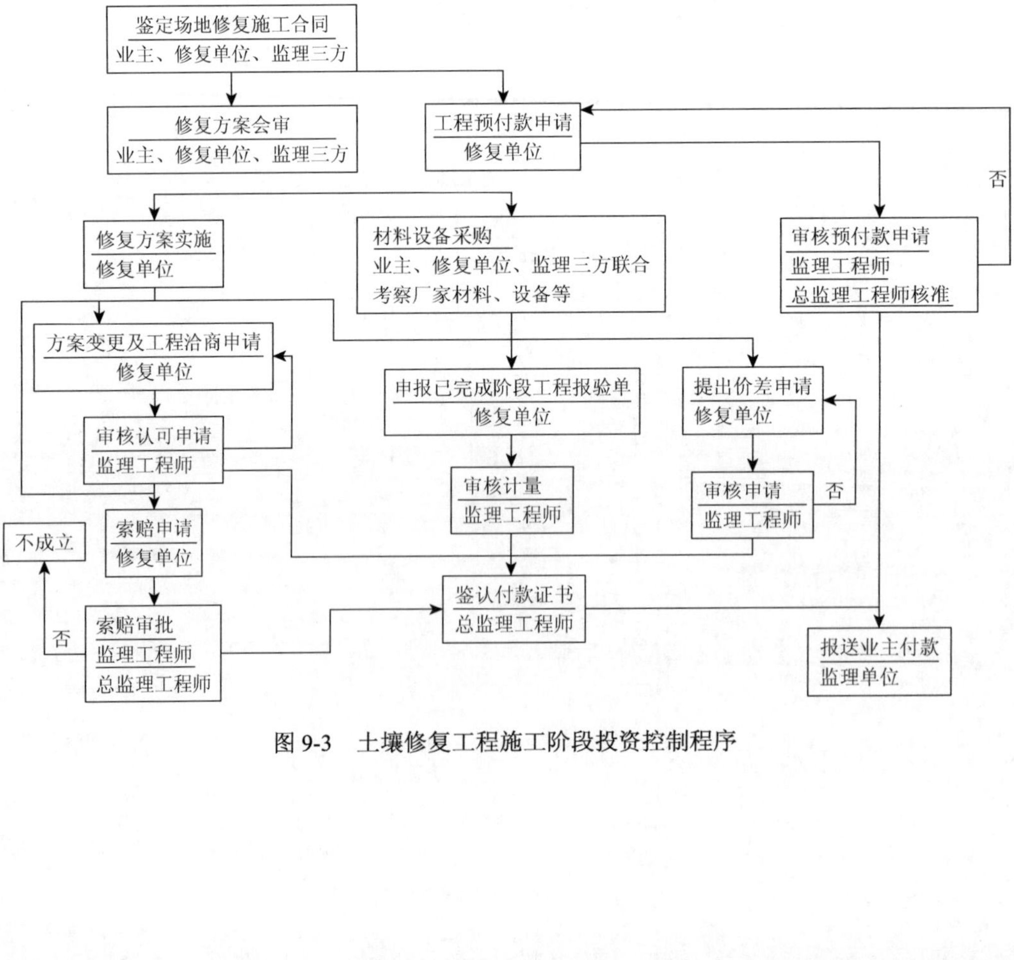

图 9-3　土壤修复工程施工阶段投资控制程序

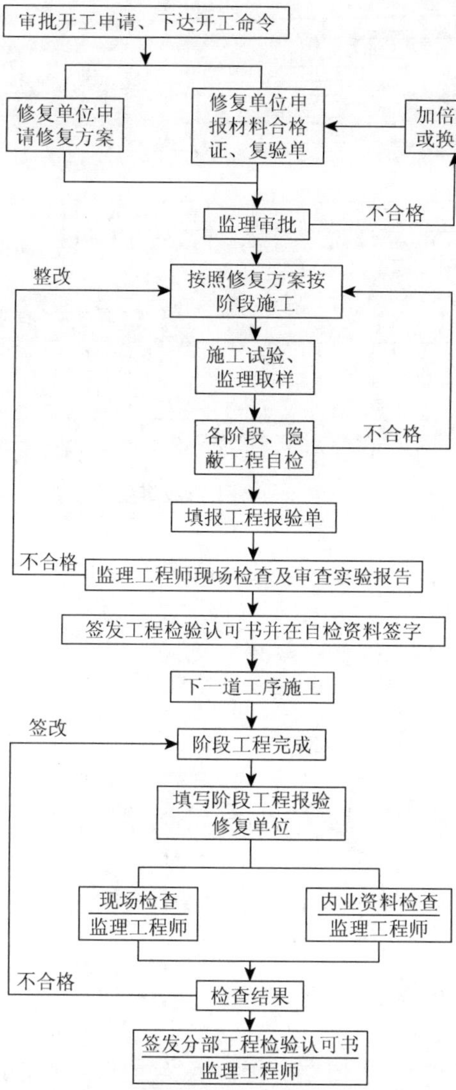

图 9-4　土壤修复施工阶段质量控制程序

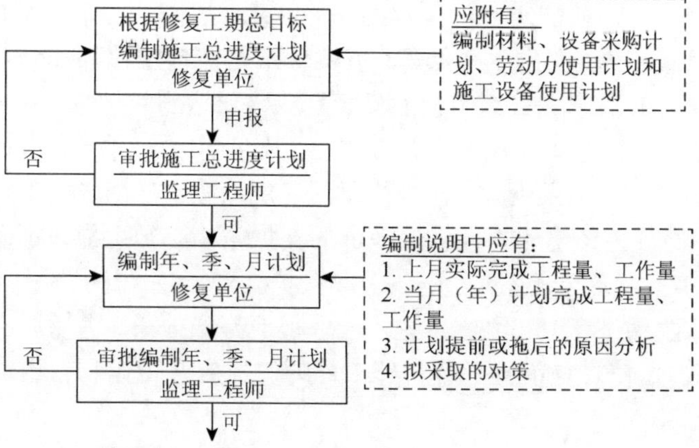

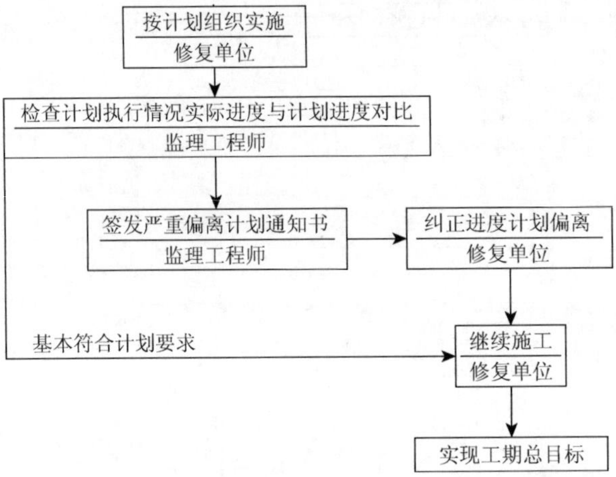

图 9-5　土壤修复工程施工阶段进度控制程序

确保工程质量的技术能力和管理能力，可以从以下几个方面审查：企业注册证明和技术等级，要求交验有关证件；主要承接过的修复工程；技术力量概况；施工机械设备状况；对其近期已完成或在建工程实地考察；资金和财务状况。

（二）工程所需原料、构配件质量控制

工程主要的药剂以及其他构配件必须提交产品合格证和检验报告。若对检验报告有疑问，有权要求复验，检验合格认可后方可使用。对某些重要的药剂和可能对环境产生二次污染的材料还应事先提供样品，经认可后才能采购、订货。

（三）监理工程师需要审核修复方案

监理工程师需要审核修复方案，根据工程特点及影响工程质量的关键审核修复单位提交的修复方案，并针对其不足提出改进意见。此外，还要明确检测方法，使工程质量具有可靠的检测措施。督促修复单位完善质量保证体系。设计交底是修复方案设计单位阐明设计意图，以便监理工程师和修复单位了解相关的技术、管理、工期、材料、构配件、设备等方面的要求的例行工作，必须认真做好。方案会审是监理工程师和修复单位在熟悉了修复方案和其他配套方案后掌握其细节，了解修复应该要达到的技术、法律标准。在明确工艺流程的基础上，对设计方案交代不清楚或矛盾之处要求设计单位解释或变更。完成设计交底和方案会审后应该做记录纲要，作为修复施工的依据。审查修复工程总平面图的布置是否合理。基坑开挖，应该防止坍塌；深基坑的支护结构必须可靠，不能损毁邻近建筑物和城市地下管网。在高压线附近施工应该采取保护装置，避免造成高压线短路。

监理工作应该主动进行、以预防为主才能取得更好的效果。进场后，应将“监理方案”交给修复单位，目的是使修复单位了解监理工程师怎样展开工作和自己应该怎样接受监理工程师的监督。

监理工程师接受的委托，是在修复工程施工阶段实施监理，其进度控制的总任务就是在满足工程项目建设总进度计划的基础上审核施工进度计划，并对其执行计划加以动态控制，以保证项目按期竣工交付。保证修复项目按期交付，是修复阶段进度控制的最终目标。为了有效地控制工程进度，首先要对进度总目标从不同的角度进行层层分解，形成竣工进度控制体系，以作为实施进度控制依据。将修复工程的施工进度控制目标按照年度、季度、月进行分解，并用实物工程量、货币工作量及形象进度表示，将有利于监理工程师明确对修复单位的进度要求，同时还可以据此监督实施，检查其完成情况。计划期越短进度目标越细，进度追踪就越加及时，发生进度偏差时也就越能有效地采取措施予以纠正。这样，就形成了有计划有步骤协调施工、长期目标对短期目标自上而下逐级控制、短期目标对长期目标自下而上逐级保证、逐步趋近进度总目标的局面，最终达到按期交付的总目标。

为了提高进度计划的预见性和进度控制的主动性，在确定施工进度控制目标时，必须全面细致地分析与修复项目有关的各种要素和不利因素。只有这样，才能订出一个科学合理的进度控制目标。确定施工进度控制目标的主要依据有：修复工程总进度目标对施工期的要求；工期定额，类似修复项目的实际进度；工程难易程度和工程条件的落实情况等。

在确定修复工程施工分解目标时还要考虑以下几个方面：对于大型修复工程，应根据尽早可动用单元的原则集中力量分批分期修复，以便尽早得到治理，尽早发挥场地的价值。这时，为了保证每一动用单元形成完整的土壤自净能力，就要考虑这些可动用单元交付使用时所必需的全部配套项目。因此，要处理好前期动用和后期修复的关系、每期工程中主体和辅助及附属修复工程之间的关系、地下水与场地土壤修复工程之间的关系、场外工程与场内工程之间的关系等。

合理安排设备安装和土壤修复综合施工。要按照其各自施工特点，合理安排土壤修复的基础施工、设备安装施工的先后顺序及搭接、交叉或平行作业，明确设备工程对土壤修复工程的要求和土壤修复工程对设备工程提供的施工条件的内容及时间。

结合工程的特点，参考同类修复工程完成的经验来确定施工进度目标。避免只按照主观愿望盲目确定进度目标从而造成进度失控。做好资金供应能力、施工力量配备、物资供应能力与施工进度需要的平衡工作，确保工程目标的要求未落空。考虑外部协作条件的配合情况，包括施工过程中及项目竣工所需要的水、电、气、通信、道路及其他社会服务项目的满足程序和满足时间。它们必须与有关项目的进度目标相协调。考虑工程项目所在地形、地质、水文、气象等方面的限制条件。

总之，要对工程项目的施工进度实施控制，就必须有明确、合理的进度目标，否则，控制便失去了意义。

对施工进度计划实施中的检查和调整是监理工程师的主要职责之一。修复工程进度计划一般由修复公司编制完成并交给监理工程师审核，待监理工程师审核确认后即可付诸实施。修复单位在执行施工进度计划的过程中应当接受监理工程师的监督与检查，而监理工程师应当定期向业主报告工程进度。

影响修复工程施工进度的因素。为了对修复工程施工进度进行有效的控制，监理工程师必须在施工进度计划实施之前对影响修复工程施工进度的因素进行分析，进而提出保证施工进度计划实施成功的措施，以实现对修复工程施工进度的主动控制。影响修复工程施工进度的因素很多，归纳起来主要有以下几点。

影响修复工程施工的单位不只是修复单位。事实上，只要是与修复工程有关的单位（如政府有关部门、业主、设计单位、第三方实验室、物资供应单位、资金贷款单位以及运输、通信供电等部门），其工作进度的拖后必将对施工进度产生影响。因此，控制施工进度仅仅控制修复单位是不够的，必须充分发挥监理的作用，协调各有关单位之间的进度关系。而对于那些无法进行协调控制的进度关系，在进度计划的安排中应留有足够的机动时间。

在修复施工过程中需要的材料、药品、机具和设备如果不能按期运送修复现场或者运抵修复现场后发现质量不符合有关标准的要求，都会影响施工进度。因此，监理工程师应该严格把关，采取有效措施，控制好物资的供应。

修复工程的顺利进行必须要有足够的资金保障。一般来说，资金的影响主要来自业主，或者是由于没有及时给足工程预付款，或者由于拖欠了工程进度款，这些都会影响修复单位流动资金的周转，进而殃及施工进度。监理工程师应根据业主的资金供应能力安排好施工进度计划并督促业主及时拨付工程预付款和工程进度款，以免因资金供应不足拖延进度，甚至导致工程索赔。

在修复施工过程中出现修复方案设计变更是难免的，或者由于原方案有问题需要修改，或者由于业主提出了新的要求。监理工程师应该加强修复方案审核，严格控制随意变更，特别是应对业主的变更要求进行合理制约。

施工条件的影响。在施工过程中，一旦遇到气候、水文、地质及周围环境等方面不利因素时，必然会影响到施工进度。此时，修复单位应该利用自身的技术组织能力予以克服。监理工程师应该积极疏通关系，帮助修复单位解决那些自身不能解决的问题。

风险因素包括政治、经济、技术及自然等方面的各种可见或不可见的因素。政治方面的因素如战争、内乱、罢工、拒付债务、制裁等；经济因素如延迟付款、汇率浮动、通货膨胀、修复分包单位违约等；技术方面如工程事故、试验失败、标准变化等；自然因素如泥石流、洪水等。监理工程师必须对各种风险因素进行分析，提出控制风险、减少风险损失及对施工进度产生影响的因素的预防措施，并对已经发生的事故予以恰当的处理。

修复现场的情况千变万化，修复单位的施工方案不当、计划不周、管理不善、解决问题不及时等，都会影响工程施工进度。修复单位应当通过总结分析，吸取教训并及时改进。监理工程师应该提供服务，协助修复单位解决问题，以确保施工进度控制目标的实现。

正是由于诸多因素的影响，才使得施工进度控制显得非常重要。在施工进度计划实施中，监理工程师一旦掌握了工程的实际进展情况以及生产问题的原因之后，其影响是可以得到控制的。当然，上述某些影响因素，如自然危害等是无法避免的，但在大多数情况下，可以通过有效的进度控制来弥补损失。

修复工程施工进度的检查与监督。在施工计划的实施过程中，由于各种因素的影响，常常会打乱原计划的安排而出现进度偏差。因此，监理工程师必须定期、经常对施工进度计划的执行情况进行监督和检查，并分析偏差产生的原因，以便为施工进度计划的调整提供必要的信息。

修复工程施工进度报表不仅是监理工程师实施进度控制的依据，同时也是核发工程进度款的依据。在一般情况下，进度报表格式由监理单位提供给修复单位，修复单位按时填写完后提交给监理工程师核查。报表内容依据修复项目以及承包方式不同而有所不同。

为了避免修复单位超报工程量，驻地监理人员有必要进行现场实地的检查和监督。至于多长时间检查一次，应该视修复工程项目的类型、规模、监理范围及修复现场的条件等多方面因素制定。

除了上述两种方法以外，由监理工程师定期组织现场施工负责人开现场会也是获得施工实际进度的一种方式。通过面对面的交谈，监理工程师也可以了解到实际施工中存在的潜在问题，以便及时采取有效措施加以预防。

施工进度检查方法常用的是对比法，即利用已经整理的实际进度数据与原编的计划进度数据进行对比，从中发现进度偏差以及进度偏差的大小。通过检查分析，如果进度偏差较小，应该在分析其产生原因的基础上采取有效措施，解决矛盾，排除障碍，继续执行进度计划。如果经过努力确实不能按照原计划实现时，再考虑对原计划进行必要的调整，如延长施工周期或者改变施工速度。计划的调整一般是不可避免的，但要谨慎，尽量减少变更计划的调整。

施工进度计划的调整。通过检查分析，如果发现原有的进度计划已经不能适应实际情况时，为了保证进度控制目标的实现或者需要确定新的计划目标，就必须对原有计划进行调整，以形成新的进度计划，作为进度控制的新依据。

施工进度计划的调整方法主要有两种。一是通过压缩相关工作的持续时间来缩短工期；二是通过组织搭接作业或者平行作业来缩短工期。在实际工作中，根据实际情况选用上述方法来进行进度调整。

如何进行工程延期的控制是监理单位的重要工作。在修复工程项目实施过程中，工期延长有工期延误和工程延期两种情况。虽然都是施工拖期，但性质不同，因此业主和修复单位的责任不同。如果属于工期延误，那么造成的损失均由修复单位负责，同时，业主有权利对修复单位施行违约误期罚款；如果是属于工程延期，则修复单位不仅有权利要求延长工期，而且还有权利向业主提出赔偿的要求以补偿由此造成的损失。因此，监理工程师是否将施工过程中工期的延长批准为工程延误，对业主和修复单位十分重要。

投资控制是监理工作的三大控制之一，也是业主十分重视的内容。施工阶段的投资比例是修复工程投资最大的阶段，做好施工阶段投资控制，就抓住了投资控制的重点。

施工阶段投资控制的目标。确定修复项目在施工阶段的投资控制目标值，包括修复项目的总目标值和分目标值。在项目施工过程中采取有效措施，控制投资支出，将实际支出值与投资控制的目标值进行比较，并作出分析及预测，加强对各干扰因素的控制，及时采取措施，确保修复项目投资控制目标的实现。同时，根据实际情况，允许对投资目标进行必要的调整，调整目的是使投资控制目标永远处于最佳状态并切合实际。但应注意，调整既定目标应严肃对待并按规定程序进行。

施工阶段投资控制的任务。首先，编制施工阶段投资详细的工作流程图和投资计划。其次，确定投资控制的具体工作可以从以下几个方面入手：修复项目工程量复核并与已完成实物工程量比较；审核工程进度款清单；在修复项目施工过程中进行投资跟踪；定期向监理总负责人、业主提供投资控制报表；编制施工阶段详细的费用支出计划，复核一切付款账单；审核竣工决算。再次，施工阶段投资控制的技术措施是否运用恰当对投资控制至关重要，投资控制技术措施主要有两个方面：第一，对修复方案设计变更部分进行技术经济比较；第二，继续寻求修复项目中通过方案设计的修改挖潜，尽量节约投资。最后，施工阶段投资控制中合同的管理也是重要的部分，监理工程师可以从参与处理工程索赔工作和参与合同修改、补充工作方面着重考虑对投资控制有影响的条款来控制投资。

投资控制的性质决定了其不单纯是经济工作。投资控制的任务不仅是财务部门的工作，而且还是技术、经济、管理的综合工作。投资控制的立足点是节约修复项目的一次性投资和修复项目全寿命的经济分析，即进行全面考虑，因此对投资控制人员的要求很高。在经济方面应该具备：懂得并充分掌握所用信息和数据，能进行分析和处理；懂得修复项目投资费用的划分和各类费用的依据；能进行概算的编制和审核；对每项付款能进行审核；能完成各类技术经济比较论证。在管理方面应该具备：进行修复项目的规划和分解，能组织修复方案的设计竞赛；能组织修复项目的招标和发包；掌握项目投资动态控制的方法；进行修复项目承包合同管理。在技术方面应该具备修复工艺、水处理、监测、施工、药剂等方面的基本知识。

每一项土壤修复项目都是一项投资活动，必须探究降低修复工程投资的途径。投资活动是对资本商品的购买交易行为，其商业目的就在于取得利润。从投资者的角度来讲，他所关心的是投资利益，即在投入一笔资金修复一块污染场地项目之后，什么时候能收回项目投资总额、什么时候开始盈利、盈利多少、在整个修复项目寿命期内盈利总额数、整个修复项目的环境红利是什么，这就是经济效益。投资者最感兴趣的是以较少的投入获得最大回报。而投入产出比虽与修复项目的规模、属性、用途、区域有关，但它更受项目管理水平的影响。科学的管理产生效益，正逐步为业主所理解、接受和追逐。

土壤修复项目几乎都是大型工程项目，固定资产投资额度很大，修复周期长达 2～3 年，甚至更长，致使可变因素增多，所涉及技术、材料、设备问题既多且复杂。若用简单粗放的管理方法组织项目实施，很难达到预期目标成果，也可能给项目带来无法挽回的损失。

对应于修复项目方案的各个阶段，相应的费用目标分别为投资匡算、方案设计概算和施工预算。修复工程竣工决算既是对工程实际投入费用的总核算又是对费用控制成果的总结与考评。对修复工程项目投资实施控制的目的，就是通过千方百计的努力，使各阶段实际发生的费用额度都不超过前阶段确定的费用值，即要求由设计方案和初步设计所产生的设计概算不超过修复项目初步设计确定的概算值。施工阶段的合同修复价或者实际修复价，应该控制在施工预算内。修复项目投资控制是一个系统工程，随着修复项目实施进度的推进，目标越来越明确具体，实施控制要求越来越高，难度越来越大。虽然控制产生的绝对节约额度越来越少，但其实际意义却越来越大。

在投资决策、方案设计、工程招标各个阶段中，投资控制和降低投资是极其重要的。施工阶段是业主投放资金量最大的阶段，对项目投资格外明显。监理工程师应该认真编制切实可行的项目投资控制方案，重点要抓好以下工作。

合同是项目甲方与修复单位完成修复工程，明确双方责任、权利、相互配合、相互制约的法律文件。项目甲方总是希望用较少的资金支付换取一个修复快、修复质量好的修复项目；修复单位希望以较少投入，降低成本，获得更多利润。双方利益是不一致的，是矛盾的。利用合理的条件保护自己，制约双方，就成了双方合同管理的主要任务。有经验的修复单位都深刻认识到，一个修复工程盈与亏均在于合同。国际修复单位的某些资料表明，合同管理成功与否对经济效益产生的影响之差能达到工程造价的20%左右。所以，业主一般都非常重视合同的管理，并将盈利的希望寄予合同管理。作为受业主委托承担修复项目管理的监理工程师，对此应该有清楚认识和充分准备，并制定相应的措施以保证合同的正常履行，确保业主的合法权益不受损害。可以通过以下几个方面来控制：协助业主签订有利的合同；加强合同管理，减少业主额外费用的支出；合同签署前对合同条文进行再审查；妥善处理合同问题；随时检查合同执行情况，发现问题及时纠正。

一个先进可行的修复施工方案是修复项目目标实现的基本保证。不同的修复项目施工方案对应不同的费用成本，除了固定成本外，可变成本便是如此。

现场经济技术签证是指事前不能论定而需按实结算的一部分工作量，涉及面宽。如隐蔽工程、药品替代、施工条件变化、停水停电、排水抗洪等。由于该部分工程比较琐碎，常常被监理工程师疏忽，有时不经亲自核验就确认签字，给业主增加不必要的额外支出。

方案设计变更会引起造价的增减，会发生对原已施工部分的处理或拆除，打扰原有的施工计划和程序，出现待工窝工，延误工期；有时又可能诱发修复单位的索赔事件，增加额外支出。故应谨慎处理，从严控制，非变更不可的，应尽量缩小变更范围，并争取尽早变更，因为变更越早影响越小。可变可不变就要坚持不变。

依据合同规定，控制好已完成工程款价的计量与支付是监理工程师控制项目投资的最重要手段。要认真做好已完成工程量的验方计量工作。对于修复单位的已完成工程量，要严格按照标书、合同规定的套用定额、计算规则和标准去核验复算申报工程量的数量是否准确无误，所申报各分项子目是否与标书工程量清单子目一致，工程质量是否符合规范标准，是否已经监理工程师签字确认，不符合的、未完的分项和质量达不到合同标准的不能进入支付。其目的在于避免因计算方法的改变而引起工程量的增加，避免资金的过早投入，减少利息支付。

与计量支付相对应的还有预（结）算的审核，对实行预（结）算办法的工程十分重要。目前，不少修复单位出于个人利益考虑，或由于竞争报价太低，难以保本，往往采取虚估冒算、重复多算、改变计算规则等办法来增加收入，有时，这笔费用还十分可观。对此，监理工程师不能掉以轻心。

资金通过时间增值，产生效益，从事项目投资控制的监理工程师对此要特别引起重视。时间效益及工期效益是指通过缩短修复项目的修复周期而赢得的经济效益，该效益来自三个方面。一是修复项目提前运营而产生的生产经营收入；二是因工期缩短而减少的支付的贷款利息；三是因提前竣工使业主节约的修复管理费用。

所以，一个好的总体进度计划应当是在确保整体总目标的前提下合理地安排工序、专业、工种的前后快慢，特别注意设备订货进场与土建和修复的协调。设备费用占用总投资的份额越来越大，过早地订货等于过早地垫付一笔可观的资金，增加利息支出，而且过早地购入设备还要发生存储和保管等仓储费用。

在估算项目实施中的资金时间效益时，要特别注意控制好资金的流入顺序、时间、数量和流入速度。和一切投资活动一样，风险与效益伴生。修复工程项目的实施受多种多样风险事件的干扰。这些灾难事件的发生严重干扰修复项目的正常进行，影响修复项目质量、项目工期进度和投资的控制，常常给项目造成难以预估的重大经济损失。于是，风险管理技术就自然而然地被引入到项目管理的工作当中。

风险管理是项目管理的一个组成部分，服务于项目的总体管理。其目标在于通过有效的管理避免项目风险的发生，或尽量减少风险事件发生后给工程带来的损失，以确保修复项目工期和修复项目造价不超过计划值，满足质量的要求和合同的要求，确保施工活动安全顺利进行。所以，风险管理是一项十分重要的综合性管理工作。监理工程师应该熟悉项目风险管理的知识和技术，并将其有效地运用到日常监理工作中。

风险转移的一种重要形式是向保险公司投保工程保险。风险管控和工程保险存在依存关系，工程保险在项目风险管理中具有重要地位和作用。

工程保险是通过业主向保险公司支付一定额的保费而将工程进行中发生的大部分风险作为投保对象，转移给保险公司。一旦风险事件发生，给修复工程造成的经济损失，则由保险公司负责赔偿业主。这样做的结果是减少了业主在风险管理方面的工作压力，心理较为平衡稳当，便于集中精力去抓好其他方面的管理工作；而且风险事件发生后，能及时得到资金的补给，有利于风险事件的善后处理，尽快恢复正常工作。这对确保修复项目目标的实现肯定是有利的。修复项目目标的圆满完成是业主的根本利益所在，所以进行工程保险是明智之举。如前所述，风险管理是监理工程师的一项重要工作内容，应该建议业主另外聘请保险顾问公司负责这项业务。监理工程师首先要提交一份高水平的投保建议书，供业主参考，投保建议书主要内容有：保险计划安排、投保范围、保险参与单位、保险目标、保险基本原则、投保方式、保险合同的主要条款等。

二、土壤修复工程施工监理“两管理”（合同、信息）工作内容

修复监理合同管理工作主要包括修复项目工期管理、修复工程暂停或复工管理、修复工程延期及工程延误处理、修复项目质量管理、修复项目结算管理、合同争议调解、合同解除等内容。

一项修复项目承包给一家或几家修复单位，其中有可能存在转包行为。从实践中看，转包行为有很大的风险性。从修复工程领域看，转包工程项目形成“层层转包，层层扒皮”的现象，最后实际用于工程修复的费用大为减少，导致严重的偷工减料；一些工程转包后由不具备相应资质的修复单位承揽，留下严重的工程质量隐患，甚至造成重大的质量事故。修复项目转包破坏了合同关系应有的稳定性和严肃性，我国法律对工程项目的转包做了禁止性规定。

如何对施工阶段合同进行管理是监理单位重要的工作内容。场地土壤修复项目在施工阶段监理单位依据监理委托合同中确定的监理单位的权利、义务和职责，按照合同的要求，全面负责对工程进行监督、管理和检查、协调现场各修复单位及有关单位间的关系，负责

合同文件的解释和说明，处理有关问题，以确保合同的圆满执行（杨洁，2004）。

值得注意的是，监理单位是独立、公正的第三方，不属于业主或修复单位签订合同的任何一方。监理只负责合同管理和工程监督，不直接参与生产安排施工，但可以向修复单位建议，为业主把好支付项目款的关，避免产生不合理的索赔。

在修复承包合同实施过程中，未经业主的事先同意，修复单位不得自行将全部或部分合同转让给他人。但是，修复单位将一部分工作分包给其他相关单位是正常的，但这种分包必须经过审批。如果在总合同中已列入有关分包的条款，表明业主已经批准；如果在工程开工后再分包，必须经监理单位审核分包单位资质，然后报经业主批准。

在场地土壤修复工程施工阶段，虽然业主已经委托监理单位对工程进行监督管理，但业主也应该指定专人为代表，负责与监理单位和修复单位的联系，处理合同执行中有关具体事宜，对一些重要问题，如修复工程变更的批准、工程款支付的审批、工期延长等应该由业主负责。因此，监理单位应该明确业主的职责，可以从以下几个方面明确业主的职责：以书面形式将总监理工程师、业主单位代表人选通知修复单位；按照修复合同负责解决修复前的准备工作；批准修复单位的工程分包申请；当修复单位有关手续齐备后及时向承包单位拨付有关款项；当修复单位为工程进口药剂、设备以及场地施工装备时，业主负责为修复单位开具证明材料，以便办理海关税收等相关手续；主持解决合同中的纠纷、合同中相关条款的更改和变动；及时签发工程变更令等。

监理单位应该协助修复单位做好施工合同的档案管理工作，修复工程项目全部竣工后，应将全部合同文件加以系统整理，归档保管。在合同履行过程中，对合同文件，包括有关签证、记录、协议、补充合同、备忘录、函件、电报、传真件都按照归档要求系统分类，报送业主单位统一管理。

信息对监理工作的作用。首先，信息是监理决策的依据。决策是修复监理的首要职能，它是否正确，直接影响到工程项目修复总目标实现及监理单位的信誉。修复监理决策是否正确又取决于各种因素，其中最主要的因素之一就是信息。没有可靠、充分、系统的信息作为依据，就不能作出正确的决策。其次，信息是监理工程师实施控制的基础。控制的首要任务是把计划执行情况与计划目标进行比较，找出差异，对比较的结果进行分析，排除和预防产生差异的原因，使总体目标得以实现。为了进行有效控制，监理工程师必须得到充分、可靠的信息。为了进行比较分析及采取措施来控制修复工程项目和投资目标、质量目标和进度目标，监理工程师首先应该掌握有关修复项目三大目标的计划值及控制依据；此外，监理工程师还应该了解三大目标的执行情况。只有充分掌握这两方面的信息，监理工程师才能正确地实施控制工作。最后，信息是监理工程师进行修复工程项目协调的重要媒介，修复项目的协调是监理工程师的首要任务，项目协调包括人际关系的协调。

信息管理是指信息的收集、整理、处理、储存、传递、应用等一系列的总称。修复项目施工监理信息管理的内容包括建立信息编码系统。编码是指设计代码，而代码指的是代表事物名称、属性和状态的符号与数字。使用代码既可以为事物提供一个精确而不含糊的记号，又可以提高数据处理的效率。明确信息流程。信息流反映了修复项目施工修复过程中各参加部门、各单位间的关系，为保证监理工作的顺利进行，必须使监理信息在修复项目管理的上下级之间、内部组织与外部环境之间流动，称为“信息流”。在监理过程中一般有三种信息流，即由上而下的信息流、自下而上的信息流和横向间的信息流。监理信息的收集。监理管理工作的好坏很大程度上取决于原始资料的全面性和可靠性，因此，必须建立一套完善的信息采集制度。信息的收集工作必须把握信息的来源，做到收集及时、准确。监理信息的处理一般包括收集、加工、传输、存储、检索、输出六项内容。

第二节　场地土壤污染修复工程环境监理实例

一、土壤异位修复工程环境监理

土壤异位修复工程环境监理可以分为清挖环节、修复环节、回填/外运环节环境监理，具体阐述如下。

（一）清挖环节

可在污染区域边界、侧壁、坑底采样，根据检测数据确定清挖是否达到边界，以避免修复验收阶段发现问题后再次返工，监测点布置可参照异位修复验收技术要求布点；严格控制开挖过程中有机物气味扩散，采取喷洒气味抑制剂等措施避免污染土壤对周边环境产生影响，并在清挖区域周边设置大气监测点进行监测；监督污染土壤外运过程中的封闭措施，避免遗洒等情况产生；监督清挖后土壤堆放地面的防渗情况，对于具有异味的有机污染物应检查存储设施密闭情况，并在存储设施周边进行布点监测，监测布点方式具体参照《场地环境监测技术导则》（HJ 25.2—2014）。

（二）修复环节

重金属污染土壤修复。监督场地地面防渗设施和措施；监督修复工程是否按照实施方案技术参数实施；对修复后土壤进行采样，初步确定修复效果，监督修复后土壤的堆存以备验收，可根据修复工程批次处理量进行采样检测；修复过程中对添加的药剂等可能产生的二次污染进行监督和管理。

有机污染与复合污染土壤修复。包括上述重金属土壤修复监理要点，并需要对处理设施密闭情况、尾气收集处理情况等进行监理，在修复工程周边及场界设置大气环境监测点，周边环境影响监测布点方式具体参照《场地环境监测技术导则》（HJ 25.2—2014）。

（三）回填/外运环节

对修复后土壤的回填/外运过程进行监督管理。监督回填土壤是否根据土地利用规划合理回填；监督固化/稳定化技术处理土壤的基坑防渗和地表阻隔措施是否完善。

二、土壤原位修复工程环境监理

需对修复区域边界进行严格监督管理，并在周边区域设置采样点，避免修复工程对周边土壤和地下水产生影响。

三、地下水修复工程环境监理

对于地下水修复工程。在长期风险控制过程中应对污染源修复效果或地下水中污染物衰减效果进行定期监测，并且针对不同的修复措施应采取不同的监督措施。例如，若进行地下水抽出处理，需要在外排之前进行采样检测，以确保符合相关排放标准要求；若进行空气注射等原位修复措施，需要对空气注射周边及下游地下水监测井、土壤气监测设施等进行采样监测，避免修复工程对周边土壤和地下水造成二次污染。

修复项目工程不同阶段监理要点各有不同，表9-1从主体修复工程的清挖、修复工艺和回填阶段对监理要点作了比较。

表9-1　不同污染类型土壤修复各阶段的监理要点比较

阶段	类型	监理要点
主体修复工程的清挖	重金属污染土壤	1. 边界、侧壁、底面验收采样，根据检测数据确定清挖是否达到边界 2. 清挖后土壤堆放地面防渗
	有机物污染土壤	1. 边界、侧壁、底面验收采样，根据检测数据确定清挖是否达到边界 2. 严格控制开挖过程中有机物气味扩散 3. 清挖后土壤堆放地面防渗及大棚密闭
	复合污染土壤	1. 边界、侧壁、底面验收采样，根据检测数据确定清挖是否达到边界 2. 严格控制开挖过程中有机物气味扩散 3. 清挖后土壤堆放地面防渗及大棚密闭
主体修复工程的修复工艺	重金属污染土壤	1. 处理场地地面防渗 2. 是否按照设计技术实施 3. 修复后达标验收的采样，根据分析数据确定修复效果 4. 添加药剂的二次污染
	有机物污染土壤	1. 处理场地地面防渗 2. 是否按照设计技术实施 3. 修复后达标验收的采样，根据分析数据确定修复效果 4. 添加药剂的二次污染 5. 处理大棚密闭情况，尾气收集处理情况
	复合污染土壤	1. 处理场地地面防渗 2. 是否按照设计技术参数实施 3. 修复后达标验收的采样，根据分析数据确定修复效果 4. 添加药剂的二次污染 5. 处理大棚密闭情况，尾气收集处理情况
主体修复工程的回填	重金属污染土壤	1. 根据土地利用规划合理分步回填 2. 固化/稳定化技术注意基坑防渗和地表阻隔
	有机物污染土壤	根据土地利用规划合理分步回填
	复合污染土壤	1. 根据土地利用规划合理分步回填 2. 固化/稳定化技术注意基坑防渗和地表阻隔

第三节　场地土壤修复环境监理案例分析

场地土壤污染修复项目按照处理工程的位置可以分为原位修复技术与异位修复技术。与异位修复技术相比，原位修复技术更为经济，不需要建设昂贵的地面环境工程设施和对污染物进行远程运输，可使污染物降解和减毒，操作维护起来比较简单；原位修复技术还有一个优点就是可以对深层土壤进行修复，对土壤的破坏小，适合规模较大的土壤修复。但原位修复技术受场地本身特性的影响较大，低渗透性和地质结构复杂的土壤实施的难度较大。此外，原位修复的周期较长，修复效果难以达到理想状态；相比而言，异位修复技术在开挖和设备使用维护等方面费用较高，但修复的周期短，修复效率高，且修复效果易于控制。

结合异位修复和原位修复本身的特点，对于环境监理而言，异位修复与原位修复项目应有不同的方法和重点，本节各选择一个案例进行剖析。

一、异位修复污染场地土壤项目环境监理

（一）项目概况

某化工厂遗留场地占地面积约***m^2，主要以合成甲基丙烯酸甲酯为主，用于生产有机玻璃板材，同时也生产以氧化铅为原料的珠光粉。在场地开发过程中发现存在大量黑色油脂状土壤，并伴有强烈的刺激性气味。经过对场地内的土壤和地下水调查，确定该场地内土壤中的主要污染物为挥发性有机物——甲基丙烯酸甲酯和重金属——铅，地下水未发现异常情况。场地土壤污染面积约***m^2，需要修复的土方量：①甲基丙烯酸甲酯污染范围在地表以下–7.2m 范围内，污染土方量约为***m^3，主要分布在 A 区，为避免修复过程中 A 区污染的土壤和地下水对毗邻的绿化带造成二次污染，在 A 区西侧修建了约**m×**m×**m 的防渗墙，防渗系数小于 1×10^{-7}cm/s；②铅污染范围在地表以下–4.0m 范围内，污染土方量约为***m^3，主要分布在 B 区。修复项目采用水泥窑协同处置技术，场地修复后拟用于居民住宅建设。施工场地平面布置情况略去。

（二）修复技术

修复工程依托某水泥厂，采用水泥窑协同处置污染土壤。首先，污染土壤被破碎至粒径小于 100mm 后输送至密封的预均化堆场内均化，预均化后的污染土壤经计量器传送至预处理器，控制预处理器的风温在 300～350℃，在粉磨污染土壤的同时进行烘干。经过预处理器处置后的污染土壤输送至均化库并按一定配料比例送至分解炉，作为硅质替代原料参与熟料烧成。从预处理器排出的废气经三次风管进入分解炉高温焚毁。污染土壤进入回转窑后与高温气流整体呈逆向运行。气体在温度高于 950℃以上的停留时间大于 8 秒，高于 1300℃以上的停留时间大于 4 秒，可以使污染土壤长时间处于高温之下，有利于废物

的燃烧和彻底分解。此外，由于生产水泥采用的原料成分决定了其在回转窑内是碱性物质，可以和污染土壤中的酸性物质（如 HCl、HF、SO_2 和 CO_3^{2-}等）中和为稳定的盐类，有效地抑制酸性物质的排放。而且新型干法水泥窑装备有袋式除尘系统、淬冷系统，这些条件可以较大程度降低粉尘排放，同时消除了二噁英和呋喃重新合成的条件。

（三）运输方式

场地内清挖的污染土壤通过场地内车辆集中堆放至紧靠某河道的土壤装卸区，然后污染土壤装船后运往某地，沿途经过甲河道和乙河道，在甲河道附近需要将污染土壤从小型货船（吨位约为***t 左右）短驳至大型货船（吨位约为***t）。

（四）环境监理主要工作内容

1. 质量控制

（1）施工前设计阶段和准备阶段

1）具备相关环保手续。环境监理首先应根据污染场地修复方案以及招标文件的相关要求，审核污染土壤跨区域处置的环保手续是否齐备，避免由于环保手续不全导致污染土壤无法跨区域运输处置，延误工期。

2）拟选合适的水泥厂。参照《水泥窑协同处置固体废物环境保护技术规范》（HJ 662—2013）中的相关要求，环境监理审核拟选水泥厂生产工艺是否具备处置挥发性有机物和重金属（铅）的污染土壤的能力，并实地考察拟选水泥厂的生产运行情况，考察内容为：

①水泥厂污染土壤预处理场所（去除污染土壤中残留的砖石块以及其他异物）是否建有防渗以及全封闭的均化污染土堆棚。

②污染土壤的储存条件。储存仓库容量能否满足所有污染土壤的堆放，仓库封闭性如何，是否配备去除刺激性气味以及粉尘的尾气处理装置。

③水泥窑协同处置过程中，在粉磨系统、烘干系统以及回转窑等重点工段是否安装尾气处理设施，防止甲基丙烯酸甲酯、铅尘等超标排放。

④污染土壤传输系统密闭性。从码头、预处理、储存、粉磨、烘干至回转窑处置过程中所有污染土壤传送系统是否全封闭，避免粉尘、甲基丙烯酸甲酯对大气的影响。

⑤评估水泥厂处置污染土壤的能力能否满足在规定工期内处置完毕的要求。如果水泥厂不具备上述条件，环境监理应及时向施工单位提出整改要求，整改不到位的，应更换拟选的水泥厂。

3）审核运输线路。污染土壤从某地运往其他地方，长距离运输，沿途经过甲河道和乙河道，在某入河口附近需要将污染土壤从小型货船短驳至大型货船。因此，环境监理应在开工前要求施工单位的水运路线应尽可能避免涉及环境敏感区（自然保护区、风景名胜区、集中式饮用水源保护区等），如果无法避免，则要求施工单位制定专门的运输事故风险应急预案，在上述环境敏感区应有针对性的应急救援措施。

4）污染土壤运输码头的选址。码头应尽可能就近设置，减少陆运短驳的距离，避免运输过程中污染土壤对沿途环境的影响。本案例西侧紧靠京杭运河，就近在场地西侧设置码头。

（2）施工过程

1）防渗墙

防渗墙建设的目的是防止有机污染扩散，因此，在防渗墙施工过程中，环境监理应全程旁站监督，对防渗墙的规模尺寸、钢筋材料的标准要求以及井点降水及施工过程废水处置情况进行环境监督。

2）开挖阶段

①污染土壤开挖范围的核定。审核污染土壤基坑放线点的坐标与修复方案及施工设计方案是否一致，开挖完毕后，基坑四壁及坑底应进行土壤样品采集，未发现异常情况。

②甲基丙烯酸甲酯具有刺激性气味，应采用边开挖边覆盖的施工方式，避免直接暴露开挖面导致甲基丙烯酸甲酯大量散逸入大气环境，同时采取喷洒恶臭抑制剂减轻刺激性气体对周边居民的影响。开挖期间，在下风向或距离居民区较近的场界附近用便携式 PID 检测仪定期监测，同时，环境监理人员对施工场地周边进行了大气采样检测，检测指标为 PM_{10}、铅尘、甲基丙烯酸甲酯，检测结果未发现异常。同时，环境监理对施工单位场界大气环境自检结果进行审查，也未发现异常情况。

③开挖过程中，监督基坑井点降水以及离场机械或车辆清洗废水收集后，经现场临时污水处理设施预处理达到接管要求后，接入市政管网排入污水处理厂处理，不得就近排入河道。监督临时污水处理设施的防渗措施，确保污水不渗漏。

（3）运输环节

污染场地短驳车辆和水运货船应进行底部防渗处理和上部铺盖帆布防遗洒处理。甲基丙烯酸甲酯具有刺激性气味，污染土壤采用吨袋包装。污染土壤装船码头地表应进行硬化及防渗处理，污染土壤堆放表面必须覆盖帆布防止雨水或风力造成二次污染。

环境监理人员全程监督每批次污染土壤的运输船只。监督每批次运送土方量是否严格控制，确保船的吃水深度，避免在行船过程中水花飞溅造成二次污染；监督是否对污染土壤堆放场所进行标识，提醒操作人员行驶过程中与其他船只保持安全距离；船只是否安装性能良好的 GPS 定位系统并且每船派专人押运，以便进行全程跟踪；污染土壤外运过程中，环境监理记录每日污染土方外运工作量，包括外运日期、外运污染土壤种类、外运车次、外运船次（车）运土方量、船运土方量、累计外运土方量等；每转移一船，填写一份转移联单，到达目的地后，接收负责人验收后签字盖章。

（4）回填阶段

施工单位将污染土壤全部清挖完成后，需要对基坑进行回填。对外运回填的土壤要进行检测，回填土检测分两方面，取土场所（土源地）的土壤采样检测和每批次回填土的抽样检测。

2. 工程进度控制

明确工程的正式招标时间、合同签署时间、施工工期（包含分项任务工期）、工程最终结束时间。鉴于天气、技术、外部环境等原因，实际工期发生变化，为此，环境监理工程师及时要求施工单位根据实际情况重新制定一份进度计划，确保了工程顺利进行。

3. 合同、档案和信息管理

（1）合同管理

施工单位将水泥窑协同处置污染土壤部分转包给某水泥厂处理。环境监理工程师应核实水泥厂转包合同的单价，并且记录每日外运污染土方量以及污染土壤转移联单，水泥厂提供接收污染土壤的消纳记录，环境监理人员将核实后的水泥窑处置的污染土方量作为项目工程量计量和签证的依据。

（2）档案和信息管理

根据异位修复项目的工程特点，环境监理建立了信息分类档案，包括基坑开挖及支护部分、环保设施（包括废水处理、废气处理、噪声防治等）、施工区域环境质量监测、运输环节、配套工程（防渗墙建设、井点降水、码头及施工便道、污染土壤存储等）、环境风险事故应急和环境管理（工程进度、工地例会及会议纪要、往来文件、监理日志、月报等）共七大类纸质及相应电子档案，便于工程项目资料查询及后续审计工作。

二、原位修复污染场地土壤项目环境监理

（一）项目概况

某市某遗留场地为复合型化工污染场地，场地总面积约为***m^2，场地中部及南部区域曾经是生产经营铬酸、重铬酸钠和盐基性硫酸铬等工业化学原料的车间；北部区域曾经是生产二甲苯甲醛树脂、不饱和聚酯树脂和环氧树脂等树脂产品的车间。化工企业建厂时间较早，相应的污染防治措施严重缺失。根据对该地块的调查，确定场地土壤和地下水存在重金属（总铬、六价铬）以及部分挥发性有机物污染物（苯、甲苯、二甲苯），其中重金属总铬、六价铬污染面积约为***m^2，挥发性有机物污染面积约为***m^2。

（二）修复技术

1. 重金属污染修复技术

针对重金属铬污染的土壤分别采取两种方法进行治理。表层铬污染土壤采取原地异位固化/稳定化方法，通过加入硫酸亚铁等还原剂将六价铬还原为三价铬形态，再投加稳定化药剂，将污染物转化成化学性质不活泼的形态稳定在土壤中，然后回填至开挖区域。深层六价铬污染土壤采用生物固化/稳定化方法，向土壤中注入营养液和还原剂将土壤中的六价铬还原为三价铬并培养土壤中的土著微生物将三价铬固定在生物体内，降低污染物活性，使其在土壤中能够长期稳定固定住。

2. 有机物污染修复技术

表层有机污染土壤采取的治理方法是原地异位 SVE（气相抽提技术）。将有机污染区域的土壤挖掘出来后采用抽真空系统将土壤中挥发性的苯、甲苯和二甲苯抽入活性炭中，吸附治理。深层的污染土壤采用原位化学氧化法，在污染区的不同深度钻井，将氧化剂注入土壤中，使得毒性较强的苯、甲苯和二甲苯氧化，将苯环链打开，氧化成低毒的化学物质。

（三）环境监理主要工作内容

1. 质量控制

（1）施工前设计阶段和准备阶段

1）环境监理工程师在审核土壤污染治理项目实施方案及施工组织设计时，发现施工方案未提及表层污染土壤处置场地的硬化防渗要求，施工过程中缺少污水收集设计，施工场地四周距离居民区较近，未设置围墙减少扬尘及噪声的影响。为此，向施工单位提出如下方案调整意见：补充 SVE 处理场地和铬污染土壤异位固化/稳定化场地硬化要求；补充场地周边设置废水收集、导流系统设计；施工场地四周增设围墙等要求。施工单位全部采纳。

2）环境监理审核施工承包合同环境保护专项条款。审查承包合同中关于环境保护的专项条款是否涵盖修复方案的环保要求。

3）环境监理审核施工期环境管理体系。要求施工单位建立现场管理体系，明确施工单位项目经理、工程师及施工人员数量。

（2）施工过程

1）表层污染土壤

①挥发性有机物污染表层土壤采用异位 SVE 修复。

土壤清挖阶段。开挖区域（基坑）放样控制点与修复方案及施工方案一致；监督开挖过程中防尘措施到位情况；采用便携式 PID（光离子化检测器）快速检测仪监测开挖过程中苯、甲苯、二甲苯的浓度，预防异味气体影响周边大气环境；土壤施工安全措施及安全标志的检查，包括施工安全个人防护措施到位情况、基坑钢板桩支护安全、基坑降水收集处置情况、基坑四壁及底部土壤检测。

土壤处置阶段。监督处置区域地面防渗及硬化措施；土壤干燥剂（石灰）是否按修复要求比例投加；监督处置区域四周导流沟设置；监督抽气管道及栅格网敷设；SVE 过程中定期用 PID 快速检测仪检测活性炭装置进出口气体浓度，确定活性炭去除率及更换周期。

②铬污染表层土壤采用原地异位化学固化/稳定化修复。

土壤清挖阶段。开挖区域（基坑）放样控制点位置与修复方案及施工方案是否一致；施工人员个人安全防护措施到位情况；开挖基坑四壁土壤检测；扬尘抑制措施检查。

土壤预处理（破碎与筛分）阶段。监督预处理场所地面防渗及硬化措施；监督预处理过程中扬尘防护措施、土壤破碎机筛分效果及防尘措施效果。

土壤化学稳定固化处置阶段。监督固化场所地面防渗及硬化措施；监督场地四周导流沟设置；监督还原剂和固化剂是否按照修复方案比例添加。

2）深层污染土壤

挥发性有机物污染深层土壤采用原位注射氧化剂（fenton 试剂）进行化学氧化；六价铬深层污染土壤采用原位生物固化/稳定化技术修复，需要在注射井中加入还原剂和生物营养剂。

①井位设置阶段。监督原位注射井和地下水监测井设置的间距、数量及深度是否符合设计要求。

②原位化学氧化阶段，监督每批次氧化剂投加量及压力控制情况。

③生物固化/稳定化阶段。监督每批次还原剂和微生物营养剂投加量。

3）建立修复效果质量控制体系

环境监理人员按照***m^3样品的频次进行抽检，施工单位以***m^3样品进行抽检。施工单位自检样品结果经环境监理审核达到修复要求，环境监理抽检结果如下：

①有机污染土壤异位 SVE 修复。在修复过程中，施工单位采用棕色玻璃瓶装填修复土壤样品，取样后压实密封，共分若干批次自检，共抽检若干样品。环境监理抽检结果表明，仅有个别样品甲苯超标。该部分未达标的土壤由环境监理工程师向施工单位签发返工通知单，施工单位返工结束后环境监理加密抽检样品，结果均达标。

②铬污染土壤原地异位化学固化/稳定化。在修复过程中，施工单位分若干批次对修复后的土壤浸出液自检，共抽检若干个样。其中有个别土壤样品浸出液未达到修复要求。第一批次个别样品浸出液总铬超标，最大值超标 23.6 倍。由于该批次超标样品数量较多，且超标程度较为严重，环境监理要求施工单位对该批次污染土壤全部返工。施工单位对土壤再次固化/稳定化后，环境监理加密抽检若干样品，抽检结果表明，返工后所有样品浸出液中总铬和六价铬均达到修复要求。第二批次仅有个别样品浸出液未达到修复要求，总铬浓度超标 6.5 倍，六价铬浓度超标 18.7 倍。施工单位根据现场采样位置，清理出超标点位附近土壤，再次固化/稳定化后，环境监理加密抽检若干样品，检测的浸出液中总铬和六价铬均达到修复要求。

③有机污染土壤原位化学氧化修复。共抽检若干样品，抽检结果未发现苯、甲苯和二甲苯浓度异常情况。

④铬污染土壤和地下水原位生物固化/稳定化。环境监理共抽检若干批次共若干个地下水样品，结果表明，前次有若干井位地下水中六价铬未达到修复要求。施工单位对该地下水井添加了适量还原剂和微生物营养剂，后续若干批次加密抽检结果均满足修复要求。

（3）长期跟踪监测

由于某河道近地表土壤以黏土或粉质黏土为主，土壤中水平/垂直渗透系数较低，因此，采用原位生物技术修复深层铬污染土壤可能需要一个较长的周期。为了检验原位生物固化/稳定化技术处理污染土壤和地下水的长期效果，在项目通过验收后，业主单位要求环境监理对污染场地内留存的若干地下水监测井进行为期 2 年的跟踪监测，并确定相应的监测时间、检测频次、监测因子等。为了保持土壤中相应微生物种群密度，施工单位在初期跟踪监测阶段向地下水井添加了适量微生物营养剂。跟踪监测期间共采集了若干地下水样品，水质跟踪监测结果表明，六价铬浓度在初期跟踪监测阶段有小幅波动，一段时间后基本趋于稳定，原位生物固化/稳定化技术基本达到了预期的修复效果。

2. 工程进度控制

明确工程的正式招标时间、合同签署时间、施工工期（包含分项任务工期）、工程最终结束时间。鉴于雨季来临以及新发现深层土壤污染，实际工期发生变化，为此，环境监理工程师及时要求施工单位根据实际情况重新制定一份进度计划，确保了工程顺利进行。

3. 工程变更

本工程在实施过程中共产生三次环境方面的工程变更。

（1）该基坑污染土壤清理第一次变更

根据对某基坑清理后场地土壤检测结果，该基坑底部部分区域样品检测指标中二甲苯和甲苯浓度超过修复标准，甲苯最大超标倍数达到4.76倍，二甲苯最大超标倍数达到77.48倍，必须对超标点位附近的污染土壤进一步清理挖掘。由于施工期时间紧迫，第一次变更拟先对该基坑内污染点位附近区域继续挖深1m，清理污染土壤量，清理后由环境监理对新清理区域再次进行坑底检测。

（2）该基坑污染土壤清理第二次变更

在该基坑污染土壤清理第一次变更后的新清理区域底部，进行布点，在选取的土壤样品中发现仍有样品二甲苯浓度超过修复标准，必须对超标点位附近污染土壤进一步清理挖掘，考虑到时间较为紧迫，以本次超标点位为中心，最边部土壤再次进行清理。

第二次清理完该基坑底层污染土壤后，对第二次清理区域底层土壤再次进行采样，根据样品分析报告，土壤样品中均未检出甲苯和二甲苯，该基坑污染土壤基本清理完毕。

该基坑的两次清理变更，由环境监理提出变更要求，并经工地例会审议通过后，由施工单位提交变更工程量及费用签证单，环境监理作为独立的第三方按照施工过程的实际情况确认该项增加变更费用的事实，审核变更工程量及费用签单，签字后（由环境监理工程师和总环境监理工程师两级审核确认）上报业主单位，由于本项变更属于合同规定范围内，业主单位同意增加施工单位相应费用。

（3）新污染源变更

施工单位在某基坑北侧降水井中发现黏稠状液体，有刺鼻性气味，发现深度约为地表以下 6.5m。经样品检测，水样中苯和甲苯浓度异常的高。由于新发现的苯和甲苯污染程度和污染范围尚未明确，并且原有的 SVE 技术不适宜处置深层污染土壤，施工单位提出变更建议，建议对新污染源进行详细调查，明确污染范围和程度，以便后续处理方案的完善和调整。

环境监理单位同意施工单位变更建议，向业主单位提出对新污染区域进行详细调查的建议。业主单位委托第三方调查单位确定了新污染源的主要污染物、污染范围和污染深度，并设计了深层污染土壤的治理方案。施工单位根据变更后的施工方案进行施工，环境监理按照变更后实际施工情况，核实了施工单位对于新污染源治理变更的工作量计量。由于本项变更不在原合同范围内，业主单位与施工单位签订污染治理的补充协议，治理单价参考类似项目单价确定。

（四）小结

污染场地采用原位或异位修复技术，其环境监理工作要点也不相同。当采用异位修复技术时，环境监理侧重于二次污染防治，如在开挖区域、施工便道、预处理区域、修复区域、离场运输等过程中减少或避免产生二次污染；当采用原位修复技术时，侧重点则在于原位注射井的布设以及对原位修复效果的监控。对于原位修复污染场地，在竣工验收结束后，应建立长期跟踪监测机制。案例二中对原位生物技术修复的六价铬污染土壤和地下水持续进行了 2 年的跟踪监测，初期地下水中六价铬浓度会有小幅波动，在添加适量微生物营养剂后未再出现异常，可见建立长期跟踪监测机制对于检验原位修复效果很有必要。国内外目前对于原位修复技术长期跟踪监测的时限尚未统一，原则上跟踪监测的期限越长，越能证明修复技术的可靠性。在条件允许的情况下，建议长期跟踪监测期限设置为 5 年以上，为修复后场地的再开发利用提供更好的保障。

第十章　土壤修复工程的验收与中长期监测

第一节　土壤修复工程的验收标准与程序

一、土壤修复工程的验收标准

（一）验收标准

验收标准为修复目标值。

（二）验收时段和范围

验收时段。根据修复方式的不同，场地验收时段不同。原位修复的场地应在修复完成后进行验收；异位修复的场地应在污染土壤外运之后、回填土回填之前进行验收。验收范围应与场地环境评价确定的修复范围一致；当修复工程发生变更时，应根据实际情况对验收范围进行调整。验收对象为场地修复范围内的土壤和地下水。

二、土壤修复工程的验收程序

土壤修复工程验收程序包括文件审核与现场勘察、采样布点方案制定、现场采样与实验室检测、修复效果评价、验收报告编制五个步骤，工作程序流程如图 10-1 所示。

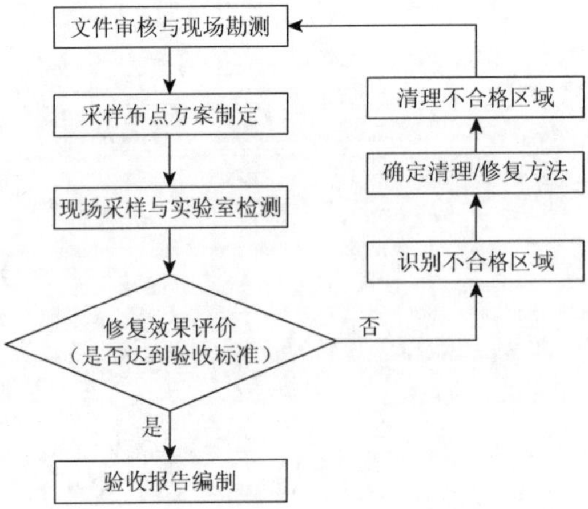

图 10-1　土壤修复工程的验收程序工作流程

（一）文件审核与现场勘察

在验收工作开展之前，应收集与场地环境污染和场地修复相关的资料，包括但不限于以下内容。场地环境评价及修复方案相关文件：场地环境评价报告书及审批意见、经备案的修复方案以及有关行政文件；场地修复工程资料：修复实施过程的记录文件（如污染土壤清挖和运输记录）、回填土的运输记录、修复设施运行记录、二次污染排放监测记录、修复工程竣工报告等；工程监理文件：工程或环境监理记录和监理报告；其他文件：环境管理组织机构、相关合同协议（如委托处理污染土壤的相关文件和合同）、修复过程的原始记录等；相关图件：场地地理位置示意图、总平面布置图、修复范围图、污染修复工艺流程图、修复过程照片和影像记录等。

对收集的资料进行整理和分析，并通过与现场负责人、修复实施人员、监理人员等相关人员进行访谈，应明确以下内容：根据场地环境评价报告、修复方案及相关行政文件，确定场地的目标污染物、修复范围和修复目标，作为验收依据；通过审查场地修复过程的监理记录和监测数据，核实修复方案和环保措施的落实情况；通过审查相关运输清单和接收函件，核实污染土壤的数量和去向；通过审查相关文件和检测数据，核实异位修复完成后的回填土的数量和质量，回填土土壤质量应达到修复目标值。

根据场地环境评价报告中的钉桩资料或地理坐标等，勘察确定场地修复范围和深度，核实修复范围是否符合场地修复方案的要求。

应对场地表层土壤及侧面裸露土壤状况、遗留物品等进行观察和判断，可使用便携式测试仪器进行现场测试，辅以目视、嗅觉等方法，识别现场污染痕迹。

（二）采样布点方案制定

总体要求：采样方案应包括采样介质、采样区域、采样点位、采样深度、采样数量、检测项目等内容；应根据目标污染物、修复目标值的不同情况在场地修复范围内进行分区采样；采样点的位置和深度应覆盖场地修复范围及其边缘；场地环境评价确定的污染最重区域必须进行采样。

土壤采样布点要求分异位修复场地和原位修复场地。对于异位修复场地，应对修复范围内部和边缘的原址土进行采样，采样点位于坑底和侧壁，以表层样为主，不排除深层采样。对于原位修复场地，主要对修复范围内的污染土壤进行采样。修复范围内应钻孔分层采样，每层采样点数量应不少于表 10-1 的数量，修复范围边缘采样点数量应不少于表 10-2 的数量。

坑底表层采用网格布点的方法，采样数量不少于表 10-1 所列的数目。一般随机布置第一个采样点，构建通过此点的网格，在每个网格交叉点采样。

网格大小根据采样面积和采样数量确定，见式（10.1.1）

$$L=\sqrt{\frac{A}{n}} \tag{10.1.1}$$

表 10-1　土壤采样布点——坑底表层采样点数量

采样区域面积/m²	土壤采样点数量/个
$x<100$	1
$100\leqslant x<500$	2
$500\leqslant x<1000$	3
$1000\leqslant x<1500$	4
$1500\leqslant x<2500$	5
$2500\leqslant x<5000$	6
$5000\leqslant x<10000$	7
$10000\leqslant x<25000$	8
$25000\leqslant x<50000$	9
$50000\leqslant x<100000$	10
$x\geqslant 100000$	20

表 10-2　土壤采样布点——侧壁采样点数量

采样区域周长/m	土壤采样点数量/个
$x<100$	4
$100\leqslant x<200$	5
$200\leqslant x<300$	6
$300\leqslant x<500$	7
$x\geqslant 500$	8

其中，L 为两个采样点之间的距离（网格大小）（m）；A 为采样区域面积（m^2）；n 为采样点数量。

修复范围侧壁采用等距离布点方法，根据边长确定采样点数量。当修复深度不大于 1 米时，侧壁不进行垂向分层采样，横向采样点数量不少于表 10-1 中规定的数量。当修复深度大于 1m 时，侧壁应进行垂向分层采样，第一层为表层土（0～0.2m），0.2m 以下每 1～3m 分一层，不足 1m 时与上一层合并。各层横向采样点数量不少于表 10-1 中规定的数量。各层采样点之间垂向距离不小于 1m，采样点位置可依据土壤异常气味和颜色并结合场地污染状况确定。

地下水监测井应依据地下水流向及污染区域地理位置进行设置，修复范围上游地下水采样点不少于 1 个，修复范围内采样点不少于 3 个，修复范围下游采样点不少于 2 个。可利用场地环境评价和修复过程建设的监测井，但原监测井数量不应超过验收时监测井总数的 60%。未通过验收前，应保持场地评价和修复过程中使用的地下水监测井完好。

（三）现场采样与样品分析

表层土壤样品的采集一般采用挖掘方式进行，一般采用锹、铲及竹片等简单工具，也可进行钻孔取样。土壤采样的基本要求是尽量减少土壤扰动，保证土壤样品在采样过程不被二次污染。深层土壤的采集以钻孔取样为主，也可采用槽探的方式进行采样。钻孔取样可采用人工或机械钻孔后取样。手工钻探采样的设备包括螺纹钻、管钻、管式采样器等。机械钻探包括实心螺旋钻、中空螺旋钻、套管钻等。槽探一般靠人工或机械挖掘采样槽，然后用采样铲或采样刀进行采样。槽探的断面呈长条形，根据场地类型和采样数量设置一定的断面宽度。槽探取样可通过锤击敞口取土器取样和人工刻切块状土取样，采样后立即将样品装入密封的容器，以减少暴露时间。如需采集土壤混合样时，将各点采集的等量土壤样品充分混拌后以四分法得到土壤混合样。易挥发、易分解及含恶臭的样品必须进行单独采样，禁止对样品进行均质化处理，不得采集混合样。对原位治理修复工程措施效果（如客土、隔离、防迁移扩散等）的监测采样，应根据工程设计提出的要求进行。挥发性有机物污染、易分解有机物污染、恶臭污染土壤的采样，应采用无扰动式的采样方法和工具。钻孔取样可采用快速击入法、快速压入法及回转法，主要工具包括土壤原状取土器和回转取土器。

土壤样品的保存与流转中，挥发性有机物污染的土壤样品和恶臭污染土壤的样品应采用密封性的采样瓶封装，样品应充满容器整个空间；含易分解有机物的待测定样品可采取适当的封闭措施（如甲醇或水液封等方式保存于采样瓶中）。样品应置于 4℃以下的低温环境（如冰箱）中运输、保存，避免运输、保存过程中的挥发损失，送至实验室后应尽快分析测试。挥发性有机物浓度较高的样品装瓶后应密封在塑料袋中，避免交叉污染，应通过运输空白样来控制运输和保存过程中交叉污染情况。

地下水采样时应依据场地的水文地质条件，结合调查获取的污染源及污染土壤特征，应利用最低的采样频次获得最有代表性的样品。监测井可采用空心钻杆螺纹钻、直接旋转钻、直接空气旋转钻、钢丝绳套管直接旋转钻、双壁反循环钻等进行钻井。设置监测井时，应避免采用外来的水及流体，同时在地面井口处采取防渗措施。监测井的井管材料应有一定强度，耐腐蚀，对地下水无污染。低密度非水溶性有机物样品应用可调节采样深度的采样器采集，对于高密度非水溶性有机物样品可以应用可调节采样深度的采样器或潜水式采样器采集。在监测井建设完成后必须进行洗井。所有的污染物或钻井产生的岩层破坏以及来自天然岩层的细小颗粒都必须去除，以保证出流的地下水中没有颗粒。常见的方法包括超量抽水、反冲、汲取及气洗等。地下水采样应在洗井后两小时进行为宜。测试项目中有挥发性有机物时，应适当减缓流速，避免冲击产生气泡，一般不超过 0.1L/min。地下水采样的对照样品应与目标样品来自相同含水层的同一深度。具体地下水样品的采集、保存与流转应按照 HJ/T 164—2004 的要求进行。

采集地表水样品时，应避免搅动水底沉积物。为反映地表水与地下水的水力联系，地表水的采样频次与采样时间应尽量与地下水采样保持一致。地表水样品的采集、保存与流转具体应按照 HJ/T 91—2002 的要求进行。

环境空气样品的采集中，对于有机污染、汞污染等类型场地，尤其是挥发性有机污染场地，如有需要可选择污染最重的地块中心部位，剥离地表 0.2m 的表层土壤后进行环境空气采样。监测的环境空气，可根据分析仪器的检出限，设置具有一定体积并装有抽气孔的封闭仓（采样时扣置在已剥离表层土壤的场地地面，四周用土封闭以保持封闭仓的密闭性），封闭 12 小时后进行气体样品采集。具体环境空气样品的采集、保存与流转应按照《地下水环境监测技术规范》（HJ/T 164—2004）的要求进行。

场地内残余的固态废弃物可选用尖头铁锹、钢锤、采样钻、取样铲等采样工具进行采样。场地内残余液态废弃物可选用采样勺、采样管、采样瓶、采样罐、搅拌器等工具进行采样。场地内的残余半固态废弃污染物应根据废物流动性，按照固态废弃物采样或液态废弃物的采样规定进行样品采集。具体残余废弃物样品的采集、保存与流转应按照 HJ/T 20—1998 及 HJ/T 298—2007 的要求进行。

在现场样品分析过程中，可采用便携式分析仪器设备进行定性和半定量分析。水样的温度须在现场进行分析测试，溶解氧、pH、电导率、色度、浊度等监测项目亦可在现场进行分析测试，并应保持监测时间一致性。采用便携式仪器设备对挥发性有机物进行定性分析，可将污染土壤置于密闭容器中，稳定一定时间后测试容器中顶部的气体。

实验室样品分析中，土壤样品关注污染物的分析测试应参照 HJ/T 166—2004 中的指定方法。土壤的常规理化特征如土壤 pH、粒径分布、密度、孔隙度、有机质含量、渗透系数、阳离子交换量等的分析测试应按照 GB 50021—2001 执行。污染土壤的危险废物特征鉴别分析，应按照 HJ/T 298—2007 中的指定方法。

地下水样品、地表水样品、环境空气样品、残余废弃物样品的分析应分别按照 HJ/T 164—2004、HJ/T 91—2002、GB 3095—2012、GB 14554—1993、HJ/T 298—2007 中的指定方法进行。

（四）修复效果评价

修复效果评价方法中对于面积小于或等于 10000 m^2 的区域，应采用逐个对比方法进行评价。对于面积大于 10000 m^2 的区域分两种情况区别对待。

（1）当低于检测限的样本数占比不大（＜25%）时，应采用 t 检验方法进行评价.

（2）当低于检测限的样本数占比较大（≥25%）时，应采用逐个对比方法进行评价。

修复效果判断方法包括逐个对比方法和 t 检验方法等。采用逐个对比方法应该考虑的情况有：①当检测值低于或等于修复目标值时，达到验收标准；②当检测值高于修复目标值时，未达到验收标准。

采用 t 检验方法，判断的依据有：①当各样本点的检测值显著低于修复目标值或与修复目标值差异不显著时，达到验收标准；②当某样本点的检测值显著高于修复目标值时，未达到验收标准。

（五）验收报告编制

验收报告内容应在保证真实、全面的基础上至少包括场地环境评价结论概述、修复方案实施情况、验收工作程序与方法、文件审核与现场勘察、采样布点计划、现场采样、实验室检测、修复效果评价、验收结论和建议、监理报告和检测报告等内容。

第二节　土壤修复后的中长期监测

一、场地中长期监测对象

为确保场地采取修复活动的长期有效性，确保场地不再对周边环境和人体健康产生危害。一般来讲，如果选择的修复技术方案没有彻底消除污染，依赖于对土壤、地下水等的使用限制，或者使用了物理和工程控制措施的场地，需要进行中长期监测（李国刚等2005a），主要包括场地污染没有完全清除，或者场地修复行动可能在场地遗留危害物质，导致场地的用途受到限制；修复工程时间较长如原位监测型自然衰减，或采取工程控制措施的场地；采取限制用地方式等控制措施的场地等类型。

二、中长期监测内容

中长期监测是按照科学合理的后期管理计划，根据场地的实际情况，采取包括设备及工程的长期运行与维护，进行长期监测、长期存档、报告等制度，定期和不定期的回顾性检查等，目标是评估场地修复活动的长期有效性、确保场地不再对周边环境和人体健康产生危害。中长期管理必须与制度建设相结合才能发挥实效，即需要建立一套长期监测、跟踪、回顾性检查与评估及后期风险管理制度，做好制度的设计、构建，明确技术要求及各相关方责任。

回顾性检查与评估是场地中长期监测中非常核心的一个内容，包括场地资料回顾与现场踏勘、场地潜在风险识别与诊断、中长期监测优化措施及建议、回顾性报告编制。

回顾性检查与评估具体主要工作内容有，开展回顾性检查的人员首先要进行场地资料回顾与现场踏勘，包括场地基本资料收集查阅、场地数据回顾与分析、场地踏勘、人员访谈等工作。通过场地资料回顾与现场调查，识别判断可能现有修复方式或措施可能存在的问题，例如，不完善的制度控制措施、修复目标难以达到、修复目标不准确、场地修复行动未按照设计运行、暴露途径是否变化、场地使用方式是否变化等问题，从而判断场地修复行动是否可达到保护人体和环境的目的。

中长期监测优化措施及建议。根据场地潜在风险识别与诊断，若判断场地修复行动不能或难以达到保护目的，则需提出并采取进一步的措施和建议对修复实施方案进行优化，包括长期响应行动、操作与维护、实施制度控制、修复方案优化、补充调查等方式。

回顾性报告编制。根据上述调查与诊断，给出回顾性结论，决定是否需要采取进一步措施、是否要持续进行回顾性检查及时间跨度等，编制回顾性报告。

对于一些较为复杂的场地，由于回顾性检查时间跨度较大使得场地监管较为困难时，可同时采取制度控制等方式进行中长期监测。场地回顾性检查与评估由场地修复责任方依据场地情况委托具有相应能力的机构组织开展。场地回顾性报告应报当地环境保护部门备案，并在回顾性检查与评估实施过程中接受环境保护部门的监督指导。

三、中长期监测时间

中长期监测一般在修复完成后场地开发建设阶段介入，采取多种技术进行修复的场地也可在修复启动时介入，具体可根据政策要求、场地修复方案等因素确定。场地回顾性检查与评估在场地修复验收后五年开展第一次，贯穿于场地全过程，直至场地不再对周边环境和人体健康产生影响。后续的场地回顾性检查与评估时间根据前一次回顾检查的结论确定，根据实际情况可提前回顾或增加回顾的频率。

第三节　场地土壤修复工程验收案例分析

结合实际案例对场地土壤污染修复竣工后，涉及土壤及地下水的验收工作中涉及内容与注意事项进行梳理、归纳。

一、概述

（一）项目背景

该修复场地占地面积约***m^2。该地块原为化工厂，拥有十多年的生产历史。目前，该地块已经拆除完毕，准备建设两栋商住用房。受业主委托，相关单位对该地块进行了详细调查，编制了《土壤和地下水污染调查报告》，并制定《土壤和地下水人体健康风险评估报告》，根据报告结论，该地块受到氯苯、苯酚、二苯醚、3-甲基二苯醚、萘和 2-甲基萘的污染，需进行修复治理后方可进行开发利用。

为此，业主对地块土壤及地下水污染治理项目进行了公开招标，某企业中标后承担了该场地污染治理工作。同时，业主委托相关有资质的企业作为环境监理单位。项目竣工后，业主委托相关单位作为验收单位，对修复治理工程进行验收。

（二）调查评估结论

根据《土壤和地下水污染调查报告》中场地土壤和地下水样品采集分析结果，可得到如下结论。①地块存在的主要土壤污染物为氯苯、苯酚、萘、2-甲基萘、二苯醚和 3-甲基二苯醚；②地块内存在污染的范围主要集中在地块南侧区域，且污染物类型也与原厂生产所用的原辅材料相对应；③地块存在的主要地下水污染物为氯苯、萘、挥发酚、二苯醚、3-甲基二苯醚和氯化物；④某点位于土壤污染最严重的区域，地下水中苯酚、挥发酚以及氯化物的浓度非常高；某点的萘和 2-甲基萘、二苯醚和 3-甲基二苯醚以及挥发酚和氯化物浓度较高，与某点所在位置相近的土壤采样点 B7 中的浓度吻合；某点的萘、挥发酚浓度都很高。

（三）场地修复方案

根据《土壤及地下水污染治理项目修复实施方案》，该工程选用水泥窑协同处置技术对上层污染土壤进行修复治理，选用原位化学氧化技术对下层污染土壤进行修复治理。本场地污染地下水的处理分为两部分进行处置，上层污染地下水随井点降水抽出进行处置，原位修复区的污染地下水随下层污染土壤一起处置。同时，场地内污染物具有一定的挥发性，在清挖、运输和储存过程中应做好二次污染防治工作，以免对周围环境造成二次污染。场地土壤修复治理的技术路线如图 10-2 所示。

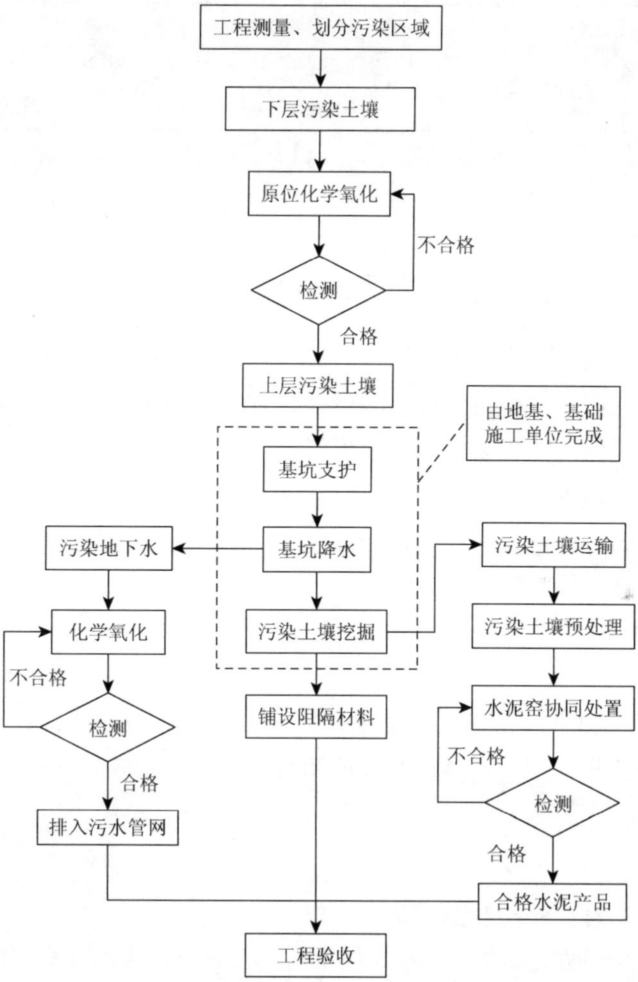

图 10-2　场地土壤修复治理的技术路线图

（四）项目进展

1. 项目概况

工程量包括污染面积、污染深度、污染土方量。土壤污染物包括氯苯、苯酚、二苯醚、3-甲基二苯醚、萘和 2-甲基萘。地下水污染物包括氯苯、萘、挥发酚、二苯醚、3-甲基二苯醚和氯化物。修复技术为原位修复和水泥窑协同处置的土壤组合治理修复技术。

2. 工程进度

该工程主要完成了原位修复污染土壤区域，异位修复区域将在原位修复区域验收后进行，具体工作进度参见表 10-3。

表 10-3 工程进度表

施工区域	工作内容	施工进度
原位修复区域	化学氧化	已完成
异位修复区域	清挖、水泥窑处置	等原位修复验收后开展

3. 后期工作安排

原位修复区域已完成，将报请进行原位修复区域的验收。

4. 拟报验区概况

原位修复区域在基坑支护内的面积为***m^2，污染深度范围为黄海高程–14.9～–7.9m，基坑支护外面积为***m^2，污染深度范围为黄海高程–14.9～3.1m，总面积为***m^2。

原位修复区域已完成。

二、验收目的与工作内容

（一）验收目的

该次验收工作的目的旨在通过对土壤及地下水污染治理项目修复施工工程的相关施工、监理文件、监测报告等的审核以及现场勘察，评价已完成修复治理工程的修复效果。

（二）验收内容

该项目的修复治理验收应分两个阶段进行。

（1）原位修复区域验收。在原位修复结束后，应结合环境监理报告对原位修复区域进行验收监测，确定污染土壤和地下水是否修复达到修复目标值。

（2）异位修复区域验收。在场地污染土壤清运完毕后进行，应结合工程监理（异位修复时可能会介入）和环境监理报告对基坑进行验收。采用水泥窑协同处置技术治理的，应在水泥窑协同处置污染土壤期间对处置现场和二次污染控制效果进行监测验收，最后结合工程监理、环境监理报告和水泥质量报告进行验收。

三、验收程序

污染场地治理验收工作程序包括文件审核与现场勘察、采样布点方案制定、现场采样与实验室检测、治理效果评价、验收报告编制五个步骤，工作程序流程如图 10-3 所示。

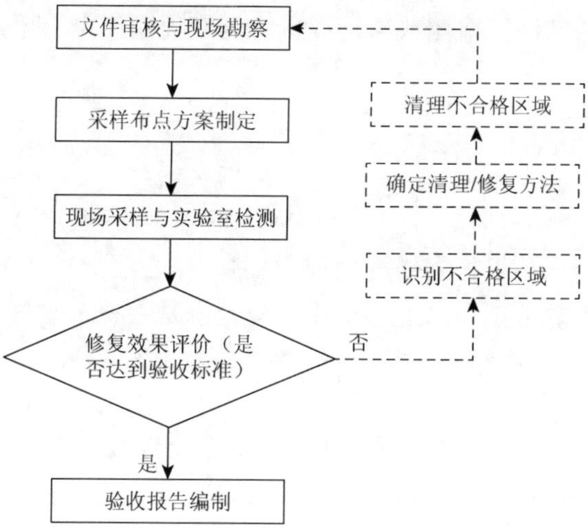

图 10-3 污染场地治理验收工作程序

（一）材料验收审核

1. 审核资料范围

在验收工作开展之前，应收集与场地环境污染和场地修复相关的资料，主要包括：

（1）场地环境调查评估及修复方案相关文件。场地环境影响评价报告书及审批意见、经备案的修复方案、其他相关材料。

（2）场地修复工程资料。修复过程的原始记录、修复实施过程的记录文件（如污染土壤清挖和运输记录、污水处置记录）、污染土壤处置记录、地下水修复记录。

（3）工程监理文件。工程（环境）监理记录和监理报告。

（4）其他文件。环境管理组织机构、相关合同协议（如委托处理污染土壤的相关文件和合同）。

（5）相关图件。场地地理位置示意图、总平面布置图、修复范围图、污染修复工艺流程图、修复过程照片和影像记录等。

2. 审核内容

对收集的资料进行整理和分析，并通过与现场负责人、修复实施人员、监理人员等相关人员进行访谈，应明确以下内容：

（1）根据场地环境调查报告、修复方案及相关行政文件，确定场地的目标污染物、修复范围和修复目标，作为验收依据。

（2）通过审查修复过程的监理记录和监测数据，核实修复方案和环保措施落实情况。

（3）根据工程监理方提供的监理数据和测绘数据，确定场地污染土壤清理范围和深度，核实清理范围和清理量是否符合修复方案的要求。

（4）通过审查相关运输清单和接收函件，结合修复过程监理记录，核实污染土壤的数量和去向。

（5）通过审查相关文件和检测数据，评价水泥窑处理污染土壤及排放尾气的效果。

（二）现场勘察

1. 核定修复范围

根据场地环境调查评估报告资料或地理坐标等，结合修复过程工程监理与环境监理出具的相关报告，确定修复范围和深度，核实修复范围是否符合修复方案的要求。

2. 识别现场遗留污染

对场地表层土壤、遗留物等进行观察和判断，识别现场遗留污染。主要采用感观判断等方法进行判断，必要时可使用便携式测试仪器进行现场测试。

（三）现场采样与实验室分析

根据《污染场地修复验收技术规范》（DB11/T 783—2011）中的要求，坑底表层采用网格布点的方法，采样数量不少于表 10-1 中所列的数目。一般随机布置第一个采样点，构建通过此点的网格，在每个网格交叉点采样。网格大小根据采样面积和采样数量确定，计算公式参见式（10.1.1）。

该项目修复技术为原位修复和异位修复（水泥窑协同处置）组合治理的修复技术，原位修复区域水平方向布点方案和采样点深度与异位修复的要求相同。

1. 原位修复区域

根据以上采样点位布设依据并结合现场施工情况对原位修复区域验收的检测点位数量进行了初步估算，共计检测样品若干（具体统计略去）。

2. 异位修复区域（水泥窑协同处置）

根据《土壤及地下水污染治理项目修复实施方案》，本项目在异位修复区域基坑底部铺设阻隔材料。本阻隔材料是两组分的，用于气体防渗的喷涂型薄膜，其主要成分为沥青类材料。其两组分均为水基材料，同时从一个双嘴喷头中喷出来。这种新型隔气膜在环境温度下单层喷涂，可在大部分条件下迅速固化，形成一个没有任何接缝的、完整密闭的薄膜。

阻隔材料无毒无嗅，能够很好地与混凝土、塑料、金属及木质表面结合。在 25℃时，本阻隔材料能够延伸 1300%，恢复超过 90%，若在上层建筑物施工过程中有物体穿透该涂层，本阻隔材料能自行封闭，恢复密封性。因此，不对异位修复区域坑底进行验收监测采样。验收时根据工程监理方提供的监理数据和测绘数据确定场地污染土壤清理范围和深度，核实清理范围是否符合修复方案的要求。

3. 地下水

根据《污染场地修复验收技术规范》（DB11/T 783—2011）中的要求，原则上利用修复过程中建设的监测井，但其数量不应超过验收时监测井总数的 60%，本项目修复过程中已建设若干口监测井，验收时，再布设若干口监测井。

（四）修复效果评价

1. 评估内容

第一阶段。①根据验收采样监测数据，确定原位修复污染土壤质量是否达到土壤修复目标值的要求；②根据验收采样监测数据，确定地下水污染治理是否达到治理目标值的要求。

第二阶段。①根据工程监理方提供的监理数据和测绘数据，确定场地污染土壤清理范围和深度，核实清理范围是否符合修复方案要求；②根据环境监理的污水排放口检测数据，核实基坑降水的处理工艺及处理效果；③根据现场勘察修复后场地，对现场基本情况进行描述；④通过审查相关运输清单和接收函件，结合修复过程监理记录，核实污染土壤数量和去向；⑤根据水泥窑协同处置后的水泥产品质量检测数据、验收采集的处置时的排放尾气检测数据，评价水泥窑处理污染土壤及排放尾气的效果。

2. 评价方法

本次验收主要采用《污染场地修复验收技术规范》（DB11/T 783—2011）中逐个对比法的评价方法。

（1）当检测值低于或等于修复目标值时，达到验收标准；

（2）当检测值高于治理目标值时，必须满足 80%以上的样品达标率。

超标部分的算术平均值不超过标准的 20%，最大超标浓度不得大于标准的 200%。

3. 评价标准

（1）验收时需监测的项目

参照《土壤环境监测技术规范》（HJ/T 166—2004）中有关监测项目的规定，结合场地实际污染状况和《地块土壤和地下水人体健康风险评估报告》中计算的风险值，确定土壤和地下水治理修复目标值。具体修复目标值略去。

（2）治理期间污染物排放控制目标值

根据选择的治理方法，对治理过程中污染物排放情况进行验收，确定具体验收标准（此处略去本案例的详细验收内容）。

第十一章　区域场地土壤污染源信息管理系统构建

第一节　信息管理系统构建的必要性分析

随着我国社会经济的持续发展和区域开发强度的不断加大，环境污染形势日益严峻。由于社会、经济、地理等众多因素的影响，各城市区域的场地土壤污染的状况不尽相同，场地土壤污染问题呈现出越来越明显的区域性（崔宝侠等，2002）。场地土壤污染问题是进行环境污染治理工作的重要内容之一，系统性、针对性地解决场地土壤污染问题已经提上日程（张文君等，2012）。对区域场地土壤污染源进行有效的分析（如提取污染主控因素、污染影响因素或类型分类、污染规律总结与发展趋势预测等），可以为场地土壤污染治理提供理论上的坚实保障。同时，场地土壤污染源分析的系统性水平还决定着场地土壤污染预测结果及污染防治措施推荐的可靠性（李晓晖等，2011）。

一、数字环保

结合目前环境污染源危害不断加剧的情况，环境保护部门已着重开展了“数字环保”方面的研究和建立工作。“数字环保”系统以污染源管理为主线，以数据中心为核心，以地理信息系统为基础，实现业务和数据的全面整合，组成了三大集成体系（神州数码信息服务集团集成服务战略本部，2009）。首先，集成整合了区域环境保护行政管理、环境规划、环境质量、污染控制和环境安全五大业务领域；其次，集成总量控制、科学水平、大气模型和水质模型等；最后，集成图像、视频、三维、物联网、地图、模型等多种现代信息应用技术。

除实现了污染源数据库、资源共享和对重点污染源实时监控等传统功能外，“数字环保”利用先进的网络技术、通信技术、数据库技术和 GIS 技术，通过对环境保护所涉及的业务，进行管理对象数字化、管理过程数字化、管理监控手段数字化和管理绩效评估数字化，以实现集环境监控自动化、业务管理一体化、图文信息一体化、管理一体化、决策模型化、模型和业务监控可视化为一体的环境管理与决策支持系统。

“数字环保”系统对空间信息技术、计算机网络技术、现代通信技术无缝集成，结合环境保护业务需求，建立一个用户界面友好的、多终端的、可定制的，集数据采集、存储、分析于一体的环境保护综合信息平台（龚健雅，1999）。目的是满足环境监测、环境规划、污染源管理、建设项目审批、环境专题制图、环境影响评价、事故应急处理、决策支持等要求。为此，“数字环保”系统设计有五个子系统，包括标准化实验中心、现代化的环境综合管理系统、在线监测系统、环境应急指挥系统和环保地理信息系统。

标准化实验中心。以建设先进的环境监测预警体系为目的，可以购置气质联用仪、原子吸收仪器、气相色谱仪等一批先进的仪器设备，用于中心实验室监测能力建设。

现代化的环境综合管理系统。涵盖了行政管理、环境规划、环境质量、污染控制和环境安全五大业务领域，建成了多个业务功能模块和现代化环境监控中心，形成了以总量减排、数字环评、水环境管理、应急管理、数据中心等一批有特色的应用系统，实现了业务和数据的全面整合和信息共享。

在线监测系统。安装废水、废气、大气在线监测设备，建设视频监控点，对区内重点污染源企业进行实时在线视频监控（阎国年等，2001）。

环境应急指挥系统。目的是建成一套先进的集预报、监测、监控和预警发布为一体的应急指挥系统，购置应急移动指挥车、环境应急监测车、便携式气相质谱联用仪、便携式测汞仪、车载式测氰仪、综合毒性测定仪等一批应急环境监测仪器，为实施污染事故应急救援和日常环境监控提供重要保障。

环保地理信息系统是融合计算机图形和数据库为一体，监测和处理地理环境参数的高新技术，它把地理位置和相关属性有机结合起来，准确而真实地反映了实际地理环境。满足政府对环境保护、生态规划的需求，还可以借助其独有的空间分析功能和可视化表达进行各项管理和决策，提高环保系统管理的效率、质量和水平。

（一）灵活的地理数据库和专业数据管理

以数字正射影像数据为本底，包括高分辨率卫星影像、航空航天影像以及 DEM 数据，统一空间数据数学基础，形成统一的多尺度三维地理空间信息平台（陈述彭，2001）。在此基础上加载不同比例尺的空间数据，使全区的环境信息均能在这张环保电子地图上所体现，实现了各重点控制污染源的可视化监控和数据同步监控。可动态建立图形属性库，并对已有属性进行管理、维护操作。通过开放式数据库接口，可充分利用环保系统已有的数据库资源，减少数据库的录入量。

（二）方便的污染源管理

利用 GIS 技术把环境污染源应用软件构筑于元数据库管理系统和图形库管理系统之上，提供具备空间信息管理、信息处理和直观表达的应用（吴兴才，2002）。能综合分析环境情况，实现污染源信息的综合查询，为计划决策提供信息支持，为有关评价、预测、规划、决策等服务。其检测查询功能可对行政区划、年份等进行条件统计汇总，统计结果可用表格、统计图、文字等多种方式表示。

（三）动态数据成图

系统可以根据测量得到数据，自动对区域环境状况进行直观表现，提供描绘全场的平面图、立体图等直观图（潘正风和罗学年，2002）。各种数据可生成饼图、柱状图、线状图等多种表现形式，能动态外挂图、文、声、像等多媒体数据，通过地理数据实现地貌三维显示。

（四）环境质量监测

系统分为对大气、水、噪声、固体废弃物、土壤和农作物等方面的监测，其主要功能是专题监测点位图的显示、点位查询、区域查询、全区环境分布、全区或个别点环境平均现状随时间的变化情况等，并实现了数据地图化功能（朱炳贵，2002）。

（五）评价模型

对当前区域内造成的环境质量变化进行评定，为区域开发建设及区域环境污染综合防治提供科学依据。例如，利用 GIS 和 OLEDB 开发技术实现大气环境领域的五种经典空气质量模型，较准确地对当前大气环境质量及影响进行评价，为环境污染治理提供支持和参考（刘光，2003）。系统的输出结果直观，并具有一定的统计功能，可存储多次评价结果供用户参考、比较。倘若提供超标临界值，可判断各评价点超标情况，从而以此进行治理。

基于以上综合分析，将场地土壤污染修复 GIS 系统功能结构展示如图 11-1 所示。

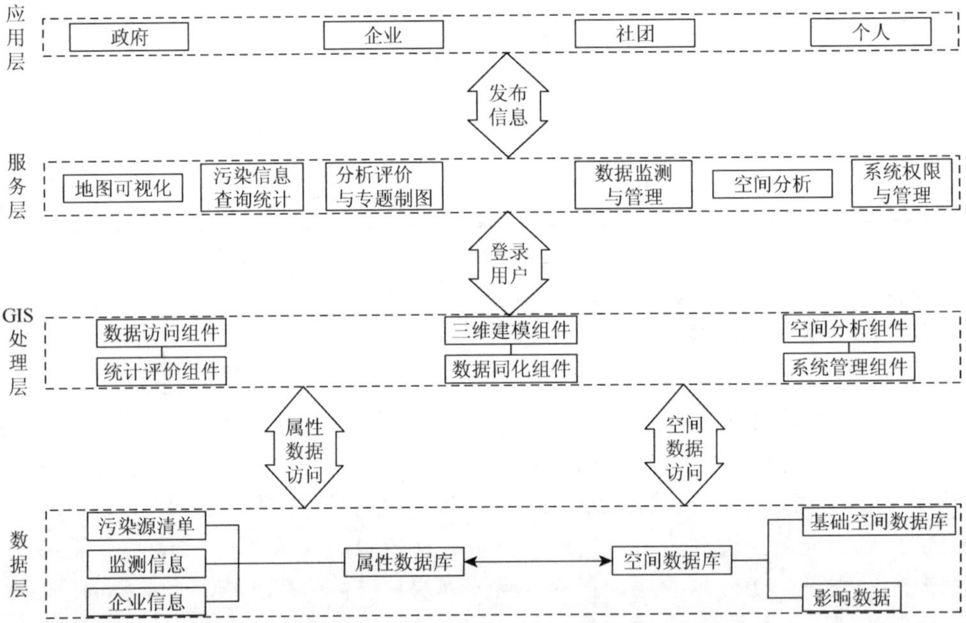

图 11-1　场地土壤污染修复 GIS 系统功能结构图

“数字环保”系统目的在于形成企业污染源动态档案数据，涵盖企业环境管理的整个生命周期数据，环保审批、环境监测、环境监察实现平台和数据共享，为环境管理和决策提供服务支撑。污染物数据和图像实时监控，有利于及时掌握企业污染物处理设施运转情况，有效地防止企业偷排、漏排行为，使环境执法有据可依。

二、区域场地土壤污染源信息管理系统的建立

区域场地土壤污染源信息管理系统是在“数字环保”大环境下构建的技术系统，主要

包括场地土壤污染源统计分析管理系统、场地土壤污染管理及动态模拟信息系统、地下水污染管理及动态模拟信息系统等。建立该系统的关键技术之一就是 GIS。GIS 能够综合地图学、遥感、GPS 技术及虚拟现实技术等多种现代技术，为专业领域提供丰富的应用工具，在场地土壤污染修复信息化建设领域发挥重要作用（陈守一，2000）。

区域场地土壤污染源的相关信息既包括描述有关地理特征的空间数据，又有反映污染情况的属性数据以及大量复杂的水文气象、法律法规等资源管理信息。因而，区域场地土壤污染源信息具有地域性、时效性和复杂性的特点。为快速、有效地处理场地土壤污染信息，必须建立空间数据和属性数据的紧密联系，并且准确地从多样本、多变量的海量数据中挖掘场地土壤污染的主要控制因素，总结污染规律。在 GIS 平台中嵌入污染源统计分析模块，实现 GIS 技术与统计分析的有效集成，并通过 GIS 的数据库引擎将地理实体的属性数据与空间数据有效融合。在功能上，可实现对区域地理实体众多属性及污染源数据的管理，对污染源数据的查询、统计分析、评价及分析结果的图表化处理与输出等功能。

该系统以区域场地土壤污染源为基础数据，采用 GeoDatabase+ArcSDE 的 GIS 数据库实现技术建立区域场地土壤污染源数据库，实现了区域场地土壤污染源的空间数据和属性数据的无缝集成和一体化存储管理。运用 GIS 与统计分析集成技术建立污染源统计分析与评价系统，综合分析场地污染数据。通过系统平台能够迅速准确地从空间、多样体、多变量海量数据中提取场地土壤污染规律，能够较客观、准确地反映场地质量状况，为区域场地改善提供可行的工作方法和模式。同时，该系统通过整合现有污染源、场地质量信息、气象信息、各种监测和管理数据，利用连续采样分析，实现区域场地土壤污染源的实时监控，并建立区域场地土壤污染源信息管理系统，实现对污染源的动态管理和监测数据的汇总分析。该系统主要的功能模块：污染指标信息管理、监测点位信息管理、数据查询、统计报表、动态模拟、系统管理等。

在应用上，可将系统推广应用于不同区域场地土壤污染源分析评价，能够准确、高效地反映场地质量状况，满足不同层次对场地环境信息快速处理和决策支持的需要，具有一定的推广价值。具体可满足以下需求。

（1）实时掌握污染源分布状况，重点监测污染源的位置、污染物类型、污染物分布规律。

（2）通过建立的污染模型，一旦发生紧急事件，可为应急响应提供辅助决策，如受污染影响范围内居民紧急撤离。

（3）通过管理污染源排放信息，为区域环境管理及环境质量改善打造高效数字化管理平台与可借鉴管理技术。

（4）通过污染源监测信息，可为政府规划发展提供辅助决策，取得一定经济、生态和社会效益。

该区域场地土壤污染源信息管理系统建立具有如下特点。

（1）先进性。系统采用 GIS 技术，以直观的方法组织、分析和管理信息，使得污染源的属性数据与地域有机联系起来，并使它们之间的关系趋势一目了然。本系统利用 ArcGIS 及其空间分析模块进行开发，具有数据采集与编辑功能，空间信息管理、查询、分析和模拟功能；同时，该系统采用了先进的计算机技术，如面向对象编程和动态链接库技术，使得整个系统各个模块有机结合，具有一定的先进性。

（2）实用性、可操作性和示范性。本系统不纯是管理系统，而是切实可行的区域场地土壤污染源信息系统，它能很好地管理和模拟区域污染源的污染物排放量与场地环境质量的关系，同时有针对性地提出切实可行的管理措施。因此，整个系统的成果将是实用的。本系统是在 Windows 操作系统上开发的，具有简单易懂的图形用户界面，即使不懂计算机语言的管理人员，经过短时间的了解和培训便可熟练操作。

第二节　系统建立的关键技术

一、3S 技术

地理信息系统技术是计算机科学、信息科学、地理科学、空间科学、环境科学和管理科学等为一体的新兴科学，是未来信息高速公路的重要组成部分（李晓晖等，2011）。地理信息平台是信息产业 IT 的重要组成部分，它以全球地理环境平台为数据源，以计算机技术为支撑，以 GIS 为核心，以 3S 和网络等技术的集成为手段，以政府、企业和社会公众为服务对象，具有空间数据的获取、管理、处理、分析、建模、显示和网络传输功能，既能解决综合性、复杂性的规划、决策、监测、管理等问题，又能提供一般性的查询、检索服务，是典型的工程化应用技术平台。

GIS 通过建立不同的图层来实现对空间信息和属性信息的统一管理，利用内码将空间信息与属性信息联系起来，这样就可以使管理者从已知属性信息查询该属性对应的对象的空间分布，也可以用对象的空间分布来查询具体的属性信息，从而为日常和灾时决策提供必要信息。

地理数据如何有效地输入到 GIS 中是一项琐碎、费时且成本很高的任务，大多数的地理数据是从纸质地图输入。GIS 常用的方法是数字化和扫描，数字化主要问题是低效和高成本；扫描输入则面临另一个问题，扫描得到的栅格数据如何变化成 GIS 数据库通常要求的点、线、面、拓扑关系属性等形式，就这一领域的研究进展而言，全自动智能地图像识别短期内没有实现的可能。

目前，GIS 的输入正在越来越多地借助非地图形式，遥感就是其中的一个形式。遥感是一种远距离、通过非直接接触对目标进行信息采集的技术，它主要是指从远距离、高空以至外层空间平台上利用可见光、红外、微波等探测器，通过摄影、扫描、信息感应、传输和处理，从而识别地面物质、性质的现代化技术体系。

遥感数据已成为 GIS 数据的重要来源。与地图数据不同的是，遥感数据输入到 GIS 较为容易，但如何通过对遥感图像的解释来采集和编译地理信息则是一件较为困难的事。因此，GIS 中开始大量地融入图像处理技术，许多成熟的 GIS 产品都具有功能齐全的图像处理平台。遥感是 GIS 的一种重要信息源。同时，GIS 的应用也提高了遥感的数据提取和分析能力。随着高精度遥感的发展和遥感动态网络的出现，GIS 与遥感的结合会更加密切。

GPS 可为 GIS 及时采集、更新或修正数据，例如，在外业调查中通过 GPS 定位得到的数据输入电子地图或数据库，可对原有数据进行修正、核实、赋予专题图属性以及生成专题图。GPS 地理数据采集的另一项主要进展是 GPS 技术。GPS 可以准确、快捷地定位地球表面的任何地点。通过 GIS 平台，可使 GPS 的定位信息在电子地图上获得实时、准确的形象反映，而且精准定位功能克服了 RS 定位困难的问题。

3S 技术的结合是当前空间信息技术发展的主要方向。这主要是在空间数据处理中的 GIS、RS、GPS 各具特色，均可独立完成自身的功能，同时，它们能解决的问题又有很多关联性。

上述空间信息处理的三个技术平台在解决问题的功能上各自存在优点和不足。在实际应用中，很多空间领域所要解决的问题常常需要三个平台联合使用。因此，三者的结合与集成已经成为空间信息平台的发展方向（潘正风和罗学年，2002）。从遥感技术中获取信息，由 GPS 进行定位、定向及导航，由地理信息平台进行分析处理并提供各种图件，最终提出决策实施方案。3S 的集成平台是采用一定的结构形式，通过某种技术将多个平台利用其内在联系有机结合在一起，三者之间共同作用，形成一个有机的一体化平台，以快速准确地获取定位信息从而对数据进行动态更新，实现实时实地的查询和分析判断。

二、数学方法

数学方法是运用数学提供的概念、处理方式及技巧，对所要研究的对象进行量的分析、描述、计算和推导，以数学形式表达事物内在联系的方法，具有定量性、抽象性、预测性、精准性和适用性的特点。近年来，信息论、平台论、控制论的完善，计算机技术的广泛应用，都大大促进了数学的发展，而数学学科体系的完善、学科内容的丰富又为科学技术的发展提供了更加有力的工具。科学技术的进步与发展无不得益于数学这一基础方法的深入应用。

区域场地土壤污染源动态监测问题的解决也同样离不开数学基础。污染源动态监测的定量化、信息化的测度、信息分析评价、信息预测、信息检索、信息技术应用等方面都有数学方法（如线性代数、概率分布与随机过程、数学统计与多元分析、集合论与模糊数学等）的参与。利用这些数学方法对污染源的动态变化进行描述、计算、逻辑推理和辩证思维，解释资源的客观规律。

数学统计分析（DSA）是计算机在地理信息中应用最早，也是最普遍的领域。借助计算机，结合数学统计方法，可以迅速地完成原始数据的统计分析，如分布特征、回归估计、差异显著性分析和相关分析等。特别是一些复杂的数学运算，如迭代、符号运算等，更能发挥计算机的优势。

三、组件式 GIS

近十年来，传统的 GIS 二次开发平台面临组件式 GIS 的巨大挑战。组件式 GIS 是由一系列可拆分、可协作、可裁减的 GIS 组件构成的具有高度伸缩性的 GIS 软件平台。而所谓的 GIS 组件，是指基于某种组件对象平台，以具备标准通信接口的、允许跨语言应用的组件形式提供的 GIS 组建功能模块。

组件式 GIS 系统把 GIS 的功能适当抽象，以组件形式供开发者使用，具有许多传统 GIS 工具无法比拟的优点。

（1）小巧灵活、价格便宜。在组件模型下，各组件都集中地实现与自己最紧密相关的系统功能。组件化的 GIS 平台集中提供空间数据管理能力，并且能以灵活的方式与数据库系统连接。在保证功能的前提下，系统表现得小巧灵活，而且其价格仅是传统 GIS 开发工具的五分之一，甚至更少。这样，用户便能以较好的性价比开发 GIS 应用系统。

（2）直接嵌入 MIS 开发工具。组件的生产建立在严格的标准之上，因此，凡符合标准的组件都可在目前流行的各种开发工具上使用。这样，VB、VC、Delphi、PowerBuilder、Notes、Foxpro、Access 等都可以直接成为 GIS 或 CMIS 的优秀开发工具，它们各自的优点都能够得到充分发挥。这与传统 GIS 专门性开发环境相比是一种质的飞跃。

（3）强大的 GIS 功能。新的 GIS 组件都是基于 32 位系统平台的，采用 InProc 直接调用形式，所以无论是管理大数据的能力还是处理速度方面均比传统的 GIS 软件逊色。小的 GIS 组件完全能提供拼接、裁减、叠合、缓冲区等空间处理能力和丰富的空间查询与分析能力。

（4）开发简捷。由于 GIS 组件可以直接嵌入 MIS 开发工具中，对于广大开发人员来讲，就可以自由选用他们熟悉的开发工具。而且，GIS 组件提供的 API 形式非常接近 MIS 工具的模式，开发人员可以像管理数据库表一样熟悉地管理地图等空间数据，无须对开发人员进行特殊的培训。在 GIS 或 GMIS 的开发过程中，开发人员的素质与熟悉程度是十分重要的因素。这将使大量的 MIS 开发人员能够较快地过渡到 GIS 或 GMIS 的开发工作中，从而大大加速 GIS 的发展。

四、空间数据引擎

空间数据引擎是一个使空间数据可在工业标准的数据库管库系统中储存、管理和快速查询检索的客户/服务器软件。这些工业标准的数据库管理系统包括 Oracle、Microsoft、SQL Server、Sybase、IBMDB2 及 Informix 等，空间数据在数据库中大都以二进制形式存储。空间数据引擎工作原理就是把用户对空间数据的操作解释为 SQL 语句并传输到大型关系数据库的 SQL 引擎，当 DBMS 处理完 SQL 语句后将结果解释后返回给用户。显然，它完成的是一个中间件的工作，这个中间件使得空间数据库在后台数据库中的存储和操作透视化，而对用户仍保持了传统上的操作界面。

五、关系型数据库管理技术

收集到的数据需要按一定的格式存放，才能方便管理和使用。因此，数据库技术就受到了地理信息工作者的青睐。

定义数据库管理系统之前，必须首先定义这种系统的基本成分——数据库。数据库有四个主要成分：数据、关系、约束和模式。数据是所存储的逻辑实体在计算机中的二进制表示；关系表示数据项之间的某种对应；约束是定义正确数据状态的断言；模式描述数据库中数据的组织和联系。

模式为数据库管理系统各个组成部分使用的安全定义数据库的各种视图。模式将数据存储的物理外表与逻辑表示分开。内部模式定义数据在物理数据存储区中如何组织以及放在何处。概念模式按照适当的数据库数据模型（如关系模型或对象模型）定义所存储数据的结构。外部模式为特定用户定义数据库的一个或多个视图。数据库管理系统为访问数据库提供服务，同时维护存储数据所要求的正确性和一致性。

在数据库管理系统中，运行的工作单元是事务单元，在此之上定义了一致性和正确性。事务应该支持 ACID 属性。ACID 属性包括事务运行的原子性、一致性、独立性和事务执行的持久性。

（1）原子性确保事务被当成一个不可分割（要么全做，要么不做）的操作单元处理。

（2）事务操作的一致性确保数据库从原来的一致性状态正确转移到一个新的一致性状态，此处的一致性由数据库中数据项上的谓词定义。

（3）事务的独立属性定义了允许它们可见什么。一个被孤立的事务只“看到”数据库的一个视图，就好像事务是单独在数据库上执行一样。

（4）持久性属性确保一旦提交了一个事务，其结果就存在且不能从数据库中消除。

关系数据库是由一组随时间变化的而且有各种度的规范化关系所组成。关系数据库有型与值之分。其型是关系数据库模式，其值就是关系数据库内容。型是相对固定的，而值是随时间变化的。一个关系的属性名表如 $R(A_1, A_2, \cdots, A_n)$叫做关系模式。其中，R 为关系名；A_i 为属性名（i=1, 2, ⋯, n）。

关系模式就是关系框架，相当于记录格式。它用来对关系结构进行描述，记为 $R(U)$，其中，U 为属性集（$A_1, A_2, \cdots, A_n$）。

考虑关系模式所描述的实体或实体间联系存在的各种约束（如同性的取值范围、属性间存在的依赖关系等），也应当反映到模式中去。因此，在关系理论研究中，关系模式应当表示成如下形式：R<U，D，DOM，F>。其中，R 为关系名；U 为一组属性；D 为域，是属性所来自的域；DOM 为属性列和域的映射；F 表示属性组 U 中属性间的依赖关系。由于 D 和 DOM 对模式设计关系不大，因此可把关系模式表示为：R<U，F>。

关系数据库模式是一组关系模式的集合构成的关系数据库模式，它是对关系数据库结构的描述。关系数据库模式是用关系数据描述语言（DDL）来定义的。关系数据库模式包括对属性域的说明，相对于每个关系模式的说明。域说明包括域名、类型长度；关系模式说明包括关系名、属性名表、主键、属性向域的映像等。

在关系数据库系统中，通常习惯于把关系叫做文件，把元组叫做记录，把属性叫做字段。记录和字段都有型与值之分。关系数据库数据操纵语言包括数据查询、存储操作和聚合运算。其中数据查询是重要组成部分，它标志着语言的基本特征。因建立的数学基础不同，从而形成不同形式的数据操纵语言。

关系运算分为两大类：关系代数和关系演算。关系演算又分为元组关系运算和域关系运算。这些抽象的查询虽然在现有的实际系统中还没有全部实现，但是它们可作为实际系统所使用的数据操纵语言评价的标准。不论是关系代数、元组关系演算或域关系演算，三者对于有限的关系来说在表达能力上彼此间是等价的。

第三节 系统设计思路

一、设计原理

“区域场地土壤污染源信息管理系统”的本质是基于信息服务，实现区域场地污染源基础空间信息管理、动态监控以及相关应用服务。平台必须以满足空间数据服务和共享为基本出发点，同时兼顾信息管理和维护的需要。基于此，在设计区域场地土壤污染源信息管理系统时应该遵循以下基本原则。

（一）面向用户的原则

实用性。系统建设必须以实用性和可靠性为基本原则，保证能尽快地投入实际运营，发挥功能。系统的界面应直观、简洁，充分顾及非 GIS 专业用户的需求。系统在运行、维护和大数据处理、多用户并发等方面要有较高的适应性和稳定性。

可扩展性。数据库及管理系统功能应方便扩充，系统具有可持续维护和发展的能力。

开放性。必须面向空间信息的服务、分发、交换、更新和共享，能够方便地为各种应用系统提供动态支持。

先进性。系统建设中应积极运用新技术，充分利用遥感、GIS、数据库及网络技术等的最新发展成果。

安全性。城市管理信息的安全性十分重要，系统应该充分考虑各种数据与资料的保密与安全，防止数据的非正常损失。

海量数据管理。采用实时、动态调入技术使得管理数据容量仅受硬件的限制。

（二）标准化、规范化原则

标准化。各类信息的分类编码、数据交换格式、数据内容与组织形式应该严格遵循现有的国家标准、行业标准和地方标准。

规范化。对国家标准、行业标准和地方标准中没有包括但需要规范化的内容，可补充制定临时规定。

（三）成本效益优化原则

该原则体现在数据精度应满足应用需求为标准；选择性能价格比最优的系统配置方案；合理地安排工作的优先顺序；先试点后大规模实施；尽快使得系统达到净产出阶段。

二、设计工具

针对前述需求分析及设计原则，结合当前 GIS 领域流行且成熟的技术手段，在设计

“区域场地土壤污染源信息管理系统”时采用“基于对象-关系数据库的组件式 GIS 技术”的设计原理。其技术要点是：采用扩展实体-关系数据模型，以每一个赋予唯一代码的地理实体为核心，建立 1∶N 的关系；以 SQL Server 为基础，统一存储空间数据及属性数据；利用空间数据引擎 ArcSED 管理空间数据；以 GIS 组件为手段；以高级语言 VC++为工具（吴兴才，2002）。

三、系统结构

“区域场地土壤污染源信息管理系统”主要结构及功能如图 11-2 所示。

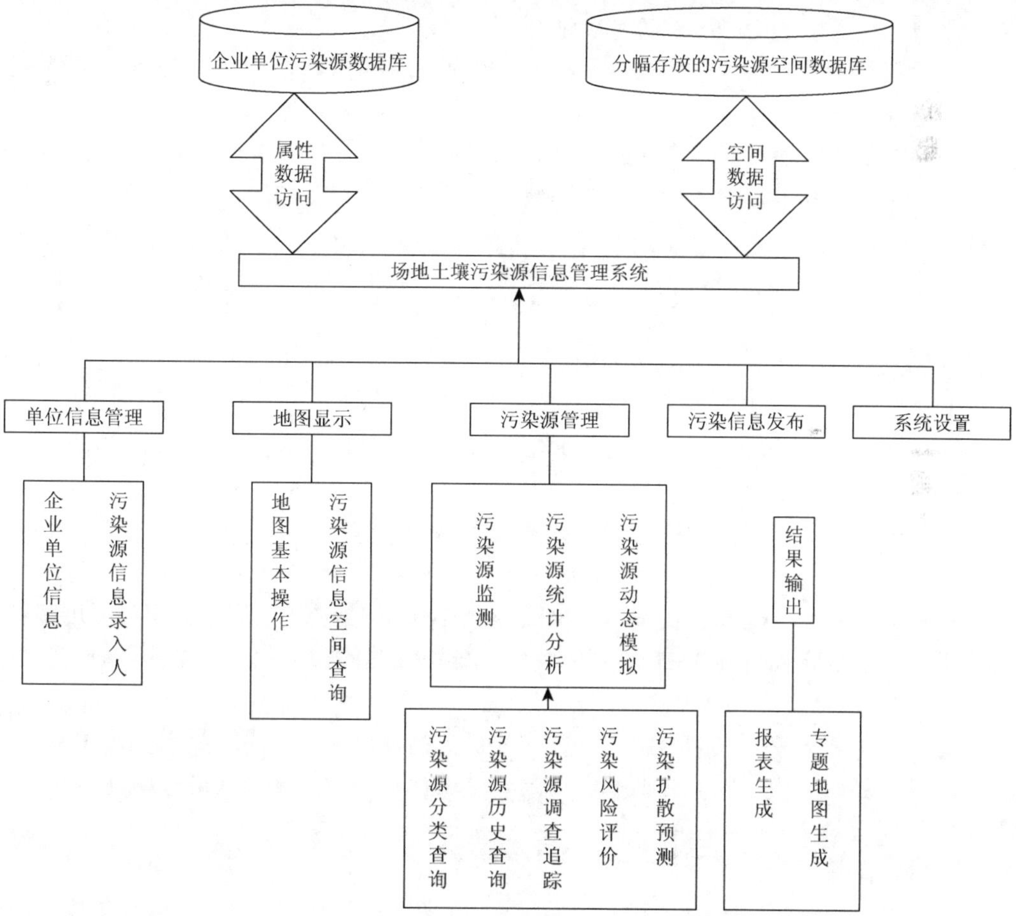

图 11-2 “区域场地土壤污染源信息管理系统”主要结构及功能图

（1）单位信息管理：单位信息的录入与编辑，污染源数据输入，包括单位的废水、灰渣、原辅材料、主要产品等。

（2）地图显示：常用的 GIS 操作功能包括放大、缩小、漫游、鹰眼、测距与面积量算。空间查询工能包括圈定区域查询区域内污染源信息；点击查询指定地点的信息（包括单位信息、污染信息）；由空间位置查询单位信息。

（3）污染源管理：污染源分类查询，查询各个污染类型的单位污染源分布情况并用柱状图可视化地显示在地图上，同时弹出对话框排序显示查询结果；污染源历史查询，查询指定时间的污染情况，查询指定时间段内各种污染物的分布数据；污染源追踪，根据专家模型，逆流追踪污染源，确定污染单位并输出污染单位信息；污染风险评价，根据专家模型评价污染等级，在图上显示不同等级的污染区域；污染扩散预测，根据不同种类污染物与预测时间实施预测污染物扩散区域，并显示在地图上同时生成受污染的区域图，确定污染预警解决办法。

（4）污染源动态模拟：实施模拟地下水污染，场地土壤污染扩散的过程及状态。

（5）结果输出：可对污染等级、污染物、污染源排放量等数据输出统计图与 Excel 结果，生成污染等级、污染区域等专题地图。

（6）污染信息发布：主要通过局域网为其他政府部门和社会公众提供污染信息服务和污染状态预警。

（7）系统设置：包括对地图参数设置、对污染物种类添加、安全性设置与用户管理、数据更新与维护、图形编辑、历史数据库建立、数据库升级等内容。

四、系统平台及开发工具选择

（一）Microsoft .NET

Microsoft .NET 由微软公司在 2000 年开始提出，是新一代的 Windows 开发系统平台。.NET 平台包含了以下主要特征：软件服务、基于 XML 的共同语言、融合多种设备和平台、新一代的人机界面、托管代码公共语言运行库等。

.NET Framework 提供了一个称为公共语言运行库的运行时环境，使用针对运行库的语言编译器开发代码称为托管代码。在 Microsoft .NET 框架内，该应用程序可以用多种高级语言编写、创建，而遵守.NET 规范的编程语言所编写的程序代码首先都得通过一种初始编译步骤从源代码变成.NET 的公共标准语言——微软中间语言（MSLL）。MSLL 自身是一种完整的、和对象相关的语言，只有它才可能创建出应用程序（吴兴才，2002）。不论什么语言创建的应用程序，它们都使用同一个运行时环境——公共语言运行库。

（二）ArcObjects

ArcObjects（简称 AO）是 ESRI 公司 ArcGIS 家族中应用程序 ArcMap、ArcCatalog 和 ArcScene 的开发平台。它是基于 Microsoft 的 COM 技术所构建的一系列 COM 组件集，因此它的开放性和扩展性很强大。开放性是指在开发环境的选择上可以有 VBA、VB、VC++、Delphi 等多种支持 COM 标准的开发工具；而扩展性是指 AO 组件没有提供的功能，如需要定义一种新的数据格式，可以利用 COM 技术来写自己的 COM 组件，对 AO 组件库进行扩展补充。ArcGIS 的组件集合组成了 ArcObjects，它提供了超过 3000 多个独立的 COM 组件。系统开发既可以通过内嵌的 Microsoft Visual Basic for Application 进行二次开发，也可以通过任何一个支持 COM 的编程语言。另外，ArcGIS Engine 是对 ArcObjects 的再封装，ArcGIS Engine 有两种产品：ArcGIS Engine Developer Kit 和 ArcGIS Engine Runtime。ArcGIS Engine 是一个创建定制的 GIS 桌面应用程序的开发产品。ArcGIS Engine 包括构建 ArcGIS 产品 ArcView、ArcEditor、ArcInfo 和 ArcGIS Server 的所有核心组件。使用 ArcGIS Engine 可以创建独立世界版本的应用程序，或者对现有的应用程序进行扩展，为 GIS 和非 GIS 用户提供专门的空间解决方案。使用 ArcGIS Engine 可以有效创建和部署定制的桌面 ArcGIS 应用程序，在非 GIS 状态下为核心的应用程序嵌入 GIS 逻辑。利用 ArcGIS 桌面软件的制图功能，能够快速部署包含高质量地图产品的 GIS 应用程序，建立专门的 GIS 数据编辑应用程序，以便充分地利用 Geodatabase 功能。创建球体可视化应用程序来展现空间和三维分析。ArcGIS Engine 开发包包括了所有的建立一个定制应用程序所需的开发资源。ArcGIS 软件开发包是一个图表、工具、外接程序、范例和文档的集合，它可以帮助开发人员实现定制的 ArcGIS 功能（朱炳贵，2002）。

第四节 空 间 分 析

用 GIS 进行污染源管理，方便了信息系统的更新、查询和统计，也为空间操作、建模和分析奠定了基础。空间分析是系统的核心功能，具体包括数字地信模型分析、空间特征几何分析、网络分析、数字影像分析等。常用的空间分析方法有以下几种。

一、空间变换

地理信息系统通常是按有一定意义的图层和相应的属性建立空间数据库的。为了满足特定的空间分析的需要，需对原始图层及其属性进行一系列的逻辑或代数运算以产生新的具有特殊意义的地理图层及其属性，这个过程称为空间变换。空间变换可以基于单个图层进行，也可以对多个图层。

二、再分类

通过分类找出隐藏信息是地理信息系统的主要功能之一。与传统地图相比，电子地图上所载负的数据是经过专门分类和处理的，而地理信息系统存储的数据则具有原始数据的性质，所以可以根据不同的需要对数据再进行分类和提取。由于这种分类是对原始数据进行的再次分类组织，因此称为再分类。

三、缓冲区分析

邻近度描述了地理空间中两个地物距离相近的程度，确定邻近度是空间分析的一个重要手段。交通沿线或河流沿线的地物有其独特的重要性，公共设施的服务半径，大型水库建设引起的搬迁，铁路、公路以及航运河道对其所穿过区域经济发展的重要性等均是一个邻近度问题。缓冲区分析是解决邻近度问题的空间分析工具之一。

缓冲区就是地理空间目标的一种影响范围或服务范围。从数学角度看，缓冲区分析的基本思想是给定一个空间对象或集合，确定它们的邻域，邻域的大小由邻域半径 R 决定。因此，对象 O_i 的缓冲区定义为 $B_i=\{x\text{：}\ d(x,O_i)\leqslant R\}$，即对象 O_i 的半径为 R 的缓冲区为距 O_i 的距离 d 小于 R 的全部点的集合。d 一般是最小欧氏距离，但也可是其他定义的距离。对于对象集合 $O=\{O_i\text{：}\ i=1,2,\cdots,n\}$，其半径为 R 的缓冲区是各个对象缓冲区的并集，$B=\bigcup_{i=1}^{n}B_i$（朱炳贵，2002）。

四、叠加分析

大部分 GIS 软件是以分层的方式组织地理景观，将地理景观按主题分层提取，同一地区的整个数据层集表达了该地区地理景观的内容。每个主题层可以叫做一个数据层面。数据层面既可以用矢量结构的点、线、面图层文件方式表达，也可以用栅格结构的图层文件格式进行表达。

叠加分析是地理信息系统最常用的提取空间隐含信息的手段之一。该方法源于传统的透明材料叠加，即将来自不同的数据源的图纸绘于透明纸上，在透光桌上将其叠放在一起，然后用笔勾出感兴趣的部分以提取出感兴趣的信息。地理信息系统的叠加分析是将有关主题层组成的数据层面进行叠加产生一种新数据层面的操作，其结构综合了原来两层或多层所有的属性。叠加分析不仅包含空间关系的比较，还包含属性关系的比较。地理信息系统叠加分析可以分为以下几类：视觉信息叠加、点与多边形叠加、线与多边形叠加、多边形叠加、栅格图层叠加。

五、网络分析

对地理网格、城市基础设施网格进行地理分析和模型化是地理信息系统中网络分析功能的主要目的。网络分析是运筹学模型中的一个基本模型，它的根本目的是研究、筹划一项网络工程如何安排，并使其运行效果最好，如一定资源的最佳分配，从一地到另一地的运输费用最低等。其基本思想在于人类活动总是趋于按一定目标选择达到最佳效果的空间位置。

六、空间插值

空间插值常用于将离散的点的测量数据转换为连续的数据曲面，以便与其他空间现象的分布模式进行比较，它包括了空间内插和外插两种算法（吴兴才，2002）。空间内插算法是一种通过已知点的数据推求同一区域其他未知点数据的计算方法；空间外推算法是通过已知区域的数据推求其他区域数据的方法。

七、空间统计分类分析

多变量统计分析主要用于数据分类和综合评价。数据分类方法是地理信息系统最重要的组成部分。一般说，地理信息系统存储的数据具有原始性质，用户可以根据不同的试验目的进行提取和分析，特别是对于观测和取样数据，随着采用分类和内插方法的不同，得到的结果有很大的差异。因此，在大多数情况下，首先是将大量的未经分类的数据输入信息系统数据库，然后要求建立具体的分类算法以获得所需要的信息。

第五节　空间数据库设计

一、数据库外部设计

（一）标识符和状态

标识符：参照《专题地图信息分类与代码》（GB/T 18317—2001），同时根据项目的实际分类，进行扩展制定：

原代码格式（六位代码）

X	X	XX	XX
一级代码	二级代码	三级代码	四级代码

扩展代码（六位代码）

X	XX	XXX
大类码	小类码	一级码

编制临时分类和代码遵循国家自然地图数据库信息分类与编码体系原则，即科学性、系统性、稳定性、不受比例尺限制、兼容性、完整性、可扩充性、适用性和灵活性原则，并尽量与国际相关标准接轨（朱炳贵，2002）。

（二）约定

为了方便用户使用习惯，本数据库各表单采用如下命名规则：地形数据、属性数据、管理数据。

二、数据库概念结构设计

（一）设计原则

在“区域场地土壤污染源信息管理系统数据库”设计中，遵循如下原则：

（1）数据库中的数据必须高度结构化。保证数据的结构化、规范化是建立数据库和进行信息交换的基础，数据库结构的设计遵循相关国家标准和行业标准。

（2）数据库中的数据必须具有共享性。在信息系统中相当多的数据是面向系统的多用户和多应用，数据库中的数据应满足多用户和多任务的信息共享。

（3）数据库中的数据必须具有独特性。在使用数据库时，应用程序对数据库的存储结构有较高的独特性要求，即当数据存储结构发生变化时，尽量保持应用程序不变。

（4）数据库必须保证数据的安全性、完整性和并发操作控制。在信息系统中，安全性控制是为了防止数据的非法访问，完整性控制是为了保证数据正确性、有效性和一致性，并发控制是指在多个用户同时存取同一数据的情况下应采取的控制措施。

（二）设计原理

采用“空间数据和属性数据集成化存储的面向对象-关系数据库”模型。关系数据库是目前应用最广泛的数据库管理系统，在面向对象的开发中也自然是大部分系统的首选方案。对象-关系映射的基本思想是用面向对象数据模型（OO 模型）解决数据表达的问题，以关系模型实现数据库底层功能。

OO 模型基于如耦合、聚合、封装等理论，而关系模型基于数学原理（阎国年等，2001）。不同的理论导致不同的优缺点。OO 模型侧重于使用包含数据和行为的对象来构建应用程序；关系模型则主要针对数据的存储。当为访问数据寻找一种合适的方法时，这种“失配”就成为了主要矛盾。使用对象模型，常通过对象之间的关系进行访问；而根据关系理论则通过表的链接、行列的复制来实施数据存储。这种基本的不同使两种机制的结合并不理想。

对象-关系映射在很大程度上缓解了“失配”现象。在使用对象-关系映射的应用系统中，通常使用 OO 模型实现应用逻辑，而对象的存储和读取完全由实现对象-关系映射模块（空间数据引擎）完成。

（三）对象-关系数据库实现策略

用对象-关系数据库存放对象的基本策略是，把由每个类直接定义并需要永久存储的全部对象实例存放在一个数据库表中。每个这样的类对应一个数据库表，经过规范化之后，类的每个属性对应数据库表的一个属性（列），类的每个对象实例对应数据库表中的一个元组（行）。在本数据库中将每一类独立地理实体作为一个类对应一个数据库表，如“工业场地污染”类、“农业面源污染”类、“地下水污染”类等。

1. 对象数据的规范化

关系数据库要求存入其中的数据符合一定的规范，并且用范式来衡量规范化程度的高低（潘正风和罗学年，2002）。最低的要求是满足第一范式，这是作为一个数据库表必须满足的条件。更高程度的规范化主要是为了消除更新异常和减少数据冗余。但是，规范化要付出一定代价。一是规范化后的数据格式对问题域的事务特征及其逻辑关系的映射不像规范化前那么直接，可能影响系统的可理解性；二是第二范式或高于第二范式的规范化通常增加表的数量，并在使用这些表时增加了多表查询和连接操作，从而增加了运行时的开销。因此，并非规范化程度越高越好，而是根据系统的实际情况，权衡性能、存储空间等各种因素，确定合理的规范化目标。面向对象的方法与关系数据库的规范化目标即空间等各种因素，确定合理的规范化目标。面向对象方法与关系数据库的规范化目标既有违背的一面，又有相符合的一面。从数据模型角度来看，一方面，面向对象数据模型允许对象属性是任何数据类型，这使得对象的数据结构无法满足第一范式要求。另一方面，面向对象方法强调以对象为中心来分析、认识问题并且以对象为单位组织系统的数据与操作，这一点恰恰有助于达到第二范式、第三范式和第四范式所要求的条件（阎国年等，2001）。

2. 修改类图

规范化意味着类图中原有的类型数据库表、数据格式发生了变化。问题是如何在设计中体现这种变化。有两种策略，一种是保持原有的类图不变，只按规范化的结果定义数据库表。这种策略的好处是类图更加贴近问题域，类图中设置哪些类以及每个类有哪些属性与服务都和开发者初衷吻合，没有因为规范化而使类图变了样。缺点是对象的存储与恢复必须经过数据格式转换，对于每个需要规范化的类都要定义相应的数据结构和算法来实现。另一种是按照规范化的要求修改类图。无论是各个类内部的属性变化，还是把一个类分解成两个类，都体现了对类图的修改。在修改之后的类图中，各类和其所对应的数据库表具有完全相同的数据结构。按照这种策略，对象的存储与恢复不需要数据格式的转换。缺点是类图有些变化，对问题域的映射不像规范化之前那么直接。

3. 确定关键字

对每个需要在数据库中存储其对象实例的类都要确定一个关键字。一个数据库表的关键字是一组能够唯一标识该表的每个元组的属性。对类而言，关键字就是一组能够唯一标识该类的每个对象实例属性。一个类中每一组符合这种要求的属性都是一个候选关键字。极端的情况是类的全部属性组合在一起才能作为关键字，最简单的情况是一个属性就可以作为关键字。根据上述实现策略，设计“区域场地土壤污染源信息管理系统数据库”时可采用如下策略：对由空间数据引擎入库的每个地物进行统一编码；对象数据遵循第四范式所要求的条件；以该编码为数据库关键字，建立空间数据与属性数据一对多关系的关系型数据库。

三、数据逻辑结构设计

（一）数据库表单设计

数据库表单按前述命名约定及功能划分分为三类：图形图像数据表单、属性数据表单、管理表单，按模块化设计原则各自独立成表。

（二）数据库视图设计

视图是从一个或多个表或视图中导出的表，其结构和数据是建立在对表的查询基础上的。和表一样，视图也是包括几个被定义的数据列和多个数据行，但就本质而言，这些数据列和数据行来源于其所引用的表，所以视图不是真实存在的基础表，而是一张虚表。视图所对应的数据并非以视图结构存储在数据库中，而是存储在视图所引用的表中。视图一经定义便存储在数据库中，与其相对应的数据并没有像表那样又在数据库中再存储一份。通过视图看到的数据只是存放在基本表中的数据，对视图的操作与表的操作一样可以对其进行查询、修改，有一定的删除限制。

当对通过视图看到的数据进行修改时，相应的基本表的数据也要发生变化，同时，若基本表的数据发生变化，则这种变化也可以自动地反映到视图中。视图有很多优点，主要表现在视点集中、简化操作、定制数据、合并分裂数据、安全性等方面。

四、数据库应用及数据库字典设计

（一）数据库生成

生成数据库包含一个主数据库文件、两个从属数据库文件、两个事物日志文件，存储于不同的物理位置。在系统开发中，数据库的应用主要是调用“区域场地土壤污染源数据库”，然后在里面具体调用经过数据字典定义的各项污染源信息，并进行处理。

（二）数据字典

数据字典是关于数据信息的集合，也就是对数据流图包含的所有元素的定义的集合，由数据流、数据流分量即数据元素、数据存储、处理四部分组成。

数据库的重要部分是数据字典，存放数据库所用的有关信息对用户来说是一组只读表。数据字典内容包括数据库中所有模式对象的信息，如表、视图、簇及索引等；分配多少空间，当前使用了多少空间等；列的默认值；约束信息的完整性；用户名；用户及角色被授予的权限；用户访问或使用的审计信息；其他产生的数据库信息。

数据库字典是一组表和视图结构，存放在 SYSTEM 表空间中。数据库数据字典不仅是每个数据库的中心，而且对每个用户也是非常重要的信息。用户可以用 SQL 语句访问数据库数据字典（吴兴才，2002）。

在场地土壤污染源信息管理数据库中，主要定义了污染源类别、企业基本信息、管理部门、联系方式、地下水污染指数、场地土壤污染指数、气象信息、图幅基本信息属性表、图幅角点属性表、地层界线属性表、全属性表、居民点等基于污染源管理的数据。

五、安全保密设计

（一）数据库的安全策略

1. 保证数据库存在安全

数据库是建立在主机硬件、操作系统和网络上的系统，要保证数据库安全，应确保数据库存在安全保护措施，预防因主机掉电或其他原因引起死机、操作系统内存泄漏和网络遭受攻击等不安全因素是保证数据库安全、不受威胁的基础。

2. 保证数据库使用安全

数据库使用安全是指保证数据库的完整性、保密性和可用性。其中，完整性既适用于数据库的个别元素，也适用于整个数据库，所以，在数据库管理系统的设计中，完整性主要指对象完整。能够实现共享访问是数据库开发的一个基础任务，但恶意攻击造成的不安全因素使保密性也成为数据库开发的一个需求。数据库可用性是主要的，但是可用性与保密性是相互冲突的。

（二）数据库安全管理的实现

1. 数据库存在安全的实现

正确理解系统的硬件配置、操作系统和网络配置及功能对于数据库存在安全十分重要。例如，对于硬件配置情况，必须熟悉系统的可用硬盘数量，每个硬盘的可用空间数量、可用 CPU 数量、每个 CPU 的 Cache 有多大、可用的内存数量以及是否有冗余电源等问题；对于操作系统，则应该周期性地检查内存是否泄漏，根文件系统是否需要清理，重要的日志是否已经查看；对于网络就应该随时确保网络没有过载，网络畅通、网络安全是否得到保证等。总之，这三个方面的安全运行是和维护数据库存在安全不可分割的。

2. 数据库完整性的实现

数据库管理系统必须确保只有经批准的个人才能进行更新，这意味着数据需有访问控制。另外，数据库系统还必须防范非人为的外力灾害，文件做周期性备份。数据库的周期性备份可以控制由灾祸造成的损失。数据库元素的完整性是指它们的正确性和准确性。由于用户在搜集数据、计算结果、输入数值时可能会出错，所以数据库管理系统（DBMS）必须帮助用户在输入时能发现错误，并在插入错误数据后能纠正它们。DBMS 用三种方式维护数据库中每个元素的完整性，通过字段检查在一个位置上的适当的值防止输入数据时可能出现的简单错误；通过访问控制来维护数据库的完整性和一致性；通过维护数据库的更改日志，记录数据库的每次改变情况，包括原来的值和修改后的值。

3. 数据库保密性实现

数据库的保密性可通过用户身份鉴定和访问控制来实现。DBMS 要求严格的用户身份鉴定（朱炳贵，2002）。一个 DBMS 可能要求用户传递指定的通行字和时间日期检查，这是在操作系统完成认证之外另加的。DBMS 在操作系统之外作为一个独立的应用程序，因此，必须怀疑它所收到的任何数据，包括用户认证。DBMS 最好有自己的认证机制。访问控制是指根据用户访问特权控制访问范围和操作权限，如一般用户只能访问一般数据，管理员可以得到用户数据等。DBMS 必须实施访问控制政策，批准对所有指定数据的访问或者禁止访问。DBMS 批准一个用户或者程序可能有权读、改变、删除或附加一个值，可能增加或删除整个字段或记录，或者重新组织安全的数据库（崔宝侠等，2002）。

4. 数据库可用性实现

数据库可用性包括数据库可获得性、访问的可接受性和用户认证的时间性三个因素。

对于数据的可获性，首先，要访问的元素可能是不可访问的。例如，一个用户在更新几个字段，其他用户对这几个字段的访问必须被暂时阻止，即“锁定”，这样可以保证用户不收到不准确的信息。当进行更新时，可能不得不阻止用户对几个字段或几个记录的访问通道，以便保证数据与其他部分的一致性。不过有一点要注意，如果正在更新的用户在更新进行期间退出，其他用户有可能会被永远阻止访问该记录，这也是一个安全性问题，会出现拒绝服务。

对于访问的可接受性问题，记录一个或多个值可能是敏感的而不能被用户访问。DBMS 不应该将敏感数据泄漏给未经批准的个人。但是判断什么是敏感的并不是那么简单，因为可能是间接请求该字段。一个用户也许请求某些包含敏感数据的记录，这也许只是非敏感的特殊字段推出需要的值。即使没有明确地给出敏感值，数据库管理程序也可能拒绝访问这样的背景值，因为它会揭示用户无权知道的信息。

对于用户认证的时间性，为了加强安全性，数据库管理员 DBA 允许用户只在某些时间访问数据库，比如工作日时间内。

根据上述安全策略，我们在设计数据库时可以采用如下策略：采用 Windows 和 SQLServer 混合认证模式；定时备份；使用视图作为安全机制；实现数据“锁定”；用户分级管理，不同的用户具有不同的权限。

如果能保证数据库的连续不间断运行，建议启用定时备份功能。数据库备份需注意两种情况：差异备份可以避免数据冗余，减少备份的时间，但也必须定期进行整体备份；从系统数据流分析来看，系统的数据流量相对较小，并且已将数据量大的空间数据转移到本地数据库，所以，为保证数据库的完整性和连续性，也可以采用整体备份。为保证系统运行的安全性和正常恢复，建议至少保存最近两个相邻时间的完整备份。

参考文献

鲍洪涛，柏涌海，陈琳，等. 2003. 军队科研评审专家遴选指标体系初探. 解放军医院管理杂志，(4)：387～389.

蔡道基，单正军，朱忠林，等. 2001. 铜制剂农药对生态环境影响研究. 农药学学报，3 (1)：61～68.

仓龙，周东美. 2005. 施加不同电压对铬污染黄棕壤电动过程的影响. 土壤报，42 (6)：99～105.

曹雪莲，惠泉，刘均洪. 2008. 转基因植物修复有机污染物的进展. 环境保护科学，34 (3)：71～74.

常江，竺伟名. 1996. 稀土在土壤中的吸附和解吸研究. 土壤通报，27 (2)：84～87.

晁雷，周启星，陈苏. 2006. 污染土壤修复效果评定方法的研究. 环境污染治理技术与设备，7 (4)：7～11.

陈怀满，周东美，郑春荣，等. 2006. 土壤质量研究回顾与讨论. 农业科学出版社报，25 (4)：821～827.

陈怀满. 2002. 土壤中化学物质的行为与环境质量. 北京：科学出版社.

陈怀满. 2010. 环境土壤学. 第 2 版. 北京：科学出版社.

陈怀满，等. 1996. 土壤-植物系统中的重金属污染. 北京：科学出版社.

陈辉，张广鑫，惠怀胜. 2010. 污染场地环境调查的土壤监测点位布设方法初探. 环境保护科学，36 (2)：61～63.

陈守一. 2000. 地理信息系统使用教程. 北京：中国林业出版社.

陈述彭. 2001. 城市化与城市地理信息系统. 北京：科学出版社.

陈文新. 1990. 土壤和环境微生物学. 北京：北京农业大学出版社.

陈武，邹云，张占恩. 2015. 污染场地土壤修复工作过程及修复技术研究. 山东工业技术，19：1.

陈燕，胡小春，蒙辉，等. 2007. 基于 ASP.NET 的专家人才库管理系统的设计与实现. 广西科学院学报，(4)：337～339.

陈玉成. 2003. 污染环境生物修复工程. 北京：化学工业出版社.

陈媛，樊治平，谢美萍. 2009. 科研项目同行评议专家水平的评价研究. 科学学与科学技术管理，(10)：38～42.

程慧俐，颜海龙，丘健明. 2008. 基于 C/S 的项目评审专家库管理系统设计与实现. 中国工程咨询，(11)：2830.

崔宝侠，高鸿雁，左传金. 2002. 基于 GIS 的水环境评价 DSS 设计//中国地理信息系统协会. 海峡两岸地理信息系统发展研讨会论文集. 北京：中国地图出版社.

崔玉静，王丽明，张旭红，等. 2008. In Vitro 方法对重金属污染经土壤-人途径的健康风险评价//第二届重金属污染监测风险评价及修复技术高级研讨会论文集.

大塚直. 2005. 环境法. 东京：有斐阁.

丁贞玉，张红振，马睿，等. 2015. 浅层地下水苯污染修复技术探讨. 环境保护科学，4：33～37.

龚健雅. 1999. 当代 GIS 的若干理论与技术. 武汉：武汉测绘科技大学出版社.

龚子同，等. 1999. 中国土壤系统分类. 北京：科学出版社.

巩宗强，李培军，郭书海，等. 2001. 多环芳烃污染土壤的生物泥浆法修复. 环境科学，22 (5)：112～116.

巩宗强，李培军，台培东，等. 2002. 污染土壤的淋洗法修复研究进展. 环境污染治理技术与设备，3 (7)：45～50.

谷朝君，宋世伟. 2007. 生态类项目工程环境监理管理模式探讨. 北京：中国环境科学出版社.

谷庆宝，郭观林，周友亚，等. 2008. 污染场地修复技术分类、应用与筛选方法探讨. 环境科学研究，

21（2）：197～202.
郭碧坚. 1992. 加约束条件的同行评议制———科学系统的一种激活机制. 科技导报，（12）：51～53.
郭碧坚，韩宇. 1994. 同行评议制———方法、理论、功能、指标. 科学学研究，（8）：63～73.
郭观林，周启星，李秀颖. 2005. 重金属污染土壤原位化学固定修复研究进展. 应用生态学报，16（10）：1990～1996.
郭子义，韦薇. 2001. 环境化学概论. 北京：北京师范大学出版社.
国家环境保护部. 2014. 关于发布《工业企业场地环境调查评估与修复工作指南（试行）》的公告. 化工安全与环境，50：4.
国家环境保护局. 1993. 环境背景值和环境容量研究. 北京：科学出版社.
何跃，林玉锁，徐建，等. 2013. 我国污染场地土壤修复工程质量控制与评估体系构建//中国环境科学学会. 2013 中国环境科学学会学术年会论文集（第四卷）.
侯彬，朱琨，卢静，等. 2008. 电动修复镉污染土壤的研究. 农业环境科学报，27（6）：2195～2199.
环境保护部. 2001. 环境影响评价技术导则总纲. 北京：中国环境科学出版社.
环境保护部自然生态保护司. 2012. 土壤修复技术方法与应用. 第二辑. 北京：中国环境出版社.
黄铭洪，等. 2003. 环境污染与生态修复. 北京：科学出版社.
霍林，左叶颖，张清峰，等. 2013. 生态影响类建设项目的环境监理实践. 环境科技，26（1）：58～61.
贾建丽，于妍，薛南冬，等. 2015. 污染场地修复风险评价与控制. 北京：化学工业出版社.
姜昌亮，孙铁珩，李培军，等. 2001. 石油污染土壤长料堆式异位生物修复技术研究. 应用生态学报，12（2）：279～282.
康雯瑛，陈辉，周子平，等. 2008. 基于 MVC 模式的气象科技专家库设计与实现. 光盘技术，（5）：21～23.
李广贺，李发生，张旭，等. 2010. 污染场地环境风险评价与修复技术体系. 北京：中国环境科学出版社.
李桂宏. 2014. 建筑施工进度控制方法研究. 城市建设理论研究，（25）：2165.
李国刚. 2005. 中国土壤环境监测的现状、问题与对策. 环境监测管理与技术，17（1）：8～10.
李顺，史忠诚，赵玉龙. 2009. 场地土壤重金属污染及其修复技术研究现状. 环境研究与监测，1：43～47.
李晓晖，袁峰，张明明. 2011. 基于土壤地球化学数据的资源与环境评价信息系统设计与实现. 地理信息世界，（3）：59～64.
李杏姣. 2008. 农业科技咨询专家库智能管理系统的研究. 暨南大学硕士学位论文.
李学垣. 2000. 土壤化学. 北京：高等教育出版社.
李玉双，胡晓钧，宋雪英，等. 2012. 城市工业污染场地土壤修复技术研究进展. 安徽农业科学，（10）：6119～6122.
廖开际，李哲. 2008. 面向知识管理的专家库系统分析与设计. 中国管理信息化，（14）：78～80.
刘光. 2003. 地理信息系统二次开发教程组件篇. 北京：清华大学出版社.
刘丽，李宝林. 2011. 污染场地调查与评估信息系统设计. 环境监测管理与技术，23（2）：56～60.
刘沙沙，李书田，陈志良，等. 2012. 挥发性有机污染土壤修复技术研究进展. 安徽农业科学，40（12）：7130～7132.
龙育堂，刘世凡，熊建平，等. 1994. 苎麻对稻田土壤汞净化效果研究. 农业环境保护，13（1）：30～33.
陆伟，韩曙光. 2008. 组织专家的检索系统设计与实现. 情报学报，（5）：657～662.
陆轶青，肖随丽，林臻. 2013. 国内外污染场地环境管理比较研究. 环境与可持续发展，（6）：41～42.
罗小三，周东美，陈怀满. 2005. 土壤中重金属形态分析研究进展. 中国科技论文在线[2016-3-20].
骆永明. 2008. 中国主要土壤环境问题与对策. 南京：河海大学出版社.
骆永明. 2009. 中国土壤环境污染态势及预防、控制和修复策略. 环境污染与防治，31（12）：27～31.
骆永明. 2011. 中国污染场地修复的研究进展、问题与展望. 环境监测管理与技术，23（3）：1～6.
骆永明，李广贺，李发生，等. 2015. 中国土壤环境管理支撑技术体系研究. 北京：科学出版社.

骆永明，滕应. 2006. 我国土壤污染退化状况及防治对策. 土壤，38（5）：505～508.
骆永明，滕应，过园. 2005. 土壤修复——新兴的土壤科学分支学科. 土壤，37（3）：230～235.
麻宝斌，杜平. 2014. 重大决策社会稳定风险评估的主题、内容与方法. 哈尔滨工业大学学报（社会科学版），16（01）：35～40.
马晓光，连燕华，沈全锋，等. 2003. 同行评议中专家识别研究. 研究与发展管理，（3）：68～72.
潘正风，罗学年. 2002. 城市基础地理信息系统建立的几个问题. 工程勘测，（1）：45～58.
彭胜巍，周启星. 2008. 持久性有机污染土壤的植物修复及其机理研究进展. 生态学杂志，27（3）：469～475.
齐丽丽，司晓悦. 2008. 对我国同行评议专家遴选制度的建议. 科技成果纵横，（5）：26～28.
邵霞晖，陶伟良，许菲，等. 2016. 污染场地环境调查的土壤监测点位布设策略探究. 资源节约与环保，6：135～140.
神州数码信息服务集团集成服务战略本部. 2009. 数字环保：一体化的环境监管与预警系统. 世界环境，（6）：1.
沈德中. 2002. 污染环境的生物修复. 北京：化学工业出版社.
沈国清，陆贻通，洪静波，等. 2005. 菲和镉复合污染对土壤微生物的生态毒理效应. 环境化学，25（6）：662～665.
沈铁孟，黄国强，李凌，等. 2002. 石油污染土壤生物通风修复及其强化技术. 环境污染治理技术与设备，3（7）：68～69.
宋长青，吴金水，陆雅海，等. 2013. 中国土壤微生物学研究 10 年回顾. 地球科学进展，28（10）：1088～1105.
宋玉芳，许华夏，任丽萍. 2001. 两种植物条件下土壤中矿物油和多环芳烃（PAHs）的生物修复研究. 应用生态学报，12（1）：108～112.
苏朋，钱兆毅，侯素萍. 2015. 土壤修复技术研究与应用进展. 城市建设理论研究（电子版），（12）：542～543.
王国庆，骆永明，宋静，等. 2005. 土壤环境质量指导值与标准研究 I. 国际动态及中国的修订考虑. 土壤学报，42（4）：666～673.
王俭，景衍斌，陈锐，等. 2008. 微观计量 LPM 模型在同行评议专家选择中的运用. 科学学研究，（6）：1243～1247.
王鲲鹏，曹国志，贾倩，等. 2015. 我国政府突发环境事件应急预案管理现状及问题. 环境保护科学，（4）：6～9.
王磊. 2014. 关于场地污染中受监控的自然修复/恢复技术的研究. 吉林农业，（16）：87～91.
王兴润. 2016. 风险管控思路应贯穿场地修复全过程. www.nxep.gov.cn/info//203145887.htm. [2016-5-12].
王艳平，俞天明，谢正苗. 2009. 信息系统在土壤重金属管理中的应用. 信息系统，8（5）：92～95.
王志强. 2002. 关于完善同行评议制度的若干问题和思考——同行评议调研综述. 中国科学基金，（5）：309～313.
魏树和，周启星. 2004. 超积累植物筛选及污染土壤植物修复过程研究. 生态学杂志，23（1）：65～72.
吴兴才. 2002. 地理信息系统原理与方法. 北京：电子工业出版社.
许伟，沈桢，张建荣，等. 2016. 污染场地修复工程环境监理实践与探索. 环境监测管理与技术，28（02）：61～64.
许伟，施维林，沈桢，等. 2016. 工业遗留场地复合型污染分层健康风险评估研究. 土壤，48（02）：322～330.
阎国年，张书亮，龚明霞，等. 2001. 地理信息系统集成原理与方法. 北京：科学出版社.
杨洁. 2004. 建设项目全寿命周期信息管理研究. 东南大学硕士学位论文.
杨居荣，许嘉琳. 1995. 灰钙土重金属生态基准. 中国环境科学，15（3）：177～182.

姚喜军，张衔毓，王志勇，等. 2014. 内蒙古污染土地修复模式与对策研究. 安徽农业科学，(31)：10951～10955.
野村好弘. 1982. 日本公害法概论. 康树华，译. 北京：中国环境管理、经济与法学学会出版社.
叶茂，杨兴伦，魏海江，等. 2012. 持久性有机污染场地土壤淋洗法修复研究进展. 土壤学报，(4)，803～814.
英得安，王玉军，周东美，等. 2008. 2,4-D 对铜在乌栅土胶体和红壤胶体上吸附的影响. 土壤，40（6）：945～948.
于颖，周启星. 2005. 污染土壤化学修复技术研究与进展. 环境污染治理技术与设备，6（7）：1～7.
俞慎，何振立，黄昌勇. 2003. 重金属胁迫下土壤微生物微生物过程研究进展. 应用生态学报，14（4）：618～622.
张从，夏立江. 2000. 污染土壤生物修复技术. 北京：环境科学出版社.
张甲耀，李静，夏威林，等. 1996. 生物修复技术研究进展. 应用与环境生物学报，(2)：193～199.
张建荣，陈春明，吴珉，等. 2016. 水文地质调查在污染场地调查中的作用. 环境监测管理与技术，28（2）：29～32.
张丽娜，韩丹，王琪. 2013. 工业场地污染土壤修复验收方法初步研究//中国环境科学学会. 2013 中国环境科学学会学术年会论文集.
张胜田，林玉锁，华小梅，等. 2007. 中国污染场地管理面临的问题及对策. 环境科学与管理，32（6）：5～29.
张守. 2000. 建立合理的专家动态管理体系. 中国科学基金，(6)：364～366.
张文娟，沈德中，张从，等. 1999. 堆制处理过程中的多环芳烃降解. 应用与环境生物学报，5（6）：605～609.
张文君，蒋文举，王卫红，等. 2012. 区域环境污染源评价预警与信息管理. 北京：科学出版社.
赵景联. 2006. 环境修复原理与技术. 北京：化学工业出版社.
赵黎明，徐孝涵，张卫东. 1994. 选择同行评议专家的指标体系. 科研管理，(6)：17～21.
赵其国，周健民，沈仁芳，等. 2010. 面向不断变化世界，创新未来土壤科学——第 19 届世界土壤学大会综合报道. 土壤，42（5）：681～695.
中华人民共和国国务院. 1998. 建设项目环境保护管理条例.
周国华，黄怀曾，何红缪. 2002. 重金属污染土壤植物修复及进展. 环境污染治理技术及设备，3（6）：33～39.
周健民，高拯民. 2003. 新世纪土壤学的社会需求与发展. 中国科学院院刊，18（5）：348～352.
周启星. 2004. 污染土壤修复标准建立的方法体系研究. 应用生态学报，15（2）：316～320.
周启星，孔繁翔，朱琳. 2004. 生态毒理学. 北京：科学出版社.
周启星，罗义，祝凌燕. 2007. 环境基准值的科学研究与我国环境标准的修订. 农业环境科学学报，26（1）：1～5.
周启星，宋玉芳. 2004. 污染土壤修复原理与方法. 北京：科学出版社.
朱炳贵. 2002. 数字城市与城市地理信息系统. 测绘软件科学研究，(2)：26～29.
左玉辉. 2009. 环境学. 第二版. 北京：高等教育出版社.
Bezdicek D F，Papendick R I，Lal R. 1996. Introduction：importance of soil quality to health and sustainable land management// Doran J W，Jones A J. Methods for assessing soil quality. Madison WI：SSSA.
Castldi F J，Ford D L. 1992. Bioremediation of petrochemical water sludges. Water Science and Technology，25（3）：207～212.
Chiou C T. 1989. Theoretical considerations for the partition uptake of nonionic organic compounds by soil organic matter//Mingelgrin U. Reactions and Movement of Organic Chemicals in Soil. Madison：Soil

Science Society of America.

Cihacek L J，Anderson W L，Barak P W. 1996. Linkages between soil quality and piant，animal，and human health. SSSA Special Publication，49：9～24.

Doran J W，Jones A J. 1996. Methods for assessing soil quality. Scientia Horticulturae，(4)：355～356.

Fall E W，Pickens W E. 1988. In-situ Hydrocarbon Extraction，a Case Study Done by Converse Environmental Consultants Proceedings of the FOCUS Conference on Southwestern Ground water issues. Dublin OH：National Water Well Association.

Germany. 1999. Federal soil protection and contaminated sites ordinance（BBodSchV）of 12 July 1999.

Gulino B J. 1986. Right of contribution under CERCLA：The case for federal common law. Cornell Lam Review，71（3）：688~693.

Haberl R. 1990. Constructed wetlands：A chance to solve wastewater problems in developing countries. Water Science and Technology，40（3）：11～17.

Hartley W，Dickinson N M，Riby P，et al. 2012. Sustainable ecological restoration of brownfield sites through engineering or managed natural attenuation? A case study from Northwest England. Ecological Engineering，40：70～79.

Hinchee R E，Downey D C，Dupont R R. 1991. Enhanced biodegradation of petroleum hydrocarbons through soil venting. Hazard Mater，27（3）：315～325.

ISO 11074. 2005. International Standard，Soil quality——Vocabulary.

Kaemfer P. 1993. Influencing the soil population by use of precultivated microorganisms in piling technology. Microbial Ecology，26（2）：161～172.

Kahhat R，Kim J，Xu M，et al. 2008. Expioring e-waste management systems in the United States Resources. Conservation and Recycling，52：955～964.

Keller C，Hammer D，Kayser A，et al. 2003. Root development and heavy metal phytoextraction efficiency：Comparison of different plant species in the field. Plant and Soil，(1)：67～81.

Knaebel D B，Federle T W，MacAvoy D C，et al. 1996. Microbial mineralization of organic compounds in an acidic agricultural soil：Effects of preadsorption to various soil constituents. Environmental Toxicology and Chemistry，9：981～988.

Lebert M，Böken H，Glante F. 2005. Soil compaction—indicators for the assessment of harmful changes to the soil in the context of the German Federal Soil Protection Act. Journal of Environmental Management，82（3）：388～397.

Lee H H，Yang J W. 2000. A new method to control electrolytes pH by circulation system in electrokinetic soil remediation. Journal of Hazardous Materials，B77：227～240.

Ma B，Chen H，He Y，et al. 2010. Evaluation of toxicity risk of polycyclic aromatic hydrocarbons（PAHs）in crops rhizosphere of contaminated field with sequential extraction. Journal of Soils & Sediments，10（10）：955～963.

Mueller J G，Lantz S E，Blattmann B O. 1991. Bench-scale evaluation of alternative biological treatment processes for the remediation of pentachlorophenol-and creosote-contaminated materials. Slurry-phase bioremediation. Environmental Science and Technology，25：1055～1061.

Page A L，Eingham E T，Chang A C. 1981. Cadmium//Lepp N W. Effect of the Heavy Metal Pllution on Plants. London and New Jersey：Applied Science Publishers.

Pope C J，Peters W A，Howard J B. 2000. Thermodynamic driving forces for PAH isomerization and growth during thermal treatment of polluted soils. Journal of Hazardous Materials，79（1～2）：189～208.

Poulter S R. 1998. Cleanup and restoration：Who should pay. J. Land Resources & Envtl. L，18：77.

Provoost J，Reijnders L，Swartjes F，et al. 2008. Parameters causing variation between soil screening values and the effect of harmonization. Journal of Soils and Sediments，8（5）：298～311.

Raymond S L，Loretta Y L. 2000. Enhancement of electrokinetic extraction from lead-spiked soils. Journal of Environmental Engineering，126（9）：849～857.

Reddy K R，Chandhuri K S，et al. 2009. Fenton-like oxidation of polycyclic aromatic hydrocarbons in soils using electrokinetics. Journal of Geotechnical and Geoenvironmental Engineering，135（10）：20～29.

Roulier M，Kemper M，Abed A S，et al. 2000. Feasibility of electrokinetic soil remediation I horizontal LasagnaTM cells. Journal of Hazardous Materials，77（1-3）：161～176.

She P，Liu Z，Ding F X，et al. 2003. Surfactant enhanced electroremediation of phenanthrene. Chinese Journal of Chemical Engineering：English Edition，11（1）：73～78.

Solomon D S，Hughey K F D. 2007. A proposed multi criteria analysis decision support tool for international environmental policy issues：a pilot application to emissions control in the international aviation sector. Environmental Science & Policy，10（7-8）：645～653.

SSSA（Soil Science Society of American）. 1995. SSSA statement on soil quality. Agronomy New，June 7，SSSA，Madison，WI.

Taub F B. 1976. Demonstration of pollution effects in aquatic microcosms. Intern. J. Environ Studies，10：23～33.

United Kingdom. 1990. Environmental protection act 1990（part Ⅱ A）.

United States. 1980. Comprehensive environmental response，compensation，and liability act.

USEPA. 2003. Cost and Performance Summary Report. Wallington：Thermal Desorption at Industrial Latex Superfund Site.

USEPA. 2008. Building on success：protecting human health and theenvironment（FY 2007 Superfund annual report）.

USEPA. 2010. Users Guide（November 2010）.

USEPA. 2013. Superfund remedy report.

van Aken B，Corre P A，Schnoor J L. 2010. Phytoremediation of poiychlorinated biphenyls：new trends and promises. Environmental Science and Technology，44（8）：2767～2776.

Venny，Gan S，Ng H K. 2012. Modified Fenton oxidation of polycyclic aromatic hydrocarbon（PAH）- contaminated soils and the potential of bioremediation as post-treatment. Science of the Total Environment，419：240～249.

Xing B，Pignatello J J. 1998. Competitive sorption between 1,3-dichlorobenzene or 2,4-dichlorophenol and natural aromatic acids in soil organic matter. Environmental Science and Technology，32:：614～619.

Yan D Y S，Irene M C Lo. 2013. Removal effectiveness and mechanisms of naphthalene and heavy metals from artificially contaminated soil by iron chelate-activated persulfate. Environmental Pollution，178（1）：15～22.